中 国 国 家 标 准 汇 编

535

GB 28444～28452

（2012 年制定）

中国标准出版社　编

中国标准出版社

北　京

图书在版编目(CIP)数据

中国国家标准汇编:2012年制定.535:
GB 28444～28452/中国标准出版社编.—北京:
中国标准出版社,2013.9
ISBN 978-7-5066-7266-5

Ⅰ.①中…　Ⅱ.①中…　Ⅲ.①国家标准-
汇编-中国-2012　Ⅳ.①T-652.1

中国版本图书馆CIP数据核字(2013)第186350号

中国标准出版社出版发行
北京市朝阳区和平里西街甲2号(100013)
北京市西城区三里河北街16号(100045)
网址 www.spc.net.cn
总编室:(010)64275323　发行中心:(010)51780235
读者服务部:(010)68523946
中国标准出版社秦皇岛印刷厂印刷
各地新华书店经销
*
开本 880×1230　1/16　印张 32.5　字数 980 千字
2013年9月第一版　2013年9月第一次印刷
*
定价 220.00 元

出 版 说 明

1.《中国国家标准汇编》是一部大型综合性国家标准全集。自1983年起，按国家标准顺序号以精装本、平装本两种装帧形式陆续分册汇编出版。它在一定程度上反映了我国建国以来标准化事业发展的基本情况和主要成就，是各级标准化管理机构，工矿企事业单位，农林牧副渔系统，科研、设计、教学等部门必不可少的工具书。

2.《中国国家标准汇编》收入我国每年正式发布的全部国家标准，分为"制定"卷和"修订"卷两种编辑版本。

"制定"卷收入上一年度我国发布的、新制定的国家标准，顺延前年度标准编号分成若干分册，封面和书脊上注明"20××年制定"字样及分册号，分册号一直连续。各分册中的标准是按照标准编号顺序连续排列的，如有标准顺序号缺号的，除特殊情况注明外，暂为空号。

"修订"卷收入上一年度我国发布的、被修订的国家标准，视篇幅分设若干分册，但与"制定"卷分册号无关联，仅在封面和书脊上注明"20××年修订-1，-2，-3，……"字样。"修订"卷各分册中的标准，仍按标准编号顺序排列（但不连续）；如有遗漏的，均在当年最后一分册中补齐。需提请读者注意的是，个别非顺延前年度标准编号的新制定的国家标准没有收入在"制定"卷中，而是收入在"修订"卷中。

读者配套购买《中国国家标准汇编》"制定"卷和"修订"卷则可收齐由我社出版的上一年度我国制定和修订的全部国家标准。

3.由于读者需求的变化，自1996年起，《中国国家标准汇编》仅出版精装本。

4.2012年我国制修订国家标准共2 101项。本分册为"2012年制定"卷第535分册，收入国家标准GB 28444～28452的最新版本。

中国标准出版社

2013年8月

目　　录

ICS 33.200
M 50

中华人民共和国国家标准

GB/T 28444—2012

导航电子海图应用存储格式

Application storage format for navigational electronic chart

2012-06-29 发布

2012-10-01 实施

中华人民共和国国家质量监督检验检疫总局
中国国家标准化管理委员会 发布

前　言

本标准依据 GB/T 1.1—2009 给出的规则起草。

请注意本文件的某些内容可能涉及专利。本文件的发布机构不承担识别这些专利的责任。

本标准由中华人民共和国工业和信息化部提出。

本标准由中国电子技术标准化研究所归口。

本标准主要起草单位：首都信息发展股份有限公司、中国电子技术标准化研究所。

本标准主要起草人：张彦明、李宏利、陈倩、胡晓芳、张宇、张雅南。

导航电子海图应用存储格式

1 范围

本标准规定了以物标的空间位置信息、关系信息和属性信息描述的导航电子海图的理论数据模型、数据内容及其在应用中的存储格式。

本标准适用于各种类型船用电子海图导航系统使用的电子海图，水上交通管制系统或指挥控制系统使用的电子海图可参照执行。

2 规范性引用文件

下列文件对于本文件的应用是必不可少的。凡是注日期的引用文件，仅注日期的版本适用于本文件。凡是不注日期的引用文件，其最新版本（包括所有的修改单）适用于本文件。

GB 15702—1995 电子海图技术规范

GJB 2680—1996 军用数字海图要素属性编码规则

GJB 4887—2003 军用数字海图数据交换格式

IHO S-52 电子海图显示与信息系统海图内容与显示规范（Specifications for chart content and display aspects of ecdis）

IHO S-57 国际海道测量组织数字式海道测量数据交换标准（IHO transfer stanard for digital hydrographic data）

3 术语和定义

下列术语和定义适用于本文件。

3.1

数字海图 digital chart

DC

以数字形式记录和存储的海图。

3.2

电子海图 electronic chart

EC

描述和显示海图信息的数据、软件和电子系统的统称，本标准特指用于海上导航的数字海图。

3.3

电子海图显示与信息系统 electronic chart display and information system

ECDIS

一种具有适当备份措施的航海信息系统，可通过显示数字海图的信息和从导航传感器得来的位置信息，帮助航海人员进行航线规划和航行监视，还可以根据需要显示其他与航海有关的信息。

3.4

电子航海图 electronic navigational chart

ENC

一种由官方海道测量机构发布的，专供 ECDIS 使用的，在内容、结构和格式上已标准化了的数据。

ENC 是一种交换格式的电子海图。

3.5

系统电子航海图　system electronic navigational chart

SENC

导航电子海图　navigational electronic chart

NEC

ECDIS 为显示数字海图和实现导航等功能，综合 ENC 数据、改正数据和航海人员添加的其他信息形成的数据。

3.6

物标　object

可标识的信息集合。

［IHO S-57，定义第 5 章。］

3.7

特征物标　feature object

不含现实世界实体位置信息的物标。

3.8

空间物标　spatial object

只含现实世界实体位置信息的物标。

3.9

简单物标　simple object

几何上表现为 0 维、1 维、2 维的独立点、线、面构成的物标。

3.10

复杂物标　composite object

由多个简单物标组合而成的物标，可表示物标间的集合、关联、上下关系。

3.11

地理物标　geo object

以现实世界实体为描述对象的特征物标。

3.12

元物标　meta object

说明其他物标信息的特征物标。

3.13

制图物标　cartographic object

含有现实世界实体制图表现信息（包括文字信息）的特征物标。

3.14

集合物标　collection object

描述其他物标相互关系的特征物标。

3.15

结点　node

用一对坐标描述其位置的 0 维空间物标。结点可以是孤立结点，或是连接结点。

注 1：孤立结点是指一个孤立的 0 维空间物标，不应作为边的起点或终点。

注 2：连接结点是指用作一条或多条边的起点或终点的结点。

注 3：本标准中未特别指明的结点均为连接结点。

3.16

边界　edge

一个1维空间物标，由两个或两个以上坐标及可选的内插参数来定位。若省略了参数，坐标间的内插方式默认为两点间的直线内插。

3.17

面　face

一个2维空间物标。面是由环绕它的边界所定义的连续表面。面可以包含由封闭边界围成的内部洞；这些内部洞的边界应在面的外部边界之内。边界不应自身交叉，仅应在首末点汇合；边界不应相互交叉。

3.18

符号指令　symbology instruction

用以连接物标代码与符号代码的一种机器可读的符号化命令，一般在符号查找表中定义。

4　总则

4.1　理论数据模型及其实现

4.1.1　理论数据模型

理论数据模型如图1所示。

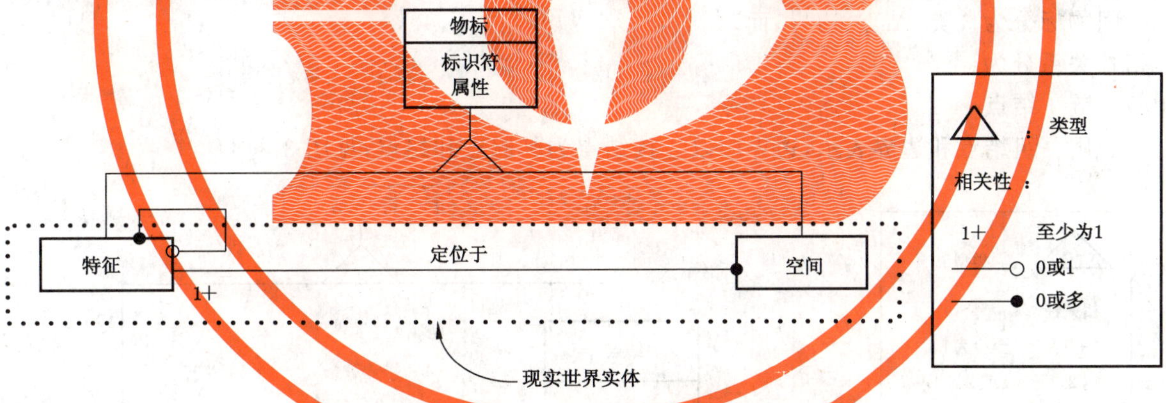

图1　理论数据模型

a)　将现实世界实体定义为描述特性和空间特性的集合。模型中，这些集合定义为特征物标和空间物标。

b)　特征物标由描述性属性构成，不包括任何几何(即现实世界实体的形状和位置信息)意义。空间物标只具备几何意义。一个特征物标由其与一个或多个空间物标的关系来定位。

c)　物标定义为可标识的信息组。物标可以有属性并可以与其他物标相关。

4.1.2　物标分类及相互关系

物标分类与物标间的相互关系如图2所示。

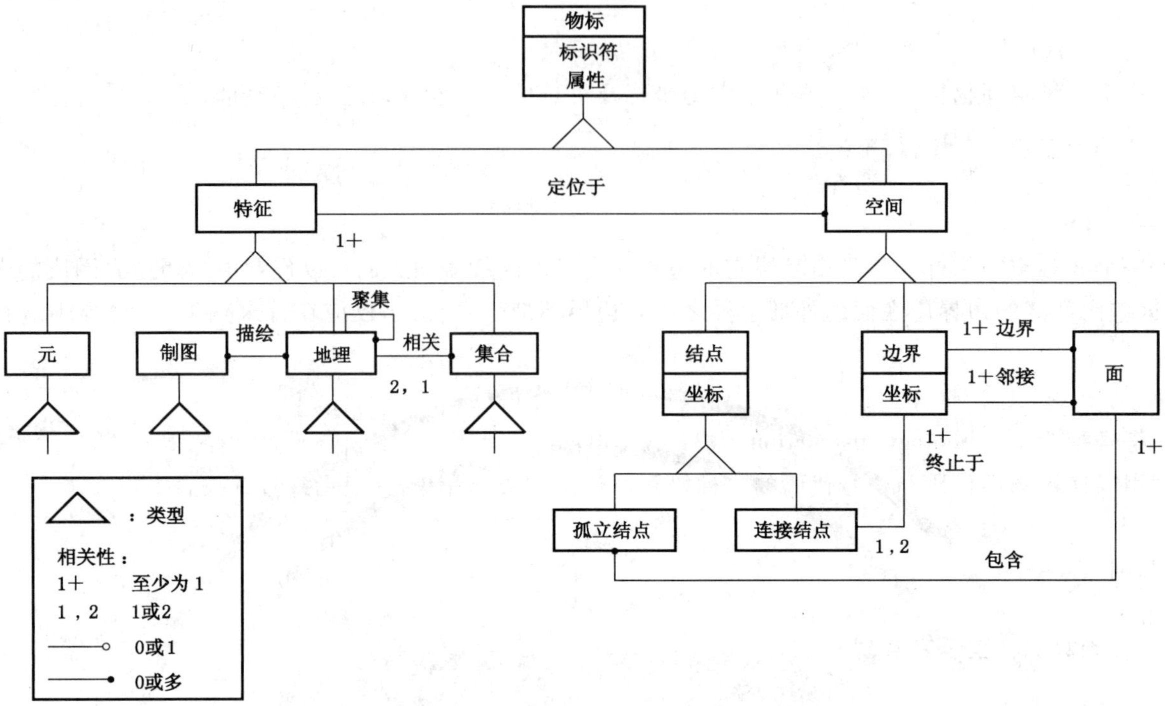

图 2 物标分类及相互关系

特征物标分为 4 类：元物标、制图物标、地理物标、集合物标。

空间物标分为 3 类：结点、边界、面。

拓扑关系分为：

a) 链—结点

用一组结点和边界表示，边界应以连接结点为其起点和终点，见图 3。

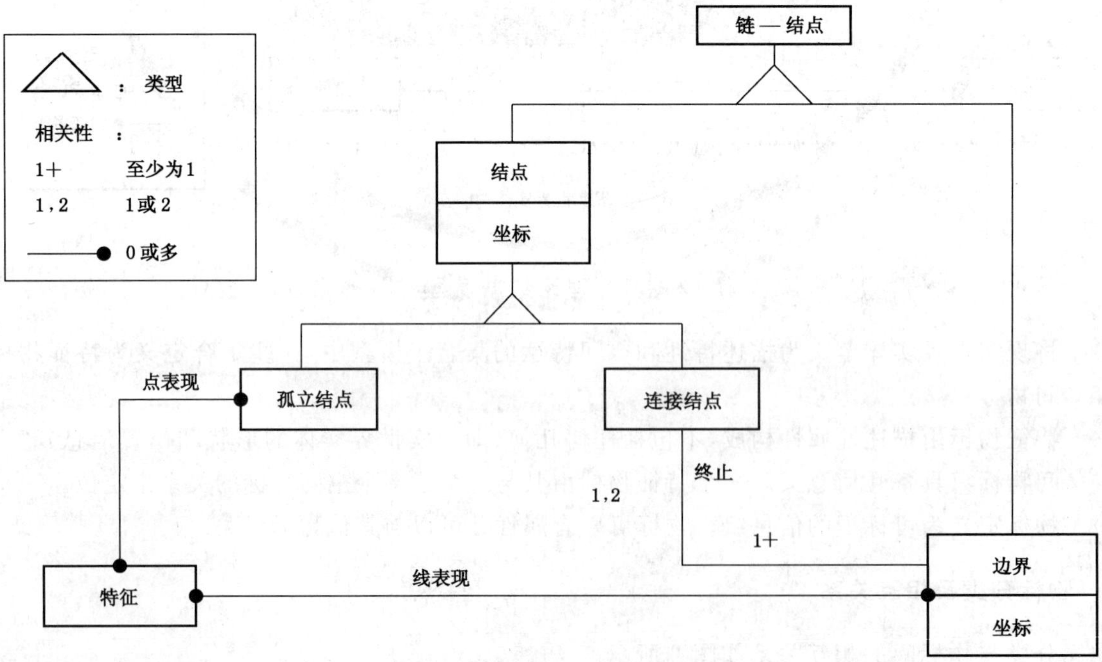

图 3 链—结点拓扑

b) 完全拓扑

用一组结点、边界和面表示，整个平面为一组互斥、相邻的面所完全覆盖。孤立结点为面所包含，边界的两侧仅应为面。相同的几何体不应重叠，见图4。

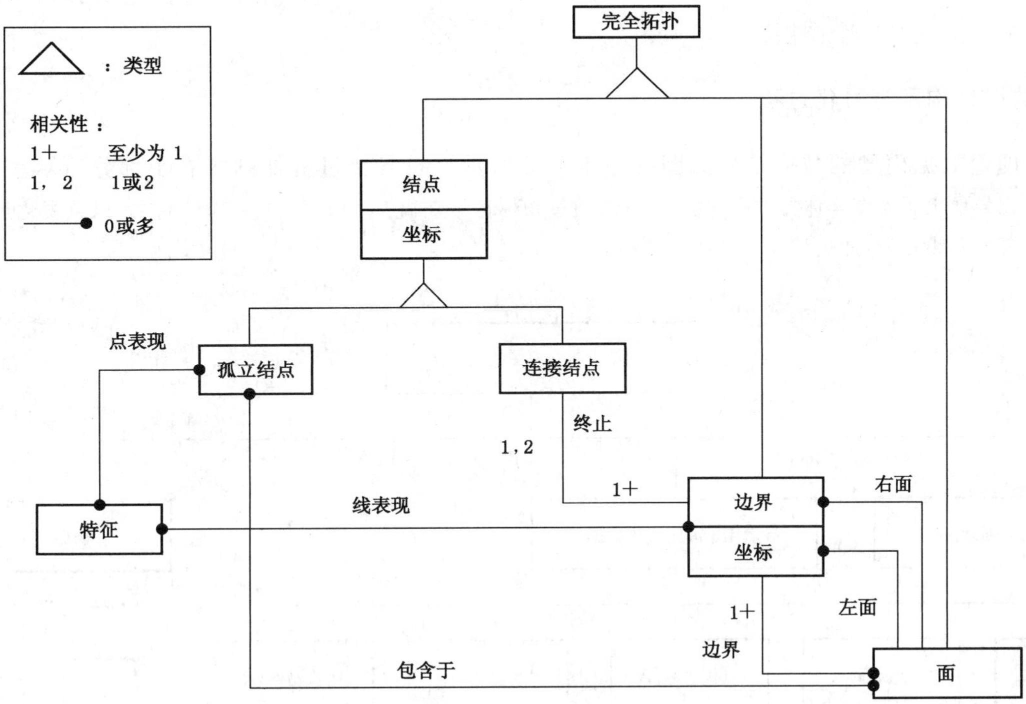

图4　完全拓扑

拓扑级别由低至高依次为链—结点、完全拓扑。

拓扑关系中，点编码成孤立结点或连接结点；线编码成一组边界和连接结点；区域编码成面。

4.1.3　模型实现

a) 将海图所描写的地理空间(即海洋和其毗邻陆地)的所有地理实体抽象为物标。按几何类型和复杂程度，将物标分为简单物标、复杂物标和注记物标。
   1) 简单物标：按几何类型分为点状物标、线状物标和面状物标。
      点状物标包括：
      ——二维点；
      ——三维点群；
      ——结点。
      线状物标包括：
      ——普通线；
      ——边界。
      面状物标为由边界和结点构成的封闭区。
   2) 复杂物标：多个简单物标聚合而成的物标。
   3) 为方便起见，将文本注记定义为注记物标。
b) 物标以标识符标识，以属性、空间位置及几何关系等表述。
c) 物标间的关系采用完全拓扑的方式组织。

d) 在空间尺度和地理范围上，按导航用途，水平划分为不同尺度范围的图幅，垂直划分为不同比例尺的图幅和图幅内的图层。

e) 每个图幅组织为一个数据集，由一个元数据文件和一个实体数据文件组成，称为一幅导航电子海图。在一幅图内，物标分处不同的逻辑层，同一层的面状物标不应相互重叠，相同的空间物标应出现在一个图层。

4.1.4 数据结构及符号化过程

实现理论数据模型的数据结构如图 5 左半部分所示。符号化过程如图 5 右半部分所示。

注：根据导航电子海图实体文件中的物标代码，通过物标符号查找表查出对应的字符或符号，以可视化形式输出到外部显示设备上，此过程称为符号化过程。

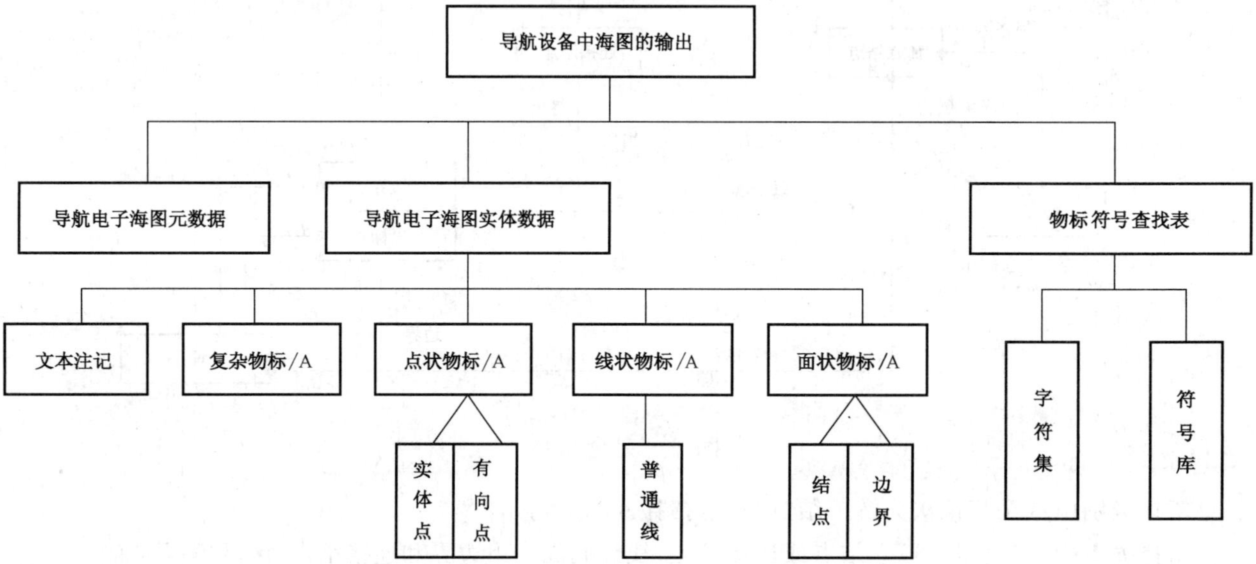

注：A 为属性信息，用来表征物标的分类、分级和质量、数量特征的信息。

图 5 数据结构及符号化过程

4.1.5 导航电子海图的存储

一般的导航系统由硬件设备、运行软件和操作的数据组成。数据包括导航电子海图数据和系统运行环境数据两部分。导航电子海图数据由多幅导航电子海图组成，存放在一个工作空间内，可以是一个子文件夹，也可以是一个数据库。每幅导航电子海图由元数据和实体数据这两类数据文件构成一个数据集，多个元数据文件可生成一组导航电子海图的目录管理数据库，用于对导航电子海图的检索、分析和查询。系统运行环境数据包括海图符号库、物标代码表、属性代码表、数据分层定义表、物标符号查找表，以及系统开发商特定的、帮助系统更好运行的其他运行环境数据。使用文件系统的导航系统，其各文件(夹)的树状关系如图 6 所示。

图6 物理存储的文件组织结构

4.2 数据集组成

一幅导航电子海图数据集描述一幅承载海图数据和相关导航数据的电子海图，由元数据文件和实体数据文件组成。元数据文件存放数据集的总体控制信息和说明信息(元数据)；实体数据文件存放描述海图物标及导航物标的空间位置数据、关系数据和属性数据。

4.3 数据集命名规则

一幅导航电子海图数据集的文件主名为图号，元数据文件的扩展名为MTA，实体数据文件的扩展名为NEC。海图目录文件主名为CHART_CATALOG。

4.4 物标编码与数据分层

4.4.1 物标编码

当采用符合IHO S-57的数据源时，以十进制三位整数编码，编码规则同IHO S-57。

当采用符合GJB 4887—2003的数据源时，以十进制六位整数编码，编码规则同GJB 2680—1996。

4.4.2 数据分层

当采用符合IHO S-57的数据源时，数据分层方法可按IHO S-52规定的物标显示模式自行定义。

当采用符合 GJB 4887—2003 的数据源时，数据分层方法应符合 GJB 4887—2003 的规定。

当采用其他数据源时，可自定义代码表和分层标志，以实现数据分层。

4.5 坐标系和坐标单位

元数据文件和实体数据文件中，空间平面位置数据均按地理坐标形式存储，先经度，后纬度，以长整型数形式存储，精确到 0.001″。

示例：若纬度为 39°55′39.789″，则存储的数据为(39×60×60+55×60+39.789)×1 000=143 739 789。

地理坐标系采用 WGS-84。地理坐标系的原点为 0°经线与赤道的交点，纵轴指向北方，横轴指向东方，南纬、西经为负值。深度基准面、高程基准面及深度、高程计量单位应与元数据文件的描述一致。

5 数据文件结构

5.1 数据类型定义

5.1.1 标准数据类型

Char——字符型，1 字节(值域－128～127)；

Char String——字符串型；

Unsigned char——无符号字符型(值域 0～255)，1 字节；

Unsigned Char String——无符号字符串型；

Short——短整型(值域－32 768～32 767)，2 字节；

Unsigned short——无符号短整型(值域 0～65 535)，2 字节；

Long——长整型(值域－2 147 483 648～2 147 483 647)，4 字节；

Unsigned long——无符号长整型(值域 0～4 294 967 296)，4 字节。

5.1.2 专用属性数据类型

E——枚举型，取值为整数，从预定的属性表中选取，且只选取一个；

L——列表型，取值为整数，从预定的属性表中选取一个或多个；

F——浮点型，取值是具有限定范围、分辨率、单位和格式的浮点数值；

I——整数型，取值是具有限定范围、单位和格式的整数值；

A——编码字符串，取值是在指定格式中的 ASCII 字符串；

S——任意字符串型，取值是自由格式的字母/数字混合字符串。

5.1.3 自定义数据类型

LP2——二维空间位置点，数据结构见表 1。

表 1 二维空间位置点 LP2

起始位置	内容	类型	名称	说　明
0	经度	Long	L	单位：0.001″
4	纬度	Long	B	单位：0.001″
注：起始位置是指该字段在数据结构存储区域中的起始字节位置，单位为字节，以下各表同此				

LP3——三维空间位置点，数据结构见表 2。

表 2 三维空间位置点 LP3

起始位置	内容	类型	名称	说明
0	经度	Long	L	单位:0.001″
4	纬度	Long	B	单位:0.001″
8	深度或高度	Long	H	单位:同元数据文件的深度/高度单位

5.2 元数据文件

元数据文件是关于导航电子海图实体数据的说明文件,是一幅导航电子海图的总体控制信息和说明信息。元数据文件结构见表 3。

表 3 元数据文件结构

起始位置	数据内容	数据类型	数据名称与长度	说明
0	标志	Unsigned Char String	Flag[2]	2 个字节
2	图号	Char String	Number[16]	16 个字符
18	图名	Char String	Name[32]	32 个字节的汉字或字符
50	副图名	Char String	V_name[32]	32 个字节的汉字或字符
82	编图比例尺分母	Long	Scale	
86	左下角点位置	LP2	Left_down	地理坐标,单位:0.001″
94	右上角点位置	LP2	Right_up	地理坐标,单位:0.001″
102	地理坐标系	Char String	H_datum[32]	32 个字节的汉字或字符,如 WGS-84
134	换算至 WGS_84 坐标系偏移量	LP2	H_coor	地理坐标,单位:0.001″
142	平面测量精度	Short	H_accy	单位:厘米
144	距离长度单位	Short	H_unit	1=米,2=英尺,3=0.1n mile,4=海里
146	深度基准面	Char String	D_datum[32]	32 个字节的汉字或字符
178	深度测量比例因子	Short	D_accy	单位:厘米
180	深度单位	Short	D_unit	1=米,2=英尺,3=分米
182	高程基准面	Char String	V_datum[32]	32 个字节的汉字或字符
214	高程测量比例因子	Short	V_accy	单位:厘米
216	高度单位	Short	V_unit	1=米,2=英尺,3=分米
218	所用浮标制度	Short	Mar_sys	1=国际航标协会 A 体系 2=国际航标协会 B 体系 10=其他体系
220	海图生成日期	Char String	Chart_date[10]	格式“YYYY-MM-DD”,年月日不确定项填“?”
230	海图版本号	Short	Version	顺序编号,1 为初版

表 3（续）

起始位置	数据内容	数据类型	数据名称与长度	说　　明
232	通告改正期号	Char String	Update_num[32]	
264	通告改正截止日期	Char String	Update_date[10]	格式“YYYY-MM-DD”，年月日不确定项填“?”
274	海图生产机构	Char String	Chart_publisher[32]	
306	测量资料最大比例尺分母	Long	Max_Scale	
310	测量资料最小比例尺分母	Long	Min_Scale	
314	测量资料最早日期	Char String	Sur_F_date[10]	格式“YYYY-MM-DD”，年月日不确定项填“?”
324	测量资料最后日期	Char String	Sur_L_date[10]	格式“YYYY-MM-DD”，年月日不确定项填“?”
334	测量方式说明	Char String	Sur_type [64]	
398	数据质量说明	Char String	Sur_quality[64]	
462	测量机构	Char	Surveyer [64]	
526	最小深度	Long	Min_sou	单位同深度单位
530	最大深度	Long	Max_sou	单位同深度单位
534	单条索引长度	Short	Index_len	
536	物标总数	Long	Obj_number	
540	允许插入物标索引个数	Long	Insert_index_num	
544	实体数据文件数据区首地址	Unsigned long	Data_addr	
548	数据分层定义表文件名	Char String	Layer_def_table[32]	
580	物标代码定义表文件名	Char String	Obj_def_table[32]	
612	属性代码定义表文件名	Char String	Attr_def_table[32]	
644	物标符号查找表文件名	Char String	Obj_Sym_def_table[32]	
676	实体数据文件总长	Unsigned long	File_end	
680	实体数据文件时间	Char String	File_date_time[20]	
700	采用的字符集标准说明	Char String	Font_desc[64]	
764	标准字符集以外，自造字符的说明	Char String	Add_font_desc[64]	
828	预留字	Char String	Re_served[196]	

表 3（续）

起始位置	数据内容	数据类型	数据名称与长度	说　明
注：标志 Flag 由两个字节组成，Flag[0]用于表示数据来源和电子海图分类，取值 0～127 时，表示数据来源符合 GB 15702—1995，分类方法为： Flag[0]=0　总图 Flag[0]=1　近、远海航行图 Flag[0]=2　沿岸航行图 Flag[0]=3　海峡水道图 Flag[0]=4　港湾图 其余保留。 实体数据文件数据区首地址应大于图内物标个数与单条索引长度的乘积，预留的索引区长度应不少于 128 条。				

元数据文件总长度为 1 024 字节。

5.3 实体数据文件

5.3.1 文件概述

导航电子海图的实体数据文件存放海图物标的空间位置信息、属性信息和物标间的关联信息(包括拓扑信息)，以及物标的查找索引。文件由索引区和数据区两部分组成，实体数据文件结构见表 4。

表 4 实体数据文件结构

数据分区内容		说　明
索引区(Index Area)	已有物标的索引	存放为每个已有物标分配的定长索引
	预留新增物标的索引	为拟增加的物标预留的索引区
数据区(Data Area)		存放非定长的物标实体数据、关系数据和属性数据

索引区与数据区关联查找关系如图 7 所示。

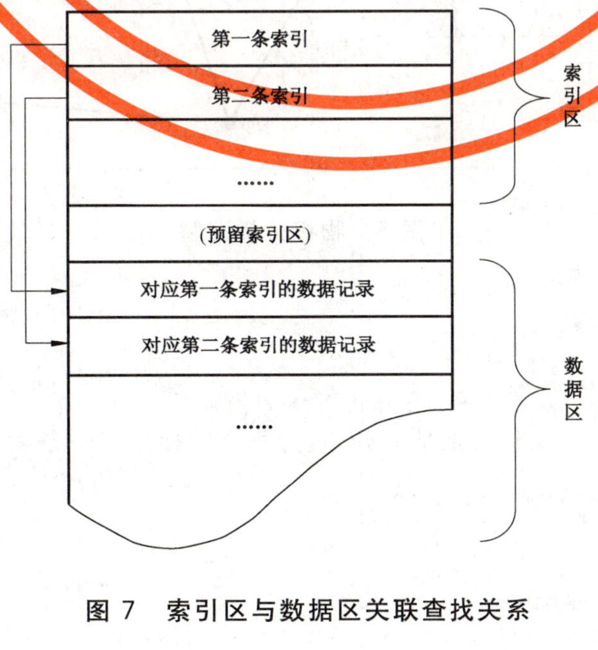

图 7 索引区与数据区关联查找关系

5.3.2 实体数据文件中的物标分类与图解

实体数据文件存储一幅电子海图范围内的物标。实体数据文件中存储的物标按几何性质和复杂程度分作8类，见4.1.3 a)：

a) 二维点(L,B)；

b) 三维点群(L1,B1,H1,L2,B2,H2,…)；

c) 结点(L,B,E1,E2, …,E16)；

d) 普通线(L1,B1,L2,B2,…)；

e) 边界(L1,B1,L2,B2,…)；

f) 面(由边界和结点构成的封闭区)；

g) 文本注记(L1,B1,L2,B2,…,C1,C2, …)；

h) 复杂物标(多个简单物标聚合而成的物标)。

注：字母L为经度，B为纬度，H为高度或深度，E为边界，C为字符串。

各类物标如图8所示。

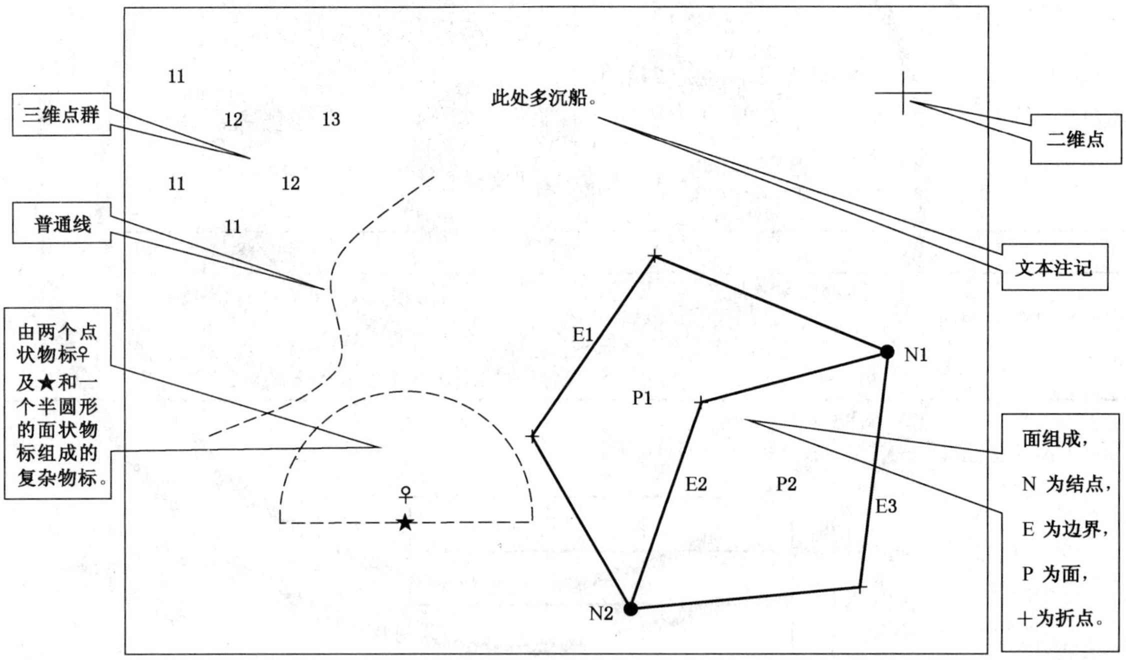

图8 物标分类图解

5.3.3 索引区

5.3.3.1 索引长度

索引区用于检索数据。从文件首地址0开始，为每个物标分配一条索引，每条索引长度为84个字节。

5.3.3.2 索引分类

对应每类物标，其特定的索引格式为：

a) 二维点索引；

b) 三维点群索引；

c) 结点索引；

d) 普通线索引；

e) 边界索引；

f) 面索引；

g) 文本注记索引；

h) 复杂物标索引。

5.3.3.3 索引内容

索引内容分为公共项和专有项。

专有项解释在各自的索引表中。

公共项的含义为：

a) 序号(Seq)——物标在海图数据文件中按顺序存储的编号，正值表示存在，范围为 1～2 147 483 647；负值表示已逻辑删除，但数据实体仍存在，并可恢复；

b) 逻辑层号(Layer)——物标按用途划分的逻辑层号，范围为 0～255；

c) 类型(Type)——物标按性质划分的种类，可选值 1～8；

d) 生产机构(Agen)——生产机构代码，应符合 IHO S-57 的规定；

注 1：不符合 IHO S-57 规定的数据源可不填写。

e) 标识号(Fidn)——物标标识号，应符合 IHO S-57 的规定，取值范围 1～2^{32}-2；

注 2：不符合 IHO S-57 规定的数据源可不填写。

f) 标识细分号(Fids)——物标标识细分号，应符合 IHO S-57 的规定，范围 1～2^{16}-2。

注 3：不符合 IHO S-57 规定的数据源可不填写。

5.3.3.4 二维点索引

二维点索引结构见表 5。

表 5 二维点索引结构

起始位置	内容	类型	名称与长度	说明
0	序号	Long	Seq	负值为已逻辑删除
4	编码	Long	Obj_ID	物标的代码
8	逻辑层号	Unsigned char	Layer	取值 0～255
9	类型	Unsigned char	Type	1
10	窗口左下点	LP2	Window_L_D	等价于定位点
18	窗口右上点	LP2	Window_R_U	等价于方向点
26	点数	Short	Pn	1 或 2。为 1 时表示无方向点
28	父关联号	Long	Link_f_seq	被关联到复杂物标的序号，0 为无关联
32	位置数据地址	Unsigned long	V_Data_pt	等价于属性数据地址
36	位置数据长度	Unsigned short	V_Length	0，无额外位置数据
38	属性数据地址	Unsigned long	A_Data_pt	
42	属性数据长度	Unsigned short	A_Length	单位：字节

表 5(续)

起始位置	内容	类型	名称与长度	说　　明
44	关联物标序号地址	Unsigned long	L_Data_pt	等价于属性数据地址
48	关联物标个数	Unsigned short	L_Length	0,无子关联物标
50	数据总长度	Short	Sum_len	单位:字节
52	预留字	Short	Re_served [12]	
76	生产机构	Char String	Agen[2]	
78	标识号	Unsigned long	Fidn	
82	标识细分号	Unsigned short	Fids	

二维点仅应是孤立结点,为简单物标,只能被复杂物标通过父关联号关联,不关联其他子物标。父关联号即为关联它的复杂物标的序号。

5.3.3.5　三维点群索引

三维点群索引结构见表 6。

表 6　三维点群索引结构

起始位置	内容	类型	名称与长度	说　　明
0	序号	Long	Seq	负值为已逻辑删除
4	编码	Long	Obj_ID	物标的代码
8	逻辑层号	Unsigned char	Layer	取值 0～255
9	类型	Unsigned char	Type	2
10	窗口左下点	LP2	Window_L_D	点群的经度/纬度极小值
18	窗口右上点	LP2	Window_R_U	点群的经度/纬度极大值
26	点数	Short	Pn	
28	父关联号	Long	Link_f_seq	0,无父关联
32	位置数据地址	Unsigned long	V_Data_pt	
36	位置数据长度	Unsigned short	V_Length	点数×12(字节)
38	属性数据地址	Unsigned long	A_Data_pt	
42	属性数据长度	Unsigned short	A_Length	单位:字节
44	关联物标序号地址	Unsigned long	L_Data_pt	等价于属性数据地址
48	关联物标个数	Unsigned short	L_Length	0,无子关联物标
50	数据总长度	Short	Sum_len	单位:字节
52	H 坐标最小值	Long	Z_min	H 坐标指水深,下同
56	H 坐标最大值	Long	Z_max	
60	预留字	Short	Re_served [8]	
76	生产机构	Char String	Agen[2]	
78	标识号	Unsigned long	Fidn	
82	标识细分号	Unsigned short	Fids	

三维点群既不被复杂物标通过父关联号关联，也不关联其他子物标。

注：三维点群用于描述诸如同一手段、同一时间测量的一批水深数据。

5.3.3.6 结点索引

结点索引结构见表7。

表7 结点索引结构

起始位置	内容	类型	名称与长度	说明
0	序号	Long	Seq	负值为已逻辑删除
4	预留	Long	No_use	
8	逻辑层号	Unsigned char	Layer	取值0～255
9	类型	Unsigned char	Type	3
10	关联边界数	Short	Edges	1～16
12	结点位置	LP2	Node	
20	结点所连边界的序号数组	Long	Edges_seq[16]	<0 边界首接结点 >0 边界尾接结点

结点是一种构成多边形拓扑关系的数据，本身不代表任何地理实体，一个结点处最多可连接16条边。

5.3.3.7 普通线索引

普通线索引结构见表8。

表8 普通线索引结构

起始位置	内容	类型	名称与长度	说明
0	序号	Long	Seq	负值为已逻辑删除
4	编码	Long	Obj_ID	物标的代码
8	逻辑层号	Unsigned char	Layer	取值0～255
9	类型	Unsigned char	Type	4
10	窗口左下点	LP2	Window_L_D	折点群的经度/纬度最小值
18	窗口右上点	LP2	Window_R_U	折点群的经度/纬度极大值
26	点数	Short	Pn	
28	父关联号	Long	Link_f_seq	被关联到复杂物标的序号，0为无关联
32	位置数据地址	Unsigned long	V_Data_pt	
36	位置数据长度	Unsigned short	V_Length	点数×8(字节)
38	属性数据地址	Unsigned long	A_Data_pt	
42	属性数据长度	Unsigned short	A_Length	单位：字节
44	关联物标序号地址	Unsigned long	L_Data_pt	等价于属性数据地址
48	关联物标个数	Unsigned short	L_Length	0，无子关联物标

表 8（续）

起始位置	内容	类型	名称与长度	说　明
50	数据总长度	Short	Sum_len	单位：字节
52	线的起点位置	LP2	Star_p	
60	线的终点位置	LP2	End_p	
68	预留字	Short	Re_served [8]	
76	生产机构	Char String	Agen[2]	
78	标识号	Unsigned long	Fidn	
82	标识细分号	Unsigned short	Fids	

普通线是一种无拓扑关系的简单线状物标，只能被复杂物标通过父关联号关联，不关联其他子物标。

5.3.3.8 边界索引

边界索引结构见表 9。

表 9　边界索引结构

起始位置	内容	类型	名称与长度	说　明
0	序号	Long	Seq	负值为已逻辑删除
4	编码	Long	Obj_ID	物标的代码
8	逻辑层号	Unsigned char	Layer	取值 0～255
9	类型	Unsigned char	Type	5
10	窗口左下点	LP2	Window_L_D	边界的经度/纬度最小值
18	窗口右上点	LP2	Window_R_U	边界的经度/纬度最大值
26	左多边形序号	Long	L_polygon	
30	右多边形序号	Long	R_polygon	
34	位置数据地址	Unsigned long	V_Data_pt	
38	位置数据长度	Unsigned short	V_Length	点数×8(字节)
40	属性数据地址	Unsigned long	A_Data_pt	
44	属性数据长度	Unsigned short	A_Length	单位：字节
46	数据总长度	Short	Sum_len	单位：字节
48	线的首结点位置	LP2	Star_Node	未做拓扑关联时为线的起点
56	线的末结点位置	LP2	End_Node	未做拓扑关联时为线的终点
64	点数	Short	Pn	构成边界形状的点个数
66	起点方向	Short	S_angle	单位：分(′)
68	末点方向	Short	E_angle	单位：分(′)
70	预留字	Short	Re_served [3]	
76	生产机构	Char String	Agen[2]	
78	标识号	Unsigned long	Fidn	
82	标识细分号	Unsigned short	Fids	

5.3.3.9 面索引

面索引结构见表 10。

表 10 面索引结构

起始位置	内容	类型	名称与长度	说　明
0	序号	Long	Seq	负值为已逻辑删除
4	编码	Long	Obj_ID	物标的代码
8	逻辑层号	Unsigned char	Layer	取值 0～255
9	类型	Unsigned char	Type	6
10	窗口左下点	LP2	Window_L_D	面的经度/纬度最小值
18	窗口右上点	LP2	Window_R_U	面的经度/纬度最大值
26	起始边序号	Long	S_edge	
30	结束边序号	Long	E_edge	
34	父关联号	Long	Link_f_seq	被关联到复杂物标的序号，0 为无关联
38	边与洞序号数据地址	Unsigned long	E_Data_pt	
42	边与洞序号数据长度	Unsigned short	E_Length	等于边数＋洞数
44	属性数据地址	Unsigned long	A_Data_pt	
48	属性数据长度	Unsigned short	A_Length	单位：字节
50	数据总长度	Short	Sum_len	单位：字节
52	中心点位置	LP2	Cen_Pt	
60	主多边形序号	Long	Host_p	若为子多边形，否则为 0
64	洞数	Short	Holes	若为主多边形，否则为 0
66	边数	Short	Edge_number	
68	面积	Long	Area	单位：平方米
72	周长	Long	Length	单位：米
76	生产机构	Char String	Agen[2]	
78	标识号	Unsigned long	Fidn	
82	标识细分号	Unsigned short	Fids	

面是一种有拓扑关系的物标，可以被复杂物标通过父关联号关联，其拓扑关联的边界或洞通过边界与洞序号数据地址及长度给出。

5.3.3.10 文本注记索引

文本注记索引结构见表 11。

表 11 文本注记索引结构

起始位置	内容	类型	名称与长度	说　明
0	序号	Long	Seq	负值为已逻辑删除
4	编码	Long	Obj_ID	
8	逻辑层号	Unsigned char	Layer	取值 0～255
9	类型	Unsigned char	Type	7
10	窗口左下点	LP2	Window_L_D	定位线的经度/纬度极小值
18	窗口右上点	LP2	Window_R_U	定位线的经度/纬度极大值
26	定位线点数	Short	Pn	
28	引示线点数	Short	R_pn	0、2、3，为 0 时无引示线
30	文本类数据地址	Unsigned long	V_Data_pt	
34	定位线数据长度	Unsigned short	V_Length	点数×8(字节)
36	文本串数据长度	Unsigned short	T_Length	单位:字节
38	文本串绘图属性长度	Unsigned short	A_Length	单位:字节
40	数据总长度	Short	Sum_len	单位:字节
42	引示线第一点位置	LP2	R_p1	
50	引示线第二点位置	LP2	R_p2	
58	引示线第三点位置	LP2	R_p3	
66	预留字	Short	Re_served[5]	
76	生产机构	Char String	Agen[2]	
78	标识号	Unsigned long	Fidn	
82	标识细分号	Unsigned short	Fids	

5.3.3.11 复杂物标索引

复杂物标索引结构见表 12。

表 12 复杂物标索引结构

起始位置	内　容	类型	名称与长度	说　明
0	序号	Long	Seq	负值为已逻辑删除
4	编码	Long	Obj_ID	物标的代码
8	逻辑层号	Unsigned char	Layer	取值 0～255
9	类型	Unsigned char	Type	8
10	窗口左下点	LP2	Window_L_D	物标所在区域的经度/纬度极小值
18	窗口右上点	LP2	Window_R_U	物标所在区域的经度/纬度极大值
26	所含物标数	Short	Objets	
28	关联类型	Short	C_type	1=集合，2=平行，3=上下

表 12（续）

起始位置	内　容	类型	名称与长度	说　明
30	关联物标序号数据地址	Unsigned long	E_Data_pt	
34	关联物标序号数据长度	Unsigned short	E_Length	等于所含物标数
36	属性数据地址	Unsigned long	A_Data_pt	
40	属性数据长度	Unsigned short	A_Length	单位:字节
42	数据总长度	Short	Sum_len	单位:字节
44	虚拟中心点位置	LP2	Centre	被关联物标的几何中心
52	预留字	Short	Re_served [12]	
76	生产机构	Char String	Agen[2]	
78	标识号	Unsigned long	Fidn	
82	标识细分号	Unsigned short	Fids	

5.3.4 数据区

5.3.4.1 数据存放规则

数据区顺次存放每个物标的空间位置信息、属性信息、相互关系信息和文本字符串，自元数据文件定义的实体数据文件数据区首地址 Data_addr 给出的位置开始。每个物标一条数据记录，数据长度为该物标索引给出的数据总长度 Sum_len(结点除外)。

5.3.4.2 二维点存放规则

数据区不存放二维点的坐标，只在索引中的属性数据地址开始存放相关的属性数据。属性数据存放规则见 5.3.4.9。

5.3.4.3 三维点群存放规则

自索引中给出的位置数据地址开始，按以下顺序存放三维点群的地理坐标和深度或高度值：

L1,B1,H1,L2,B2,H2,…,Ln,Bn,Hn

数据长度单位为字节。L 指经度，B 指纬度，单位为 0.001″。H 指深度或高度值，单位由元数据文件规定。

三维点群位置数据区的长度＝点数×12 字节

位置数据结束后，顺次存放属性数据。属性数据存放规则见 5.3.4.9。

5.3.4.4 结点存放规则

数据区不存放结点的任何数据。

5.3.4.5 普通线与边界存放规则

自索引中给出的位置数据地址开始，按以下顺序存放点的地理坐标：

L1,B1,L2,B2,…, Ln,Bn

数据长度单位为字节。L 指经度，B 指纬度，单位为 0.001″。

位置数据的数据长度＝点数×8 字节

位置数据结束后，顺次存放属性数据。属性数据存放规则见 5.3.4.9。

5.3.4.6 面存放规则

自索引中给出的边界与洞序号数据地址开始,按以下次序存放构成多边形的边界和洞序号组:

边界 1,边界 2,…,边界 n;洞 1,洞 2,…,洞 m。

若边界方向与面方向相反,则边界序号为负值,其绝对值为该边界的序号。前进方向的右侧为面。

边界与洞序号数据长度=(边界数+洞数)×4 字节

边界与洞序号数据结束后,顺次存放属性数据。属性数据存放规则见 5.3.4.9。

5.3.4.7 文本注记存放规则

自索引中给出的文本注记类数据地址开始,顺次存放定位点数据、字符串实体和字符绘图属性,按如下次序存放:

L1,B1,L2,B2,…,Ln,Bn;字符串;绘图属性。

定位点数据长度=点数×8 字节

绘图属性为 26 个字节长,依次排列字体、大小、颜色、字型、排列方式。绘图属性数据结构见表 13。

表 13 绘图属性数据结构

起始位置	内容	类型	名称与长度	说　明
0	字体名称	Char String	Font_name[16]	
16	字符大小	Short	Font_size	按每英寸 72 点计量
18	字符颜色	Long	Font_color	颜色的 RGB 值,八位一组
22	字符形状	Short	Font_type	十进制三位整数。 首位为字形,0=正体,1=左斜,2=右斜,3=长体,4=扁体,5=耸肩。 第二位为加粗标记,0=不加粗,1=加粗。 末位为下划线标记,0=不加下划线,1=加下划线
24	字符串排列方式	Short	Font_arrange	0=自定位点向左字字相挨排列; 1=自定位点向右字字相挨排列; 2=以定位点为中心字字相挨排列; 3=沿定位基线均匀排列,字头朝法线方向; 4=沿定位基线均匀排列,字头朝图北方向

5.3.4.8 复杂物标存放规则

自索引中给出的关联物标序号数据地址开始,按如下次序存放各个被关联的子物标的序号:

子物标 1,子物标 2,…,子物标 n。

关联物标序号数据结束后,顺次存放属性数据。属性数据存放规则见 5.3.4.9。

5.3.4.9 属性数据存放规则

每个物标的属性数据在数据区位于该物标的空间位置数据或关系数据之后,按标记语言的方式用 ASCII 码和汉字内码描述。每一个属性项之后,以十六进制数 1F 结束。多个属性项构成一个物标的全部属性记录,以十六进制数 1E 终止。

一个物标的属性记录格式是"属性代码 1,属性值 1,属性值 2,……,属性值 n,1F,……,属性代码

n，属性值 1，属性值 2，……，属性值 n，1E”。一个属性项下出现多个属性值的情况，仅限于 L 型（列表型）属性。

5.3.5 数据查找关系

a) 每条索引开始地址＝(序号－1)×84 字节。

b) 每个物标的实体数据地址＝该物标索引中查到的数据地址。

c) 每个物标的实体数据长度＝该物标索引中查到的数据长度。点状要素除外。

d) 读取一幅图数据的步骤是，首先自元数据文件（*.MTA）中读取关于全图的控制信息和说明信息，如图名、图号、比例尺、范围等，然后打开实体数据文件，自序号 1 至最后序号读取索引，并评判是否为所要物标，若是，则按此序号找到该物标的空间位置信息、关系信息和属性信息，或记录此序号以备处理。

e) 读取一个物标的步骤是先按序号找到索引，再按索引找到数据。

附 录 A
（资料性附录）
数据分层定义表

数据分层定义表是对应导航电子海图实体数据文件的索引区规定的数据逻辑分层标记——逻辑层号而设定的，目的是对逻辑分层的含义予以说明，以方便数据的检索和分层显示。数据分层定义表结构参见表 A.1。

表 A.1 数据分层定义表

序号	内 容	类 型	名称与长度	说 明
1	数据层代码	Unsigned char	Coverage_code	取值 0～255
2	数据层中文名称	Char String	C_name[128]	
3	数据层英文名称	Char String	E_name[128]	
4	数据层英文缩写	Char String	E_ABname[16]	

附 录 B
（资料性附录）
物标代码定义表

物标代码定义表是对应导航电子海图实体数据文件的索引区规定的编码标记而设定的，目的是将导航电子海图所涉及的所有物标编码的含义予以说明，以方便数据的检索和查询。物标代码定义表结构参见表 B.1。

表 B.1 物标代码定义表

序号	内 容	类 型	名称与长度	说 明
1	物标编码	Unsigned long	Object_code	
2	物标中文名称	Char String	C_name[128]	
3	物标英文名称	Char String	E_name[128]	
4	物标英文缩写	Char String	E_ABname[16]	
5	允许物标类型	Char String	Type_AB[16]	允许的类型见 5.3.2

附　录　C
（资料性附录）
属性代码定义表

属性代码定义表是针对导航电子海图实体数据文件所描述的物标属性而定义的，目的是对导航电子海图所涉及的所有物标的属性编码含义予以说明，以方便数据的检索和查询。属性代码定义表结构参见表C.1。

表 C.1　属性代码定义表

序号	内　容	类　型	名称与长度	说　明
1	属性编码	Short	Atribute_code	
2	属性中文名称	Char String	C_name[128]	
3	属性英文名称	Char String	E_name[128]	
4	属性英文缩写	Char String	E_ABname[16]	
5	允许属性类型	Char	Type	允许的属性类型为： A——编码字符串； E——枚举型； F——浮点型； I——整数型； L——列表型； S——任意字符型

附 录 D
（资料性附录）
物标符号查找表

物标符号查找表是将导航电子海图中的物标和用于海图显示的符号库进行联系的纽带。根据物标的代码可以查找到其在显示器或纸介质上的画法(指令)。表中的每一行称为查找表的一个条目,包含六个字段,依次为:物标编码、属性组合、符号指令、显示优先级、雷达叠加标记、显示分类。物标符号查找表结构参见表 D.1。

表 D.1 物标符号查找表

序号	内 容	类 型	名称与长度	说 明
1	物标编码	Long	Object_code	
2	属性组合	Char String	Attibute_Condition[128]	一组属性及属性值的组合
3	符号指令	Char String	Symbol_code[128]	一组文本描述的指令组合,最简单的就是符号库内的符号码
4	显示优先级	Short	Display_Pri	按绘图顺序的分级,高级别的最后画,同一级内,绘图顺序是面、线、点、文字
5	雷达叠加标记	Char	Radar_Overlay	可选字符"O"或"S", "O"表示物标显示在雷达图像之上; "S"表示物标可被雷达图像透明覆盖
6	显示分类	Short	Display_Class	按显示内容的分类

附 录 E
（资料性附录）
电子海图目录文件

电子海图目录文件供电子海图导航系统管理、使用海图数据之用，包括在航行过程中进行放大、缩小、漫游、检索、查询、量算、换图等海图操作。电子海图目录文件以数据文件或数据库表的形式存在，其中的每一条记录描述一幅电子海图的目录信息。电子海图目录文件至少包含海图数据集元数据文件的如下内容：

a） 图号；
b） 图名；
c） 编图比例尺分母；
d） 左下角点位置；
e） 右上角点位置；
f） 平面坐标系；
g） 换算至 WGS_84 坐标系偏移量；
h） 深度基准面；
i） 高程基准面；
j） 海图生成日期；
k） 通告改正截止日期；
l） 数据质量说明；
m） 电子海图数据文件名。

电子海图目录文件结构参见表 E.1。

表 E.1 电子海图目录文件

序号	内 容	类 型	名称与长度	说 明
1	图号	Char String	Number[16]	16 个字符
2	图名	Char String	Name[32]	32 个字节的汉字或字符
3	编图比例尺分母	Long	Scale	
4	左下角点位置	LP2	Left_down	地理坐标，单位：0.001″
5	右上角点位置	LP2	Right_up	地理坐标，单位：0.001″
6	地理坐标系	Char String	H_datum[32]	32 个字节的汉字或字符，如 WGS-84
7	换算至 WGS_84 坐标系偏移量	LP2	H_coor	地理坐标，单位：0.001″
8	深度基准面	Char String	D_datum[32]	32 个字节的汉字或字符
9	高程基准面	Char String	V_datum[32]	32 个字节的汉字或字符
10	海图生成日期	Char String	Map_date[10]	格式“YYYY-MM-DD”，年月日不确定项填“?”

表 E.1（续）

序号	内　容	类　型	名称与长度	说　明
11	通告改正截止日期	Char String	Update_date[10]	格式“YYYY-MM-DD”，年月日不确定项填“?”
12	数据质量说明	Char String	Sur_quality[64]	
13	电子海图文件名	Char String	Chart_File_name[64]	

ICS 33.200
M 50

中华人民共和国国家标准

GB/T 28445—2012

个人位置导航电子地图数据质量规范

Data quality specification for navigation electronic map in personal position

2012-06-29 发布　　　　2012-10-01 实施

中华人民共和国国家质量监督检验检疫总局
中国国家标准化管理委员会　发布

前　言

本标准依据 GB/T 1.1—2009 给出的规则起草。

请注意本文件的某些内容可能涉及专利。本文件的发布机构不承担识别这些专利的责任。

本标准由中华人民共和国工业和信息化部提出。

本标准由中国电子技术标准化研究所归口。

本标准起草单位:北京四维图新科技股份有限公司、中国电子技术标准化研究所、瑞图万方科技有限公司、北京灵图软件技术有限公司、易图通科技(北京)有限公司、高德软件有限公司。

本标准主要起草人:彭建、孙玉国、曹晓航、陈倩、蒋晟、李宏利、赵斌、李艳霞。

个人位置导航电子地图数据质量规范

1 范围

本标准规定了个人位置导航电子地图数据质量描述原则、评价内容、评价指标、评价方法和评价流程。

本标准适用于各类手持终端上个人位置导航电子地图数据的检查验收和质量评定。

2 规范性引用文件

下列文件对于本文件的应用是必不可少的。凡是注日期的引用文件，仅注日期的版本适用于本文件。凡是不注日期的引用文件，其最新版本(包括所有的修改单)适用于本文件。

GB/T 2828.1—2003 计数抽样检验程序 第1部分：按接收质量限(AQL)检索的逐批检验抽样计划

GB 20263 导航电子地图安全处理技术基本要求

3 术语和定义

下列术语和定义适用于本文件。

3.1

数据集 dataset

可以识别的数据集合。

[GB/T 19710—2005，定义4.2]

3.2

数据质量元素 data quality element

产品满足用户要求和使用目的的基本特征。

3.3

单位产品 item

可单独描述和考察的事物。

注：单位产品可以是数据集的任何部分，如要素、要素间关系、要素属性或它们的组合。

[GB/T 2828.1—2003，定义3.1.4]

3.4

样本 sample

在抽样检查中，取自一个批并且提供有关该批的信息的一个或一组单位产品。

注：批指图幅、区域等同一性质的单位产品。

3.5

抽样检查 sampling inspection

按照一定的抽样方法，从数据集中抽取样本数据进行的检查。

3.6

全数检查 full inspection

对数据集中所有单位产品进行的检查(100%检查)。

3.7

严重缺陷　high defect

地图产品的极重要质量元素不符合规定，对用户的使用有严重影响。

3.8

重缺陷　medium defect

地图产品的重要质量元素不符合规定，或者地图产品的质量元素严重不符合规定，对用户使用有重大影响。

3.9

轻缺陷　low defect

地图产品的一般质量元素不符合规定，或者地图产品的质量元素轻微不符合规定，对用户使用有轻微影响。

4　数据质量描述原则

4.1　概述

个人位置导航电子地图数据可依据使用目的划分成不同规模或类型的数据集，数据集的质量通常采用两类元素描述：

a）数据质量定性元素

数据质量定性元素提供概括性的、非定量性的质量信息。

b）数据质量定量元素

数据质量定量元素描述数据集满足数据产品规格中定义的质量标准的程度，并提供量化的质量信息。

4.2　数据质量定性元素

数据质量定性元素的描述见表1。

表1　数据质量定性元素

数据质量定性元素	描　述
安全性	描述数据满足国家相关法律、法规和GB 20263对于信息安全的规定
目的	描述生产数据集的原因和主要目的
用途	描述数据集对于数据生产者和应用者的应用范围
数据志	描述数据集的历史沿革，即对数据集从获取、编辑、编译到发布的全过程的描述。数据志包括两个独立的部分：数据源信息和数据处理步骤、重要处理事件（转换、维护）信息
用户自定义	描述数据与供方自定义的内部或对外公开发布的数据质量指标的符合程度，以及数据与需方定制要求的符合程度，如数据范围、可持续性等

4.3　数据质量定量元素

4.3.1　概述

数据质量定量元素的描述见表2。

表 2 数据质量定量元素

一级质量元素	二级质量元素
完整性	多余
	遗漏
逻辑一致性	概念一致性
	格式一致性
	值域一致性
	拓扑一致性
位置准确度	绝对位置准确度
	相对位置准确度
专题准确度	定量属性准确度
	专题分类准确度
时间准确度	现势性
	时间度量准确度
	时间一致性

4.3.2 完整性

描述要素、要素属性和要素关系的多余或者遗漏：

a) 多余

描述数据集中有不应有的数据。

b) 遗漏

描述数据集中缺少应有的数据。

4.3.3 逻辑一致性

描述数据结构(包括概念的、逻辑的或物理的数据结构)、要素、属性和关系符合逻辑规则的程度：

a) 概念一致性

描述数据概念与概念模型规则的一致性程度。

b) 格式一致性

描述数据存储与数据集物理结构的一致性程度。

c) 值域一致性

描述数据值是否在界定的值域内。

d) 拓扑一致性

描述数据集显性的拓扑关系编码的正确性。

4.3.4 位置准确度

描述要素位置的准确度：

a) 绝对位置准确度

描述要素的绝对空间位置信息与真值或者约定值的近似度。

b) 相对位置准确度

描述要素与要素间的相对空间位置信息与真值或者约定值的近似度。

4.3.5 专题准确度

描述定量属性准确度，以及要素的分类准确度：

a) 定量属性准确度

描述定量属性数据的正确性。

b) 专题分类准确度

描述要素或要素属性分类与数据规格中的分类定义的一致性程度。

4.3.6 时间准确度

描述要素的时间属性和时间关系的准确度：

a) 现势性

描述数据内容在时间上的有效性。

b) 时间度量准确度

描述数据中各项目使用的时间参考系的正确性。

c) 时间一致性

描述有序事件的正确性。

5 数据质量评价内容

5.1 数据质量定性元素评价内容

数据质量定性元素的评价内容见表3。

表3 数据质量定性元素对应的评价内容

一级质量元素	评价内容
安全性	a) 数据空间位置坐标精度是否符合安全规定； b) 数据存储和表达的内容是否符合安全规定
目的	a) 是否具备数据集生产原因的描述； b) 是否具备数据集预定目标的描述
用途	是否具备数据集应用范围的描述
数据志	a) 是否具备数据源信息描述； b) 是否具备数据编辑、编译、发布、维护过程中重要处理情况的描述； c) 是否具备数据质量过程控制的描述
用户自定义	a) 是否与数据供方自定义内容一致； b) 是否与数据需方定制要求一致

5.2 数据质量定量元素评价内容

数据质量定量元素的评价内容见表4。

表 4 数据质量定量元素评价内容

一级质量元素	二级质量元素	评价内容
完整性	多余	a) 要素类型、要素的多余； b) 属性类型、属性的多余； c) 关系类型、关系的多余； d) 基本元数据的多余
完整性	遗漏	a) 强制性的要素类型、要素的遗漏； b) 强制性的属性类型、属性的遗漏； c) 强制性的关系类型、关系的遗漏； d) 基本元数据的遗漏
逻辑一致性	概念一致性	a) 要素、属性和关系与现实世界的地理实体的一致性； b) 要素、属性和关系的定义与概念模型中定义的一致性
	格式一致性	a) 数据存储与数据集物理结构的一致性； b) 数据存储与规定格式的一致性
	值域一致性	数据值与界定的值域的一致性
	拓扑一致性	a) 面状要素的闭合性； b) 线状要素的连通性和符合某种条件的线状要素集的闭合性； c) 要素、属性和关系 ID 的惟一性； d) 有序或部分有序要素的一致性； e) 点、线、面要素间空间几何位置、拓扑关系的一致性
位置准确度	绝对位置准确度	a) 采用的空间参考坐标系统是否正确； b) 要素的绝对空间位置信息误差是否在允许范围内； c) 数据集准确度等级是否符合预定的等级要求
	相对位置准确度	a) 相对位置基准点的位置信息误差是否在允许范围内； b) 要素间的相对位置信息误差是否在允许范围内
专题准确度	定量属性准确度	定量属性数据与现实世界的地理实体的符合程度
	专题分类正确性	a) 要素、属性的分类与现实世界的类别是否一致； b) 要素、属性的分类是否符合数据规格中的分类定义
时间准确度	现势性	数据内容在时间上的有效性
	时间度量准确度	数据集中各项目的时间参考系统的正确性
	时间一致性	a) 数据时间属性与数据集发布时指明时间的一致性； b) 数据集中各有序事件或序列的一致性

6 数据质量评价指标

6.1 数据质量定性元素评价指标

导航电子地图数据质量定性元素评价指标，主要指地图的安全性和其他数据质量定性元素评价指标：

a) 安全性

个人位置导航电子地图数据的安全性应符合国家相关法律、法规和 GB 20263 的规定，否则为不合格。

b) 其他

其他数据质量定性元素评价指标由使用或参考本规范的单位或机构规定。

6.2 数据质量定量元素评价指标

6.2.1 缺陷分类

数据质量定量元素评价指标从数据缺陷的角度描述检查项目不符合数据质量要求的各种情况。该指标可以用检查项目的缺陷等级及相应的缺陷分值来描述，其中缺陷等级分为严重缺陷、重缺陷、轻缺陷三类。个人位置导航电子地图数据评价内容按照缺陷等级进行了分类，并给出了缺陷等级对应的缺陷分值，具体内容见附录 A。使用单位或机构可以根据评价数据的实际应用目的，参考附录 A 适当调整现存缺陷级别或确定新的检查项的缺陷级别，但应保证不同质量元素的同一缺陷级别对数据质量的影响程度基本一致。

6.2.2 评价权重

个人位置导航电子地图产品数据由不同的要素主题组成。数据质量评价就是以这些要素主题为评价对象，通过数据质量元素来综合评价数据产品质量。可以采用评价权重系数来反映参评的数据质量元素在各个要素主题中和要素主题在整个产品数据中的相对重要程度。数据评价单位可以根据参评数据的特点自行定义。本规范根据目前国内个人位置导航电子地图数据现状设定了各数据质量元素和要素主题的参考权重值，具体内容见附录 B。

7 数据质量评价方法

7.1 概述

个人位置导航电子地图数据质量评价方法可以分为定性评价法和定量评价法：定性评价法主要是针对数据质量定性元素的评价，是基于数据发布时提供的相关信息进行演绎推理确定数据集的数据质量状况，用于演绎推理的信息包括数据用途、数据源的质量、数据生产方法和记录等；定量评价法主要是针对数据质量定量元素的评价，通过与内部或外部的参照信息进行对比来评定数据集的数据质量状况，内部或外部的参照信息可以是现实世界的客观描述信息，也可以是被认可的权威性数据。

7.2 定性评价法

定性评价法是根据事先确定的评价指标，对数据的安全性、目的、用途、数据志以及用户自定义项目的评价，通过演绎推理等方法对这些项目的评价，从而判定数据集的质量是否合格，用于演绎推理的方法和信息应当在质量评价报告中进行阐述。

7.3 定量评价法

7.3.1 概述

定量评价法是对数据集质量的直接评价，通过检查数据集中各个数据项目来判定数据集质量是否合格。定量评价法一般采用数据质量检查软件检查数据集的质量，数据质量检查软件根据数据规格预先定义的描述数据要素、属性和关系的质量检查原则，通过计算机软件程序对数据组织结构、数据逻辑关系和数据存储内容进行判定，检查数据集中可能存在的错误；也可以通过辅助工具结合人工识别分析方法进行人工检查，如使用导航仪进行道路网络、道路属性等信息的检查。数据质量检查软件的名称、算法和人工检查判定方法应在数据集质量报告中说明。定量评价法一般可分为全数检查或抽样检查。

7.3.2 全数检查

7.3.2.1 概述

全数检查，也称全检，指在数据质量评价范围内对被指定的数据集中的全部单位产品进行检查。个人位置导航电子地图数据质量检查一般只对国家强制性要求、用户的特殊要求或其他可能导致严重影响的数据质量项目进行全检，适合通过数据质量检查软件进行全数检查的数据项目也建议采用全检方式。个人位置导航电子地图数据全数检查的必要项目见附录 C。

7.3.2.2 全数检查过程

全数检查时应对数据质量范围内每一个单位产品均进行检查，全数检查的过程见表 5。

表 5 全数检查过程

序 号	步 骤	说 明
1	确定单位产品	单位产品是检查的最小单位。一个要素、一个要素的属性或者要素间关系都可以成为一个单位产品
2	检查单位产品	检查数据质量范围内的每一个单位产品
3	判定结果	依据评价指标，检查单位产品的评价得分，确定全检数据结果

7.3.3 抽样检查

7.3.3.1 概述

抽样检查指按照规定的抽样方案，采用适用的抽样方法从数据集中抽取部分个体作为样本进行检查。抽样检查是用样本的质量判断数据集质量的一种方法，适用于质量比较稳定、数据量大、检查费用与时间有限的情况。地图数据常用的抽样方法分为两种，即基于要素的抽样和基于区域的抽样。个人位置导航电子地图数据抽样方法的描述见附录 D。

7.3.3.2 抽样检查过程

抽样检查的对象为待检数据集中按照抽样原则选取的抽样单元中的各个单位产品，抽样单元根据数据质量评价对象的不同可以是某个区域或者某些属性数据，每一个抽样单元可以是一个数据集，或者多个抽样单元组合成一个数据集，单位产品是数据质量评价的直接对象，抽样检查的过程见表 6。

表 6 抽样检查过程

序 号	步 骤	说 明
1	确定抽样方法	采用随机抽样方法
2	确定单位产品	单位产品是检查的最小单位。一个要素、一个要素的属性或者要素间的关系都可以成为一个单位产品

表 6（续）

序　号	步　骤	说　明
3	将数据质量范围（总体）划分成检验批	检验批是数据质量范围内单位产品的集合，从中抽出样本，并进行检查。每个检验批应尽可能包含相同条件或相同时间生产的单位产品
4	将检验批划分为抽样单元	抽样单元是进行检查的数据范围
5	定义抽样比例或样本大小	抽样比例确定从每个检验批平均抽取多少单位产品进行检查
6	选取抽样单元	根据抽样比例要求选取的抽样单元
7	检查抽样单元中的单位产品	检查抽样单元中的每个单位产品
8	判定结果	依据评价指标检查单位产品的评价得分，确定抽检数据结果

7.4　定量评价法的数据质量评定过程

7.4.1　概述

将数据集所有不同级别的缺陷数转换为最低级别缺陷数，并计算数据集的实际缺陷率或不合格品率。根据接收质量限（AQL）和实际缺陷率或不合格品率的关系计算数据集的得分。

7.4.2　确定数据要素的 AQL

AQL 一般指可接收的最大缺陷率或不合格品率，可以根据以下规则来确定：

a)　一般由数据产品质量规范或用户要求给出。如果没有规定，可将相关的质量要求转换为 AQL，或根据历年数据质量情况或预检结果确定。

b)　一般应考虑质量要求、产品的复杂程度、检查项的数量和经济性等因素。

本标准按照目前国内个人位置导航电子地图数据现状设定各数据要素的 AQL，具体内容见附录 E。

7.4.3　数据集的评分方法

a)　全检的平均实际缺陷率

1)　统计每个一级质量元素全检项包含的各级别缺陷数；

2)　根据各个缺陷等级对应的缺陷分值，将所有缺陷换算为最低级别缺陷分值后，除以检查的个体数，得到每个全检项的实际缺陷率；

3)　对所有全检项的实际缺陷率按照一级质量元素权重进行加权，然后进行算术平均，得到全检数据的平均实际缺陷率，计算公式如下：

$$U_{全} = \sum (U_i \times Q_i) / N \quad \cdots\cdots (1)$$

式中：

$U_{全}$——全检平均实际缺陷率；

U_i——第 i 个一级质量元素实际缺陷率；

Q_i——第 i 个一级质量元素权重（见附录 B）；

N——全检项总数。

b) 抽检的平均实际缺陷率

1) 统计每个一级质量元素抽检项中各级别缺陷数；

2) 根据各个缺陷等级对应的缺陷分值，将所有缺陷换算为最低级别缺陷分值，除以样本量得出每个抽检项的实际缺陷率；

3) 对所有抽检项的实际缺陷率按照一级质量元素权重进行加权，然后进行算术平均，得到抽检部分数据的平均实际缺陷率，计算公式如下：

$$U_{抽}=\sum(U_i \times Q_i)/M \quad \cdots\cdots(2)$$

式中：

$U_{抽}$——抽检平均实际缺陷率；

U_i——第 i 个一级质量元素实际缺陷率；

Q_i——第 i 个一级质量元素权重(见附录 B)；

M——样本量。

c) 计算数据集的得分

确定全检或抽检的 AQL，数据集总分预置为 100 分，数据集的接收质量限对应扣 40 分。按式(3)、式(4)、式(5)计算数据集得分：

$$S_{全}=100-U_{全}\times(40/V_{全}) \quad \cdots\cdots(3)$$

$$S_{抽}=100-U_{抽}\times(40/V_{抽}) \quad \cdots\cdots(4)$$

$$S_{数}=S_{全}\times K+S_{抽}\times(1-K) \quad \cdots\cdots(5)$$

式中：

$S_{全}$——数据集全检项目评分；

$S_{抽}$——数据集抽检项目评分；

$S_{数}$——数据集评分；

U——平均实际缺陷率(下标全和抽分别表示全检和抽检)；

V——AQL(下标全和抽分别表示全检和抽检)；

K——全检部分检查项数占全部检查项数的比例。

d) 计算综合评分

根据评价数据中各数据集的权重等级，对数据集得分进行加权，然后对所有数据集得分进行累加，得到评价数据的综合评分。计算公式如下：

$$S=\sum(S_{数i}\times Q_i) \quad \cdots\cdots(6)$$

式中：

$S_{数i}$——第 i 个数据集评分；

Q_i——第 i 个数据集的综合权重系数；

S——综合评分。

7.4.4 地图数据的质量评定

数据质量评价过程中，可以参考以下规则对其进行结果判定：

a) 评价过程中，一旦发现严重缺陷，判定产品不合格。

b) 对判定为不合格的抽检数据，一般为该抽检数据的最终判定结果，也可根据实际评价要求扩大抽样比例，再次对抽检样本数据进行复检。满足合格条件的结果分值采用降级加权的方式处理。若检查结果仍为不合格，则该结果为最终判定结果。

c) 对判定为不合格的全检数据，一般为该全检数据的最终判定结果，也可要求生产单位进行返工或重做并进行复检。对返工或重做的数据，进行再次检查，满足合格条件的结果分值采用降级的方式处理。若检查结果仍为不合格，则该结果为最终判定结果。

8 数据质量评价流程

8.1 评价流程图

数据质量评价流程描述个人位置导航电子地图质量评价的流程和各个步骤，见图1。

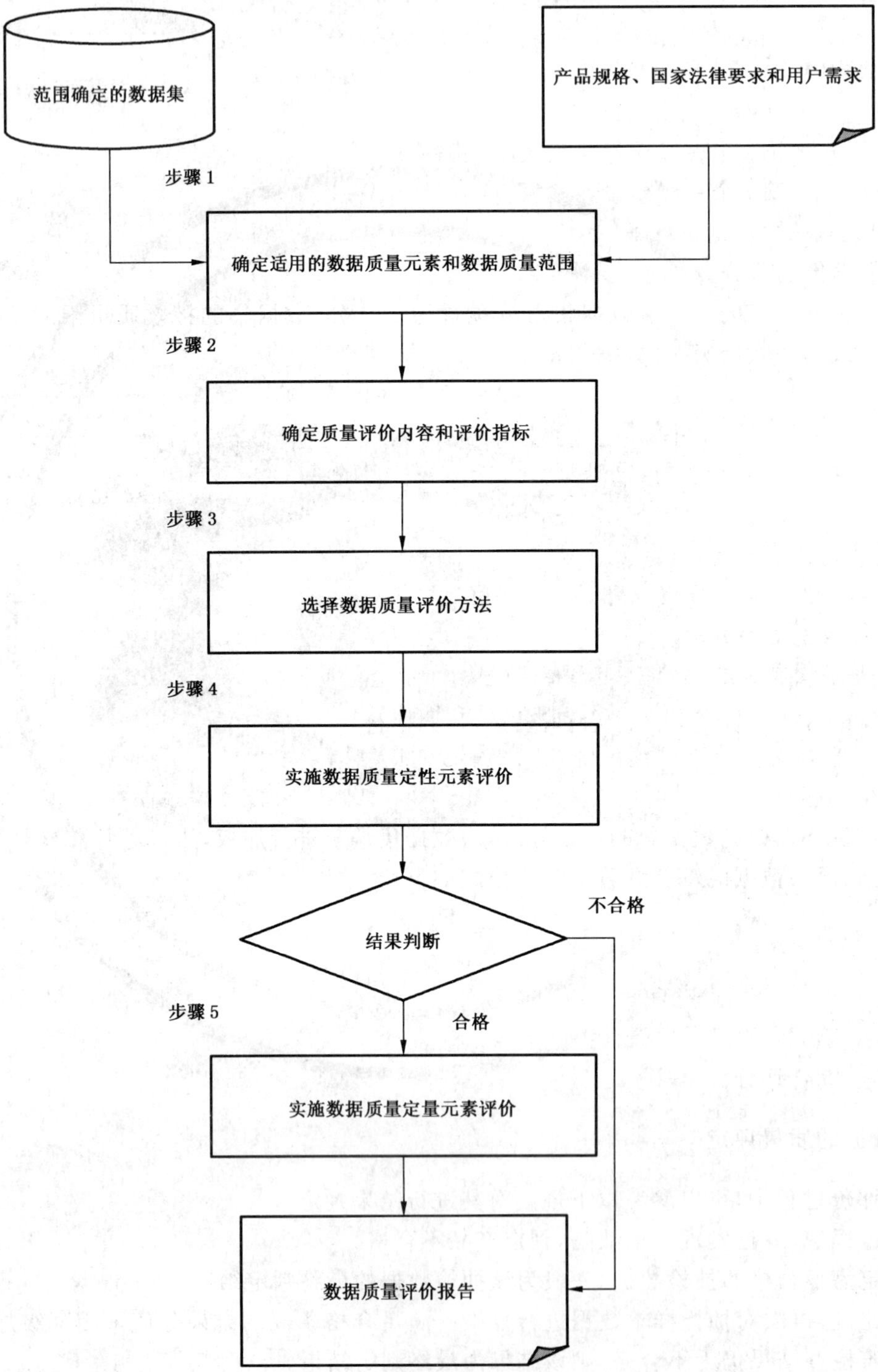

图1 数据质量评价流程图

8.2 评价实施步骤

8.2.1 确定适用的数据质量元素和数据质量范围

评价实施单位根据个人位置导航电子地图数据的评价目的，在满足地图数据的规格和用户的特殊需求的基础上，选定适用的数据质量元素和数据质量范围。

8.2.2 确定质量评价内容和评价指标

评价实施单位根据个人位置导航电子地图数据的评价目的，确定具体的数据质量评价内容和评价指标。

8.2.3 选择数据质量评价方法

评价实施单位根据质量评价内容制定各相应质量评价方法，如定量评价法和定性评价法，一般数据质量定量元素的评价采用定量评价法，数据质量定性元素的评价采用定性评价法。

8.2.4 实施数据质量定性元素评价

评价实施单位确定数据质量评价内容后，采用相应的数据评价方法，对数据质量进行评价，并给出数据质量评定结果。一般首先采用定性评价法对数据质量定性元素进行评价，如用于评价的数据是否通过国家相关行政机关关于导航电子地图的强制性管理规定，是否获得审图号，或者用户自定义项目是否满足要求。若数据质量定性元素评价合格，则采用定量评价法对相应的数据质量定量元素的评价，否则判定该批数据不合格，并提供数据质量评价报告。

8.2.5 实施数据质量定量元素评价

导航电子地图数据质量定量元素评价采用 7.4 的数据质量评价过程及质量评定，评价实施单位根据预先设定的质量评价标准，对导航电子地图数据进行合格评定。车载导航电子地图数据质量评价示例参见附录 F，描述采用定量评价法对导航电子地图数据质量评价的步骤、方法，以及如何应用这些方法对地图数据进行质量评价和结果评定。

9 数据质量评价报告

数据质量评价报告是数据质量检查与评价过程、方法及结果的综合描述和评述，是个人位置导航电子地图数据质量特性的综合评价。数据质量评价报告由正文和数据质量评价附表组成。正文应是质量评价方法、过程和结果的全面记录和描述，包括质量检查与评价的组织、数据集概况、检查方法、评价依据、评价规则、质量评述、存在问题及结论等。个人位置导航电子地图数据质量评价报告示例参见附录 G。

附　录　A
（规范性附录）
数据评价指标的缺陷分类和缺陷分值

数据评价指标的缺陷分类和缺陷分值见表 A.1。

表 A.1　数据评价指标的缺陷分类和缺陷分值表

数据要素	一级质量元素	严重缺陷 （缺陷分值：∞）	重缺陷 （缺陷分值：9）	轻缺陷 （缺陷分值：1）
道路与轮渡	完整性	唯一性要素/属性/关系的多余或强制性要素/属性/关系的缺失导致数据无法正常访问	a) 高速公路、国道、城市快速路等高功能等级道路的多余或遗漏； b) 主要地方道及以上道路或重要人行道路和轮渡的多余或遗漏； c) 重要交通限制信息或属性（如道路名称）的多余或遗漏	a) 主要地方道以下级别道路或一般轮渡的多余或遗漏； b) 一般属性（如道路沿线的门牌号码、收费和限速信息等）或交通限制信息多余或遗漏
	逻辑一致性	数据存储格式与数据规格的不一致	a) 高速公路、国道、城市快速路等道路的空间位置关系（平面或立体交叉）错误； b) 道路要素或连接点 ID 的不唯一； c) 高速公路、国道、城市快速路等道路单双向、禁行交通限制的错误	a) 主要地方道及以下道路的非连通和非闭合； b) 道路与轮渡的平面空间位置关系错误； c) 主要地方道及以下道路的单双向、禁行交通限制的错误； d) 高速公路、国道、城市快速路等道路除单双向、禁行外的其他交通限制错误
	位置准确度	坐标系或投影错误	道路绝对位置准确度大于 25 m	道路绝对位置准确度大于 15 m，且小于或等于 25 m
	专题准确度	—	主要地方道及以上道路中导致路径规划与引导错误的属性错误	a) 主要地方道以下道路中导致路径规划与引导错误的属性错误； b) 对路径规划与引导不产生影响的属性错误； c) 人行道路指示信息错误
	时间准确度	数据现势性程度不满足客户要求	—	—

表 A.1(续)

数据要素	一级质量元素	严重缺陷(缺陷分值:∞)	重缺陷(缺陷分值:9)	轻缺陷(缺陷分值:1)
行政区划	完整性	唯一性要素/属性/关系的多余或强制性要素/属性/关系的缺失导致数据无法正常访问	数据覆盖范围内的行政区划的多余或遗漏	行政区划层次化要素的多余或遗漏
	逻辑一致性	数据存储格式与数据规格的不一致	a) 一个行政区划边界元素两次界定同一行政区域; b) 行政区划形状非闭合	a) 行政区划层次划分不符合国家行政区划层次划分原则; b) 行政区划间出现重叠或空隙
	位置准确度	a) 坐标系或投影错误; b) 国界、未定国界与国家公布的基础地理数据不一致	省级行政区划边界与国家公布的基础地理数据不一致	县级(含)以下行政区划边界与国家公布的基础地理数据不一致
	专题准确度	a) 国界、未定国界处地名错误造成主权归属错误; b) 国界、未定国界、特别行政区以及相应的界桩、界碑属性错误等	重要属性(如地级市级别以上名称和行政区域代码)错误	a) 行政区划的一般属性(如行政区域代码)错误; b) 行政区划的次要属性(如人口数量)的错误
	时间准确度	数据现势性程度不满足客户要求	时间属性参考系的不一致	—
命名区域、土地覆盖与利用、构造物、铁路、水系、道路附属设施	完整性	唯一性要素/属性/关系的多余或强制性要素/属性/关系的缺失导致数据无法正常访问	主要河流或湖泊的多余或遗漏	标志性铁路干线、道路附属设施、水系、构造物的多余或遗漏
	逻辑一致性	数据存储格式与数据规格的不一致	主要河流或湖泊水系位置错误	命名区域、构造物、铁路支线、附属设施和一般关注点的拓扑关系错误
	位置准确度	坐标系或投影错误	主要河流或湖泊形状与实际形状严重不一致	重要水系形状与实际形状不一致
	专题准确度	—	a) 主要河流或湖泊名称等重要属性错误; b) 国家干线、主要河流或湖泊以外水系、道路附属设施的名称或种别等重要属性错误	铁路、水系、道路附属设施的一般属性错误
	时间准确度	数据现势性程度不满足客户要求	时间属性参考系的不一致	—

表 A.1（续）

数据要素	一级质量元素	严重缺陷（缺陷分值:∞）	重缺陷（缺陷分值:9）	轻缺陷（缺陷分值:1）
关注点	完整性	唯一性要素/属性/关系的多余或强制性要素/属性/关系的缺失导致数据无法正常访问	客户强制性指定的关注点多余或遗漏	一般关注点的多余或遗漏
	逻辑一致性	数据存储格式与数据规格的不一致	客户强制指定的关注点与道路、水系等空间位置关系错误	关注点与道路、水系等空间位置关系错误
	位置准确度	坐标系或投影错误	a) 客户强制性指定的关注点与国家测绘单位提供的基础地理数据不一致； b) 重要关注点表示区域准确度大于 30 m； c) 一般关注点表示区域准确度大于 40 m	a) 重要关注点表示区域准确度大于 20 m，且小于或等于 30 m； b) 一般关注点表示区域准确度大于 30 m，且小于或等于 40 m
	专题准确度	—	客户指定的关注点属性错误	a) 关注点次要属性错误（如描述属性）； b) 一般关注点的属性错误（如显示等级）
	时间准确度	数据现势性程度不满足客户要求	时间属性参考系的不一致	—
公共交通	完整性	唯一性要素/属性/关系的多余或强制性要素/属性/关系的缺失导致数据无法正常访问	城市主要公交线路（如地铁、轻轨等）的多余或遗漏	a) 公交路线的多余或遗漏； b) 城市公交换乘点的多余或遗漏
	逻辑一致性	数据存储格式与数据规格的不一致	公交线路上站点的接续关系错误	公交路线的走行轨迹错误
	位置准确度	坐标系或投影错误	公交站点位置准确度大于 60 m	公交站点位置准确度大于 30 m，且小于或等于 60 m
	专题准确度	—	a) 公交线路的运营时间等重要属性错误； b) 公交换乘信息错误	公交站点名称、线路名称等一般属性错误
	时间准确度	数据现势性程度不满足客户要求	时间属性参考系的不一致	—

附 录 B
（规范性附录）
数据评价指标的评价权重

数据评价指标的评价权重见表B.1。

表B.1 数据评价指标的评价权重表

数据要素	一级质量元素权重					综合权重
	完整性	逻辑一致性	位置准确度	专题准确度	时间准确度	
道路与轮渡	0.15	0.3	0.2	0.2	0.15	0.25
关注点	0.15	0.15	0.2	0.2	0.3	0.2
公共交通	0.2	0.2	0.1	0.2	0.3	0.2
行政区划	0.25	0.25	0.25	0.15	0.1	0.05
命名区域	0.2	0.25	0.2	0.25	0.1	0.05
土地覆盖与利用	0.2	0.25	0.2	0.25	0.1	0.05
构造物	0.2	0.25	0.2	0.25	0.1	0.05
铁路	0.2	0.25	0.2	0.25	0.1	0.05
水系	0.25	0.25	0.25	0.15	0.1	0.05
道路附属设施	0.15	0.25	0.25	0.2	0.15	0.05

附 录 C
（规范性附录）
全数检查的必要项目

C.1 全数检查的必要项目

全数检查的必要项目包括：

a） 国家相关行政主管部门强制性规定所对应的所有数据检查项目；

b） 高速公路、国道、城市快速路等主干道路对应的重要检查项目，如道路位置和连接关系、道路等级、道路名称、交通流方向、交通限制等；

c） 重要关注点对应的重要检查项目，如名称、位置信息等；

d） 其他产品规格、质量要求或用户要求规定的全检项目。

附 录 D
（资料性附录）
个人位置导航电子地图数据样本选取

D.1 概述

对产品质量的检查通常采用两种方式：全数检查和抽样检查。GB/T 2828 适用于评价产品规范一致性的抽样检查，抽样检查是按规定的抽样方案，随机地从检验批或过程中抽取少量个体或材料作为样本，对样本进行全数检查，并根据对样本的检查结果对该批产品作出合格或不合格地判定。

个人位置导航电子地图数据抽样一般采用基于要素的抽样方法和基于区域的抽样方法。根据导航电子地图数据用户的质量要求状况和导航电子地图数据特点，当使用抽样方法进行导航电子地图数据质量检查时，通常按 GB/T 2828.1—2003 使用一般检验的Ⅱ水平，AQL 的选择见附录 E。

D.2 基于要素的抽样方法

以要素为个体的抽样，通常将需要检查的对象整体作为抽样的总体，比如将需要检查的 1 000 个道路属性或 100 个关注点作为抽样的总体。基于要素的抽样步骤如下：

a) 确定该批数据可接收的最大不合格品率；
b) 统计该批数据包含的数据项个数；
c) 在一般检验的Ⅱ水平下，确定与数据项对应的样本检查的数据项数；
d) 根据确定的可接收的最大不合格品率和抽样的数据项数量，确定合格判定数。

D.3 基于区域的抽样方法

基于区域抽样的导航电子地图数据，通常按照图幅实现，或根据人为划定的网格区域实现，例如：城市核心区域 4 km^2(2 km×2 km)或城市郊区 16 km^2(4 km×4 km)。基于区域的抽样，一般分为多图幅抽样和图幅内抽样。

多图幅抽样中，图幅为抽样的个体。如果需要检验的图幅少于 10 幅，抽样的比例采用专家判断法抽样，根据数据检查的目的以及图幅质量的提交说明，确定抽样的样本数和合格判定数。

若图幅大于 10 幅，通常采用分层随机抽样方法抽取样本，一般实施步骤如下：

a) 确定该检验批数据可接收的最大不合格品率；
b) 在一般检验的Ⅱ水平下，确定与总图幅数对应的样本图幅数量；
c) 根据确定的可接收的最大不合格品率和抽样的图幅数量，确定合格判定数。

附 录 E
（规范性附录）
数据要素的 AQL

数据要素的 AQL 见表 E.1。

表 E.1 数据要素的 AQL

数据要素	AQL
道路与轮渡	0.01
关注点	0.01
公共交通	0.01
行政区划	0.01
命名区域	0.01
土地覆盖与利用	0.01
构造物	0.01
铁路	0.01
水系	0.01
道路附属设施	0.01

附　录　F
（资料性附录）
个人位置导航电子地图数据质量评价示例

F.1　概述

本附录以全国数据抽样为例来说明如何对数据进行评价。

F.2　区域抽样

全国数据的区域评价首先选取相应的区域，为保证数据区域均衡，区域选取的原则为：

a)　国内重点城市或区域，如北京、上海、深圳等；

b)　经济发达区域或重点省会城市，如石家庄、长沙；

c)　一般省会城市或旅游景点城市，如青岛；

d)　一般普通地级市或县级市；

e)　其他要求：如评价预先设定包含区域。

注 1：城市的选择可参考人均 GDP 值或人口密度等数据。

注 2：城市区域的选择可参考北京五环内、上海外环内等城区范围。

F.3　评价实施

评价单位根据抽样原则选定的图幅，按照路径设定办法（尽可能遍历各类等级道路，以重要关注点为经过点和目的地）对某条设定的评价路线通过实机应用检查方式进行评价，对于单个评价项目的格式，评价单位可根据实际评价的特点自行设计评价记录表格，数据集评价的结果记录见表 F.1。

表 F.1　数据集质量评价记录表

<table>
<tr><td>数据产品名称</td><td colspan="2">××××××电子地图</td><td>提交单位</td><td colspan="2">××××公司</td></tr>
<tr><td>数据集名称</td><td colspan="2">道路与轮渡</td><td>检查项目数</td><td>缺陷数</td><td></td></tr>
<tr><td>一级质量元素</td><td>评价项目</td><td>缺陷类型</td><td>评价方法</td><td colspan="2">缺陷描述</td></tr>
<tr><td rowspan="2">完整性</td><td>等级道路</td><td>重缺陷</td><td>实机应用检查</td><td colspan="2">×××高速公路遗漏</td></tr>
<tr><td>交通限制</td><td>轻缺陷</td><td>实机应用检查</td><td colspan="2">××路口时间段
交通限制遗漏</td></tr>
<tr><td rowspan="2">逻辑一致性</td><td>位置关系</td><td>重缺陷</td><td>实机应用检查</td><td colspan="2">××河流和××道路在
××处的逻辑关系错误</td></tr>
<tr><td>……</td><td>……</td><td>……</td><td colspan="2">……</td></tr>
<tr><td rowspan="2">专题准确度</td><td>道路准确度</td><td>重缺陷</td><td>实机应用检查</td><td colspan="2">×××道路偏离 30 m</td></tr>
<tr><td>……</td><td>……</td><td>……</td><td colspan="2">……</td></tr>
</table>

表 F.1（续）

位置准确度	道路引导	重缺陷	实机应用检查	×××道路在×××处引导绕远
	道路形状	轻缺陷	实机应用检查	×××道路在×××处道路形状与现实不符
	……	……	……	……
时间准确度	……	……	……	……
检查人		审核人		评价日期	
说明					

根据数据集质量评价记录表记录的检查结果和缺陷等级的规定，确定缺陷级别，统计各级别缺陷的数量，并按照表 F.2 的格式汇总。

表 F.2　数据集评分表

数据产品名称		××××××电子地图	提交单位	××××公司	
数据集名称	道路与轮渡				
一级质量元素	评价项目数	缺陷数			缺陷率
		严重缺陷	重缺陷	轻缺陷	
完整性					
逻辑一致性					
专题准确度					
位置准确度					
时间准确度					
主要缺陷描述					
评审组长		评审组		检查日期	

按照表 F.3 的格式填写数据产品所包括的数据集的得分与权重，根据各数据集的权重进行加权平均确定产品的最终得分和质量等级。

表 F.3　产品数据评分表

数据产品名称		××××××电子地图	提交单位	××××公司	
产品得分		质量等级		组织检查部门	
数据集名称		得分		权重	
道路与轮渡					
行政区划					
……					
评审组长		评审组		检查日期	

附　录　G
（资料性附录）
数据质量评价报告

个人位置导航电子地图数据质量评价报告可分为文本格式(见 G.2)与表格格式(见 G.3)两种。

G.1　数据质量评价报告封面格式

编号：

个人位置导航电子地图数据质量评价报告

产品名称：________________

生产单位：________________

送检单位：________________

评价单位：________________

评价日期：________________

G.2 数据质量评价报告文本格式

一、数据的整体描述

1. 数据提交和评价单位

相关组织或机构的人员、时间、地点、形式等。

2. 产品概况

产品来源、数据(集)范围、提交时间、格式等。

3. 数据质量评价的依据

列出相关依据文件。

二、数据质量评价过程描述

1. 数据质量的评价步骤

2. 数据质量的评价方法

采用定性评价法的应包括评价项目、评价规则、等级等。

采用定量评价法的应包括抽样方案、评价项目、评价规则、缺陷等级、权重等。

3. 数据质量的评价结果

对数据质量评价的过程和结果进行描述(包括对严重缺陷的说明)。

三、数据质量评价结论

包括评价结果、等级和(或)合格与否等结论。

四、附表

数据集质量评价记录表、数据集评分表、产品数据评分表和评审组名单等。

G.3 数据质量评价报告表格格式

<table>
<tr><td rowspan="3">数据整体描述</td><td colspan="2">描述数据提交和评价单位的概要情况，如相关组织或机构的人员、时间、地点、形式等</td></tr>
<tr><td colspan="2">描述产品的概况，如产品来源、数据(集)范围、提交时间、格式等</td></tr>
<tr><td colspan="2">描述产品检查与评价的依据，并列出相关依据文件</td></tr>
<tr><td rowspan="4">数据质量评价过程描述</td><td>地图数据评价步骤</td><td></td></tr>
<tr><td rowspan="2">地图数据评价方法</td><td>定性评价法(应包括评价项目、评价规则、等级等)：</td></tr>
<tr><td>定量评价法(应包含抽样方案、评价项目、评价规则、缺陷等级、权重等)</td></tr>
<tr><td>数据质量评价结果</td><td>对数据质量评价结果进行描述(包括对严重缺陷的说明)</td></tr>
<tr><td>数据质量评价结论</td><td colspan="2"></td></tr>
<tr><td colspan="3">评审组长：
年　　月　　日</td></tr>
</table>

附表1：数据集质量评价记录表(参见表F.1)

附表2：数据集评分表(参见表F.2)

附表3：产品数据评分表(参见表F.3)

附表4：评审组名单

参 考 文 献

［1］ GB/T 19710—2005 地理信息 元数据
［2］ GB/T 18316—2008 数字测绘成果质量检查与验收
［3］ GB/T 21336—2008 地理信息 质量评价过程
［4］ GB/T 21337—2008 地理信息 质量原则

ICS 17.240
L 06

中华人民共和国国家标准

GB/T 28446.1—2012/IEC 62209-1:2005

手持和身体佩戴使用的无线通信设备对人体的电磁照射　人体模型、仪器和规程　第1部分:靠近耳边使用的手持式无线通信设备的SAR评估规程(频率范围300 MHz～3 GHz)

Human exposure to radio frequency fields from hand-held and body-mounted wireless communication devices—Human models, instrumentation, and procedures—Part 1: Procedure to determine the specific absorption rate (SAR) for hand-held devices used in close proximity to the ear (frequency range of 300 MHz to 3 GHz)

(IEC 62209-1:2005, IDT)

2012-06-29 发布　　　　2012-10-01 实施

中华人民共和国国家质量监督检验检疫总局
中国国家标准化管理委员会　发布

前　言

GB/T 28446《手持和身体佩戴使用的无线通信设备对人体的电磁照射　人体模型、仪器和规程》分为两个部分：

——第1部分：靠近耳边使用的手持式无线通信设备的SAR评估规程（频率范围300 MHz～3 GHz）；

——第2部分：手持和身体佩戴设备在人体头部和身体内的SAR评估规程（频率范围300 MHz～6 GHz）。

本部分为GB/T 28446的第1部分。

本部分按照GB/T 1.1—2009给出的规则起草。

本部分是GB 21288—2007《移动电话电磁辐射局部暴露限值》的测量方法标准。

本部分使用翻译法等同采用IEC 62209-1:2005《手持和身体佩戴使用的无线通信设备对人体的电磁照射　人体模型、仪器和规程　第1部分：靠近耳边使用的手持式无线通信设备的SAR评估规程（频率范围300 MHz～3 GHz）》。

本部分做了下列编辑性修改：

——为便于阅读，增加了文中公式的序号。

本部分由全国照射人体有关电、磁和电磁领域评定方法标准化技术工作组提出并归口。

本部分起草单位：中国计量科学研究院、工业和信息化部电信研究院、青岛海尔通信有限公司。

本部分主要起草人：滕俊恒、陆冰松、齐殿元、沈庆飞、宋春光。

手持和身体佩戴使用的无线通信设备对人体的电磁照射　人体模型、仪器和规程 第1部分:靠近耳边使用的手持式无线通信设备的SAR评估规程(频率范围300 MHz～3 GHz)

1　范围

GB/T 28446 的本部分规定了使用时发射部分靠近耳边使用的手持无线通信设备的比吸收率的评估规程。本部分适用于工作频率范围在 300 MHz～3 GHz 的任意电磁场发射设备,如移动电话、无绳电话等。

本部分的目的是示范如何根据相应的限值测量被测设备的 SAR 值。

2　规范性引用文件

下列文件对于本文本的应用是必不可少的。凡是注日期的引用文件,仅注日期的版本适用于本文件。凡是不注日期的引用文件,其最新版本(包括所有的修改单)适用于本文件。

ISO/IEC 导则:1995　测量不确定度评定与表示(Guide to the expression of uncertainty in measurement)

ISO/IEC 17025:1999　检测和校准实验室能力认可准则(General requirements for the competence of testing and calibration laboratories)

3　术语和定义

下列术语和定义适用于本文件。

3.1

衰减系数　attenuation coeffcicent

用于表明在场源和特定点之间的受人体头部或身体组织的影响而产生的衰减的数学因子。

3.2

时间平均吸收功率　average (temporal) absorbed power

时间平均吸收功率值按式(1)给出:

$$\overline{P}_{\mathrm{avg}}=\frac{1}{t_2-t_1}\int_{t_1}^{t_2}P(t)\mathrm{d}t \qquad (1)$$

式中:

$\overline{P}_{\mathrm{avg}}$ ——平均功率,单位为瓦特(W);

t_1 ——电磁照射的初始时间,单位为秒(s);

t_2 ——电磁照射的截止时间,单位为秒(s);

t_2-t_1 ——电磁照射的时间,单位为秒(s);

$P(t)$ ——即时吸收功率,单位为瓦特(W)。

3.3

轴向各向同性　axial isotropy

当探头暴露在来自于沿探头主轴方向的参考波中时，围绕探头外壳/密封盒的主轴旋转探头的过程中 SAR 的最大偏差。

3.4

基本限值　basic restriction

基于已知的健康影响而制定的人体暴露于时变电场、磁场、电磁场的限值。

注：在本部分的频率范围内，作为基本限值的物理量是 SAR。

3.5

边界效应（探头）　boundary effect (probe)

当探头接近（小于探头尖端直径）介质边界时，电场探头灵敏度的变化。

3.6

复合介电常数　complex permittivity

介质中某点的电通量密度和电场强度之比，见式(2)。生物组织的介电常数跟频率有关。

$$\varepsilon = \frac{|\vec{D}|}{|\vec{E}|} = \varepsilon_r \varepsilon_0 \qquad \cdots\cdots(2)$$

式中：

$\vec{D}$ ——电通量密度，单位为库仑每平方米（C/m^2）；

$\vec{E}$ ——电场强度，单位为伏每米（V/m）；

ε_0 ——自由空间介电常数，值为 8.854×10^{-12} 法拉每米（F/m）；

ε_r ——复数相对介电常数。

$$\varepsilon_r = \varepsilon'_r - j\varepsilon''_r = \varepsilon'_r + \frac{\sigma}{j\omega\varepsilon_0}$$

注：对于各向同性介质，介电常数是标量，对于各向异性介质，介电常数是矢量。

3.7

传导输出功率　conducted output power

在一段与正常操作状态调制评估下的最低频率周期相比为足够长的时间内，由发射器提供的到达天线传输线的平均功率。

3.8

电导率　conductivity

介质中的传导电流密度与电场强度的比值，见式(3)：

$$\sigma - \frac{|\vec{J}|}{|\vec{E}|} \qquad \cdots\cdots(3)$$

式中：

$\vec{E}$ ——电场强度，单位为伏特每米（V/m）；

$\vec{J}$ ——电流密度，单位为安培每平方米（A/m^2）；

σ ——介质电导率，单位是西门子每米（S/m）。

注：对于各向同性介质，电导率是标量；对于各向异性介质，电导率是矢量，这意味着 σ 和 $\vec{E}$ 的叉积也是矢量。

3.9

检出限　detected limits

最低（最高）的检出限定义为测量仪器的最小（最大）可量化灵敏度响应。

3.10

占空比 duty factor

脉冲持续时间与周期脉冲序列的脉冲周期之比。

3.11

导电率 electric conductivity

参见电导率。

3.12

电场 electric field

电场是矢量场量 $\vec{E}$,它对任何静止的带电粒子都有一个力 $\vec{F}$,它等于 $\vec{E}$ 和粒子 q 的电量的乘积,见式(4):

$$\vec{F}=q\vec{E} \qquad \cdots\cdots(4)$$

式中:

$\vec{F}$ ——作用于粒子上的矢量力,单位为牛顿(N);

q ——粒子所带电量,单位为库仑(C);

$\vec{E}$ ——电场强度,单位为伏特每米(V/m)。

3.13

电通量密度(置换) electric flux density (displacement)

给定点的电场强度 $\vec{E}$ 和介电常数 ε_0 的乘积加上电极化强度 $\vec{P}$ 而得到的矢量,见式(5):

$$\vec{D}=\varepsilon_0\vec{E}+\vec{P} \qquad \cdots\cdots(5)$$

式中:

$\vec{D}$ ——电通量密度,单位为库仑每平方米(C/m^2);

ε_0 ——自由空间介电常数,等于 8.854×10^{-12} 法拉每米(F/m);

$\vec{E}$ ——电场强度,单位为伏特每米(V/m);

$\vec{P}$ ——介质电极化强度,单位为库仑每平方米(C/m^2)。

注:在本部分中,所有点的电通量密度都等于电场强度和介电常数之积,即

$$\vec{D}=\varepsilon_r'\vec{E}。$$

3.14

手持设备 handset

手持式设备可以在靠近人体头部的一侧使用,它包括声学输出设备(或耳机)和麦克风,也包含了无线电发射器和接收器。

注:本部分下文中,“手机”即“手持设备”。

3.15

球向各向同性 hemispherical isotropy

将暴露于参考波中的探头绕其主轴进行旋转时 SAR 的最大偏差(这时来自于探头前方半空间的入射波相对于探头的主轴有着不同的入射角)。

3.16

各向同性 isotropy

参见轴向各向同性,球向各向同性和探头各向同性。

3.17

线性误差 linearity error

测量范围内的测量值与给定区域内所定义的最近参考线之间的最大偏差。

3.18

损耗正切　loss tangent

介质的复数相对介电常数的虚部和实部之比,见式(6):

$$\tan\delta = \frac{\varepsilon''_r}{\varepsilon'_r} = \frac{\sigma}{\omega\varepsilon'_r\varepsilon_0} \qquad (6)$$

式中:

$\tan\delta$——损失正切(无量纲);

ε''_r——复数相对介电常数的虚部;

ε'_r——复数相对介电常数的实部;

ε_0——自由空间介电常数,等于 8.854×10^{-12} 法拉每米(F/m);

ω——角频率($\omega=2\pi f$),单位为弧度每秒(rad/s);

σ——介质电导率,单位为西门子每米(S/m)。

3.19

磁场　magnetic field

磁场是给定点的磁通量密度 $\vec{B}$ 除以磁场常数(磁导率)μ 再减去磁化强度 $\vec{M}$ 而得到的矢量,见式(7):

$$\vec{H} = \frac{\vec{B}}{\mu} - \vec{M} \qquad (7)$$

式中:

$\vec{H}$——磁场强度,单位为安培每米(A/m);

$\vec{B}$——磁通密度,单位为特斯拉(T);

μ——真空中的磁场常数(磁导率),单位为亨利每米(H/m);

$\vec{M}$——磁化强度,单位为安培每米(A/m)。

注:本部分中,在所有点 $\vec{M}=0$。

3.20

磁通密度　magnetic flux density

矢量 $\vec{B}$ 可在任意的速度为 $\vec{v}$ 的带电粒子上施加一个力 $\vec{F}$,它等于矢量 $\vec{v}$ 和 $\vec{B}$ 的乘积再乘以电荷 q,见式(8):

$$\vec{F} = q\vec{v} \times \vec{B} \qquad (8)$$

式中:

$\vec{F}$——作用于粒子上的矢量力,单位为牛顿(N);

q——粒子所带电量,单位为库仑(C);

$\vec{v}$——粒子的速度,单位为米每秒(m/s);

$\vec{B}$——磁通密度,单位为特斯拉(T)。

3.21

磁导率　magnetic permeability

磁导率 μ 与介质中的磁场强度 $\vec{H}$ 的乘积就等于磁通密度 $\vec{B}$,见式(9):

$$\vec{B} = \mu\vec{H} \qquad (9)$$

式中:

$\vec{H}$——磁场强度,单位为安培每米(A/m);

μ ——真空中的磁常数(磁导率),单位为亨利每米(H/m);

$\vec{B}$ ——磁通密度,单位为特斯拉(T)。

注:对于各向同性介质,磁导率是标量;对于各向异性介质,磁导率是张量。

3.22

测量范围　measurement range

测量系统的工作区间,由检出限的上下限值来确定。

3.23

移动(无线)设备　mobile (wireless) device

在本部分中,无线通信设备是指使用时靠近人体头部、贴在耳边的设备。

注:术语“移动”和“便携式”在 IEC 60050[21]-“移动:能够在移动的时候使用”(IEV 151-16-46)和“便携式:能被人携带使用”(IEV 151-16-47)中有着明确的、但是很普通的定义。术语“便携式”通常暗指携带中的可操作性。这些定义在很多无线规则和工业标准中可互换使用,有时它们指的是无线设备的类型,有时指的是欲采用的使用方式。

3.24

多频段(无线设备)　multi-band (wireless device)

能够在一个以上频段使用的无线设备。

3.25

多模式(无线设备)　multi-mode (wireless device)

能够在一个以上信号传输模式(如模拟模式、TDMA 和 CDMA)使用的无线设备。

3.26

空间平均 SAR 的峰值　peak spatial-average SAR

SAR 值在特定体积内平均后的最大值。

3.27

穿透深度　penetration depth

见趋肤深度。

3.28

介电常数　permittivity

见复数介电常数和相对介电常数。

3.29

模型(头部)　phantom (head)

在本部分中,是指与人体解剖学特征外形相似的一个简化模型,模型中装有电特性与人体组织相似的模拟液。

3.30

耳廓　pinna

耳朵外部最大的软骨突出部分,包括耳轮、小叶和反耳轮,也叫做外耳。

3.31

功率　power

见平均(瞬时)吸收功率和传导输出功率。

3.32

探头各向同性　probe isotropy

电场探头或者磁场探头的响应独立于入射波的极化方向和传播方向的程度。

3.33

相对介电常数　relative permittivity

复数介电常数与自由空间介电常数的比值。各向同性、线性损耗电介质的复数相对介电常数 $\varepsilon_r=\frac{\varepsilon}{\varepsilon_0}$ 由式(10)得到：

$$\varepsilon_r=\varepsilon'_r-j\varepsilon''_r=\varepsilon'_r+\frac{\sigma}{j\omega\varepsilon_0}=\varepsilon'_r\left(1-j\frac{\varepsilon''_r}{\varepsilon'_r}\right)=\varepsilon'_r(1-j\tan\delta) \quad\cdots\cdots(10)$$

式中：

ε_0 ——自由空间介电常数（8.854×10^{-12} F/m），单位为法拉每米(F/m)；

ε ——复数介电常数，单位为法拉每米(F/m)；

ε_r ——复数相对介电常数；

ε'_r ——复数相对介电常数的实部，也就是电介质常数；

ε''_r ——复数相对介电常数的虚部（电介质损耗指数），它表征了电介质的损耗；

σ ——电导率，单位为西门子每米(S/m)；

ω ——角频率，单位为弧度每秒(rad/s)；

$\tan\delta$——损耗正切。

3.34

响应时间　response time

输入信号阶跃变化之后，测量仪器达到其最终测量值的90%所需的时间。

3.35

扫描系统　scanning system

扫描系统是一个自动定位系统，它能将测量探头定位于某一特定位置。

3.36

（测量系统的）灵敏度　sensitivity (of a measurement system)

系统响应值（如电压）的大小与测量值（如电场强度平方）大小的比值。

3.37

趋肤深度　skin depth

从介质边界到介质内场强（或感应电流密度）衰减为其原值 $1/e$ 的点之间的距离。

介质趋肤深度 δ 取决于电磁波沿传播方向的传播常数 γ[56]1)。传播常数是与介质的介电特性和传播模式的特征有关的。趋肤深度按式(11)定义为：

$$\delta=\frac{1}{\mathrm{Re}[\gamma]} \quad\cdots\cdots(11)$$

$\gamma=\alpha+j\beta$，α 是衰减常数，β 是传播波的相位常数，并且

$$\gamma^2=-\omega^2\mu\varepsilon+k_c^2$$

其中 μ 和 ε 分别是磁导率和介质的复数相对介电常数，k_c^2 是传输模式的横向传播常数，因此

$$\delta=\frac{1}{\mathrm{Re}\{\sqrt{-\omega^2\mu\varepsilon+k_c^2}\}} \quad\cdots\cdots(12)$$

在自由空间传播的状态下，$k_c^2=0$，则趋肤深度的方程式见式(13)：

$$\delta=\frac{1}{\omega}\left[\left(\frac{\mu_0\varepsilon'_r\varepsilon_0}{2}\right)\left(\sqrt{1+\left(\frac{\sigma}{\omega\varepsilon'_r\varepsilon_0}\right)^2}-1\right)\right]^{-\frac{1}{2}} \quad\cdots\cdots(13)$$

式中：

δ——趋肤深度，单位为米(m)；

ω——角频率，单位为弧度每秒(rad/s)；

---

1) 方括号内的数值为参考文献书目序号。

ε_r'——复数相对介电常数的实部；

ε_0——自由空间介电常数，单位为法拉每米(F/m)；

μ_0——自由空间的磁导率，单位为亨利每米(H/m)；

σ——介质电导率，单位为西门子每米(S/m)。

注：在 TE_{10} 模式的矩形波导中，其最大横截面为 a，$k_c^2=\left(\frac{\pi}{a}\right)^2$。

3.38

比吸收率(SAR)　specific absorption rate (SAR)

给定密度(ρ)的体积微元(dV)内质量微元(dm)所吸收(消耗)的能量微元(dW)对时间的微分值就是SAR，见式(14)：

$$\mathrm{SAR}=\frac{\mathrm{d}}{\mathrm{d}t}\left(\frac{\mathrm{d}W}{\mathrm{d}m}\right)=\frac{\mathrm{d}}{\mathrm{d}t}\left(\frac{\mathrm{d}W}{\rho \mathrm{d}V}\right) \quad \cdots\cdots(14)$$

SAR也可以由式(15)、式(16)得到：

$$\mathrm{SAR}=\frac{\sigma E^2}{\rho} \quad \cdots\cdots(15)$$

$$\mathrm{SAR}=c_h\left.\frac{\mathrm{d}T}{\mathrm{d}t}\right|_{t=0} \quad \cdots\cdots(16)$$

式中：

SAR——比吸收率，单位为瓦特每千克(W/kg)；

E——组织内电场强度的rms值，单位为伏特每米(V/m)；

σ——介质电导率，单位为西门子每米(S/m)；

ρ——组织密度，单位为千克每立方米(kg/m^3)；

c_h——组织的比热容，单位为焦耳每千克开尔文(J·kg^{-1}·K^{-1})；

$\left.\frac{\mathrm{d}T}{\mathrm{d}t}\right|_{t=0}$——组织内初始时刻温度对时间的微分，单位为开尔文每秒(K/s)。

3.39

合成不确定度　uncertainty (combined)

当测量结果是由若干个其他量的值求得时，按其他各量的方差和协方差算得的标准不确定度就是合成不确定度。

注：它是测量结果标准差的估计值。

3.40

扩展不确定度　uncertainty(expanded)

一个确定测量结果区间的量，并合理赋予被测量之值分布的大部分都包含于此区间内。

3.41

标准不确定度　uncertainty(standard)

以标准差表示的测量不确定度。

3.42

波长　wavelength

在波的传播方向上，两个相邻周波的两个相同相位的点之间的距离就是波长。波长 λ 与相速度的大小 v_p 以及频率 f 有关，关系见式(17)：

$$\lambda=\frac{v_p}{f} \quad \cdots\cdots(17)$$

电磁波的波长 λ 与频率和介质中光的传播速度均有关，见式(18)：

$$c=\lambda f \quad \cdots\cdots(18)$$

式中：

f ——频率，单位为赫兹(Hz)；

c ——光速，单位为米每秒(m/s)；

v_p——相速度的大小；

λ ——波长，单位为米(m)。

注：在自由空间，电磁波的速度等于光速。

4 符号和缩写

下列符号和缩写仅适用于本文件。

4.1 物理量

本部分使用国际通用的SI单位制。

符号	物理量	单位	量纲
α	衰减系数	米的倒数	1/m
B	磁通密度	特斯拉	T，Vs/m^2
D	电通量密度	库仑每平方米	C/m^2
c_h	比热容	焦耳每千克开尔文	J/(kg·K)
E	电场强度	伏特每米	V/m
f	频率	赫兹	Hz
H	磁场强度	安培每米	A/m
J	电流密度	安培每平方米	A/m^2
$\overline{P}_{avg}$	平均吸收功率	瓦特	W
SAR	比吸收率	瓦特每千克	W/kg
T	温度	开尔文	K
ε	介电常数	法拉每米	F/m
λ	波长	米	m
μ	磁导率	亨利每米	H/m
ρ	密度	千克每立方米	kg/m^3
σ	电导率	西门子每米	S/m

注：在本部分中，温度单位是摄氏度，此定义为 $T(℃)=T(K)-273.16$。

4.2 常数

符　号	物 理 量	数 值
c	真空中的光速	2.998×10^8 m/s
η	自由空间阻抗	120π 或 377 Ω
ε_0	自由空间介电常数	8.854×10^{-12} F/m
μ_0	自由空间磁导率	$4\pi\times10^{-7}$ H/m

4.3 缩写

CAD:计算机辅助设计(Computer aided design);通常使用的文件格式为 IGES 和 DXF

DXF:数字化交互文件(Digital exchange file)

ERP:耳参考点(Ear reference point)

DUT:被测设备(Device under test)

IGES:国际图式化交互文件(International graphics exchange standard)

RF:射频(Radio frequency)

RSS:和方根(Root sum square)

SAM:特定人体模型(Specific anthropomorphic mannequin)

5 测量系统规范

5.1 通用要求

SAR 测量系统主要由人体模型、电子测量仪器、扫描定位系统和被测设备夹具等组成。测量应通过自动定位的小型场强探头测量模型内部的电场分布来进行。根据测得的场强值可以计算出 SAR 的分布以及空间平均 SAR 的峰值。

进行测量的实验室应该满足以下环境条件:

a) 环境温度在 18 ℃～25 ℃,测量过程中液体温度变化不应超过±2 ℃;

b) 环境电磁噪声不应超过 0.012 W/kg(下检出限 0.4 W/kg 的 3%);

c) 被测无线通信设备不应连接到本地公众通信网;

d) 反射、辅助射频发射机等影响应小于测得 SAR 值的 3%。

测量设备的制造商应声明其产品符合标准。当新系统投入使用或者对系统作出任何修改时(例如,新的软件版本、使用了不同的数据采集器或者使用了不同的探头等),至少一年要执行一次按照附录 D 进行的系统验证。

5.2 模型规格(外壳和液体)

5.2.1 通用要求

电场探头的扫描是在分成两半的模型内或者是在顶部有开口的完整头部模型内进行的。测量手持式无线通信设备的模型的物理特性(尺寸和形状)是模拟使用者的头部,这是因为对于电磁照射测量,头部形状是一个起主要作用的参数。头部模型应该使用与头部组织介电特性相似的材料来制作。为保证能在模型内部进行扫描,需在头部模型内装入人体组织模拟液。外壳的材料应该尽可能对电磁照射透明。为了把扫描定位系统与模型关联起来,模型制造商至少要在模型上定出 3 个参考点,这些点应能让使用者看得见,并且间隔不小于 10 cm。握被测设备的手不应模型化(见附录 A)。

5.2.2 标准的模型形状和大小

标准的模型形状是根据人体学研究[18]中 90%成年男子头部的研究报告而制定的,模型的耳朵模拟人使用手持设备时耳朵的扁平状态(见附录 A),这些要求如图 1 所示。

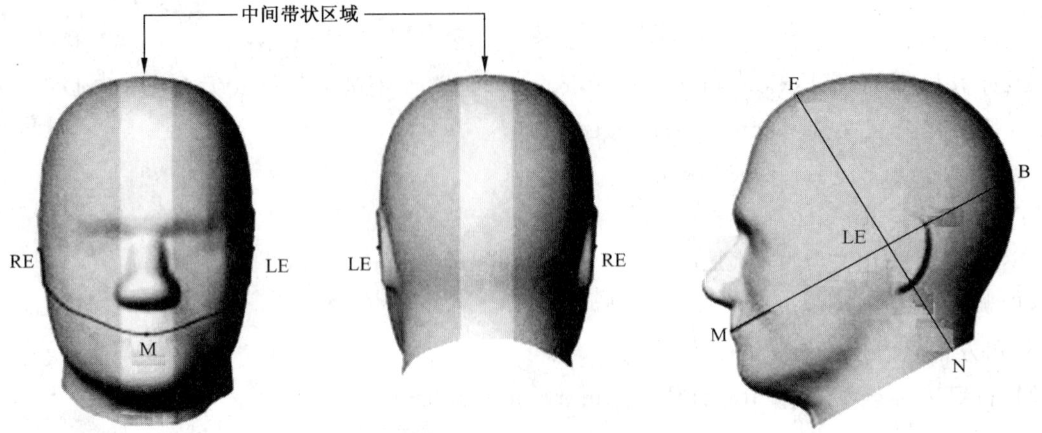

说明：

RE ——右耳参考点(ERP)；

LE ——左耳参考点(ERP)；

M ——嘴部参考点；

F ——N-F 线的前端点(仅是说明，不必标在模型上)；

N ——N-F 线的后端点(仅是说明，不必标在模型上)。

注：完整头部模型仅用于图式说明——本部分中的测量程序主要是按照图 2 的模型设置而制定的。包含鼻子的中间带状区域有一个很大的厚度公差。

图 1　画出了耳朵参考点 RE 和 LE、嘴部参考点 M、N-F 参考线以及中间带状区的头部模型

图 2 所示的 SAM(特定人体模型)标准模型应该用于本部分适用的手持式无线通信设备的 SAR 测量。相关的 CAD 文件是公开可获取的(IGES 和 DXF 格式)。模型制造商应声明其产品的形状和厚度符合标准。

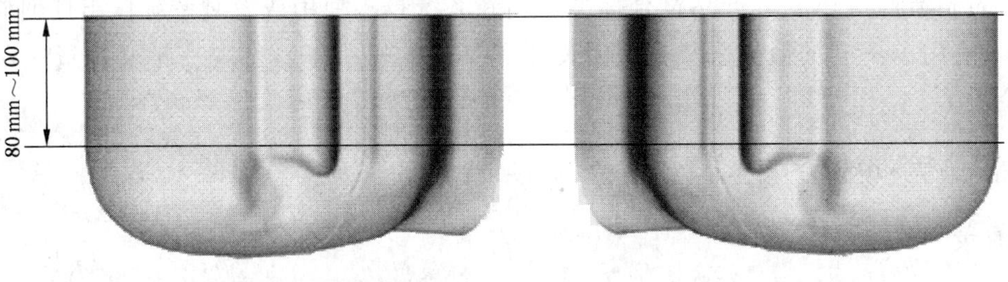

图 2　具有延长周边的纵向对分模型(侧放用于设备的 SAR 测量)

5.2.3　模型外壳

模型的外壳材料应该对于组织模拟液配方中用到的化学成分具有抵抗力。包括耳朵间隔在内的人体模型的外壳应该由低介电常数、低损耗材料制成($\varepsilon_r \leqslant 5$，$\tan\delta \leqslant 0.05$)。与 SAM 标准模型的 CAD 文件相比，人体模型的形状制造公差应小于±0.2 mm。除了耳朵及其延伸部分外，在手机投影内的任何区域，壳体的厚度为(2±0.2) mm(见图 2)。低损耗的耳朵间隔器(与头部模型相同的材料)应该在 ERP 和组织模拟液边界之间提供 6 mm 的间隔，且公差为±0.2 mm。在头部正中间从前到后平面的±1.0 cm带状区，制作公差应该是±1.0 mm。

图 1 中的点 M 是嘴部参考点，LE 是左耳参考点(ERP)，RE 是右耳参考点(ERP)。这些应标注在模型的外表面上以便于根据模型进行无线设备的重复定位。由两耳和嘴部参考点构成的平面称为参考平面，它包括了 B-M(Back-Mouth)线。参考面横截面的 CAD 文件见图 3。这幅图是把实际尺寸为

26 cm×18 cm 的图以 1.3 倍的比例缩小。为了便于被测设备的放置,N-F(Neck-Front)线应该在两侧沿着耳朵前截面的边缘画成穿过每个 ERP 的直线。为了便于被测设备的定位,应该在模型外表面上画出 B-M 线和 N-F 线的投影(见图 4)。手机扬声器的中心位置应该贴在模型的 ERP 上。所有参考点的位置都在 CAD 文件中有明确说明。

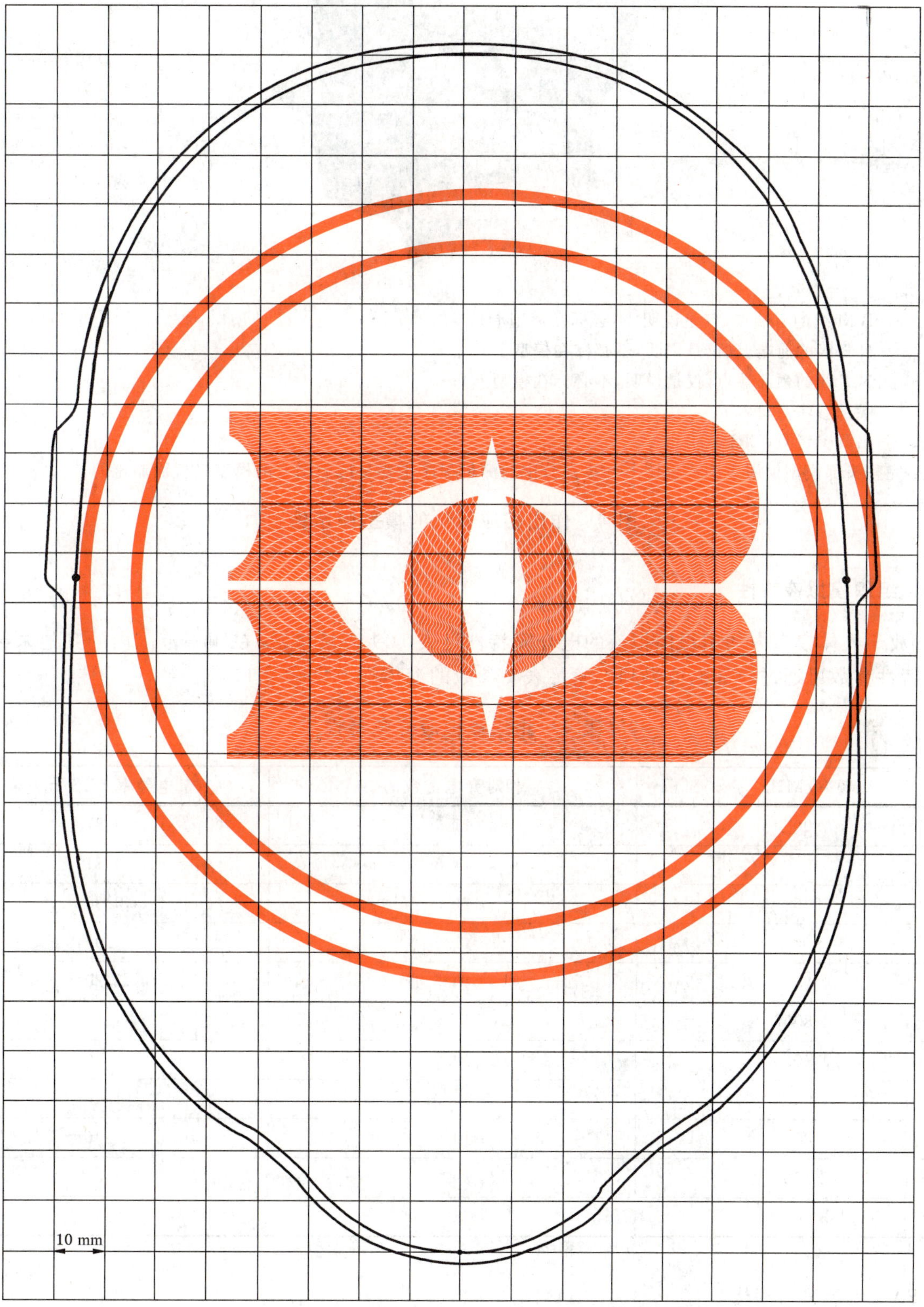

图 3 包含 B-M 线的 SAM 模型参考面的横截面图式

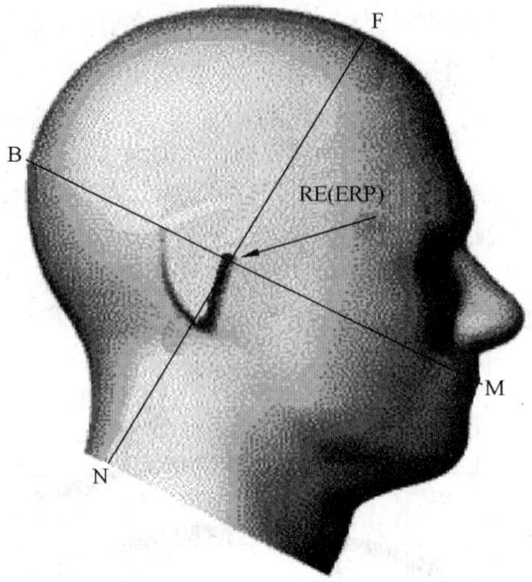

说明：

B ——B-M 线的后端点(仅是说明，不必标在模型上)；

F ——N-F 线的前端点(仅是说明，不必标在模型上)；

N ——N-F 线的颈部端点(仅是说明，不必标在模型上)；

M ——嘴部参考点；

RE——右耳参考点(ERP)。

注：完整头部模型仅用于图式说明——本部分中的测量程序主要是按照图 2 的模型设置而制定的。

图 4 作出相应标记的模型侧示图

5.2.4 组织模拟液特性

盛放于人体模型内的组织模拟液的电介质特性见表 1(头部液体)。在频率范围内的其他未给出的频点，特性参数可通过内部插值得到。满足表 1 参数的液体配方见附录 I。

表 1 组织模拟液介电特性

频率/MHz	相对介电常数 ε_r	电导率 σ/(S/m)
300	45.3	0.87
450	43.5	0.87
835	41.5	0.90
900	41.5	0.97
1 450	40.5	1.20
1 800	40.0	1.40
1 900	40.0	1.40
1 950	40.0	1.40
2 000	40.0	1.40
2 450	39.2	1.80
3 000	38.5	2.40

5.3 SAR 测量设备规格

测量设备应作为一个完整的系统进行校准。探头与相同的或技术上相当的放大器、测量设备和数据采集器一起校准。测量设备根据附录B的方法在适当的频率和温度下在每种组织模拟液中校准。若在探头连接器上的荷载条件已作了规定并且在测量中得以实现,则探头可以和系统分开进行校准。

最小检出限应低于0.02 W/kg,最大检出限应高于100 W/kg。在0.01 W/kg~100 W/kg的SAR范围内,线性度应该在±0.5 dB以内。灵敏度和各向同性应在组织模拟液中确定。应给出响应时间的指标。建议在探头的偶极子单元附近其封装套的外直径不要超过8 mm。

5.4 扫描系统规格

5.4.1 通用要求

为了评估三维SAR分布,装有探头的扫描定位系统应可以扫描模型的整个暴露体积。扫描定位系统的机械结构不应干扰SAR测量。扫描定位系统应至少通过3个参考点和模型相关联,这些点由使用者或系统制造商定义。

5.4.2 技术要求

5.4.2.1 定位准确度

探头尖端在测量区域内的定位准确度应优于±0.2 mm。

5.4.2.2 定位分辨率

定位分辨率是每一个测量系统能在其上执行测量的增量。定位分辨率应为1 mm或者更小。

5.5 设备夹具规格

应特别注意避免环境(例如地板、设备夹具、液体表面)的反射和吸收对于SAR测量所造成的重大影响。

设备夹具应保证设备能够根据6.1.4中的定义进行定位,并保证在倾斜位置下角度公差为±1°。夹具应由低损耗和低介电常数的材料制成:损耗正切 $\tan\delta \leqslant 0.05$,相对介电常数 $\varepsilon_r \leqslant 5$。定位不确定度根据7.2.2.4.2中描述的方法进行评估。

为保证夹具不会干扰SAR,可以使用低相对介电常数和低损耗的泡沫塑料块代替夹具进行一次替代试验,或者使用胶带或胶线把手机粘到模型上进行试验,见7.2.2.4.1。

5.6 测量液体介电特性

应在相应的温度和频率下测量组织模拟液的介电特性。采用线性内插法将测得的介电特性参数与表1中给出的值比较,进行评估。计算SAR值时应使用测量值,而不是表1中的值。可以按照附录J中描述的步骤和仪器进行上述测量。

注:参见6.1.1中关于测量值与表1中的值之间的允许差异范围。

6 SAR评估规程

6.1 测量准备

6.1.1 基本准备

在SAR测量前24 h内应对组织模拟液的电介质特性进行测量,除非试验室能够提供采用更长时间周期(例如每周一次)的符合性证明。测量电介质特性时,组织模拟液的温度应与SAR测量过程中相同,且温度变化不能超过±2 ℃。

在可以获得经过验证的2 GHz～3 GHz之间的组织模拟液配方(能够保证测得的两项电介质参数都在表1目标值的±5%以内)之前,推荐以下做法:

a) 对于300 MHz～2 GHz之间的频率,测得的电导率和介电常数应在表1目标值的±5%以内。

b) 对于2 GHz～3 GHz之间的频率,测得的电导率应在表1目标值的±5%以内,对测得的相对介电常数的允许公差可放宽至不超过表1目标值的±10%,但是应采用可获得的配方尽可能地接近表1目标值。介电常数与目标值的偏差对SAR的影响应包含在不确定度评定中。

对于水平布置的人体模型,装入其中的组织模拟液深度至少应在ERP之上15 cm。测量前应仔细搅拌液体,并保证没有气泡。应注意避免液体表面的反射,在300 MHz～3 GHz频率范围内这是靠15 cm的液体深度来实现的。液体的黏性不应妨碍探头的移动。

6.1.2 *系统检查*

在SAR测量前应根据附录D中规定的步骤对系统进行检查。*系统检查*的目的在于确保系统工作时满足其规格要求。*系统检查*是一项可再现的测量,以保证系统在进行符合性测量时可以正常工作。执行*系统检查*旨在用于检查短期内可能存在的漂移和系统其他的不确定度,例如:

- 液体参数的变化,例如因液体水分蒸发或温度变化而引起的改变;
- 组件故障;
- 组件漂移;
- 设置中的操作失误或软件参数的错误;
- 系统中的不利条件,例如射频干扰。

*系统检查*是一项完整的1 g或10 g平均SAR测量。将1 g或10 g平均SAR测量值归一化至标准场源的输入功率目标值,并和相应测量频率、标准场源以及特定的平坦模型下的1 g或10 g平均SAR目标值进行比较。确定各次*系统检查*的误差,应在*系统检查*目标值的±10%之内。进行*系统检查*时测量频率应该在被测设备中间频率的±10%之内。

注:专有词组"*系统验证*"和"*系统检查*"以斜体字表示,指的是本部分中特定的测试方案。

6.1.3 待测无线设备的准备

应该使用被测无线设备自身内部的发射机。天线、电池和附件都应是制造商指定的。测量前电池应充满电,测量过程中不应有其他外部电缆连接。

使用内部测试程序或适当的测试设备(接着天线的基站模拟器)来控制设备的输出功率和工作频率(频道)。对靠近耳边使用的情况,无线设备应被设置在最高功率电平发射。电磁照射测试应基于被测设备的功能和照射特性来进行,例如工作模式、天线配置等。

对于最终商业版本的产品应在所有的正常工作配置(没有连接任何电缆)下进行测试。在产品上连接线缆很有可能改变产品上的金属和导电部分的射频电流分布。此外,如果使用原型样机进行测试,那么应证实其商业版本有完全相同的机械和电特性。如果这一点得不到保证,就应重新对未修改的商业版产品进行抽样测试。

注:如果被测设备不能在最高的时间平均功率电平上工作,那么可以在较低的功率上进行测试,然后把测试结果按比例换算到最大输出功率对应的值,前提条件是被测设备的SAR响应是线性的。

6.1.4 无线设备相对于模型的定位

6.1.4.1 基本要求

标准规定了手机在头部模型上的两种测试位置——"贴脸"和"倾斜"。手机应以这两种位置分别在SAM模型的左侧和右侧进行测试。如果手机结构特殊,按照标准描述的正常使用位置不能实现,比如不对称的手机,应当将手机定位于代表手机正常使用状态的位置,并在报告中对此进行详细记录。

6.1.4.2 贴脸状态的定义

贴脸位置应按照如下步骤建立：

a) 对于翻盖手机，打开盖，准备好手机，使其处于通话状态。如果合着盖也能使用，则两种配置都应该测试。

b) 如图 5a)和图 5b)所示，给手机定义两条假想的线——垂直中心线(过 A 点和 B 点)和水平线。水平线过扬声器中心并与垂直中心线垂直相交于 A 点。

c) 把手机靠近模型表面，使 A 点处于 LE-RE 线上(见图 6)，且由手机垂直中心线和水平线确定的平面平行于模型正中心从前到后的剖面。

d) 沿着 LE-RE 线平移手机，直到与模型的耳朵接触。

e) 绕着 LE-RE 线旋转手机，直到手机的垂直中心线处于参考平面(由 LE、M 和 RE 确定的)内。

f) 绕着手机的垂直中心线旋转，直到由手机的垂直中心线和水平线确定的平面平行于 N-F 线，然后沿着 LE-RE 线平移手机，直到 A 点与耳朵在 ERP 接触。

g) 保持手机的 A 点在 LE-RE 线上且与耳廓接触，绕着 N-F 线旋转手机，直到任一点与耳廓下的模型(脸颊)接触(见图 6)，应记录旋转的角度。

h) 保持手机的 A 点接触 ERP，绕着由手机的垂直中心线和水平线确定的平面过 A 点的垂线旋转，直到手机的垂直中心线处于参考平面(由 LE、M 和 RE 确定的)内。

i) 按照以下标准确认贴脸位置正确：N-F 线在由手机的垂直中心线和水平线确定的平面内；手机的 A 点在 ERP 接触耳廓；手机的垂直中心线处于参考平面内。

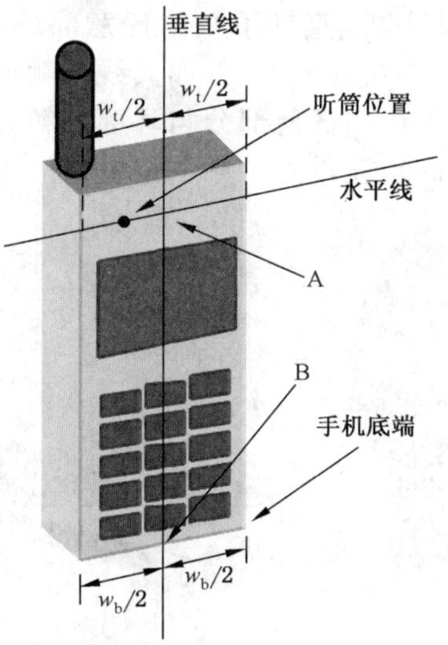

图 5a) 典型的直板手机

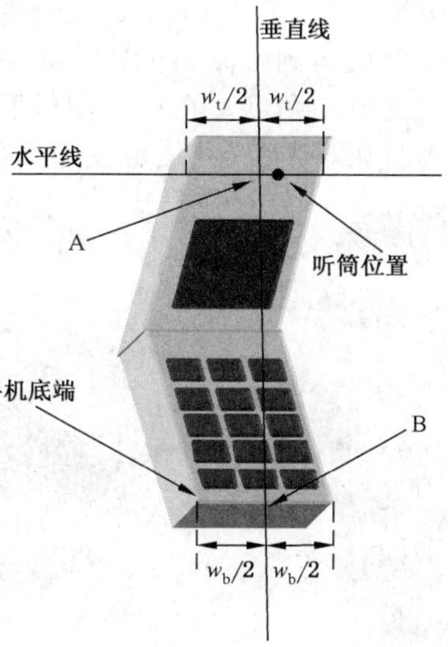

图 5b) 典型的翻盖手机

说明：

w_t——听筒水平线上的手机宽度；

w_b——手机的底部宽度；

A ——听筒水平线上的手机宽度 w_t 的中点；

B ——手机的底部宽度 w_b 的中点。

图 5 两类手机示例的垂直、水平参考线和参考点 A，B

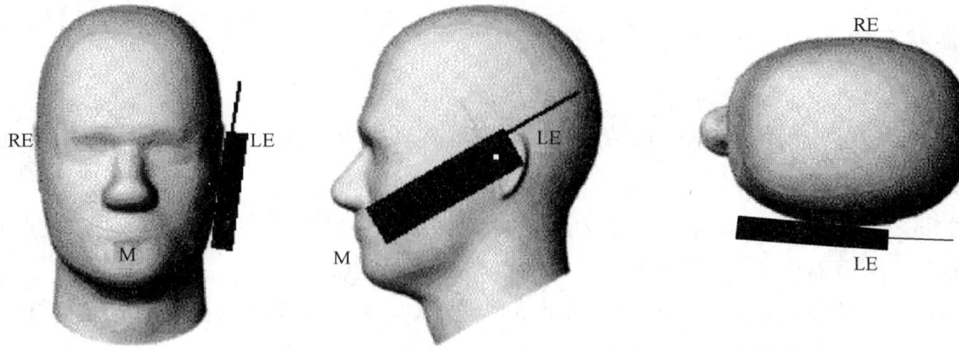

说明：

M ——嘴部参考点；

LE——左耳参考点(ERP)；

RE——右耳参考点(ERP)。

注：设备的位置应按照图 2 所示的模型设置来维持。

图 6　无线设备在 SAM 模型左侧的贴脸位置

6.1.4.3　倾斜位置的定义

倾斜位置是通过下述步骤建立的：

a）重复贴脸位置定义中的步骤 a)～i)，把手机摆放到贴脸位置(见图 6)。

b）保持手机方向不变，平行于参考面移动，使它离模型足够远，以便能够旋转 15°。

c）绕着手机的水平线旋转 15°(见图 7)。

d）保持手机方向不变，沿着 LE-RE 线向模型移动手机，直到手机的任意部分接触耳朵。当接触点在耳廓上时就得到了倾斜位置。如果接触点不在耳廓上，例如天线接触模型头部的后面，应该减小手机的倾斜角度。在这种情形下，如果手机的任何部分与耳廓接触，而且手机的第二个部分与模型接触(例如天线接触模型头部的后面)，就得到了倾斜位置。

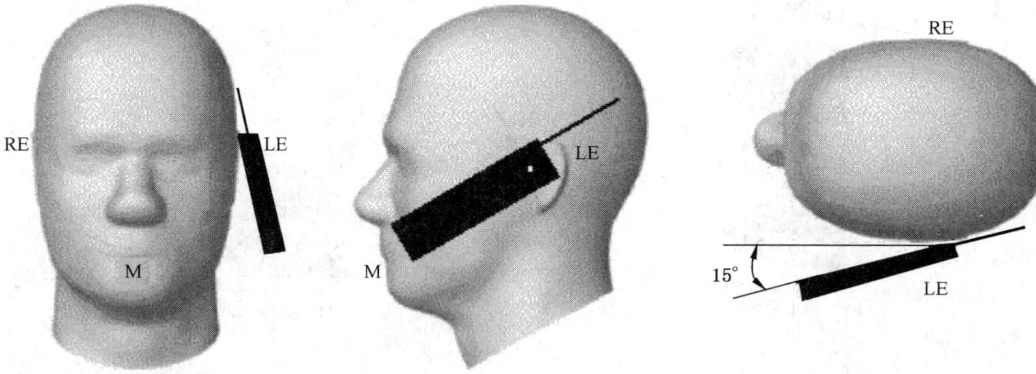

说明：

M ——嘴部参考点；

LE——左耳参考点(ERP)；

RE——右耳参考点(ERP)。

注：设备的位置应按照图 2 所示的模型设置来维持。

图 7　无线设备在 SAM 模型左侧的倾斜位置

6.1.5　测量频率

被测设备应当在所有的发射频道都符合照射标准的要求。但是，在每一频道下进行测试不切实际也没有必要。本节的目的是规定一个切合实际的 SAR 测量频道的子集。选择这个测量子集可以使得手机满足任何适用照射标准的要求。

对于手机的每一工作模式,应当在最靠近中心发射频率的频道进行测试。如果发射频段的带宽($\Delta f = f_{high} - f_{low}$)超过了其中心频率 f_c的 1%,那么在发射频段的低端频率和高端频率的频道也应当进行测试。另外,如果发射带宽超过了其中心频率 f_c的 10%,应按照式(19)确定测试频道的数目 N_c:

$$N_c = 2 \times \text{roundup}[10 \times (f_{high} - f_{low})/f_c] + 1 \qquad (19)$$

式中:

f_c ——发射频段中心频率,单位为赫兹(Hz);

f_{high} ——发射频段高端频率,单位为赫兹(Hz);

f_{low} ——发射频段低端频率,单位为赫兹(Hz);

N_c ——信道数;

Δf ——发射带宽,单位为赫兹(Hz)。

注:函数 roundup(x)将参数 x 进位为较大的整数。这样,N_c将总是奇数。测量信道尽可能等频率间隔分布,并且要包含低端频道和高端频道。

6.2 要执行的测量

为了确定手机最大的空间平均 SAR 的峰值,应当按照下列步骤 1~3 在每一频段、每一被测设备位置、配置和工作模式下对手机进行测量。图 8 是测量流程图。

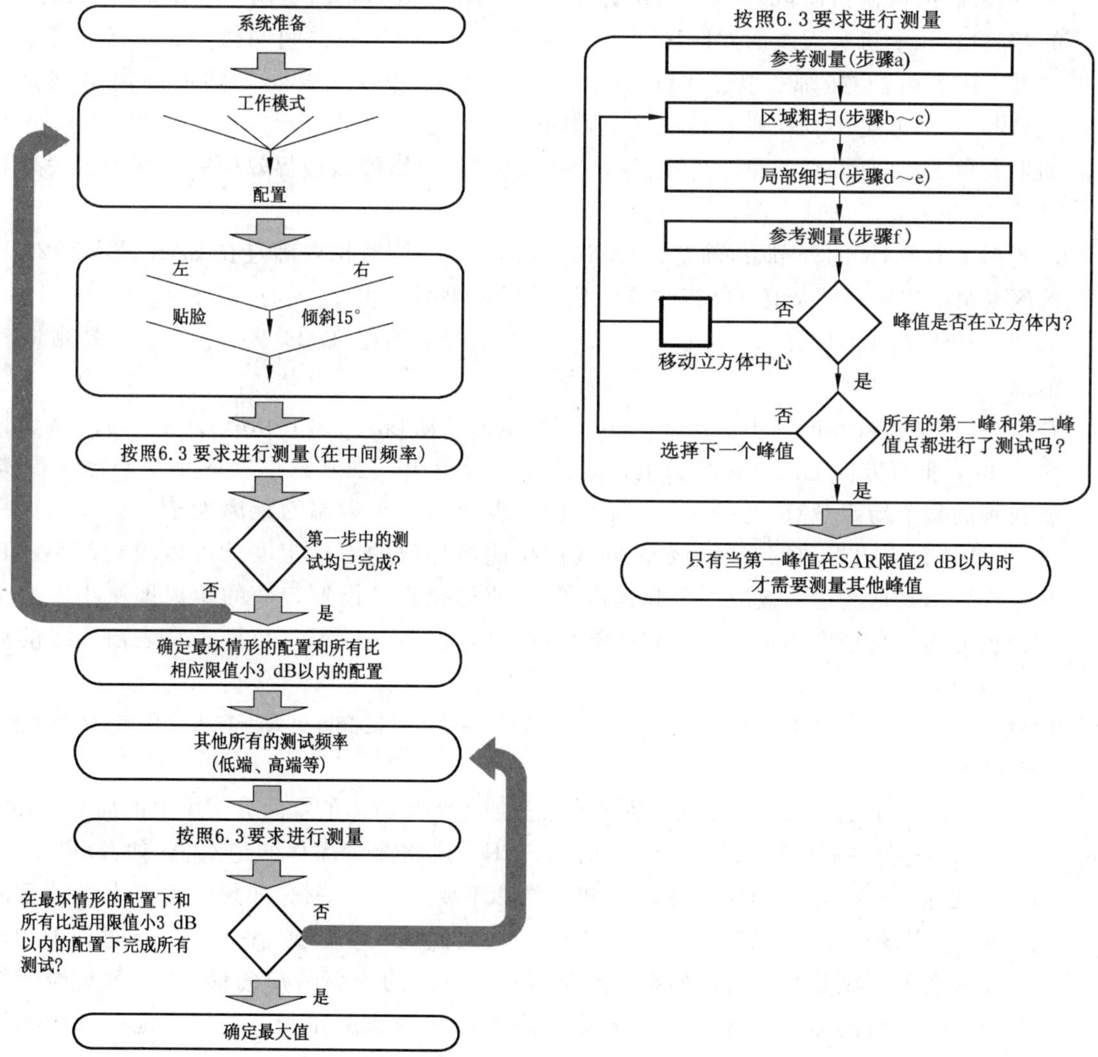

图 8 测量流程图

步骤 1:在下列情况下,在靠近发射频段中心频率(f_c)的信道上按照 6.3 的要求进行测量:

a) 所有的被测设备位置(6.1.4 中描述的 SAM 模型左侧和右侧的贴脸和倾斜位置);

b) 在 a)中每一位置的所有配置,例如天线的伸缩等;

c) 在 a)中每一位置和 b)中每一配置、每一频段下所有的工作模式,例如模拟或数字等。

如果根据 6.1.5 的算法,测量频率超过 3 个(即 $N_c>3$),那么应在所有测量频率下按照上述配置进行测量。

步骤 2:按照步骤 1 确定的空间平均 SAR 的峰值最大的状态,在其他的测量频率进行 6.3 描述的测量,比如最低频率和最高频率(参见 6.1.5)。另外,对于步骤 1 确定的其他状态(被测设备位置、配置和操作模式),如果其空间峰值 SAR 在限值要求 3dB 以内,建议也在其他测量频率下进行测量。

步骤 3:考查所有数据,确定步骤 1~步骤 2 中所找到的空间平均 SAR 的峰值最大值。

6.3 测量步骤

在 6.2 中给定的每一测量条件下(见图 8),都应执行下列步骤:

a) 从模型内表面起在其法线方向上 10 mm 或更小范围之内测量局部 SAR。测量点可以贴近耳朵。

b) 在模型内(*区域粗扫*阶段)测量 SAR 的分布。SAR 的分布是沿着模型一侧的内表面进行扫描的,至少在比手机和天线的发射区更大的区域内进行扫描。空间网格步长应该小于 20 mm。如果使用表面扫描,那么探头偶极子的几何中心和模型内表面之间的距离应该是 8 mm(±1.0 mm)或更小。在所有测试点上,建议(但不是应的)探头与表面法线的夹角小于 30°。如果夹角大于 30°并且测量距离接近一个探头尖端直径,那么边界效应就会变得很大且与极化有关,因此需要考虑这个附加的不确定度。

c) 从所扫描的 SAR 的分布中,确定 SAR 最大值的位置,同时也要确定在 SAR 最大值 2 dB 以内的*区域粗扫*的局部最大值。仅当主要峰值在 SAR 限值 2 dB 之内时(对于 1g 平均的 1.6 W/kg 的限值是 1 W/kg,对于 10 g 平均的 2.0 W/kg 的限值是 1.26 W/kg),才需要测量其他峰值点。

d) 在最小体积为 30 mm×30 mm×30 mm(*局部细扫*阶段)内以 8 mm 或更小的网格步长测量 SAR 值。垂直方向上的网格步长应该是 5 mm 或更小。独立的网格应把中心定在步骤 c)中所找到的每个局部 SAR 的最大点。如果模型表面和探头尖端的距离大于探头尖端直径的一半,由液体介质边界和探头封装套之间场的扭曲所导致的不确定度就可以减到最小。其他方法也许可以对这些边界效应采取修正步骤,这使得探头与模型表面的距离即使小于半个探头直径也能达到高精度测量。在所有的测量点,建议(但不是必须的)探头与表面法线的夹角小于 30°。

注:如果角度大于 30°并且测量距离小于一个探头直径,则边界效应可能变得更大且有极化依赖,这个附加的不确定度分量应分析和考虑。

e) 可使用附录 C 中定义的内插法和外推法来推算质量平均所需的空间分辨率下的局部 SAR 值。

f) 在与步骤 a)完全一样的位置再次测量局部 SAR。应将测量漂移的绝对值(如:f)和 a)中 SAR 测量值之差)记入不确定度(见表 3)。建议漂移不要超过±5%。如果这一要求即使重复测试也达不到,应该用额外的信息(例如局部 SAR 对时间的一些数据)来证明测试过程中的输出功率对于设备的测试是合适的。如果需要进行不止一次的*局部细扫*的话,可在每次*局部细扫*之后进行功率参考的测量。然而,应以设备充满电的初始状态和所有使用电池的后续测量之间的差值来记录漂移。

注:术语"*区域粗扫*"和"*局部细扫*"都是斜体字,因为它们涉及本部分具体的测量协议。

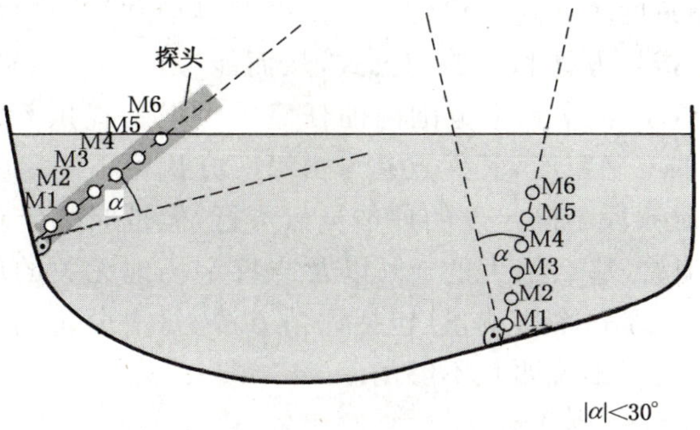

说明：

M1～M6——用于表面外推法的示例测量点；

α——探头与表面法线的夹角。

图 9 探头与表面法线之间的方向性关系示意图(在两个不同的位置)

6.4 SAR 测量数据的后期处理

6.4.1 内插法

如果测量网格的分辨率达不到用于计算给定质量内的平均 SAR 值所需的要求，就要在测量点之间进行内插。内插法的例子见附录 C。

6.4.2 外推法

用于测量 SAR 的电场探头通常包括 3 个非常接近的、相互正交的偶极子，并且封装在保护套中。测量(校准)点位于离探头尖端几毫米的地方，并且当需要明确 SAR 测量点的位置时，我们就要考虑这个偏移。外推法的例子见附录 C。

6.4.3 平均体积的定义

平均体积是指一个能构建 1 g 或 10 g 质量的立方体。1 000 kg/m^3 的密度可表示头部组织的密度(不用模型中液体的实际密度)。1 g 立方体的边长应是 10 mm，10 g 立方体的边长应是 21.5 mm。

如果立方体与模型相交，应使它朝向接触模型表面的 3 个至高点(见附录 C 中 C.2.2.1)，或表面中心正切的一个正面(见附录 C 中 C.2.2.2)。应修正立方体最接近于模型表面的一个面，使其与表面相吻合，并且所增加的体积要从立方体的相对面减去。立方体体积的平均法在见附录之前所定义的某一质量平均 SAR 的估测方法也可参见附录 C。

6.4.4 寻找最大值

为了寻找最大值，平均立方体应该在局部最大 SAR 值附近靠近模型内表面的*局部细扫*体积内移动(遵循附录 C 的建议)。有最高的局部最大 SAR 值的立方体不应该在*局部细扫*体积的边缘/周边。如果发生这种情况，应移动*局部细扫*体积并且重新测量。

7 不确定度评估

7.1 总体考虑

7.1.1 不确定度评估基本原则

无线设备 SAR 值测量不确定度的评估原则基于 ISO/IEC 的《测量不确定度表述导则》[25] 所提供

的基本规则。然而，对复杂测量的不确定度评估依然是一个难题并需要高水平的、专业化的工程知识。便利起见，本章中给出了一些指导方针和近似的公式，从而能够对每一不确定度分量进行独立的评估。基本原则是为 300 MHz～3 GHz 整个频率范围内的任意被测设备提供系统不确定度。这样做的弊端在于可能高估了某些情况下的不确定度，其优点是可由第三方执行不确定度的评估。例如，表 3 可在系统安装后由制造商提供。特定频段不确定度的评估虽然可行，但是应该予以避免。也就是说，如果标准允许对某些影响量有 $x\%$ 的偏差，那么最大的 $x\%$ 以及与特定场地无关的偏差就可用于表 3 中。值得注意的是，仅提供表 3 而没有关于每个影响量（包括评估方法、每一分量的数据分析以及不确定度是如何从一组数据中得来的）评估的详细说明是不够的。

7.1.2 A 类评估和 B 类评估

标准不确定度的 A 类评估和 B 类评估都要用到。当使用 A 类评估时，标准不确定度 u_i 可通过统计分析采用评估标准偏差来得到。使用 B 类时，u_i 可用待测量的上限 a_+ 和下限 a_- 并根据概率分布方程定义 $a=(a_+-a_-)/2$ 来计算，并有：

- 矩形分布：$u_i=a/\sqrt{3}$；
- 三角形分布：$u_i=a/\sqrt{6}$；
- 正态分布：$u_i=a/k$；
- U 形（非对称）分布：$u_i=a/\sqrt{2}$。

其中：

a ——影响量上下限值差值的一半；

k ——包含因子；

u_i——标准不确定度。

在同一测量配置下对相同特定设备或特定量进行 n 次重复测量，平均值的标准偏差（$=s/\sqrt{n}$）可以用于计算标准不确定度，其中 s 是根据同一测量条件下的一系列测量数据得出的标准偏差。如果某一特定设备的测量系统、方法、配置和条件等具有典型性，那么在大量重复测量的基础上得到的预先确定的标准偏差就能够用于评估不确定度分量[62]。预先确定并不包括特殊 EUT 的分量。对某一特定设备，用于平均值的标准偏差的测量次数 n 是使用这个特定设备的测量次数，而不是在预先确定的过程中进行测量的次数。

7.1.3 自由度和包含因子

当自由度小于 30 时，包含因子 2 就不是适合达到 95% 置信区间的乘数[7]。一个简化的近似方法是使用 t 来代替包含因子 k（这里的 t 是 t 因子）。t 分布的标准偏差比正态（高斯）分布的要窄，但是自由度很大时其曲线近似于高斯分布。基于 B 类评估的大多数标准不确定度，其自由度可假设为无穷大[62]。那么合成不确定度 u_c 的有效自由度将很大程度上取决于 A 类分布的自由度和它们相应于 B 类分布的大小。

对于小数量的采样的包含因子（k_p）可按式（20）得到：

$$k_p=t_p(\nu_{\mathrm{eff}}) \qquad (20)$$

式中：

k_p ——对于给定概率 p 的包含因子；

$t_p(\nu_{\mathrm{eff}})$——t 分布；

ν_{eff} ——使用韦尔奇－萨特思韦特式（Welch-Satterthwaite formula）得到的自由度：

$$\nu_{\mathrm{eff}}=\frac{u_c^4}{\sum\limits_{i=1}^{m}\frac{c_i^4u_i^4}{\nu_i}} \qquad (21)$$

下角标 p 代表置信度的近似值(如 95%)。$t_p(\nu_{\mathrm{eff}})$的表列值是可公开获取的,如 NIST 1297[46]。

注:举例而言,假设根据表 3(表 3 中假设定位不确定度是 7%)中所有的影响量而计算的复合标准不确定度是 ν_c = 14.5%。假设测量采样数等于 5,所以 $\nu_i=4$。其他所有分量的自由度是 $\nu_i=\infty$。根据式 $\nu_{\mathrm{eff}}=\dfrac{u_c^4}{\sum\limits_{i=1}^{m}\dfrac{c_i^4u_i^4}{\nu_i}}$,合成标准不确定度的有效自由度是 $\nu_{\mathrm{eff}}=74$,所以此时 $k=2$ 适用,扩展不确定度是 $U=29\%$。如果定位变化的标准不确定度达到 9%,并且测量次数减小到 4($\nu_i=3$),那么 $\nu_c=15.6\%$,$\nu_{\mathrm{eff}}=27$,$k=k_p=k_{95}=t=t_{95}=2.11$,则扩展不确定度就变成了 $U=2.11\times15.6\%=32.9\%$。

7.2 不确定度分量的分布

7.2.1 测量系统的分布

7.2.1.1 测量设备的校准

附录 B 中给出了灵敏度(校准)的评估协议,包括了不确定度评估方法。灵敏度的不确定度假定其符合正态概率分布。

7.2.1.2 探头各向同性

探头的各向同性应该根据附录 B 中定义的协议进行测量。各向同性的不确定度假定其符合矩形概率分布。

$$\text{全部的各向同性不确定度}=\sqrt{(1-w_i)\times[\text{轴各向同性}]^2+w_i\times[\text{球向各向同性}]^2}$$

其中,w_i 是表征围绕探头尖端所伸入的虚拟半球的场入射角的权重因子。

如果探头的方向在整个测量中都垂直于模型表面(在±30°之内),那么 $w_i=0.5$,否则 $w_i=1$。

7.2.1.3 探头线性度

根据附录 B,通过测得的电场强度的平方评估探头的线性度,然后通过修正达到线性度。修正后需要考虑其不确定度。由于二极管传感器在脉冲场中可作为峰值探测器,线性度应该通过两种信号来评估——一种是连续波信号(CW),一种是占空比 10%、重复率为 500 Hz(比使用 11 Hz 和 217 Hz 更能得到较保守的不确定度评估)的脉冲信号。应该以不大于 3 dB 的步长在 0.4 W/kg~100 W/kg 的范围内进行评估。SAR 的不确定度为整个范围内测量场强值平方和实际场强值平方的最大偏差。假定不确定度符合矩形概率分布。

7.2.1.4 检出限

根据附录 B 评估检出限。7.2.1.3 中的线性度测量给出了评估下检出限 0.4 W/kg 和上检出限 100 W/kg 的不确定度,并得出占空因子在 10%~100%。如果在这个范围之外进行测量,就要进行相应地扩展并按照 7.2.1.3 的描述做出相同的评估。假定不确定度符合矩形概率分布。

7.2.1.5 边界效应

探头的边界效应是指在模型壳体表面,由于探头和介质边界之间的耦合效应而产生的测量误差。根据附录 B 使用波导装置可对边界效应特性进行评估。探头边界效应不确定度可由表征边界效应的指数衰减和线性方程的一阶近似值来推得,并按式(22)计算:

$$\mathrm{SAR}_{\mathrm{uncertainty}}[\%]=\delta\mathrm{SAR}_{\mathrm{be}}\frac{(d_{\mathrm{be}}+d_{\mathrm{step}})^2}{2d_{\mathrm{step}}}\frac{(\mathrm{e}^{-d_{\mathrm{be}}/(\delta/2)})}{\delta/2}[\text{对于}(d_{\mathrm{be}}+d_{\mathrm{step}})<10\ \mathrm{mm}]\quad\cdots\cdots(22)$$

式中:

$\mathrm{SAR}_{\mathrm{uncertainty}}$——探头边界效应的不确定度,用百分数表示;

d_{be} ——模型表面和最近的*局部细扫*点之间的距离，单位为毫米(mm)；

d_{step} ——最靠近模型表面的第一测量点和第二测量点之间的距离，单位为毫米(mm)，假设边界效应在第二点可忽略；

δ ——本部分中给出的头部组织模拟液的最小趋肤深度(例如在 3 GHz，$\delta\approx14$ mm)，单位为毫米(mm)；

δSAR_{be} ——距离边缘 d_{be} 处的 SAR 测量值和理论值之间的偏差，用百分数表示。

假定探头边界效应不确定度符合矩形概率分布。

7.2.1.6 电子读数设备

应在最坏情况下对探头电子读数设备的不确定度(包括探头放大器、线性度、探头负载和评估算法的不确定度)进行评估。如果电子读数设备的各器件有相同大小的制造公差，那么每个公差都应按照正态概率分布转换为标准不确定度。然后再根据这些不确定度的和方根值得出整个电子读数设备的不确定度。

7.2.1.7 响应时间

将探头照射于在组织模拟液内、模型边界处产生最小为 2.0 W/kg 且恒定的电场中。信号响应时间定义为在阶跃变化或电源开关之后，测量设备(探头及电子读数装置)到达期望值的 90%处所需要的时间。测量 SAR 值时如果探头在测量点上稳定的时间大于响应时间的 2 倍，那么由响应时间所导致的不确定度是可以忽略的。此时在表 3 的第三列中填入 0 即可。否则填入实际的不确定度。

7.2.1.8 积分时间

如果手机发射的不是连续波(CW)或读数系统与信号不同步，由于离散性在某一特定点上利用积分时间测量电场时可能会引入额外的不确定度。这种不确定度与信号特性有关，应在进行所有的 SAR 测量前予以预估。如果使用非连续波，那么由积分时间不确定度引起的不确定度也应在总不确定度评估中予以考虑。假设积分时间不确定度符合矩形概率分布。

注：对于 TDMA 信号(t_{frame}=帧的周期)，在已知积分时间(t_{int})内的最大不确定度见式(23)：

$$SAR_{uncertainty}[\%]=100\times\sum_{\text{所有的子帧}}\frac{t_{frame}}{t_{int}}\frac{slot_{idle}}{slot_{total}} \qquad (23)$$

当 $t_{int}>t_{frame}$ 时：

$SAR_{uncertainty}$——用百分数表示积分时间不确定度；

t_{frame} ——帧周期；

$slot_{idle}$ ——一个帧中的空闲时隙数；

$slot_{total}$ ——总时隙数。

7.2.2 机械约束的分量

7.2.2.1 扫描系统

电场探头定位仪的机械约束可在探头定位的精度和可重复性上产生偏差，从而增加了 SAR 测量的不确定度。不确定度可根据与电场探头传感器的几何中心所决定的实际测量位置有关的探头定位仪的规格来评估，并且表示成最大偏差 d_{ss}。假设其符合矩形概率分布，由探头定位仪的机械约束引起的空间平均 SAR 的峰值最大值的不确定度 d_{ss} 可使用一阶误差来近似计算，见式(24)：

$$SAR_{uncertainty}[\%]=\frac{d_{ss}}{\delta/2}\times100 \qquad (24)$$

式中：

$SAR_{uncertainty}$——不确定度，用百分数表示；

d_{ss} ——计算出来的探头传感器中心的位置和参照系统制造商所定参考点的实际位置之间的最大位置不确定度；

δ ——本部分中给出的头部组织模拟液的最小趋肤深度，单位为毫米(mm)，例如在3 GHz，$\delta \approx 14$ mm。

如果制造商并未指明探头定位仪的机械约束，则应通过评估确定其不确定度分量。一个简化方法是，评估在区域粗扫范围内探头移动的相对精度，然后将软件指定位置和实际到达位置之间的差异转化成不确定度。假定该不确定度符合矩形概率分布。

7.2.2.2 模型外壳

模型不确定度的定义为源于模型制造公差的感应空间平均SAR的峰值的不确定度，以及模型内组织模拟液介电参数的不确定度(见7.2.3.3,7.2.3.4)。模型的制造公差包括：

——模型内外壁的形状与本部分CAD文件中所定义的形状之间的偏差；

——模型外壳的厚度与CAD文件中所定义的厚度之间的偏差。

不确定度是根据SAR值与信号源的距离的相关性的最坏情况进行评估的，也就是说，取决于距离的平方。假设头部组织模拟液和源等效丝状物电流密度(等效物电流密度并不是相应于最近的电流源，而是相应于近似与局部磁场分布的电流密度)的位置之间的距离是 $a=10$ mm，不确定度见式(25)：

$$SAR_{uncertainty}[\%]=100\times\left[\frac{(a+d)^2}{a^2}-1\right]$$

$$SAR_{uncertainty}[\%]\approx 100\times\frac{2d}{a}\quad(\text{如果 } d\ll a) \qquad\qquad (25)$$

式中：

$SAR_{uncertainty}$ ——不确定度，用百分数表示；

d ——模型外壳厚度和模型形状的最大公差；

a ——头部组织模拟液和源等效丝状物电流密度的位置之间的距离。

把该不确定度值填入表3的第三列中，并假设其符合矩形概率分布。

7.2.2.3 探头相对于模型外壳表面的定位

应评估探头定位仪相对于模型外壳的不确定度 d_{ph}。假设其符合矩形概率分布，空间平均SAR的峰值的不确定度分量分布可通过一阶误差来近似计算，见式(26)：

$$SAR_{uncertainty}[\%]=\frac{d_{ph}}{\delta/2}\times 100 \qquad\qquad (26)$$

式中：

$SAR_{uncertainty}$ ——不确定度，用百分数表示；

d_{ph} ——在确定探头尖端与模型外壳之间距离时产生的不确定度。也就是在确定模型相对于探头尖端定位时的不确定度；

δ ——本部分中给出的头部组织模拟液的最小趋肤深度，单位为毫米(mm)，例如在3 GHz，$\delta \approx 14$ mm。

把该不确定度值填入表3的第三列中，并假设其符合矩形概率分布。

7.2.2.4 设备定位和夹具的不确定度

设备的夹具是在SAR实验过程中用于保持手机处于贴住模型的固定位置的。因为设备夹具可能影响到待测手机的特性，由设备夹具扰动产生的SAR测量不确定度应当使用7.2.2.4.1中的过程进行评估。由于设备夹具的机械公差而产生的定位变化的SAR不确定度在7.2.2.4.2中讨论。这两节都包含了使用特定设备和预估不确定度两种情况下的步骤。如果使用预估不确定度，在多数情况下对特定设备进行多次重复测试可以进一步减小预估不确定度的标准偏差。

7.2.2.4.1 设备夹具扰动不确定度

设备夹具应用低损耗介电特性材料，其相对介电常数不得大于5，损耗正切不得超过0.05(这些材料参数可通过多种方法，比如同轴接触探头法测得)。不过，某些夹具可能仍然会影响到发射源，此时应该评估夹具产生的不确定度(即与不使用夹具的系统配置之间的偏差)。对于特定测量设备不确定度的评估应根据7.2.2.4.1.1中的B类不确定度方法来进行。7.2.2.4.1.2中给出了评估一组具有相似特征的多个手机在同一夹具上测量的A类不确定度的方法。

7.2.2.4.1.1 对于特定测量设备的设备夹具扰度的不确定度：B类不确定度

应通过使用平坦模型按照如下两步来评估对于某一特定手机在某一特定配置状态下的不确定度。

1) 按照在模型头部测量的要求使用夹具固定手机，然后将手机紧贴在平坦模型的正下方(手机的水平和垂直中心线与平坦模型底部平行)，评估空间平均SAR的峰值($SAR_{w/h\ older}$)；
2) 使用泡沫聚苯乙烯或类似的低损耗、非反射材料(介电常数不超过1.2，损耗正切不超过10^{-5})在同一位置固定手机评估空间平均SAR的峰值($SAR_{w/o\ holder}$)。

表3中使用的SAR的容限见式(27)：

$$SAR_{uncertainty}[\%]=\left(\frac{SAR_{w/holder}-SAR_{w/o\ holder}}{SAR_{w/o\ holder}}\right)\times 100 \quad\cdots\cdots(27)$$

式中：

$SAR_{uncertainty}$——不确定度，用百分数表示；

$SAR_{w/holder}$——使用设备夹具的SAR，单位为瓦特每千克(W/kg)；

$SAR_{w/o\ holder}$——不使用设备夹具的SAR，单位为瓦特每千克(W/kg)。

假定不确定度符合矩形概率分布，自由度$\nu_i=\infty$。

7.2.2.4.1.2 对于特定测量设备的设备夹具扰度的不确定度：A类不确定度

A类不确定度分析适用于具有相似形状和SAR分布的一组手机。源于这种分析的不确定度也可适用于其他具有相似SAR特征并且使用相同设备夹具的手机，这样可不必进行7.2.2.4.1.1中的特定测试。设备夹具对于不同配置下的N个不同手机模型在其各种配置下的影响可分别按照7.2.2.4.1.1中的步骤对每个模型进行评估(N至少是6)，见式(28)。

$$SAR_{uncertainty}[\%]=\left(\frac{SAR_{w/holder}-SAR_{w/o\ holder}}{SAR_{w/o\ holder}}\right)\times 100 \quad\cdots\cdots(28)$$

式中：

$SAR_{uncertainty}$——不确定度，用百分数表示；

$SAR_{w/holder}$——使用设备夹具的SAR，单位为瓦特每千克(W/kg)；

$SAR_{w/o\ holder}$——不使用设备夹具的SAR，单位为瓦特每千克(W/kg)。

使用各个不确定度的均方根值来评估表3中相应的不确定度，自由度$\nu_i=N-1$。考虑手机设计的改变，建议每年评估一次。

7.2.2.4.2 使用特定被测设备夹具的手机定位不确定度：A类不确定度

实际测量过程中手机的定位与本部分中的定义之间的差异，取决于手机定位仪的精确度以及测试员对于标准的理解和使用。这种差异造成的对空间平均SAR的峰值的影响则取决于手机的设计。由于这些参数是密不可分的，因此应执行下列A类不确定度测量。

7.2.2.4.2.1 使用特定夹具定位特定手机的不确定度

按照本部分的方法在需要评估空间平均 SAR 的峰值的设备配置和定位状态下，重复至少 4 次以上评估(对于 N 的总数≥5)。计算平均值的标准偏差(百分比形式)，自由度 $\nu_i=N-1$。

7.2.2.4.2.2 使用特定夹具定位特定类型手机的不确定度

A 类不确定度分析适用于一组具有相似形状和 SAR 分布的手机。M 的值至少应该是 6，M 组测量中的每一组都应按照 7.2.2.4.2.1 进行(N 次)。M 组测量中的一半应位于贴脸位置，另一半位于倾斜位置。相应的不确定度应该是 M 个独立的标准偏差的均方根值。填入不确定度表中的值应该是相应于 68%置信度的 $k=1$ 的标准不确定度。自由度是 $\nu_i=(N\times M)-1$。如果使用本方法来确定不确定度，那么就没必要对每部手机使用 7.2.2.4.2.1 中的步骤。考虑手机设计的改变，建议每年评估一次。

7.2.3 物理参数的分量

7.2.3.1 简介

介电参数的测量方法详见附录 J，不确定度评估方法见 J.7。

注：为了与通用的计量方法相一致，建议每一个介电参数的测量不确定度应小于或等于介电参数相对于目标值的容限。

7.2.3.2 液体密度

组织模拟液的密度假定为 1 000 kg/m³。SAR 评估中应使用该密度值。

7.2.3.3 液体电导率

液体电导率的不确定度有两种来源。其一是表 1 目标值的±5%的容限，其二是评估电导率的测量步骤。假定不确定度符合矩形概率分布(附录 J.7)。

7.2.3.4 液体介电常数

液体介电常数不确定度有两种来源。其一是表 1 目标值的±5%的容限，其二是评估介电常数的测量步骤。假定不确定度符合矩形概率分布(附录 J.7)。

7.2.3.5 被测设备输出功率、探头、温度、湿度的漂移

6.3 测量步骤的第一步和最后一步给出了被测设备和测量系统电子仪器、温度和湿度的变化和漂移，其允许变化范围小于±5%。假定不确定度符合矩形概率分布。

7.2.3.6 环境的扰度

环境的扰度源于下列因素：

- 试验室中波的反射；
- 模型外壳和无线设备夹具的电磁特性的影响；
- 电磁场的本底噪声。

容限应该小于±3%，假定不确定度符合矩形概率分布。

7.2.4 后处理的分量

7.2.4.1 简介

本节将要介绍对决定 1 g 和 10 g 空间平均 SAR 的峰值使用的离散测量数据进行后处理所导致的

不确定度,也就是内插算法、外推算法、平均算法和寻找最大值算法的合成不确定度。这些算法基于对场特性的一般假设,因此对于某一特定手机并不能非常准确地预测其在组织模拟液中的电场分布,从而将会增加一定的不确定度。算法的不确定度是测量分辨率和*区域粗扫*和*局部细扫*中所使用的后处理方法的函数。

实际峰值处的 SAR 分布与工作频率、手机的设计、测量位置以及跟组织模拟液的贴近程度紧密相关。低频且远距离工作的信号源其 SAR 分布梯度相对平缓,而紧贴组织模拟液的高频源(例如螺旋天线)其 SAR 分布梯度会很陡峭。很多情况下由于磁场的抵消,最大的 SAR 值不一定在模型表面[36]。

下文中的 SAR 分布分析函数意在尽量模拟这些条件,并用于评估不确定度。用这些根据经验得出的参考函数产生一系列虚拟 SAR 数据,来评估测量系统软件的后处理子程序。使用与实际测量相同的粗扫和细扫网格间距,计算网格点得到参考函数值,并将该值输入到 SAR 系统软件中。按照 7.2.4.2 给出的 3 个 SAR 分布函数来计算与实际*区域粗扫*和*局部细扫*测量网格相应的网格点上的 SAR 值,然后通过系统的内插、外推和积分运算处理这些数据。将 1 g 和 10 g 的 SAR 结果与 7.2.4.2 中所列的参考 SAR 值进行比较。7.2.4.3 中给出了*区域粗扫*和*局部细扫*后处理算法不确定度的评估过程。该测量函数假设组织模拟液和模型的分界面是平坦的。当分界面是曲面时在 7.2.4.4 中讨论了测量函数的适用性。后处理程序的不确定度分析假设解析分布函数能准确无误地计算网格点的位置,并且不包括探头定位和测量的不确定度。

7.2.4.2 评估测量函数

根据本部分所定的步骤测量手机 SAR 值时,f_1,f_2 和 f_3 这 3 个解析函数代表了 SAR 可能的分布范围,见式(29)。空间平滑分布函数 f_1 和空间陡峭分布函数 f_3 用于覆盖手机 SAR 测量中期望的场梯度范围。函数 f_2 用于说明模型/组织模拟液分界面上伴有磁场抵消情况的电磁照射条件。分布函数定义在模型表面 $z=0$,组织模拟液均处于 $z>0$ 的位置。

$$f_1(x,y,z)=A\mathrm{e}^{-\frac{z}{2a}}\cos^2\left(\frac{\pi}{2}\cdot\frac{\sqrt{x'^2+y'^2}}{5a}\right);$$

$$f_2(x,y,z)=A\mathrm{e}^{-\frac{z}{a}}\times\frac{a^2}{a^2+x'^2}\times(3-\mathrm{e}^{-\frac{2z}{a}})\cos^2\left(\frac{\pi}{2}\cdot\frac{y'}{3a}\right)$$

$$f_3(x,y,z)=A\times\frac{a^2}{\frac{a^2}{4}+x'^2+y'^2}\times\left[\mathrm{e}^{-\frac{2z}{a}}+\frac{a^2}{2(a+2z)^2}\right]\quad\cdots\cdots(29)$$

式中:

x'——$x+d$,单位为毫米(mm);

y'——$y+d$,单位为毫米(mm);

d ——偏移参数;

a ——20 mm;

A——1 W/kg。

上式中参数 a 和 A 除了用于形成适当的 SAR 分布之外,没有任何特殊的物理意义。举例来说,当 $d=2.5$ mm 时 SAR 分布就产生横向移动,这样一来,峰值的位置和间距增量为 5 mm 的测量网格就不再对齐了。这种偏移量是用来测试软件的峰值搜寻子程序和不确定度的。在与(x,y,z)坐标轴准直的 1 g 和 10 g 立方体内,使用分布函数 f_1,f_2,f_3 计算得到的参考 SAR 值在表 2 中给出。在后面的章节中,这些参考值将用来测试其他数据处理函数。

表 2　用于评估后处理程序不确定度的 SAR 参考值

函数	SAR 参考值/(W/kg)	
	1 g 立方体	10 g 立方体
f_1	0.881	0.759
f_2	1.796	1.375
f_3	3.049	1.385

7.2.4.3　数据后处理算法的不确定度评估

7.2.4.3.1　*区域粗扫*不确定度评估

对给定不确定度的空间平均 SAR 的峰值进行评估的前提条件是最大照射位置可以通过*区域粗扫*的数据精确定位，并且保证空间平均 SAR 的峰值完全包含在*局部细扫*的体积内。换言之，*区域粗扫*的内插算法应该可以以 $\pm L_z/2$ 或者更好的精确度定位峰值 SAR（L_z 是*局部细扫*体积的边长）。如果根据本节中的程序进行测试后可以满足这个前提条件，*区域粗扫*的评估就不计入总的不确定度。

将在通常进行*区域粗扫*的网格点上计算所得的参考函数值输入到系统软件中。运用内插算法处理这些数据完成*区域粗扫*并且确定 SAR 的峰值点位置（x_{eval}，y_{eval}）。当 $d=2.5$ mm 时，通过解析函数在（x_{ref}，y_{ref}）=（−2.5，−2.5）mm 处确定峰值位置。比较这两个位置。下脚标"eval"和"ref"分别指评估值位置和参考值位置。比较结果应满足下列两个不等式：

$$|x_{ref}-x_{eval}|\leqslant L_z/2\ \text{mm}$$

$$|y_{ref}-y_{eval}|\leqslant L_z/2\ \text{mm}$$

二维*区域粗扫*准确定位 SAR 峰值的能力依赖于*区域粗扫*网格的空间分辨率（Δx，Δy），内插值空间分辨率（Δx_i，Δy_i）和使用的内插函数[$g_i(x)$，$g_i(y)$]的类型。准确度也与相对于真实峰值位置（x_{ref}，y_{ref}）的评估网格的位置和使用的评估点数（N_x，N_y）有关。

以下是用于评估*区域粗扫*SAR 峰值定位内插算法不确定度的步骤：

a）选择测量分辨率（Δx，Δy）和评估（相应于测量）点的个数（N_x，N_y）。*区域粗扫*的中心应该位于（x_0，y_0）=（0，0）处；

b）在下列范围内的*区域粗扫*的评估网格点处，使用函数 f_1，f_2 和 f_3 计算 SAR 值：

$$x_0-\Delta x\times[(N_x-1)/2]\leqslant x\leqslant x_0+\Delta x\times[(N_x-1)/2]$$

$$y_0-\Delta y\times[(N_y-1)/2]\leqslant y\leqslant y_0+\Delta y\times[(N_y-1)/2]$$

其中假设 N_x 和 N_y 为奇整数，并假设 $z=0$，因为对于这 3 个函数，峰值的位置和 z 值没有关系。

c）由 3 个分布函数计算求得的 SAR 值再用 SAR 测量系统以空间分辨率（Δx_i，Δy_i）按照内插函数[$g_i(x)$，$g_i(y)$]进行内插计算，最后确定峰值 SAR 的位置（x_{eval}，y_{eval}）。如果测量系统不允许导入 SAR 值进行评估，那么应该使用其他的方法来执行相同的算法以确定内插法和寻找峰值的不确定度。

d）通过内插算法确定的 SAR 峰值的位置应该满足下列方程：

$$|x_{ref}-x_{eval}|\leqslant L_z/2\ \text{mm}$$

$$|y_{ref}-y_{eval}|\leqslant L_z/2\ \text{mm}$$

否则，数据处理和测量系统应该选用一个更好的网格分辨率和/或更多的内插点数来重复步骤

b)～步骤 d)。

e) 在 $0<x_0\leqslant\frac{\Delta x}{2}$ 和 $0<y_0\leqslant\frac{\Delta y}{2}$ 的范围内，区域粗扫的中心 (x_0,y_0) 应当以 1 mm 步长进行移动，并在每一 (x_0,y_0) 点上重复步骤 b)到步骤 d)。

7.2.4.3.2 *局部细扫*不确定度评估

将 1 g 或 10 g 的 SAR 最大值与 7.2.4.2 的参考 SAR 值相比较，以评估*局部细扫*的不确定度。通过 7.2.4.3.1 的*区域粗扫*的步骤，真实峰值的位置 (x_{ref},y_{ref}) 将被 (x_{eval},y_{eval}) 根据下列不等式得到的值所代替：

$$|x_{ref}-x_{eval}|\leqslant L_z/2\ \text{mm}$$

$$|y_{ref}-y_{eval}|\leqslant L_z/2\ \text{mm}$$

这个替换是由 7.2.4.2 中的参考方程 f_1,f_2,f_3 结合距离 d 来表示的。因为实际使用时这个替换会变化，所以 d 的值可在下列范围内变化：

$$|d|\leqslant(L_z-L_c)/2$$

其中 L_c 是立方体边长(1 g 是 1 cm，10 g 是 2.15 cm)。对于每一个距离 d，记录由 3 个函数中任何一个产生的最大不确定度。几个距离 d 下的最大不确定度的均方根值会被作为由外推、内插和积分运算产生的合成不确定度。

注：尽管*区域粗扫*的要求是 SAR 峰值位于 $|d|\leqslant L_z/2$ 范围内，这里使用更小的范围 $|d|\leqslant(L_z-L_c)/2$ 以确保粗扫之后即可计算 1 g 或者 10 g 的立方体。对于 $(L_z-L_c)/2\leqslant|d|\leqslant L_z/2$ 的情况，测量软件应该给出警告说明没有得到 1 g 或者 10 g 的立方体并且重新进行测量。这不会影响不确定度，所以此处不必考虑这个问题。

a) 为函数 f_1,f_2,f_3 选取一个替换值 d。d 在 $-(L_z-L_c)/2$ 到 $+(L_z-L_c)/2$ 范围内应该以极小的步长(例如 1 mm)改变。替换应该沿 x 轴和 y 轴方向分别进行。

b) 在与被测*局部细扫*体积点对应的网格点上，根据函数 f_1,f_2,f_3 计算 SAR 值。*局部细扫*体积的中心点在：

$$(x,y,z)=(0,0,L_h/2+d_{be})$$

式中：

L_h ——*局部细扫*体积的高度；

d_{be} ——测量点与内表面之间的最小距离。

c) 计算出来的 SAR 值由系统软件外推至 $z=0$ 处的模型表面，以此获得*局部细扫*中，由于探头限制而无法测得的点。然后再由系统软件对计算所得的和外插所得的点进行内插以得到一个更好的分辨率，接下来系统软件会使用积分算法和在*局部细扫*的体积内找寻空间平均 SAR 的峰值的算法来决定 1 g 或者 10 g 的 SAR 最大值。如果测量系统不允许导入 SAR 值进行评估，那么应该使用其他的方法来执行相同的算法以确定外推、内插和积分算法的不确定度。

d) 由测量系统或者数据处理软件得到的 1 g 或者 10 gSAR 值(SAR_{eval})与 7.2.4.2 的参考 SAR 值相比较。每一个分布函数的 SAR 不确定度可通过式(30)计算：

$$SAR_{uncertainty}[\%]=100\times\left|\frac{SAR_{eval}-SAR_{ref}}{SAR_{ref}}\right| \qquad (30)$$

e) 记录由 3 个分布函数中任何一个所评估的 SAR 不确定度的最大值。

f) 对不同的 d，重复步骤 b)～d)。

g) 计算每一替换值 d 下通过步骤 d)所得不确定度的均方根值。该均方根值将作为外推、内插和积分算法的总不确定度。

h) 记录下列用于确定*局部细扫*不确定度的参数：

1） 用于采样参考函数的网格尺寸，包括采样点个数和3个方向的步长；

2） 内插点的个数，包括3个方向上两个测量点之间或者内插点之间的分辨率；

3） 外推区域的维度 d_{be}，也就是在第一测量点处探头传感器到模型表面的距离（测量点在探头尖端的后面）；

4） 所用的内插、外推和平均算法。

对于3个函数来说，计算条件（例如，网格点数、网格步长和3个方向上的内插点数）应保持一致。

7.2.4.4 曲面不确定度评估

7.2.4.3中的步骤假设组织模拟液和模型分界面是平面。当组织模拟液和模型分界面是光滑曲面时，用这些函数所评估的不确定度同样有效。当网格与表面之间的距离相同时，函数基于分界面是平面的事实并不限制其在曲面条件下的适用性。图10展示了确定平均体积的过程。当然，组织模拟液和模型边缘分界面是平面时用这些函数所进行不确定度评估对于光滑平滑曲面模型来说也同样适用。图10描绘了在SAR后处理阶段构造立方体的可行方法。立方体朝向模型/液体分界面的前表面与曲面边缘吻合，以确保能够捕获所有的SAR峰值。后表面则进行相应的变形以保持正确的平均质量。四个侧面的曲度和朝向都不变。

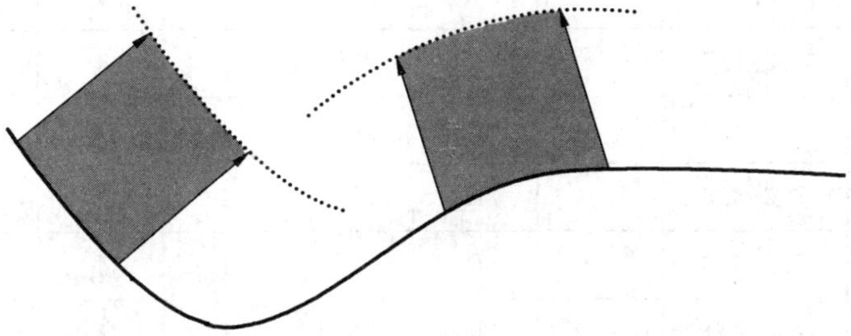

图10 与模型表面相关的平均体积的表面和朝向

7.3 不确定度评估

7.3.1 合成不确定度与扩展不确定度

记录每一个不确定度分量的说明、概率分布、灵敏系数和不确定度值。表格形式如表3所示。合成不确定度 u_c 应根据式(31)计算：

$$u_c=\sqrt{\sum_{i=1}^{m}c_i^2\cdot u_i^2} \qquad \cdots\cdots(31)$$

式中：

c_i——灵敏系数；

u_i——标准不确定度。

扩展不确定度 U 应使用95%的置信度进行评估。

7.3.2 最大扩展不确定度

空间平均SAR的峰值在0.4 W/kg～10 W/kg范围内时，95%置信度的扩展不确定度不能超过30%。如果不确定度大于30%，那么报告的数据需要计入实际不确定度和目标值30%之间的百分比差值。

表 3 手机 SAR 测量不确定度评估模板

A	*b*	*C*	*d*	*e*= *f*(*d*,*k*)	*f*	*g*	*h*=*c*×*f*/*e*	*i*=*c*×*g*/*e*	*k*
不确定度来源	描述	公差/不确定度 ±%	概率分布	Div.	c_i (1 g)	c_i (10 g)	标准不确定度 ±%,(1g)	标准不确定度 ±%,(10g)	ν_i 或 ν_{eff}
测量系统									
探头校准	7.2.1		N	1	1	1			∞
各向同性	7.2.1.2		R	$\sqrt{3}$	1	1			∞
边界效应	7.2.1.5		R	$\sqrt{3}$	1	1			∞
线性度	7.2.1.3		R	$\sqrt{3}$	1	1			∞
检出限	7.2.1.4		R	$\sqrt{3}$	1	1			∞
电子读数设备	7.2.1.6		N	1	1	1			∞
响应时间	7.2.1.7		R	$\sqrt{3}$	1	1			∞
积分时间	7.2.1.8		R	$\sqrt{3}$	1	1			∞
射频环境条件:噪音	7.2.3.6		R	$\sqrt{3}$	1	1			∞
射频环境条件:反射	7.2.3.6		R	$\sqrt{3}$	1	1			∞
探头定位器机械限制	7.2.2.1		R	$\sqrt{3}$	1	1			∞
探头相对于模型外壳的定位	7.2.2.3		R	$\sqrt{3}$	1	1			∞
后处理	7.2.4		R	$\sqrt{3}$	1	1			∞
测量样品相关									
测量样品定位	7.2.2.4		N	1	1	1			*M*−1
设备夹具不确定度	7.2.2.4.2		N	1	1	1			*M*−1
输出功率的漂移	7.2.3.5		R	$\sqrt{3}$	1	1			∞
模型和配置									
模型不确定度(形状和厚度的制造公差)	7.2.2.2		R	$\sqrt{3}$	1	1			∞
液体电导率(目标值)	7.2.3.3		R	$\sqrt{3}$	0.64	0.43			∞
液体电导率(测量值)	7.2.3.3		N	1	0.64	0.43			*M*
液体介电常数(目标值)	7.2.3.4		R	$\sqrt{3}$	0.6	0.49			∞
液体介电常数(测量值)	7.2.3.4		N	1	0.6	0.49			*M*
合成标准不确定度			RSS						
扩展不确定度(95%置信度)									

表 3（续）

A	b	C	d	$e=f(d,k)$	f	g	$h=c\times f/e$	$i=c\times g/e$	k
不确定度来源	描述	公差/不确定度 ±%	概率分布	Div.	c_i (1 g)	c_i (10 g)	标准不确定度 ±%,(1g)	标准不确定度 ±%,(10g)	ν_i 或 ν_{eff}

注 1：a～k 列仅供参考。

注 2：表中所用的缩写：

RSS ——和方根；

N,R,U——正态，矩形，U 形概率分布；

Div. ——用于得到标准不确定度的除数。

注 3：表中的不确定度分量基于本部分的测量程序和协议。如果测量协议和程序发生变化，例如模型配置和被测设备定位参数发生变化，就会产生不同的不确定度分量。

注 4：除数是概率分布和自由度（ν_i，ν_{eff}）的函数。

注 5：c_i 是灵敏系数，用于将不确定度分量的变化度转换为 SAR 的变化度。

注 6：关于标准不确定度的自由度（ν_i）和扩展不确定度的有效自由度（ν_{eff}），见 7.1.3。

注 7：ν_i 列中的 M 是测量次数。

注 8：对于频率为 2 GHz 以上的基于乙二醇的组织模拟液，暂定介电常数的公差为 10%。

注 9：一些不确定度的影响量可以通过设备生产商提供的性能说明书进行评估；如果某一分量的不确定度在每次测量中都不同，那么就要对每次测量都进行评估。

注 10：除了要把*测量模型*相关组替换为*偶极子*组（包含两个影响量：偶极子轴到液体的距离，输入功率和 SAR 漂移）之外，本模板中的所有其他影响量对于*系统验证*测量都是适用的。

8 测量报告的要求

8.1 概述

测量结果通常记录在测量报告中，并且应该包括对测量或校准结果作解释的必要信息以及所用的方法需要的所有信息。

关于测量报告的更详细的导则请见 ISO/IEC 17025:1999 的 5.10。

8.2 测量报告中应该记录的内容

执行重复测量、计算或在给定的校准和不确定度限值之内得出结果的测量所需的全部信息都要记录在报告中。测量报告应该包括：

a） 一般信息：被测设备的参考跟踪、测量要求、使用的标准。

b） 测量系统：人体模型、电子测量仪器、扫描定位系统和被测设备夹具、内插/外推法的描述。

c） 不确定度评定。

d） 被测设备及测试细节：对被测设备的描述/序列号，例如 IMEI 号；测试条件（温度、湿度等）；所用液体及特性；系统检查验证结果；测试结果（每次测试的空间平均 SAR 的峰值和每一模式下的 SAR 最大值处的图式化结果）。

e） 测试结果汇总：在不同的测试位置、频段、模式和天线配置下的 SAR 值；如果合适的话，可加入有关的基本限值信息以及与基本限值符合程度的声明等。

附 录 A
（规范性附录）
模 型 规 格

A.1 模型形状的基本原理

模型的身体部分是电磁场放射剂量测定的基本组成部分。虽然理想情况下模型最好可以模拟其所表征的人身体部分的解剖学细节，但是这样做并不切合实际。因此应定义和标准化能够影响 SAR 测量的相关特性、尺寸和材质特性。

将人群测量学得到的人体解剖的形状和尺寸的数据进行统计分析，用来指导建立理想的模型形状。1988 年一份关于美国军人的人体测量学报告提供了一组对于不同年龄、民族、种族的人的采样数据[18]。头部的形状是由许多直线和曲线构成的，如图 A.1 所示。

剂量学研究指出：与较小的头部（妇女和儿童）相比，较大的头部（成年男性）会吸收更多的能量，这就构成了一个最坏情况下的电磁照射[34],[35],[58]。使用头部尺寸超过 90％的人的成年男子的大头作为模型，可以保证所有使用者中有超过 90％的人具有比其小的头部，同时，遭受的电磁照射也更低。

后耳的突出部分直接决定着移动设备及其天线贴近人体头部的程度，同时也是确定 SAR 的一个重要参数。需要对耳朵的突出进行调整来模拟被测设备贴紧耳朵时耳朵受挤压的状态。耳朵的形状是定位被测设备的一个重要因子，设计时应保证其能准确和可重复地定位被测设备。

对手部进行模拟时，实际的困难是如何规定一个单一的手部握持位置，使其适用于所有的被测设备。此外，剂量学研究指出，不使用手部模型头部内的 SAR 值更加保守[31]。出于这些原因，按照本部分对被测设备进行 SAR 评估时不使用手部模型。

A.2 SAM 模型的规格

尺寸数据源自 Gordon 的报告[18]，如表 A.1 和图 A.1 所示。优先采用表 A.1 中的数据。如表 A.2 所示，一些使用被测设备贴近耳朵和脸颊时的特殊情况也考虑在内了。特殊地，在耳朵参考点（ERP）用一个 6 mm（包含 2 mm 厚的模型外壳）的厚度来模拟外耳（耳廓）。这个薄的耳朵间隔模型同时也模拟了使用者耳朵非常小的情形，给出了一个更保守的 SAR 值。可用一个具有参考点、线的系统来修正手机在模型上的定位（图 A.2）。点 M 是嘴部参考点，LE 是左耳参考点（ERP），RE 是右耳参考点（ERP）。左、右耳参考点沿 B-M（Back-Mouth）线位于耳道入口点（EEC）后方 15 mm 处（图 A.2）。

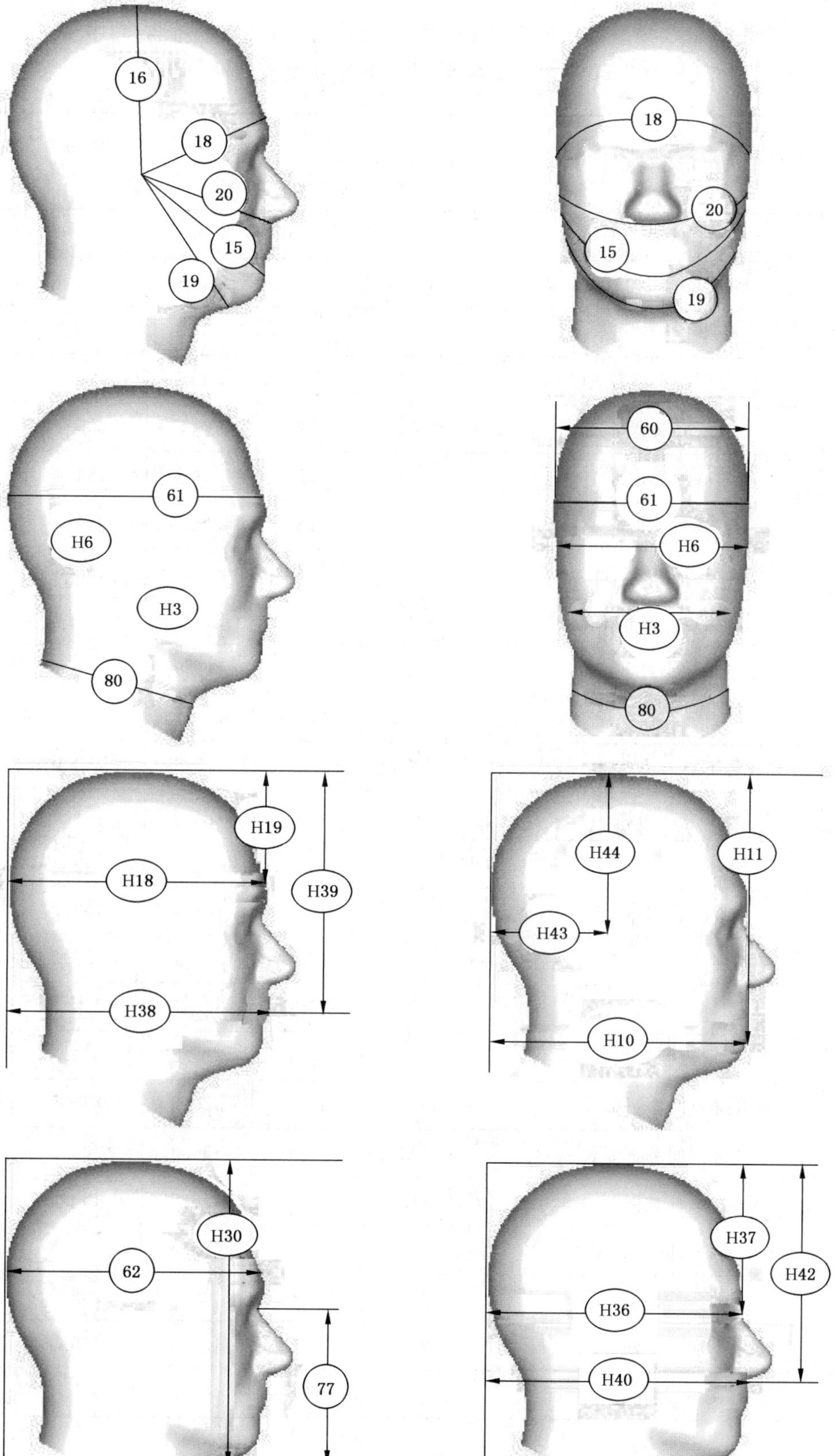

注：Hx,xX 是表 A.1 中的参考距离。

图 A.1 表 A.1 中尺寸示意图

表 A.1 模型的头部尺寸:SAM的尺寸与Gordon的报告[18]中90%大头成年男子头部尺寸比较表

参考号	解剖位置	Gordon的报告/mm			SAM/mm	偏差/%
		平均值	标准偏差	90%		
H3	下颌角间宽	118.9	7.9	129.2	130.0	0.6
H6	左、右耳屏点之间的直线距离	144.8	6	152.3	152.7	0.2
H10	下颚—头背部	194.2	10.3	207.3	206.5	−0.4
H11	下颚—头顶部	216.8	8.9	228.3	220.4	−3.5
H18	眉心—头背部	199.7	7.2	208.5	209.2	0.3
H19	眉心—头顶部	96.2	7.3	105.6	104.4	−1.1
H30	下颚—头顶部	232.0	8.8	243.3	246.7	1.4
H36	鼻梁点—头背部	197	7.1	205.9	205.3	−0.3
H37	鼻梁点—头顶部	112	6.9	120.9	121.7	0.7
H38	口—头背部	199.4	9.6	211.9	211.4	−0.2
H39	口—头顶部	186.3	7.8	196.3	196.3	0.0
H40	鼻下点—头背部	203.5	8.3	213.6	213.0	−0.3
H42	鼻下点—头顶部	161.9	7.7	171.8	177.6	3.4
H43	耳屏点—头背部	98.9	8.5	106.4	106.4	0.0
H44	耳屏点—头顶部	131	5.7	138.2	138.2	0.0
15	耳屏点间下颚弧长	325.8	13.4	343.1	329.3	−4.0
16	耳屏点间颅弧长	353.3	12.9	369.7	367.3	−0.6
18	耳屏点间额弧长	304.3	10.6	318.2	314.1	−1.3
19	耳屏点间颌下弧长	304.2	14.5	323.2	333.5	3.2
20	耳屏点间鼻下弧长	292	11.1	306.3	305.3	−0.3
60	头部宽度	151.7	5.4	158.6	158.4	−0.1
61	头部周长	567.7	15.4	587.3	594.8	1.3
62	头部长度	197.1	7.1	206	206.0	0.0
77	下颚—鼻凹处	121.9	6.5	130.4	125.0	−4.1
80	颈部周长	379.6	19.7	405.3	395.4	−2.5

表 A.2 SAM 模型设计的特殊导则和 CAD 文件

编号	SAM 导则
SG1	由左右耳屏点和嘴定义的参考面
SG2	位于距耳屏点 15 mm 的参考面上的耳朵参考点
SG3	ERP 处模型外壳的厚度是 6 mm
SG4	外表面上的 N-F 线是 60 mm 的直线，位于与参考面垂直的平面内
SG5	在参考面垂直面内倾斜外表面上的 N-F 线，这样一来在贴脸位置处平坦被测设备和外表面之间的接触点就在参考线上
SG6	外表面上的 B-M 线从 ERP 到耳朵上部是直线，沿着这条线的模型外壳的厚度小于 6 mm
SG7	耳朵的外表面是平的，并且由 NN-F 线和 B-MMB 线所定义的整个模型厚度是 2 mm(耳朵区域除外)
SG8	在从 H－30 mm 到 H＋30 mm 的与参考面平行的对切平面的贴脸区域中一定没有 S 形
SG9	到内表面的垂线距离就是模型的厚度

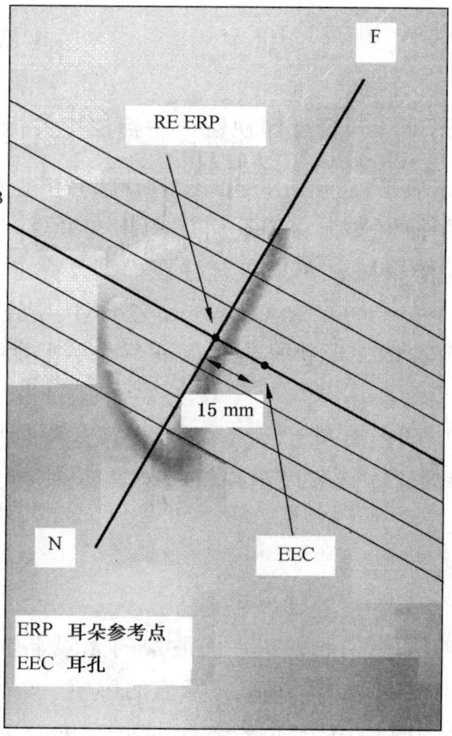

说明：
B ——B-M 线后方端点；
F ——N-F 线前端点；
N ——N-F 线在颈部的端点；
M ——嘴参考点；
RE——右耳参考点(ERP)。

图 A.2 模型耳部放大侧视图

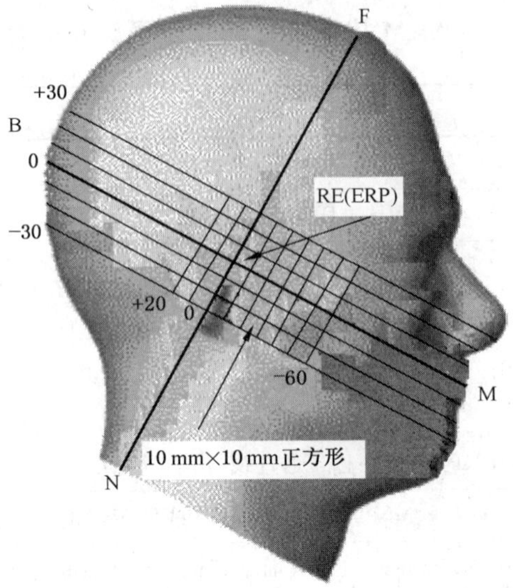

说明：

B ——B-M线后端点(仅供参考，不用标在模型上)；

F ——N-F线前端点(仅供参考，不用标在模型上)；

N ——N-F线在颈部的端点(仅供参考，不用标在模型上)；

M ——B-M线的前端点(仅供参考，不用标在模型上)；

RE——右耳参考点(ERP)。

图 A.3 模型侧视图——标注相关标记

注：完全头部模型仅用于图式，本部分中使用的步骤都是根据图2所示的模型配置。

穿过两耳参考点和点M的平面定义为参考平面。N-F线(颈部一前方)，也称为参考旋转法线，穿过扁平耳部模型的前方。N-F线和B-M线都应该标注在模型外壳上，以便于手机的定位。在N-F线的后面，带有耳朵形状的模型外壳是一个平坦的表面，并且在ERP点处的厚度为6 mm。在N-F线前面，耳部的扁平形状如图A.2所示。选用该形状是为了保证耳垂不干扰手机的倾斜位置，否则将会导致在脸颊处定位的不准确。

参考线B-M和N-F的投影应画在模型上。为了方便起见，其他的线也可画在模型上。在不影响模型规格的情况下，图A.3中所标的这些线可以画在模型外表面上。

A.3 组织模拟液

为了得到均质液体的适当参数，使用照射于平面波中的无限半空间多层组织模型作为一个简单理论模型来研究阻抗匹配、驻波等对空间平均SAR的峰值的影响[8]。组织层的结构和厚度是变化的，以此表征头部照射区域的结构变化，使得结果能够覆盖10%～90%的大部分使用人群(包括成人和儿童)。基于每一频率下吸收的最坏情况下的组织层的结构，所得到的均质模型的头部组织模拟液的介电参数可以产生相同的(或稍高的)峰值空间吸收。这里使用了Cole-Cole分析方法得到的介电特性的数据，参见[17]。这种方法对于近场电磁照射的有效性是通过在最靠近多层结构模型的位置上，使用半波偶极子和1/4波长单极子代替平面波，然后将结果跟文献中以核磁共振图像(MRI)为基础的非均质(成人和儿童)人体头部模型的结果进行比较后实现的。

表1所示的头部组织模拟液的介电常数和电导率也可参见[8]。对于头部组织模拟液在频率范围内其他频率下的介电特性可通过线性内插来得到。附录I中列出了建议使用的公式。

附 录 B
（规范性附录）
测量仪器的校准和不确定度评估

B.1 简介

测量设备是由探头、放大器和测量装置组成的。现在通用的探头均基于肖特基检波二极管。被测信号，也就是探头的输出，是一个取决于射频照射等级与 E 或 E^2 成正比的电压值。

多数各向同性探头是由 3 个彼此正交的小偶极子传感器组成的，在传感器的空隙中有检波二极管。总电场可通过 3 个电场分量的和方根值来表示。在二极管响应的平方律区域内，传感器的输出电压正比于相应场分量的均方值。在这范围之外，输出电压将被压缩，因此就需要对动态范围进行线性化。传感器和二极管之间的制造公差会使每个传感器具有不同的灵敏度。

B.2 偶极子传感器灵敏度的评估

灵敏度因子可通过采用“一步”或“两步”校准法来获得。

B.2.1 两步校准法

总电场可通过式(B.1)计算：

$$|E|^2=\sum_{i=1}^{3}|E_i|^2=\sum_{i=1}^{3}\frac{f_i(V_i)}{\eta_i\gamma_i} \qquad \cdots\cdots\cdots\cdots(\text{B.1})$$

式中：

$f_i(V_i)$——已校准传感器信号 V_i 的线性化方程；

η_i ——自由空间中偶极子传感器的绝对灵敏度[$\mu V/(V/m)^2$]；

γ_i ——偶极子传感器在介质中的灵敏度和在自由空间中的灵敏度的比值。

将探头灵敏度分成两个因子 η_i 和 γ_i 来看，这样就可以用一些标准的“空气中的探头”的校准程序，同时也可提供一些额外的探头性能和校准配置的验证。校准仅在探头距离任何介质边缘都足够远时才是有效的。因为在很近的距离时，灵敏度可能会改变。这就是边界效应，跟各向同性一样需要单独进行评估。

B.2.1.1 空气中的灵敏度(第一步)

探头校准中用于产生理想的标准场并模拟自由空间条件的最精确的装置是波导。这是因为：

- 和远场校准设备相比，波导的设置功率适当，所需空间更小；
- 能产生可溯源至功率的读数的精确电场；
- 当波导的尺寸远大于探头尺寸时，由于探头插入所引起的场扰度而产生的不确定度对于小的近场探头是可以忽略的；
- 非常便于将探头的轴垂直或平行于场极化的方向；
- 通过使用一套可以涵盖整个频率范围的波导就可以进行总场强的交叉验证。

在低频处(小于 750 MHz)，可以使用 TEM 小室。然而，TEM 小室内的场并不十分理想，也就是说，跟所预期的均质场分布存在着非常大的偏差[44]。举例而言，在一些商用的 TEM 小室中，当沿着中心轴从屏蔽隔板移动到外壁时，场会变化±6%。然而，将探头在TEM小室和波导中的响应进行比较后，在TEM小室中的特定测量位置上可以进行探头的传递校准。

探头基本上都是通过小孔插入到各设备中去，并定位在中心(该处的场在整个探头尺寸上基本都是均质的)。每一个传感器都是根据与其平行的场分量进行评估的。

只要阻抗电缆上没有载入偶极子二极管传感器，并且探头相比于波长是很小的，那么灵敏度就与频率无关。这提供了一种校准设置的附加验证方法，并且可以检查探头对场扰动造成的最终影响。如果使用高质量的波导耦合器和匹配源的话，探头插入所造成的影响是可以忽略的。波导设置中的另外一个附加不确定度源于终端负载的反射，这将导致在设置中产生驻波模式。如果使用高质量的波导负载，那么反射可保持在1%以下。另外，不确定度可通过以一个$\lambda/4$的可变负载进行追加测量并取两次测量平均值的方法进行补偿。

B.2.1.2 介质中的灵敏度(第二步)

液体中的灵敏度是通过在介质中产生局部已知的场值而决定的。可以使用下列两种方法：

- 用温度探头进行传递校准；
- 用分析场进行校准。

B.2.1.2.1 用温度探头进行传递校准

在有损耗液体中的SAR是与液体中的电场(E)和温度梯度(dT/dt)都有关的。因此，根据式(B.2)计算：

$$\mathrm{SAR} = \sigma \frac{E^2}{\rho} = c_h \left.\frac{\mathrm{d}T}{\mathrm{d}t}\right|_{t=0} \qquad \text{(B.2)}$$

在有损耗液体中就可以通过测量液体中的温度梯度间接测量其电场。可以使用具有高空间分辨率(小于1 mm～2 mm)和快速响应时间(小于1s)的非扰动温度探头(光学探头或具有阻抗电缆的热敏电阻探头)，而且它也很容易进行高精度的校准[32]。设置以及激励源不会影响校准，只要考虑标准温度探头和待校准的电场探头的相对定位不确定度就可以了。然而，还有许多问题限制了用温度探头进行探头校准的准确性：

- 温度梯度不能直接测量，而应通过不同时间段的温度测量进行评估。应该采用特殊的预防措施避免由液体中的能量补偿效应或转化电流所引起的温度梯度导致的测量不确定度。这些效应是不能完全避免的，因为待测场本身就会干扰液体中的热平衡。通过采用精细的设置，可使这些不确定度保持最小。
- 温度探头周围的测量体积是不理想的。很难计算从温度梯度场传递到探头内部的能量。这些影响是应要考虑到的，这是因为温度探头是以均质温度在液体中进行校准的。
- 校准有赖于对介质密度、比热容和热导率的评估。尽管密度和比热可以通过标准的步骤(对于c_h来说是±2%，对于ρ来说要更好)进行精确的测量，但是却没有测量热导率的标准。根据所用的方法和液体的不同，不确定度可能会超过±5%。
- 温升测量是不敏感的，因此通常要在比电场测量更高的功率等级上执行。此时应考虑到系统的非线性(如功率测量、不同的场分量等)。

考虑到上述问题，使用精细设计的配置，利用温度梯度测量对电场探头进行校准的精度约为±10%(合成不确定度)[38]。结合波导技术和热测量技术的配置请参看[27]。当使用相同的液体进行校准和实际测量时，这种配置的预估合成不确定度是±5%，否则就会是±7%～±9%(这很好地吻合了[38]中所给的评估)。当使用温度探头进行传递校准时，不确定度分析至少应该考虑到表B.1中的各项参数。

表 B.1　使用温度探头进行传递校准的不确定度分析

不确定度源	不确定度的值 ±%	概率分布	除数	c_i	标准不确定度 u_i ±%	ν_i 或 ν_{eff}
电场探头的定位		N	1	1		∞
温度探头的定位		N	1	1		∞
电场探头的线性度		R	$\sqrt{3}$	1		∞
温度探头的漂移和噪声		R	$\sqrt{3}$	1		∞
温度探头的线性度		R	$\sqrt{3}$	1		∞
液体热导率		R	$\sqrt{3}$	1		∞
液体比热		R	$\sqrt{3}$	1		∞
液体密度		R	$\sqrt{3}$	1		∞
温度探头的精确性		R	$\sqrt{3}$	1		∞
合成不确定度		RSS				

注 1：c_i 是灵敏度系数；

注 2：对于预估输入值(x_i)而言，ν_i 是标准不确定度 $u(x_i)$ 的自由度；ν_{eff} 是合成不确定度 $u_c(x_i)$ 的有效自由度，可用 ν_{eff} 得到 $t_p(\nu_{eff})$。

B.2.1.2.2　用分析场(波导)进行校准

这种方法所使用的配置，可通过测量其他物理量(如输入功率)来对场进行理论计算。这就相当于空气中探头校准的标准场法；然而，对于有损耗液体中的场并没有标准定义。

当使用有损耗液体中的可计算场进行探头校准时，在不确定度评估过程中应考虑到以下几点：

- 系统配置要保证能够精确测定入射功率；
- 场强计算的准确性取决于液体介电参数的评估；
- 由于在高介电常数的液体中电磁波的波长很短，即使是使用很小尺寸的配置都可能超过共振模式的截止频率。应要对配置中的场分布进行仔细的检查，以确保符合理论的场分布。

矩形波导是自洽式(self-contained)独立系统，在该系统中横截面上的场分布与反射无关。可使用这种波导在组织模拟液内部产生一个理论上已知的场，如[52]中提到的配置。在该配置中(见图 B.1)，直立的两端开放的波导的上部充满了液体。在距离反馈耦合器大于 λ 处的一层绝缘平板可以提供空气和液体之间的阻抗匹配(大于 10 dB 的回波损耗)。尽管高阶模式在理论上是可能存在的，但结构的对称和液体中的高损耗确保了组织模拟液内部的场分布满足 TE_{10} 的波导模式。在[51]中，通过在液体中进行完全的体积扫描，已经验证确实不存在高阶模式，并且显示该场偏离理论 TE_{10} 模式的差值仅为±1%～±2%。

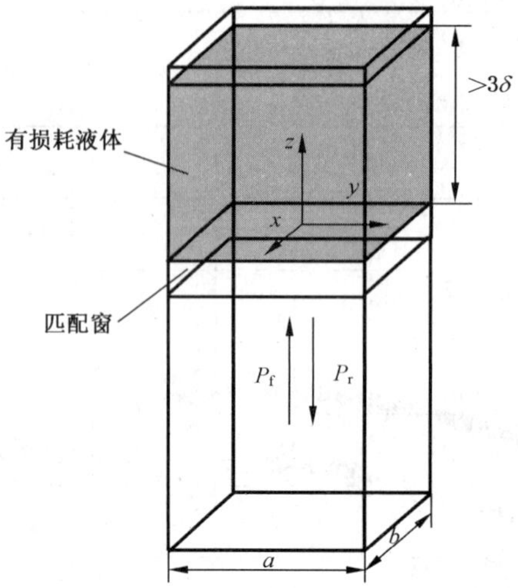

说明：

x,y,z——笛卡儿坐标系的坐标轴；

3δ——液体的深度(大于3倍的趋肤深度)；

a——波导横截面的宽度；

b——波导横截面的长度；

P_f——入射功率；

P_r——反射功率。

图 B.1 使用直立矩形波导进行灵敏度(转换因子)评估的试验配置

在液体内部，场基本上按TEM波进行传播，这是受低截止频率所致。液体的深度(大于3倍的趋肤深度)的选取使得在液体上表面的反射是可以忽略的。通过测量波导内的入射和反射功率来计算液体吸收的功率，见式(B.3)。

$$\mathrm{SAR}(z)=\frac{4(P_f-P_r)}{\rho ab\delta}\mathrm{e}^{-2z/\delta} \qquad \cdots\cdots(\mathrm{B}.3)$$

式中：

ab——波导横截面的面积；

P_f——进入波导的入射功率；

P_r——从波导绝缘层和液体中出来的反射功率；

z——探头位置处偶极子中心的对数坐标；

ρ——液体密度；

δ——有损耗液体内部的趋肤深度。

注：在本部分中密度 ρ 定义为 1 000 kg/m³。

使用这种技术可以得到很高的精确度，根据所用的频率和液体，合成不确定度会小于±3.6%。这样一来校准本身也变成了可溯源到标准校准步骤的功率测量。因为波导的实际尺寸所带来的限制在符合性测量中并不严重，这是因为大部分移动通信系统的工作频率都已经包含在800 MHz～2 500 MHz范围内了。当频率低于800 MHz时，使用温度探头进行传递校准仍然是取得较低不确定度的实用方法。当通过理论场进行校准时，不确定度分析至少要考虑表B.2中的参数。

表 B.2 使用波导内部理论场进行校准的不确定度分析

不确定度源	不确定度的值 ±%	概率分布	除数	c_i	标准不确定度 u_i ±%	ν_i 或 ν_{eff}
入射功率		R	$\sqrt{3}$	1		∞
反射功率		R	$\sqrt{3}$	1		∞
液体电导率		R	$\sqrt{3}$	1		∞
液体介电常数		R	$\sqrt{3}$	1		∞
场均质性		R	$\sqrt{3}$	1		∞
场探头定位		R	$\sqrt{3}$	1		∞
场探头线性度		R	$\sqrt{3}$	1		∞
合成不确定度		RSS				

B.2.2 一步校准程序

B.2.1 中的程序可通过使用参考天线而合并成一个一步的程序,如下。

总场强可按式(B.4)来评估:

$$|E|^2=\sum_{i=1}^{3}|E_i|^2=\sum_{i=1}^{3}\frac{V_i}{K_i} \qquad \text{(B.4)}$$

其中,K_i 是液体中偶极子传感器的绝对灵敏度。

参考天线很小,可在相应的组织模拟液中使用。在[48],[49]中介绍了 900 MHz 和 1 800 MHz 天线的例子。至少需要用两个相同的天线来评估用于探头校准的主瓣增益。

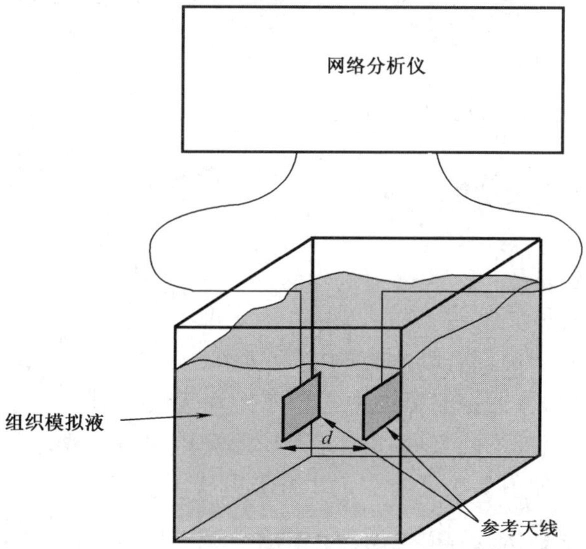

图 B.2 天线增益评估配置

参考天线增益的评估按照下列协议进行:

a) 将天线定位于液体中,使其主轴互相平行,距离为 d,其中 $d \geqslant 2D^2/\lambda_{liquid}$,$D$ 是参考天线的最大尺寸,λ_{liquid}是液体中的波长。天线应该至少远离液体容器的任一内壁 10 cm;

b) 在每个天线的输入端口测量反射系数 ρ_1,ρ_2;

c) 在同一端口测量两个天线之间的传输系数 S_{21}；

d) 增益按式(B.5)计算：

$$G=|S_{21}(d)|\times e^{\alpha d}\left(\frac{4\pi d}{\lambda_{\text{liquid}}}\right)\times\frac{1}{\sqrt{(1-|\rho_1|^2)(1-|\rho_2|^2)}} \quad\cdots\cdots\cdots\cdots(B.5)$$

其中衰减系数按式(B.6)计算：

$$\alpha=\frac{2\pi f}{c}\times(\varepsilon_r'^2+\varepsilon_r''^2)^{1/4}\times\sin\left[\frac{1}{2}\arctan\left(\frac{\varepsilon_r''}{\varepsilon_r'}\right)\right] \quad\cdots\cdots\cdots\cdots(B.6)$$

当确定参考天线增益时，其不确定度分析至少应该考虑表 B.3 中的参数。

表 B.3 评估参考天线增益的不确定度分析

不确定度源	不确定度的值 ±%	概率分布	除数	c_i	标准不确定度 u_i ±%	ν_i 或 ν_{eff}
入射功率		R	$\sqrt{3}$	1		∞
反射系数		R	$\sqrt{3}$	1		∞
距离		R	$\sqrt{3}$	1		∞
液体电导率		R	$\sqrt{3}$	1		∞
液体介电常数		R	$\sqrt{3}$	1		∞
合成不确定度		RSS				

应当使用以下协议来评估探头的灵敏度系数：

a) 将一个天线置于组织模拟液中，天线距离液体容器内壁至少 10 cm；

b) 在参考天线的输入端连接功率源。距离天线 d 处的理论电场强度 E_{th} 按式(B.7)计算：

$$E_{th}=\left[\left(\frac{P_{in}(1-|\rho|^2)Ge^{-2\alpha d}}{4\pi d^2}\right)\times\left(\frac{120\pi}{\mathrm{Re}\sqrt{\varepsilon_r}}\right)\right]^{1/2} \quad\cdots\cdots\cdots\cdots(B.7)$$

式中：

d ——到天线的距离，且 $d\geqslant 2D^2/\lambda_{\text{liquid}}$；

G ——天线增益；

D ——参考天线的最大尺寸；

P_{in} ——输入功率；

ρ ——天线的反射系数；

λ_{liquid}——液体中的波长。

这里建议接入一个双定向耦合器来控制输入功率。调节输入功率，以保证 E_{th} 约为 30 V/m。

c) 将探头定位在液体中，保证探测器的中心位于距离天线 d 处；

d) 调节探头的方向，使偶极子的方向和参考天线的极化方向一致；

e) 测量探头端口处与被照射偶极子有关的电压信号 $V_{1,\text{meas}}$；

f) 该偶极子的灵敏度系数 $K_1=\dfrac{V_{1,\text{meas}}}{E_{th}^2}$；

g) 重复 d)到 f)来评估另外两个偶极子的灵敏度系数 K_2 和 K_3。

根据探头的灵敏度系数，SAR 可通过式(B.8)得到：

$$\mathrm{SAR}=\frac{\sigma}{\rho}\left(\frac{V_1}{K_1}+\frac{V_2}{K_2}+\frac{V_3}{K_3}\right) \quad\cdots\cdots\cdots\cdots(B.8)$$

其中，ρ 是密度(1 000 kg/m^3)。

当用参考天线来进行探头校准时，不确定度评估至少应该考虑表 B.4 中的参数。

表 B.4 使用参考天线进行校准的不确定度分析

不确定度源	不确定度的值 ±%	概率分布	除数	c_i	标准不确定度 u_i ±%	ν_i 或 ν_{eff}
入射功率		R	$\sqrt{3}$	1		∞
反射系数		R	$\sqrt{3}$	1		∞
天线增益		N	1 或 k	1		∞
液体电导率		R	$\sqrt{3}$	1		∞
液体介电常数		R	$\sqrt{3}$	1		∞
探头定位		R	$\sqrt{3}$	1		∞
合成不确定度		RSS				

B.3 各向同性

B.3.1 轴向各向同性

探头应该照射在沿探头主轴法线方向入射的参考波中。通过沿着轴线以15°或者更小的步长旋转探头360°确定轴向各向同性。

B.3.2 全球和半球各向同性

探头应该照射于沿不同角度入射的参考波中。应该通过旋转探头或者参考波的极化方向来确定半球各向同性。入射角度应该从90°(轴向)到0°(法向)旋转,旋转的步进应该等于或者小于30°。在每一个入射角度下,探头应该以15°或者更小的步长旋转360°。

下面的3种方法可用于确定半球各向同性,而且各自产生的结果也是相似的:

- 偶极子位于侧面的平坦模型;
- 偶极子位于正下方的平坦模型;
- 带有偶极子的球形模型。

B.3.3 使用偶极子位于侧面的平坦模型确定各向同性

这种配置是由一个盛满组织模拟液的薄塑料盒子组成的,液体照射在相应测量频率的半波共振偶极子下。应该使用下列协议来评估探头的球向各向同性:

a) 将偶极子天线放置于转台上,并且使其与平坦模型平行(见图B.3)。天线应该定位在距离附近的平坦模型内壁的 $e=\lambda/10$ 的最远位置处;
b) 将探头竖直插入液体中,并保证探头的3个传感器的中心位于偶极子轴的延长线上;
c) 不论何时,探头的水平放置位置应是在靠近模型后侧的驻波最大值处,且距离模型/液体界面为 d,因为在这个地方电场是局部均质的且磁场是最小的。同样也可在梯度场中执行测量(电场最大值可通过在 x 轴方向上进行线性扫描而得到);
d) 偶极子应该以小于或等于15°的步长绕其自身的轴至少旋转0°~90°;
e) 在每一步,探头都是通过探头定位器绕其自身的轴,从0°~360°进行旋转,并且测量步长小于或等于15°;
f) 球向各向同性的偏差表示为在所有探头测量位置上SAR测量值跟平均值的最大偏差(±××dB)。

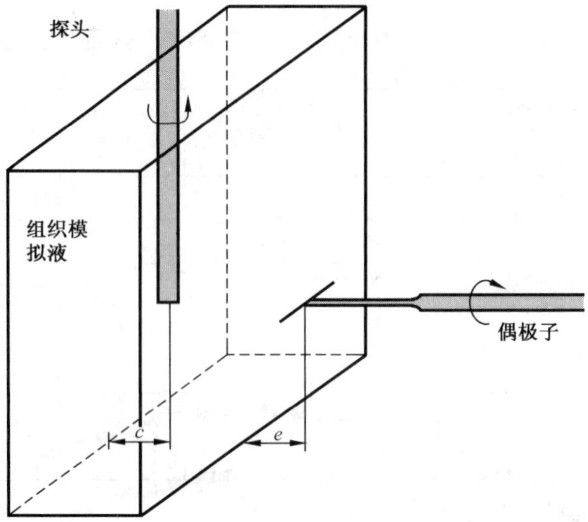

说明：

c ——探头到后壁的距离；

e ——到邻近的模型壁的最大距离；

注：首先要在驻波最主要的场梯度 c 处进行评估。e 的大小就是偶极子轴的馈入点和液体表面之间的距离。

图 B.3　在组织模拟液中评估球向各向同性偏差的配置

B.3.4　使用偶极子位于正下方的平坦模型确定各向同性

另一种用于各向同性的评估装置参见图 B.4。一个用夹具固定的半波偶极子天线平行并且定位在平坦模型的正下方，模型中盛满组织模拟液。探头定位于偶极子馈入点的正上方。探头插入并且定位于在偶极子馈入点上方的同一测量位置。所有的探头旋转工作是通过一个高精确度的定位装置来进行控制和操作的。探头围绕本身的轴进行旋转(角度 ϕ 在 0°～360°范围内旋转)，伴随着偶极子的旋转(角度 θ 在 0°～180°范围旋转)，以及探头轴倾斜角度 ζ(从 0°～75°)的变化，共同生成一个对半球接收模式的三维评估。

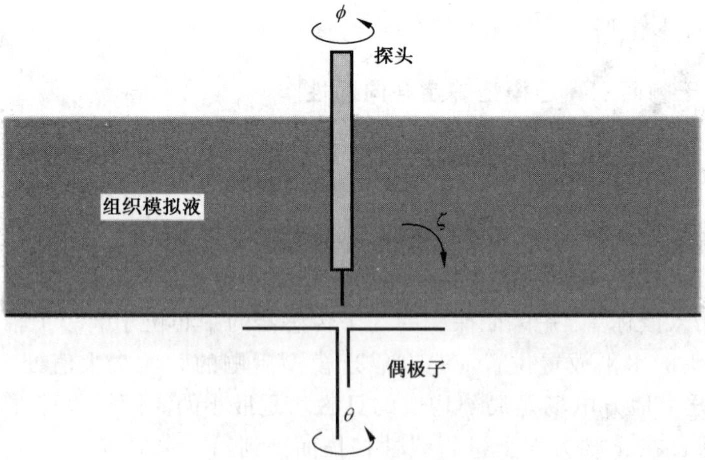

说明：

ζ——探头轴的倾斜角；

θ——偶极子轴的旋转角；

ϕ——探头轴的旋转角。

图 B.4　在组织模拟液中评估球向各向同性偏差的另一种配置

B.3.5 使用偶极子和球形模型确定各向同性

可在整个半球区域内，通过由盛有组织模拟液的球形模型和外部偶极子组成的配置来评估探头接收模式的各向同性[11]。将探头传感器定位于模型的几何中心处，在由外部偶极子天线所产生的许多不同的激励条件(波的入射角和极化方向)下将探头绕其轴做完全的旋转即可得到探头的接收模式。在这种装置中，并不需要在旋转探头的同时倾斜探头。

图 B.5 所示的测量配置是由充满组织模拟液的球形模型所构成的。探头和其传感器被竖直定位在球的体积中心。激励是由调谐在期望频率下的外部半波偶极子所产生的。偶极子与离球最近的点的正切面平行。

注：应当首选小的球形模型，这是因为随组织模拟液电导率或工作频率的上升，发射信号的路径损耗也会增大。较大的模型会在局部形成更平坦的表面(更长的曲率半径)，这就产生了一个射到探头尖端的局部更加平坦的波前，同时也放宽了对偶极子定位的误差限制。

天线位置和极化方向一般如图 B.6 所示。当把外部偶极子定位在 $0° \leqslant \zeta \leqslant 360°$时，探头接收模式的三维半球测量是通过将探头绕其轴(ϕ)旋转 360°来实现的。通过将偶极子绕其轴旋转 $0° \leqslant \theta \leqslant 180°$就可得到入射波的每一极化方向。当 $\zeta = 0°$时，就不需要多个 θ 位置了。尽管使用这种配置可以得到更多的测量点，通常只要把 ζ 的步长定为 30°，θ 的步长定为 15°就足够了。

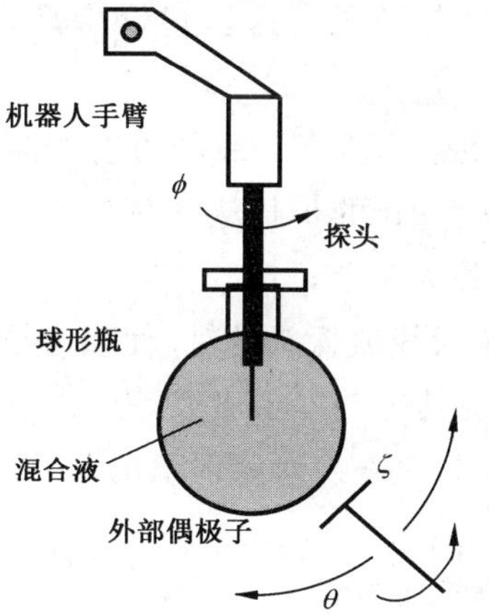

说明：

ζ——偶极子轴的仰角；

θ——偶极子旋转角；

ϕ——探头轴的旋转角。

图 B.5 评估球向各向同性的实验装置

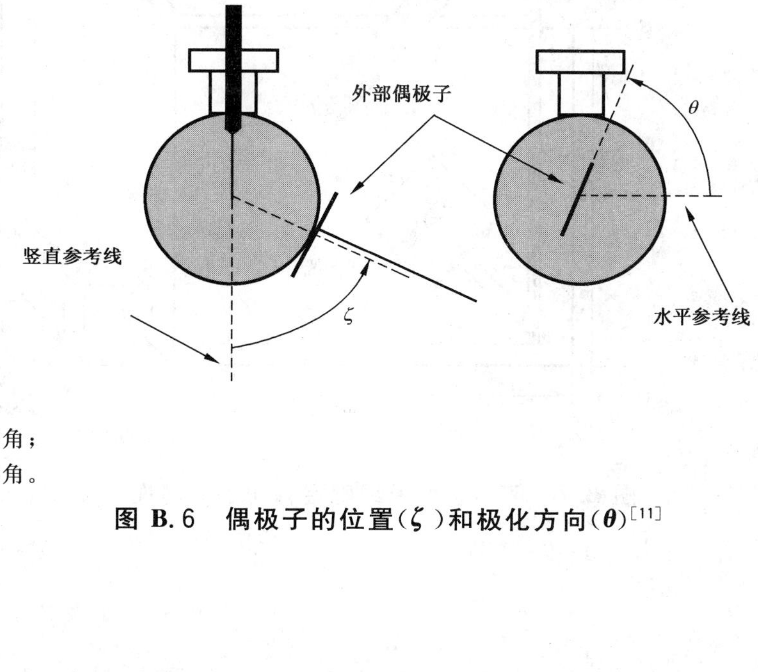

说明：

ζ——偶极子的仰角；

θ——偶极子旋转角。

图 B.6 偶极子的位置(ζ)和极化方向(θ)[11]

对于由偶极子所发出的给定功率，预测试应确保传感器二极管工作在平方律区域内。完整的测量包括在偶极子的各个位置和极化方向(ζ,θ)下将探头旋转 360°。在探头的每一个 ϕ 位置，监测并记录发射功率，并将 SAR 值归一化到统一的功率等级下。尽管这不是一条优先排除的原则，但是也没有特殊的原因能够说明在除了本部分所考虑的位置之外的其他外部偶极子的位置和极化条件下会产生更差的各向同性偏差。然而，如果需要测量可扩展至在任何感兴趣的特殊条件下进行，如与探头中的传感器的朝向相匹配的极化条件等。

与使用平坦模型评估各向同性一样，假设其不确定度分布满足矩形不确定度分布。然而选取合适的测量步骤可以极大地减小这种不确定度。例如在特定的极化和入射波方向下进行探头校准，随后在实际 SAR 测量的时候也保持相同的状态。

B.3.6 使用参考天线确定各向同性

使用参考天线确定探头的各向同性时应遵循下述协议：

a) 将一个天线定位在组织模拟液中。天线与模型内壁的最小距离为 10 cm；

b) 将探头定位在液体中，保持探测器的中心位于距离天线 d 处，其中 $d \geqslant 2D^2/\lambda_{\text{liquid}}$，$D$ 是参考天线的最大尺寸，λ_{liquid} 是液体中的波长。这里建议将该处的 SAR 值设在 0.5 W/kg～1 W/kg 之间；

c) 调整探头轴的方向，确保其主轴垂直于天线的入射方向(见图 B.7)；

d) 使探头绕其主轴以小于或等于 15°的步长从 0°旋转至 360°，记录 SAR 值。轴向各向同性定义为 SAR 测量值与 rms 值的最大偏差；

e) 以 15°或 30°的步长旋转参考天线或探头的轴，使参考场的入射角从 0°变到 90°；

f) 对于每一个入射角，使探头绕其主轴以小于或等于 15°的步长从 0°旋转至 360°，记录 SAR 值；

g) 半球各向同性定义为在探头非垂直入射照射下的 SAR 测量值与 rms 值的最大偏差。

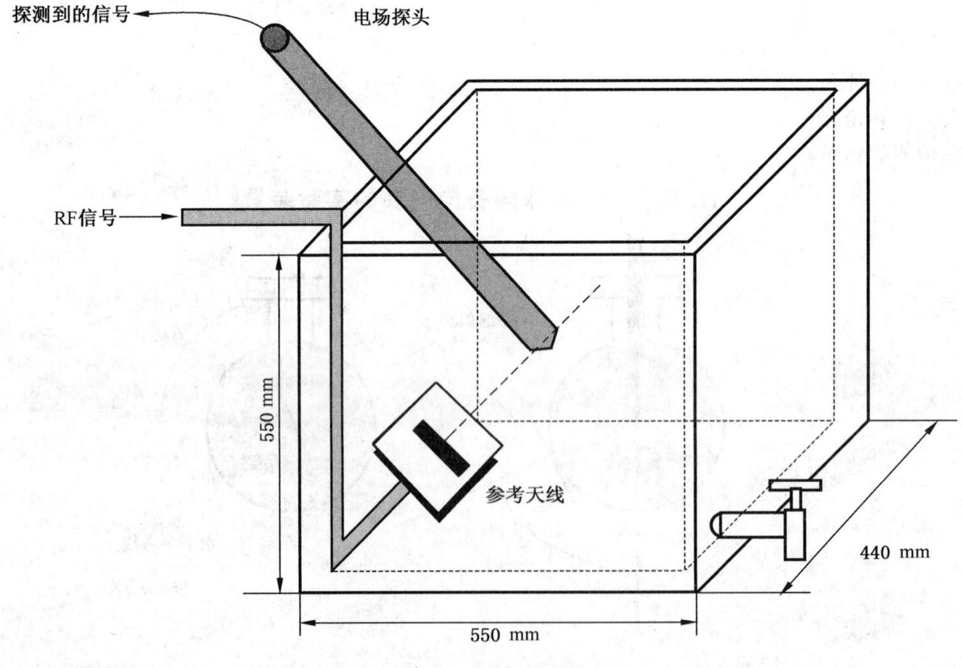

图 B.7 使用参考天线确定轴向各向同性

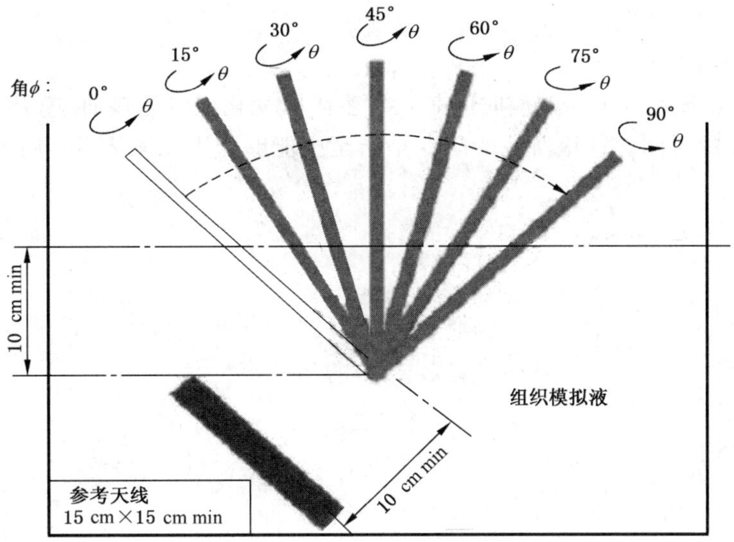

说明:

θ——探头轴的旋转角;

φ——探头轴的倾斜角。

图 B.8 使用参考天线确定半球各向同性

B.4 线性度

由于探头的非线性响应仅取决于二极管的特征,所以可在自由空间或组织模拟液中对线性化方程进行评估。这是通过在所需的探测覆盖区域内进行功率扫描而实现的。可以使用小的 TEM 小室、波导或参考天线,因为使用中等的功放就会产生很大的场强。

线性误差定义为,在 0.01 W/kg～100 W/kg 区间内,测量值与最近的线性参考曲线之间的最大偏差。可通过 B.2 或图 D.1 中描述的某一种配置来进行评估。在 0.01 W/kg～100 W/kg 区间内,功率增加的步长不应大于 1 dB。

B.5 下检出限

下检出限限值与测量系统的噪声等级、偏移和对称性密切相关。饱和以及其他非线性效应确定了上检出限。上、下检出限可由不同的配置进行评估,如 B.2 和图 D.1 等所介绍的测量配置。下检出限定义为探头响应偏离线性 0.5 dB 的等级(见 B.4)。在测量系统的实际操作中,背景电磁场环境可影响下检出限。

B.6 边界效应

在模型外壳内表面的附近,灵敏度会偏离正常校准条件下的值。这种偏差应该使用近似于平面波照射的平坦模型内部的场分布来进行评估。为了判定这种效应,可使用一种与图 D.1 相似的设置。边界效应定义为当探头垂直于界面时 SAR 测量值与液体中期望的指数衰减之间的偏差。这种效应可以按照[51]、[53]中的描述进行补偿。同时可根据 7.2.1.5 进行不确定度评估。

B.7 响应时间

探头应该暴露在参考波中。响应时间是在发生阶跃变化或电源接通/断开之后，测量设备达到最终测量值的90%所需的时间。这里所说的阶跃是指至少能够产生0.4 W/kg局部SAR值的变化。

附 录 C
（规范性附录）
后处理技术和不确定度评估

C.1 外推和内插算法

C.1.1 简介

模型内部的局部SAR值是通过封装在探头内的小偶极子传感器件测得的。因此进行探头校准和电场测量时通常是以内部偶极子组的几何中心为基准点的。当定义测量位置时，需要考虑这样一个事实：偶极子距离探头的物理尖端有几毫米的间隔。尽管最高的局部SAR值通常出现在模型的表面处，但是为了降低测量不确定度，探头尖端应不能接触模型表面。最高局部SAR值是得出空间平均SAR的峰值的关键数据，因此应通过对距离模型外壳一定间隔处得到的测量值进行外推而得到。精确评估空间平均SAR的峰值需要三维扫描数据阵列有非常精细的分辨率。因为考虑到电池的使用时间等原因测量应在一段有限的时间内完成，所以就应对测量的数据进行内插来得到具有足够分辨率的数据阵列。评估由内插、外推、积分以及平均等过程所导致的不确定度时，假设在测量点测得的数据上不存在不确定度。

C.1.2 内插法

可以使用多种数学运算方法进行内插，例如统计学[13]、基函数曲线拟合[33]、傅立叶分析[12]以及小波[14]或多项式或样条函数曲线[63]。有很多数值分析教材，如[55]，都介绍了如何使用这些方法。

C.1.3 外推法

外推是通过使用样条函数、双调和样条函数、小波、多项式或有理函数等来实现的。许多计算法数学书都介绍了如何使用这些方法。因为外推算法的准确性取决于距离和有待外推的场分布，需要仔细评估与外推有关的不确定度。

C.2 平均算法和寻找最大值

C.2.1 简介

使用外推和内插算法之后得到的用于评估局部平均SAR值的立方体体积应尽可能贴近模型的表面，以包含局部SAR的最大值。因此在后处理中，要通过旋转和移动平均立方体体积使其与模型表面相一致。

C.2.2 立方体的选取

C.2.2.1 三点法

通过旋转使立方体使其有3个顶点与模型表面重合，这样一来它的一个面就与模型表面相一致了。随后就可以确定立方体其余的5个顶点。立方体和模型表面之间的空间应包含在平均体积内，这是因为这个区域很可能是较大局部SAR值的分布区。可以通过扭曲立方体的表面来使其与模型内表面的凹曲相一致，随后再以同样的方法扭曲立方体另一个对面，以保持1 g或10 g的平均质量不变。为了评估任一1 g或10 g立方体内的SAR最大值，应该通过在整个模型表面进行扫描来确定3点的位置。

图 C.1 是此法的图示。

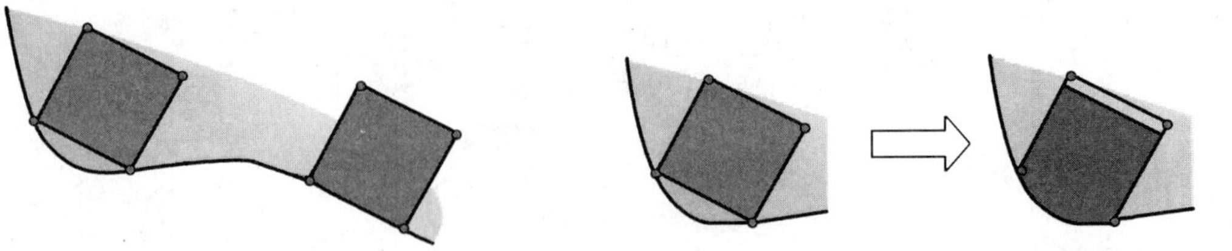

图 C.1 三点法

C.2.2.2 切面法

另一种方法是在模型表面上选一个点，然后将此点定为立方体其中一个面的中心。然后就可确定两个正切矢量，并用这两个矢量保证立方体的这个面与模型表面相切。为了评估空间平均 SAR 的峰值，要先确定立方体的其他面，并将立方体围绕一个垂直模型表面的矢量旋转。与前一个方法一样，与模型外壳接触的立方体的面要与模型内表面的凹曲相一致以确保能够完全涵盖局部 SAR 的最大值区域。同样为了保持 1 g 或 10 g 的平均质量不变，可以扩大或缩小立方体的相对面。为了在任一 1 g 或 10 g 立方体内找到最大的 SAR 值，沿模型表面扫描并旋转立方体。图 C.2 是此法的图示。

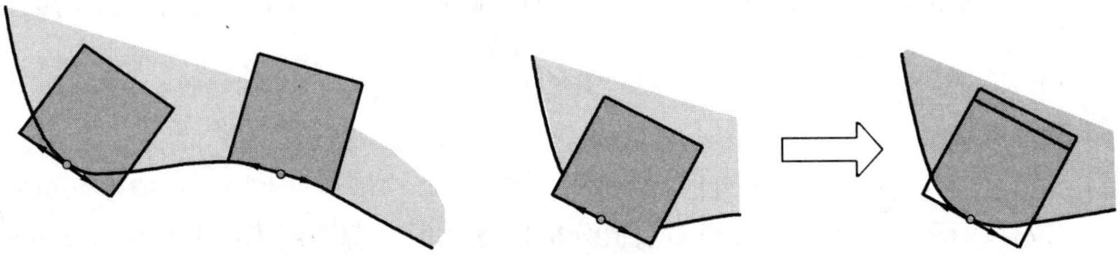

图 C.2 切面法

C.2.2.3 平均法

此法的目的是获得 1 g 或 10 g 的平均质量。基于此，可以通过一层一层的增加 SAR 点来增大立方体直至其质量超过 1 g 或 10 g。然后，通过线性内插来推算相应的吸收功率。图 C.3 是此法的图示。

注：通常，平均立方体是以阶梯的形式表示的，因为网格是通过对测量点内插形成的。尽管可以对立方体进行内插，但是这种方法是很耗时的，因为对每一个平均立方体的内插都是不同的。

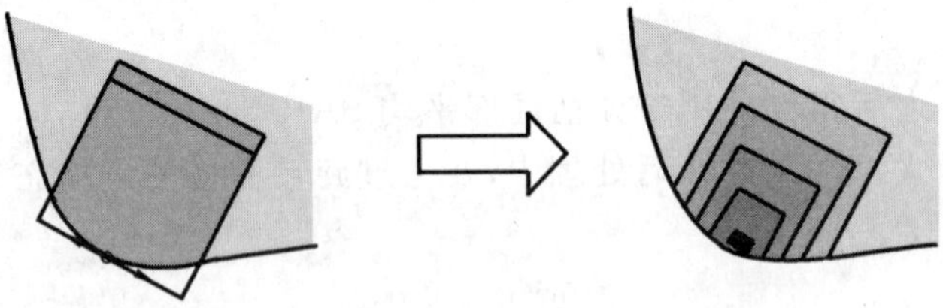

图 C.3 平均法

C.2.3 平均的延展法

平均法在本质上是很简单的，因为立方体基本上包含在测量网格之内，或者至少与使用外推和内插算法后得到的数据网格相一致。空间平均 SAR 的峰值是通过在选定区域内，如经过判断具有最大局部 SAR 值的区域，移动平均立方体而得到的。图 C.4 示例了这种平均的延展法。可以在与模型表面平行的平面内进行扫描。这就保证了延展后的体积接近于立方体的形状，并与模型表面重合。

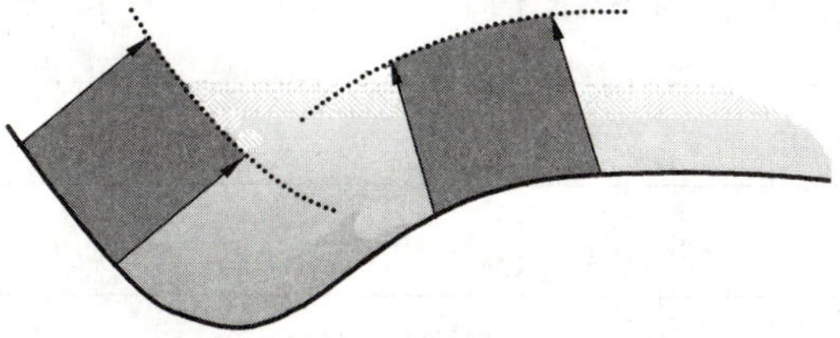

图 C.4 平均的延展法

C.2.4 平均法与寻找最大值法的不确定度评估

局部 SAR 峰值出现在模型内表面,所以空间平均 SAR 的峰值就会出现在模型表面处的立方体组织的体积内。因此应当在对模型内表面进行扫描确定局部峰值 SAR 后,再围绕该峰值处进行高分辨率的测量扫描。扫描的表面应该在所有方向上都至少是用于质量平均的组织立方体的尺寸的 1.5 倍以上。根据质量平均立方体内的局部 SAR 的梯度,可以使用计算机控制的算法来求得最大的 SAR 值。平均算法和寻找最大值方法所导致的不确定度已经包括在 7.2.4 的评估方法里面,因为该评估方法不仅仅是内插和外推的基准,也是平均算法与寻找最大值方法的基准。

C.3 用于扫描和数据评估的参数的执行示例

C.3.1 简介

以下将会介绍用于执行 SAR 扫描和数据评估过程的示例参数。这里仅示例一种特殊的执行方法,其他的方法也是可行的。

C.3.2 找寻最大值的区域粗扫

对于工作频率在 300 MHz 以上、使用均质的头部模型进行评估的手机,在距离模型外壳表面不到 8 mm 的固定间距处的二维粗略网格中测量 SAR 值的分布。扫描区域应该覆盖整个被手机发射所照射和包围的区域。根据测量协议的要求,为了保持到模型表面小于 8 mm 的固定距离(误差在±1 mm 之内),模型内表面的准确形状和尺寸都应是已知的、预先校准过的或是在 SAR 测量过程中使用满足探头定位需求的机械或光学的表面探测装置预先探测过的。这种评估技术决定了网格点之间的最大间隔,例如:如果使用两个交错的一维三次样条函数[55]来定位最大 SAR 值的位置[57],那么 20 mm×20 mm 的网格通常就足以满足所需的精度了。

C.3.3 *局部细扫*

局部 SAR 最大值是在*局部细扫*过程中以 1 mm～2 mm 的分辨率在内插网格中进行评估得到的。*局部细扫*可以选用中心位于*区域粗扫*过程中的峰值 SAR 处、由 5×5×7 个点组成的 32 mm×32 mm×30 mm 的体积。尽管在平行于模型表面的方向上 8 mm 的分辨率是足够的,为了达到外推的精确性,还是需要在垂直模型表面的方向上选用 5 mm 的分辨率。

C.3.4 外推法

因为场探头的实际测量位置与偶极子传感器的几何中心重合,而传感器并不位于探头的顶端,所以在模型表面和最近测量点之间的用于计算 1 g 或 10 gSAR 的值应由外推得到。尽管一个基本的指数拟合可能并不适合手机评估过程中的多数典型的 SAR 分布的外推,测量数据的一个四阶最小二次方多项式拟合通常可以得到令人满意的结果。图 C.5 中的三角形点表示以 1 mm 的步长进行外推而得到的在那些靠近模型表面无法测量的点上的 SAR 值。

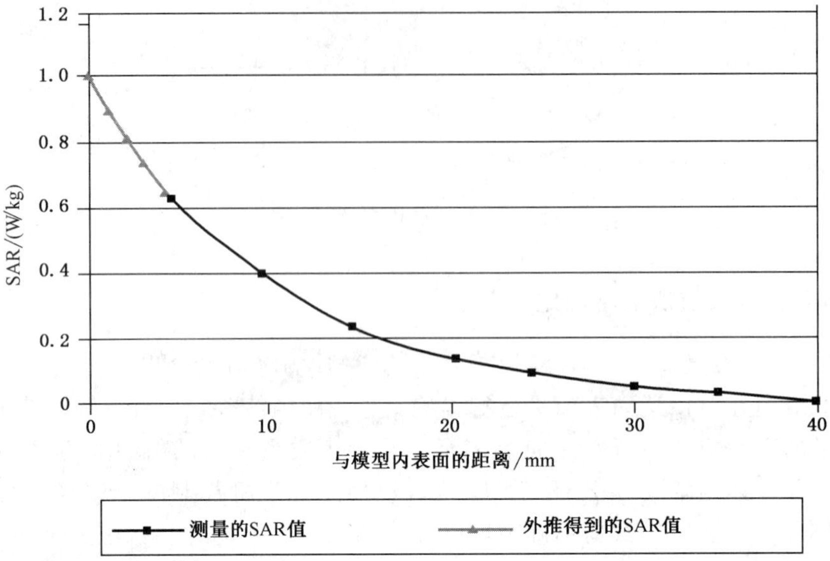

注：三角形点表示以 1 mm 为间隔的外推值。

图 C.5 基于测量数据(平方)的最小二次方多项式拟合在模型内表面得到的 SAR 外推值

C.3.5 内插法

将*局部细扫*过程中的测量和外推的 SAR 值内插得到 1 mm 的网格来确定 1 g 或 10 g 空间平均 SAR 的峰值,例如可以使用三个交错的一维三次样条函数[55]。

C.3.6 积分法

在 1 g 或 10 g 立方体内对 SAR 进行积分的方法是使用基本的梯形算法。可通过对*局部细扫*内所有可能的 1 g 或 10 g 立方体进行数值积分评估空间平均 SAR 的峰值最大值,也可以使用更复杂的搜寻算法。如果 1 g 或 10 g 立方体的表面接触到了*局部细扫*体积的边缘,那么在由先前的 1 g 或 10 g 空间峰值测量所显示的最大 SAR 值的位置处作为一个新的中心点来重复整个*局部细扫*测量。

附 录 D
（规范性附录）
SAR 测量系统的系统验证

D.1 简介

本附录介绍以下两个级别的 SAR 测量系统的*系统验证*：

a) *系统检查*；

b) *系统验证*。

这两种验证程序的目的和应用如下：

*系统检查*是一种快速可靠的测量方法，可以在每日或每次 SAR 测量前执行。其目的在于明确配置中的各组件，包括漂移效应仍在实验室校准限值内。该检查需要一个平坦模型和一个标准源，如半波偶极子。

*系统验证*是一种系统级的验证方法。验证的配置包括一个平坦模型和一个参考偶极子（见附录 G）。因此，*系统验证*并不包括由于使用人体模型而导致的不确定度，也不包括由于被测设备定位变化所导致的不确定度。除了在实验室间比对（见附录 E）之前，以及系统每次进行修改（比如软件版本的更新、更换不同的电子读数设备或更换不同的探头等）之后，系统验证可以每年执行一次（如在探头校准之后）。

注：通过使用参考手机（E.3 节）和标准人体模型进行实验室间比对，可提供实验室的质量验证。这种验证方法包括了人体模型和设备定位影响所导致的数据分散。这种比对是用来比较不同实验室的准确性和精确性的。

D.2 系统检查

D.2.1 目的

*系统检查*的目的是为了确认系统工作在其规格要求范围之内。*系统检查*是一种用来确认系统在符合性测量过程中可正常工作的可重复性检查。它并不是用来验证系统是否符合某一外部标准的。*系统检查*能够检测到短期漂移和系统不确定因素，如：

a) 液体参数的变化（如由于水的蒸发或温度变化）；

b) 组件失效；

c) 组件漂移；

d) 测量配置或软件参数设置的人为失误；

e) 系统中的其他不利条件（如射频干扰）。

*系统检查*是使用一个标准信号源在简化的测量系统中进行的完整的 1 g 或者 10 g 平均的 SAR 测量（参见 D.2.3）。*系统检查*与符合性测量使用相同的仪器和程序。*系统检查*应使用与符合性测量相同的组织模拟液，并且在选定的频率下进行，该频率跟符合性测量选用的中间频率之间的差异应在±10%以内。*系统检查*应当在符合性测量之前进行，其结果与相应的测量频率和信号源下的目标值之差应在±10%以内。目标值是在任一按照如图 D.1 所示的*系统检查*配置进行了*系统验证*的系统测得的 1 g 或 10 g 平均 SAR 值。可以使用受控标准信号源来确定这些目标值。

D.2.2 模型设置

*系统检查*和*系统验证*中都应使用平坦模型和推荐的组织模拟液（见第 7 章）。模型最小的横截面

积(长、宽)不能对 SAR 测量造成超过 1%的影响。平坦模型底部面的最小面积是由长轴为 a 短轴为 b 的椭圆所确定的,其厚度为 d,而且这些参数应符合:

f<800 MHz 时:$a \geqslant 0.6\lambda$;$b \geqslant 0.4\lambda$;$6.0\ \mathrm{mm} \leqslant d \leqslant 6.3\ \mathrm{mm}$

$f \geqslant$800 MHz 时:$a \geqslant 225\ \mathrm{mm}$;$b \geqslant 150\ \mathrm{mm}$;$d = 2\ \mathrm{mm}$

其中,λ 是自由空间中的波长,厚度 d 的制造公差应±0.2 mm 之内。对于偶极子信号源来说,其馈入点应位于椭圆的中心,偶极子的臂应与椭圆长轴对齐(偶极子规格见附录 G)[5]。

模型外壳塑料材质的相对介电常数应小于 5,且损耗正切小于 0.05。这种材质应不与组织模拟液中的化学材料发生反应。当盛入最小深度为 15 cm 的液体时,在信号源(如偶极子)正上方的模型内表面部分的弯曲程度,频率在 800 MHz~3 000 MHz 之间时应小于自由空间波长的 1%,频率在 800 MHz 以下时应小于自由空间波长的 0.5%。

D.2.3 标准信号源

在所需频率下,应使用标准信号源(如半波偶极子或面天线)来照射模型。用于*系统验证*的参考偶极子(见附录 G)也可用于*系统检查*。标准信号源应该具备良好的定位可重复性、机械稳定性和阻抗匹配。下面的定位指导,以使用半波偶极子作为标准信号源为例。

半波偶极子应定位于模型底部下方中心处,其轴线平行于模型的长轴。盛有液体的模型内表面与偶极子中心之间的距离 s(参见图 D.1 和表 H.1)对于每一测量频率都应该是明确的。应当使用一个低损耗(损耗正切<0.5)、低介电常数(相对介电常数<5)的分隔器设置偶极子顶端和模型底部之间的正确距离。偶极子还应在(配置过程中测得的)共振频率处具备低于−20 dB 的回波损耗,以减少功率测量的不确定度。距离 s 的可接受误差在±0.2 mm 以内。

D.2.4 标准信号源输入功率的测量

信号源输入功率的不确定度应当越小越好。因此要求*系统检查*时使用定向耦合器和功率计。推荐的配置如图 D.1 所示(图中使用了一个半波偶极子作为标准信号源)。

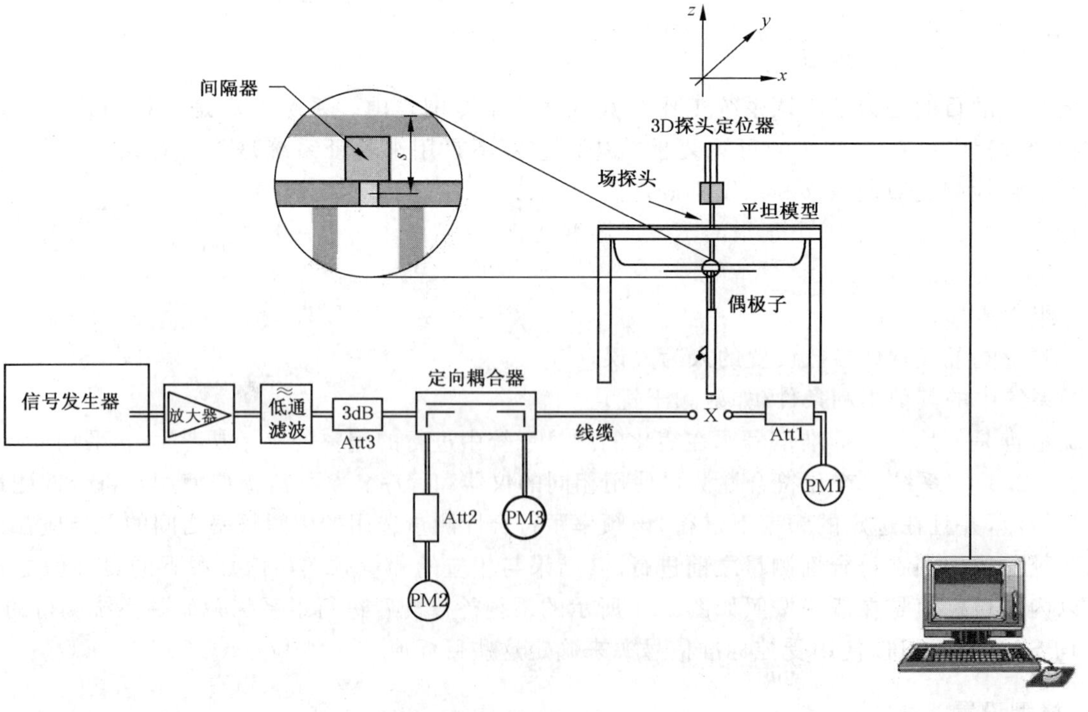

图 D.1 *系统检查*的配置

首先功率计 PM1(包括衰减器 Att1)与线缆连接测量偶极子连接点 X 处的前向功率。调节信号发生器,使在偶极子连接点处产生预期的前向功率(计入 Att1 的衰减),并通过功率计 PM1 读取数据。将线缆跟偶极子连接后,重新调节信号发生器使得功率计 PM2 得到相同的读数。如果信号发生器不能够以 0.01 dB 的步长进行调节,则应当考虑 PM2 存在的差异。使用网络分析仪检查偶极子的匹配性(如在每年的性能特性检查期内),以保证反射功率比前向功率低 20 dB 以上。

组件和仪器需求如下:

a) 信号发生器与放大器(在预热后)应非常稳定。馈入偶极子的前向功率应足够高以至于产生的 SAR 值超过探头系统的下检出限(参见 B.5)。如果信号发生器可以发射 15 dBm 甚至更高的功率,通常不需要功率放大器。有些高功率放大器不能够工作在远低于其最大输出功率的等级下,比如,一个 100 W 的功率放大器,如果输出功率仅为 250 mW,则噪声会很大。为了保护放大器输入端,建议在信号发生器和放大器输入端之间使用一个衰减器。
b) 放大器后面连接的低通滤波器减小了放大器谐波和噪声的影响。对大多数正常工作的放大器,不需要使用滤波器。
c) 放大器后连接的衰减器提高了信号源的匹配性和功率探头的准确性(请参阅功率计手册)。
d) 定向耦合器(推荐耦合系数为－20 dB)用于监控前向功率并且保证信号发生器产生恒定的前向功率。如果负载(偶极子和功率头)匹配良好,一个中等质量的耦合器即可满足要求。
e) 功率计 PM2 和 PM3 应具备低漂移特性和 0.01 dBm 的分辨率,而其精度对功率设定的影响可以忽略不计(无需进行绝对校准)。
f) 功率计 PM1 和衰减器 Att1 应是高质量的元件。两者应经过校准,最好是一起校准。衰减器(－10 dB)提高了功率读数的准确度(某些高功率表头内置了已校准的衰减器)。应知道衰减器在测量频率下准确的衰减因子,许多衰减器在特定值上会存在高达 0.2 dB 的变化。
g) 对于 PM1 的测量要使用与实际测量时相同的功率等级,以避免功率计 PM2 和 PM3 产生线性度和量程切换的不确定度。如果功率等级发生变化,要重复进行功率等级的设置程序。
h) 偶极子应在位置“X”处跟线缆直接连接。如果功率计有不同类型的连接器,那么应使用高质量的适配器。

D.2.5 系统检查的程序

*系统检查*是一次完整的 1 g 和(或)10 g 平均 SAR 测量。测得的 1 g 和(或)10 g 平均 SAR 值要归一化于标准信号源的目标输入功率,而且还要根据测量频率和标准信号源,与以前记录的 1 g 和(或)10 g 目标值进行比较。应确定每一次*系统检查*的可接受误差,并且与以前记录的*系统检查*目标值之间的误差应在±10%以内。

D.3 系统验证

D.3.1 目的

*系统验证*程序是根据参考 SAR 值来测量系统、探头、电子读数装置和软件的性能。它是根据外部标准所进行的*系统验证*。测量系统使用平坦模型和参考偶极子。因此,*系统验证*并不包括由于使用人体模型而导致的不确定度,也不包括由于被测设备定位变化所导致的不确定度。

*系统验证*应每年进行一次,如果有新的系统投入使用,或者是对系统做了修改,如使用了新的软件、不同的电子读数装置或者不同类型的探头等,也要进行*系统验证*。*系统验证*过程中应使用已校准的探头。

本节的目的是提供一种 SAR 测量系统的*系统验证*方法。因为 SAR 测量设备、校准技术、模型和头部组织模拟液在不同的实验室之间差别很大,所以需要一套验证系统以保证各实验室的测量结果均在合理的测量不确定度范围内。用于*系统验证*的数值计算参考 SAR 值列在表 D.1 中。

注：*系统验证*的程序既不是探头校准的替代方法也不是第 7 章中的不确定度评估方法。探头和电子读数设备应该根据附录 B 中的程序进行定期校准。在*系统验证*中不考虑探头的半球各向同性。

D.3.2 模型设置

*系统检查*中使用的平坦模型(见图 D.1)也用于*系统验证*测量中。*系统验证*应使用具有表 1 中介电特性的头部组织模拟液。

D.3.3 参考偶极子源

应使用附录 G 中介绍的参考偶极子在特定的频率下照射模型。参考偶极子应定位于模型底部下方中心处，其轴线平行于模型的长轴。应当使用一个低损耗、低介电常数的分隔器设置偶极子顶端和模型底部之间的正确距离。盛有液体的模型内表面与偶极子中心之间的距离 s 对于每一测量频率都应该是明确的，其可接受误差在 ± 0.2 mm 以内。偶极子还应在(配置过程中测得的)共振频率处具备低于 -20 dB 的回波损耗，以减少功率测量的不确定度。

对附录 G 描述的参考偶极子，间距 s 为：

a) $s=15$ mm± 0.2 mm(300 MHz$\leqslant f \leqslant$1 000 MHz 时)；

b) $s=10$ mm± 0.2 mm(1 000 MHz$< f \leqslant$3 000 MHz 时)。

参考偶极子臂应当平行于模型的平坦表面，误差在 $\pm 2°$ 以内或更少(见图 D.1)。

D.3.4 参考偶极子输入功率的测量

在*系统检查*(D.2.4)中所介绍的输入功率测量的配置同样适用于*系统验证*测试。

D.3.5 *系统验证*的步骤

*系统验证*用于确定整个测量系统的准确性以及软件的性能，并不考虑被测设备定位和头部模型形状等引起的不确定度。*系统验证*程序包括 6 个步骤。步骤 a)是*系统验证*程序最重要的部分，每次都应进行。步骤 b)～f)提供了一种快速和简便的验证探头性能、电子读数设备和软件的方法，推荐使用。当系统组件改变时(如使用新的软件版本、新的电子读数装置、新的探头等)，需要进行这些附加的测量，但是这仅是针对相同的系统版本由某一实验室来执行(如校准实验室或 SAR 测量系统终端用户实验室)。*系统验证*程序步骤如下：

a) SAR 评估：需要进行一次完整的 1 g 或 10 g 平均 SAR 测量。调节参考偶极子输入功率，使产生的 1 g 或 10 g 平均 SAR 值在 0.4 W/kg～10 W/kg 的范围内。在表 D.1 列出的频率下，在符合性测量使用的频率范围内测量 1 g 或者 10 g 平均 SAR 值。将结果归一化为 1W 前向输入功率下的 SAR 值，并且将其与表 D.1 的第 2 列和第 3 列中的参考偶极子和平面模型的参考 SAR 值进行比较。与参考值之间的差异应当小于生产商或设计者规定的 SAR 测量系统的误差，换言之，该差异要在使用表 3(见表 3 的注释 10)介绍的步骤评定的*系统验证*的扩展不确定度范围之内。

b) 外推程序：使用与空间平均 SAR 的峰值评估过程中使用的相同的点间距在参考偶极子馈入点正上方的纵轴上测量局部 SAR 值。然后在距离参考偶极子馈入点平移 2 cm 处沿另一纵轴方向(y 轴方向，见图 D.1)重复进行此项测量。模型表面的 SAR 值通过外推得到，并与表 D.1 中第 4 和第 5 列中给出的值进行比较，其差值应该小于生产商或设计者规定的 SAR 测量系统的误差。换言之，该差异要在使用表 3(见表 3 的注释 10)介绍的步骤评定的*系统验证*的扩展不确定度范围之内。

c) 探头线性度：使用不同的参考偶极子输入功率等级，重复步骤 a)中的测量。在每一频率下，选择功率等级使其产生的 1 g 和(或)10 g 平均 SAR 值接近 10 W/kg 或 8 W/kg,2 W/kg 或 1.6 W/kg,及 0.4 W/kg。测得的 SAR 值归一化为 1 W 的前向输入功率下的 SAR 值,并且与步骤 a)得到的 1 W 归一化 SAR 值进行比较。其差值应当小于生产商或设计者规定的 SAR 测量系统的误差。换言之,该差异要在使用表 3 和 7.2.1.3 介绍的步骤确定的线性组件的扩展不确定度范围之内。

d) 调制响应:使用占空比为 0.1,脉冲重复率为 10 Hz 的脉冲调制信号重复步骤 a)中的测量。调节功率,以产生相对于连续波信号接近 8 W/kg 的 1 g 和/或 10 g 平均 SAR 值或接近 80 W/kg 的峰值功率。测得的 SAR 值归一化为占空比为 1、前向输入功率 1 W 下的 SAR 值,并且与步骤 a)得到的 1 W 归一化值进行比较。其差值应当小于生产商或设计者规定的 SAR 测量系统的误差。换言之,该差异要在使用表 3(见表 3 的注 10)介绍的步骤评定的*系统验证*的扩展不确定度范围之内。

e) 系统偏移:使用可以产生接近 0.05 W/kg 的 1 g 和(或)10 g 平均 SAR 值的参考偶极子前向输入功率重复步骤 a)中的测量。测得的 SAR 值归一化为 1 W 的前向输入功率下的 SAR 值,并且与步骤 a)得到的 1 W 归一化 SAR 值进行比较。其差值应当小于生产商或设计者规定的 SAR 测量系统的误差。换言之,该差异要在使用表 3(见表 3 的注 10)介绍的步骤评定的*系统验证*的扩展不确定度范围之内。

f) 探头轴向各向同性:探头定位于参考偶极子中心的正上方,与模型内表面之间的测量距离为 5 mm。探头(或参考偶极子)要至少沿其轴线旋转 180°,步长不大于 15°。记录 SAR 读数的最大值和最小值。其差值应当小于生产商或设计者规定的 SAR 测量系统的误差。换言之,该差异要在使用表 3 和 7.2.1.2 介绍的步骤确定的各向同性的扩展不确定度范围之内。

D.3.6 参考 SAR 值

在系统验证测量过程中,频率 f_i 下的参考偶极子(见附录 G)应当产生一个如表 D.1 的第 2 列和第 3 列所示的参考空间平均 SAR 的峰值,并且在*系统验证*的不确定度范围内(见表 3 的注 10)。表 D.1 的第 4 列和第 5 列用于校准系统的外推程序。参考 SAR 值已经根据表 H.1 中的平面模型的参数,通过有限时域差分法计算出来。频率为 800 MHz～3 000 MHz 时的值已经使用四次多项式外推法进行了经验性验证。频率在 300 MHz 和 450 MHz 的数值将会在本部分的下一版中进行经验性验证。仿真过程中使用的无损模型的参数(尺寸、外壳厚度和介电常数),以及参考偶极子和液体之间的距离 s 都已在表 H.1 中给出。液体的介电特性已在表 1 中介绍,参考偶极子的尺寸参见表 G.1。

表 D.1 参考偶极子和平坦模型[a] 的数值计算参考 SAR 值

频率 MHz	1gSAR 值 W/kg	10gSAR 值 W/kg	表面局部 SAR 值 (在馈入点正上方) W/kg	表面局部 SAR 值 (在偏离馈入点 y=2 cm 处) W/kg
1	2	3	4	5
300	3.0	2.0	4.4	2.1
450	4.9	3.3	7.2	3.2
835	9.5	6.2	14.1	4.9
900	10.8	6.9	16.4	5.4
1 450	29.0	16.0	50.2	6.5
1 800	38.1	19.8	69.5	6.8

表 D.1(续)

频率 MHz	1gSAR 值 W/kg	10gSAR 值 W/kg	表面局部 SAR 值 (在馈入点正上方) W/kg	表面局部 SAR 值 (在偏离馈入点 $y=2$ cm 处) W/kg
1	2	3	4	5
1 900	39.7	20.5	72.1	6.6
1 950	40.5	20.9	72.7	6.6
2 000	41.1	21.1	74.6	6.5
2 450	52.4	24.0	104.2	7.7
3 000	63.8	25.7	140.2	9.5
注:所有值均归一化至 1W 前向输入功率下的值。				
[a] 应使用 D.2.2 中给定的模型尺寸。				

附 录 E
（资料性附录）
实验室间比对

E.1 目的

实验室间比对的目的是通过比较不同实验室所测的数据，来验证不同的SAR测量系统。基本原则就是使用参考手机和盛有头部组织模拟液（液体参数见5.2）的SAM人体模型，并使用第6章所介绍的SAR评估方法。

对不同实验室所测得的数据进行比较。同时，也应该比较测量不确定度的分析。如果测量数据之间的差异和矛盾能够归结为测量不确定度之间的差异，那么可认为实验室间比对是成功的。否则，所有的不确定度源都要根据第7章一步步地进行调查评估。同时也要考虑不同于第7章的其他可能的不确定度源。

注：完成实验室间比对的通用原则请参见[9]和[24]中的例子。

E.2 模型设置

使用第5章和附录A所定义的均质模型。模型应安装在低介电常数（小于5）、低损耗正切（小于0.05）的坚固材料制成的支架结构上。应当避免在距离支架结构50 cm以内存在金属材料。模型应暴露在参考手机的辐射下，且手机应按照6.1描述的测量位置摆放。

E.3 参考无线手机

参考手机是商用的无线手机，且它们是根据[24]进行维护和分发的。要根据参与比对的各成员之间的共识来指定手机的供应商。

E.4 功率设置

手机功率的设置取决于进行实验室间比对的参考设备的输出功率的测量精度。参与实验室应分别检查每一台参考设备，以确保每一台设备的输出功率与参考值的差异在±0.3 dB的范围之内。测得的输出功率应上报监控实验室。设备的输出功率应通过测量软件进行调整，以达到预先设定的值。被测设备应完全充满电。

应细心确保输出功率测量的精度。一些设备可能允许在天线端口进行简单而精确的输出功率测量。当指定比对测量中所使用的参考手机时，要考虑输出功率测量的难易程度。如果认为有必要，在比对过程中参考手机可以周期性地交回监控实验室进行输出功率和频率验证。监控实验室同时应使用具有良好可重复性的测量方法来验证参考手机的辐射功率。同时，监控实验室还应检查电池的状况，以确保在所有的实验室都有相同的输出功率。

E.5 实验室间比对程序

用于实验室间比对的SAR评估测量步骤与第6章中符合性测量所用的步骤是一样的。实验室间比对应该使用校准过的探头和验证过的系统。每个实验室都要提供一份满足第7章和第8章要求的完整的测量报告，要包括*系统验证*、液体测量、系统不确定度数据和测量的输出功率数据。实验室间比对的结果应落在第7章的电磁照射评估的扩展不确定度中。要由指定的监控实验室对不同实验室的报告进行评估和比较。

附　录　F
（资料性附录）
模型坐标系和被测设备坐标系的定义

在各种任选参考坐标系之间偏移和旋转可以明确描述被测设备相对于模型的定位位置。模型坐标系的定义如图 F.1 所示。

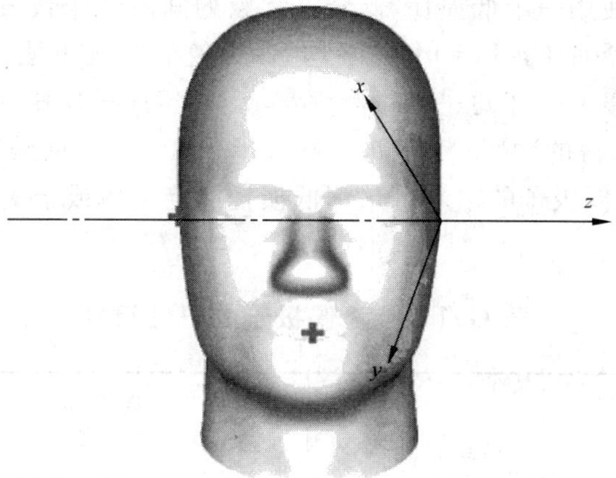

注：x,y,z 为相对于模型的坐标轴。

图 F.1　SAM 模型的参考坐标系示例

x,y,z 轴都是针对右手系坐标系而言的，且定义如下：

- z 轴是左右耳参考点之间的直连线，且从左指向右。原点 $z=0$ 是左耳参考点。
- y 轴在参考面内，且垂直于 z 轴。
- x 轴是参考面的法线，且与参考面相交于耳朵参考点。

被测设备坐标系的定义如图 F.2 所示。

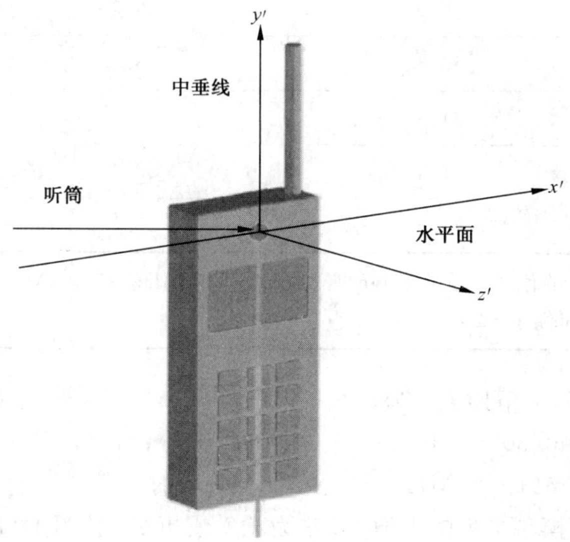

注：x',y',z'是相对于手机的坐标轴。

图 F.2　被测设备坐标系示例

附 录 G
（资料性附录）
校准偶极子

如附录D中所描述的，在所需频率下，应当使用参考偶极子来照射平坦模型。如表G.1所示，参考偶极子是根据模型外壳的介电参数和厚度而定的。参考偶极子应该安放在模型底部正下方的中心位置且其轴要与模型长轴平行。使用一个低损耗、低介电常数的间隔器来设置参考偶极子上表面和模型下表面之间的正确距离。间隔器对1 g和10 g的平均SAR值的影响不能超过1%。盛有液体的模型内表面与偶极子中心之间的距离s，对于每一测量频率都应该是明确的，其可接受误差在±0.2 mm以内。偶极子还应在（配置过程中测得的）测量频率处具备低于−20 dB的回波损耗，以减少功率测量的不确定度。为了满足这些要求，在偶极子的末端可采用低损耗的绝缘体或金属调谐元件微调参考偶极子（见图D.1）。

表G.1 参考偶极子的机械尺寸

频率 MHz	长 mm	高 mm	宽 mm
300	396.0	250.0	6.35
450	270.0	166.7	6.35
835	161.0	89.8	3.6
900	149.0	83.3	3.6
1 450	89.1	51.7	3.6
1 800	72.0	41.7	3.6
1 900	68.0	39.5	3.6
1 950	66.3	38.5	3.6
2 000	64.5	37.5	3.6
2 450	51.5	30.4	3.6
3 000	41.5	25.0	3.6

注：300 MHz和450 MHz的值适用于6.3 mm厚的模型；835 MHz～3 000MHz的值适用于2 mm厚的模型。长、宽、高的制作公差应优于±2%。

对于附录D中的偶极子，间隔距离s为：

a) s=15 mm±0.2 mm(300 MHz≤f≤1 000 MHz时)；

b) s=10 mm±0.2 mm(1 000 MHz<f≤3 000 MHz时)。

参考偶极子臂应平行于模型平坦的表面，误差为±2°或更少（见图D.1）。如果能够对空的模型进行精细定位并且使用水平仪确保参考偶极子平行于水平面，那么这个要求就是可以满足的。

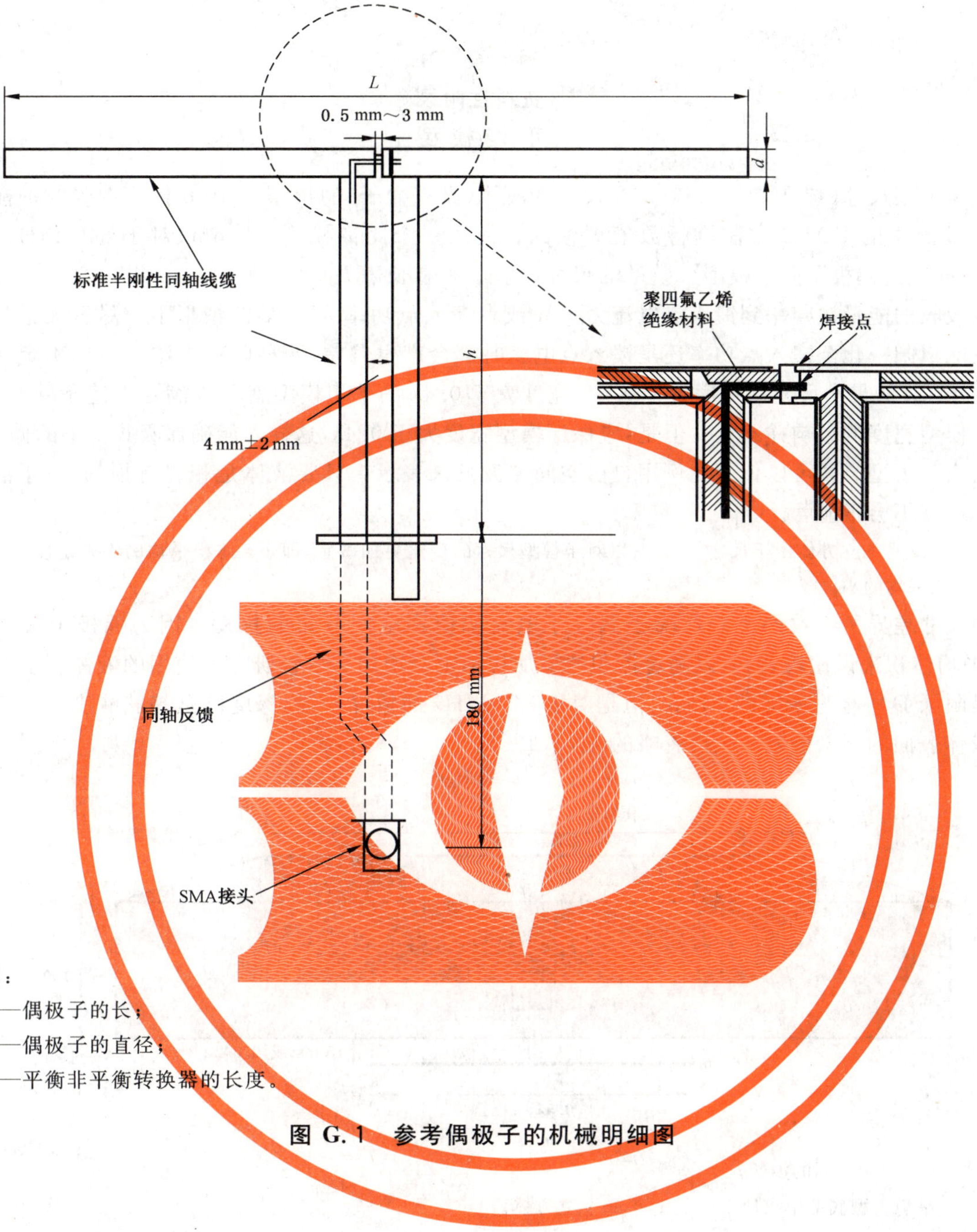

说明：

L ——偶极子的长；

d ——偶极子的直径；

h ——平衡非平衡转换器的长度。

图 G.1 参考偶极子的机械明细图

附 录 H
（资料性附录）
平坦模型

平坦模型尺寸（参见图 H.1）对于在仅充满液体（没有盒子）的模型中 10 g 体积内吸收的能量的影响是通过商用的 FDTD 方法进行数值评估的。使用一个距离模型 15 mm（对于 840 MHz，相当于 0.042λ）的匹配偶极子照射模型。模型的尺寸（宽度 W 和长度 L）可以在 0.4λ～0.3λ 之间变化。在立方体内吸收的能量被归一到馈入点电流为 1 A 或者馈入点功率为 1 W 的情形下。尽管无论将立方体内吸收能量归一化至馈入点功率还是馈入点电流时都会产生偏差，两种归一方法均可以确定保持不确定度小于 1％的最小尺寸。长度大于 0.6λ，宽度大于 0.4λ 的平坦模型就可以满足上述条件，如图 H.2 所示。模型宽度的影响并不大。但是，应保证模型宽度大于 0.4λ，这样才能确保吸收功率的偏差在 1％的限值内。模型装置可以依照比例用自由空间的波长来表示。只要液体是相对有损的，对于液体特性的依赖性就不会很显著。

注：10 g 平均立方体由于尺寸较大，所以对于模型尺寸的变化更加敏感，即 1 g 体积平均的不确定度要比 10 g 体积平均的小。

由尺寸差异所导致的影响取决于偶极子电流幅值和空间分布的扰动。因为偶极子尺寸相对于 SAR 平均体积来说比较大，所以随着体积的增加扰动也会增加。尽管研究中使用的液体深度为10 cm，而不是附录 D 中模型所需的 15 cm，但是对于 840 MHz 的情况来说，深度已是趋肤深度的 2.57 倍，因此在液体表面的能量反射是可以忽略的（小于 1％）。

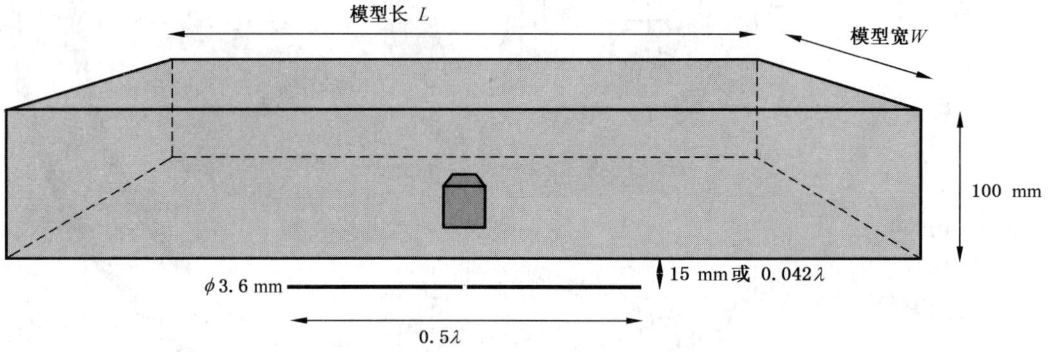

说明：λ 是自由空间的波长；

平坦模型底部中央所示的是 1 个 10 g 立方体。

图 H.1 用于得出 W 和 L 最小尺寸的平坦模型

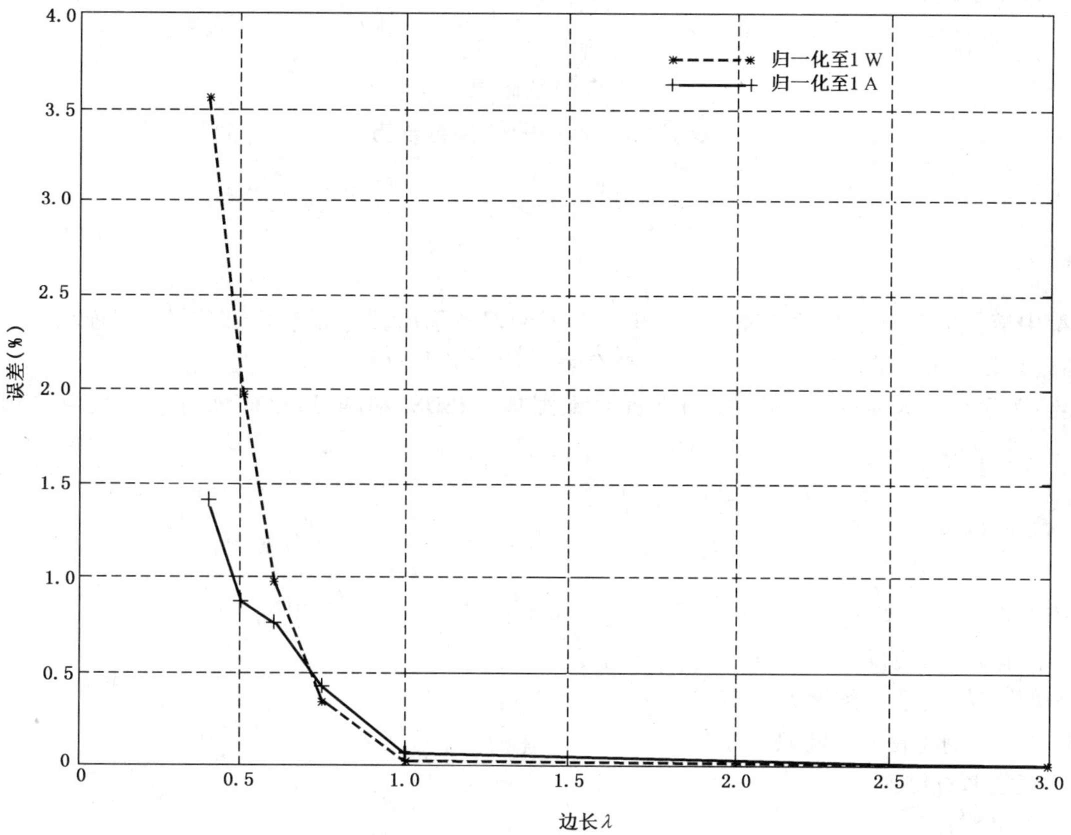

图 H.2 与无穷大平坦模型相比,FDTD 指出 10 g 空间平均 SAR 的峰值的不确定度是平坦模型尺寸的函数

表 H.1 用于计算表 D.1 中参考 SAR 值的参数

频率 MHz	模型外壳厚度 mm	模型外壳 介电常数	用于 FDTD 的模型尺寸 (x,y,z) mm	参考偶极子距离液体 表面的距离 s mm
300	6.3	3.7	1 000,800,170	15
450	6.3	3.7	700,600,170	15
835	2.0	3.7	360,300,150	15
900	2.0	3.7	360,300,150	15
1 450	2.0	3.7	240,200,150	10
1 800	2.0	3.7	220,160,150	10
1 900	2.0	3.7	220,160,150	10
1 950	2.0	3.7	220,160,150	10
2 000	2.0	3.7	160,140,150	10
2 450	2.0	3.7	180,120,150	10
3 000	2.0	3.7	220,160,150	10
注:表中的参数用于数值计算 FDTD 模型中。				

附　录　I
（资料性附录）
头部组织模拟液的推荐配方

I.1　简介

模型中液体的介电常数已在表1中列出。对于频率范围内其他频率处的头部组织模拟液的介电常数，可通过线性内插法得到。表I.1给出了具有表1所定义参数的液体配方。

警告：为了确保人身安全，应按照材料安全数据单（MSDS）和/或适用的地方性法规中的指导进行操作。

I.2　成分

调配头部组织模拟液需要下列成分：

a）　蔗糖（糖）（纯度大于98%）；

b）　氯化钠（食盐）（纯度大于99%）；

c）　去离子水（最小电阻16 MΩ）；

d）　羟乙基纤维素（HEC）；

e）　杀菌剂；

f）　二甘醇丁醚（DGBE）（纯度大于99%）；

g）　乙二醇单丁醚[4-(1,1,3,3-四甲基丁基)-苯基醚]，俗称Triton X-100。Triton X-100的质量应是超纯的以便与氯化钠相匹配；[2)]

h）　二乙酸甘油酯；

i）　1,2-丙二醇。

注1：基于HEC的组织模拟液的黏度需要足够低，以免影响电场探头的移动。

注2：首先加入氯化钠形成盐溶液，然后加入Triton X-100。

注3：实际的结果和混合物的百分比可能会根据使用成分的等级以及种类而变化。

I.3　组织模拟液配方（介电常数/电导率）

2）　包含Triton X-100的公式目前正处于评论和确认阶段。

表 I.1　满足目标介电参数的组织模拟液的推荐配方

频率/MHz	300	450		835	900			1 450	1 800				1 900		1 950	2 000	2 100		2 450		3 000
配方#	1	1	3	1	1	2	3	1	1	2	2	3	1	2	4	1	1	2	2	3	2
成分（按重量%）																					
1,2-丙二醇						64.81															
二乙酸甘油酯			48.9				49.2					49.43								49.75	
杀菌剂	0.19	0.19	0.5	0.10	0.10		0.5					0.50								0.50	
DGBE								45.51	47.00	13.84	44.92		44.92	13.84	45.0	50.0	50.0	7.99	7.99		7.99
HEC	0.98	0.98		1.00	1.00																
食盐	5.95	3.95	1.7	1.45	1.48	0.79	1.1	0.67	0.36	0.35	0.18	0.64	0.18	0.35				0.16	0.16		0.16
蔗糖	55.32	56.32		57.00	56.50																
Triton X-100										30.45				30.45				19.97	19.97		19.97
去离子水	37.56	38.56	48.9	40.45	40.92	34.40	49.2	53.82	52.64	55.36	54.90	49.43	54.90	55.36	55.0	50.0	50.0	71.88	71.88	49.75	71.88
测量的介电参数																					
ε_r'	46.0	43.4	44.3	41.6	41.2	41.8	42.7	40.9	39.3	41.0	40.4	39.2	39.9	41.0	40.1	37.0	36.8	41.1	40.3	39.2	37.9
σ/(S/m)	0.86	0.85	0.90	0.90	0.98	0.97	0.99	1.21	1.39	1.38	1.40	1.40	1.42	1.38	1.41	1.40	1.51	1.55	1.88	1.82	2.46
温度/℃	22	22	20	22	22	22	20	22	22	21	22	20	21	21	20	22	22	20	20	20	20
目标值（来源于表 1）																					
ε_r'	45.3	43.5		41.5	41.5			40.5	40.0								39.8		39.2		38.5
σ/(S/m)	0.87	0.87		0.90	0.97			1.20	1.40								1.49		1.80		2.40

注 1：同一频率下的多列表示多种可选配方。

注 2：配方号的参考文献：1 [30]，2 [64]，3 [50]，4 [15]。

附 录 J
（资料性附录）
液体介电特性的测量和不确定度的评估

J.1 简介

J.2 描述了作为 SAR 量化过程之一的组织模拟液介电常数的测量。目的在于为使用者在简便和可靠的基础上选择测量的方法提供足够的信息。J.6 中给出了一些参考液体的介电特性，以便用来评定测量过程的可靠性。J.7 中介绍了评估介电参数测量不确定度的基本步骤。

J.2 测量技术

介电参数是在特定测量频率和温度下的组织模拟液的复数相对介电参数 $\varepsilon_r=\varepsilon_r'-j\sigma/\omega\varepsilon_0$。一些已经确立的技术可以用来对组织模拟液进行介电性质的测定。

J.2.1 仪器

下面是所需要的仪器：

a） 矢量网络分析仪和 S 参数测量设备；

b） 样品测量器，也称为介电参数测量单元和介电探头；

c） 用于从 S 参数的测量中获得样品介电参数的测量步骤和应用软件。

在 J.3～J.5 中，对 3 种样品测量器以及相关的测量方法进行了描述。所能达到的精确度有赖于测量单元（测量单元的尺寸与测量频率的范围有关）的制造精度。测量过程应要通过对参考液体的测量进行验证。

J.2.2 基本原则

以下是用于所有测量步骤的一些基本原则：

a） 确保样品测量器是完全干净的；

b） 确保所有的单元、探头、电缆和连接器没有受损；

c） 确保在向样品测量器中灌注组织模拟液的过程中液体完全充满整个体积且没有气泡；

d） 确保已记录下样品的温度，并应指出样品的特性只在该温度下才有效；

e） 确保测量人员熟悉测量的各种情况以及每一步结果的含义；

f） 确保在校准之后，使用一种参考液体在测量样品之前来验证系统。几种推荐的参考液体的数据参见 J.6；

g） 确保用于相对复数反射系数和复数介电常数的数据推导方法是准确的，并且适用于使用过程中的样品测量器的几何特性。

J.3 开槽线法

一个带有可移动探头的终端开槽的同轴线可用作样品测量器[4]。网络分析仪在开槽线的输入端提供射频信号，使得输入信号的幅度和相位成为沿开槽方向的可移动探头的位置的函数。

这种方法需要确定网络分析仪在所需频段内的校准和设置，起测点的位置，沿着开槽线方向移动探头的步长，以及后续测量位置的总数也都需要进行说明。应用软件应该可以根据测量数据得出样品的介电特性。下面将给出一个样例步骤。

J.3.1 设备设置

测量设备是由一个探头连接到矢量网络分析仪的开槽同轴传输线组成的，如图J.1所示。S_{21}的对数幅值和相位应被同时显示。功率源应被设为足够高以得到良好的信噪比。应周期性地(一年或只要与线长度相关的测量比例改变的时候)对参考液体进行测量来校准系统。因为测量的量是随着距离变化的幅度和相位，所以比例的准确性是十分重要的。

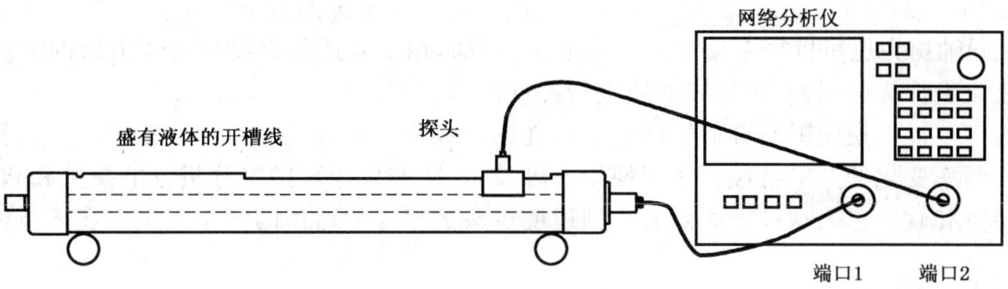

注：尽管没有标出，但是建议使用样品温度的监控设备。

图 J.1 开槽线的设置

网络分析仪从开槽同轴传输线的一端输入信号。探头插入槽内组织模拟液中来检测沿线的每一个测量位置上的射频信号的幅度和相位。网络分析仪应该在被连接到样品测量器之前进行完全的两端口校准。应注意以下几点：

a) 小心地向开槽同轴线中注入组织模拟液以避免产生气泡。这个操作应该在开槽同轴传输线处于水平状态时进行。
b) 探头应该在靠近开槽线输入接头最近的一端插入槽中，确保组织模拟液充满线的内表面，并且在开槽线的距离比例上进行位置的对准。
c) 探头应该垂直插入到开槽纵向轴中，直到得到稳定和足够的幅度响应。不要将探头插入同轴线太深，因为这样会过度影响场的分布。

J.3.2 测量步骤

a) 配置和校准网络分析仪。
b) 沿着开槽线测量10～20个对数-幅度和相位的数据，前后相应的幅度变化为30 dB左右。
c) 画出S_{21}的相应于测量距离的对数-幅度和相位曲线。
d) 使用校正系数或者相似的统计数据测量来确定图中的点是否近似于直线。数据应该有良好的线性曲线符合度(对于有损材料来说，我们所期望的相关系数$r^2>0.99$)。如果不能达到这个标准，需要重新测量液体，通过增加测量点来扩大幅度变化(从30 dB扩大到40 dB)。

注：对于低损耗的材料，确保开槽线足够长以避免来自负载端的反射。

e) 使用来自参考文献[56]、[65]的公式(J.1)来计算组织模拟液的电导率和相对介电常数：

$$\bar{\alpha}=\frac{m_{\mathrm{m}}\ln 10}{20}\quad \mathrm{Np/cm}$$

$$\bar{\beta}=\frac{m_{\mathrm{p}}\pi}{180}\quad \mathrm{rad/cm}$$

$$\varepsilon_{\mathrm{r}}'=\frac{(\bar{\beta})^2-(\bar{\alpha})^2}{\omega^2\mu_0\varepsilon_0} \qquad \cdots\cdots(\mathrm{J}.1)$$

$$\sigma=\frac{2\bar{\alpha}\,\bar{\beta}}{\omega\varepsilon_0}\left(\frac{100\mathrm{cm}}{\mathrm{m}}\right)\quad \mathrm{S/m}$$

式中：

m_m，m_p ——分别是对数幅值和相位曲线的最小平方线性符合度的斜率；

$\bar{\alpha}$，$\bar{\beta}$ ——沿开槽线的平均衰减和传播系数。

J.4 接触探头法

接触探头是一个末端开口的同轴传输线部分，通常带有作为散射场的地平面的末端边缘。放置探头使其与样品相接触，然后使用网络分析仪或者其他等效的仪器测量在开路电路末端的吸收或反射系数[3],[16],[54]。同轴探头也可以用来检测固体介电质，例如，用来制造仪器夹具或者模型的大块材料的样品。为了减小接触探头的误差，固体表面应进行高度的抛光[1]。

测量过程应该详细说明网络分析仪的校准和在所需频率下的设定。应用软件应该可以根据测量数据得出样品随频率变化的介电特性。为了使用这种技术，应开发用于网络分析仪的探头和软件包，或者使用商用的探头和软件包。这种方法需要详细说明探头的尺寸和适用的频率范围。在下节中列出了一个这样的例子。

J.4.1 设备的设置

设备由连接到矢量网络分析仪一个端口的探头所组成。探头是一个末端开路的同轴电缆，如图 J.2 所示。一般使用圆柱坐标系(ρ,ϕ,z)，其中 ρ 表示离开轴的径向距离，ϕ 是绕轴的角位移，z 是沿着轴的位移。a 是内导体的半径，b 是外导体的内径。

样品测量器是一个非金属的容器，其尺寸相对于将要浸入其内部的探头来说是足够大的。一个外部直径为 2 mm～4 mm 的探头适合于 300 MHz～3 GHz 频率范围内的组织模拟液的测量。这种探头的尺寸大约需要 50 mL 或者更多的样品与之相匹配。外部直径达到 7 mm 的更大的探头可用于更大体积样品的测量。探头经常有一个大边沿以更符合吸收计算过程中对于无限大圆平面的假设。

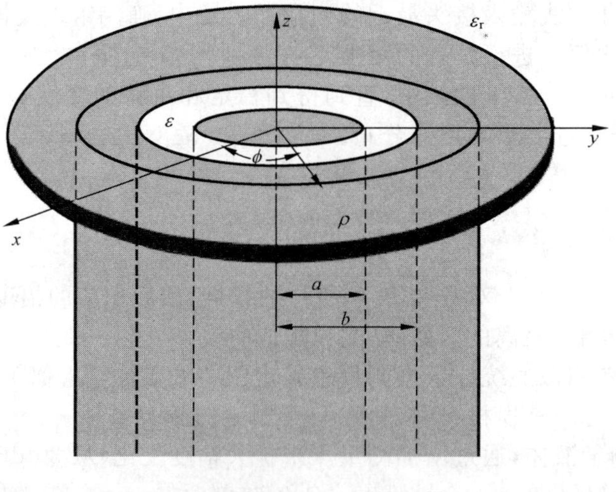

说明：

a ——内导体的半径；

z ——沿着轴的位移；

b ——外导体的内径 ε_r；

ρ ——离开轴的径向距离；

ϕ ——绕轴的角位移；

(x,y,z)——笛卡儿坐标。

图 J.2 内、外径分别为 a、b 的末端开放的同轴探头

在所需频点上进行每一次校准时都要验证短路测量的精确性。可以通过在开放端轻轻压上一片铝箔进行短路。为了得到最好的电气接触，探头末端应是平坦的而且没有被氧化[2]。比较大的传感器一般来说有比较好的箔短路可重复性。通过使用工具箱中的金属板短路器就有可能得到与商业化的4.6 mm 探头之间的良好接触性。为了得到良好的重复性，可能需要用手压住金属板。

当边缘直径约等于介电质半波长的时候，就会出现由于“边缘共振”而产生的很大的测量误差[6]。这种现象在损耗正切小于 0.25 的高介电常数的液体中就更加显著(在移动电话频率下，这类液体包括水、甲醇和二甲基亚砜等)。因此，对于大的传感器，我们强烈推荐使用高损耗正切的液体(例如乙醇)进行校准。在某些频率下，使用水校准 7 mm 的探头可能会遇到困难。组织模拟液的损耗正切约为 0.5，可以确保任何尺寸的探头的共振效应都是可以忽略的。

配置网络分析仪测量吸收信号的幅度和相位。放置参考液体，使其与探头接触，在探头平面执行单端口的反射校准。校准通常需要 3 种标准物质，通常使用短路器、空气和温度精确控制的去离子水(其他的参考液体例如甲醇或者乙醇也可以用于校准)。校准是测量程序中的关键步骤，所以应确保校准的正确。可以通过重新测量短路器来确保前后得到的反射系数 $\Gamma=-1.0$(线性单位)。

J.4.2 测量步骤

a) 设置和校准网络分析仪和探头系统。

b) 把样品装入非金属容器中，并且将探头没入。推荐使用定位器或者夹子来稳定探头。安装探头时，应使其表面与液体表面呈一定的夹角，以减少边沿盘下面产生的气泡。

c) 测量相对于探头孔径的复数入射参数。

d) 计算复数相对介电常数 $\varepsilon_r=\varepsilon_r'-\mathrm{j}\sigma/\omega\varepsilon_0$，例如使用参考文献[54]给出的方程式(J.2)：

$$Y=\frac{\mathrm{j}2\omega\varepsilon_r'\varepsilon_0}{[\ln(b/a)]^2}\int_a^b\int_a^b\int_0^\pi\cos\phi'\,\frac{\exp[-\mathrm{j}\omega(\mu_0\varepsilon_r'\varepsilon_0)^{\frac{1}{2}}r]}{r}\mathrm{d}\phi'\mathrm{d}\rho'\mathrm{d}\rho \qquad\text{(J.2)}$$

最后的这个表达式可进行数值化计算或被扩展成级数而简化[16],[40],[41],[42]。该方程首先求解出采样波的数目 k，然后使用 Newton-Raphson 或其他的迭代近似法求解采样复数介电常数。也可使用其他的数学方法，如[43]，[45]，由这些方法所开发的应用软件都已经通过测量参考液体而被彻底地测量和检查了。商用末端开放式同轴探头的工具箱通常都是使用这个理论和方法的版本。

J.5 TEM 传输线法

这种方法基于对充满待测液体的 TEM 模式同轴传输线的复数传输系数的测量[60]。使用矢量网络分析仪测量散射系数 S_{21} 的幅值和相位，进而计算出复数介电常数。测量过程应该详细说明网络分析仪的校准和在所需频率下的设定。应用软件应可以根据测量数据得出样品随频率变化的介电特性。

J.5.1 设备设置

设备的设置如图 J.3 所示。样品测量器是一个开放壁的带状线，它包括了一个圆形的中心导体，两个盘状垂直(两侧)的接地导体，一个光学透明的塑料底面的管壁和一个开放的顶端，以及温度传感器。长度 d 通过给定的频率进行选取，使得传感器内的多路反射效应很小，并且总的衰减不会超过网络分析仪的动态范围。例如，两个有不同长度的传感器可以覆盖 800 MHz～2 000 MHz 的频率范围。应该小心地将样品装入测量器，并且通过观察看是否有气泡出现。

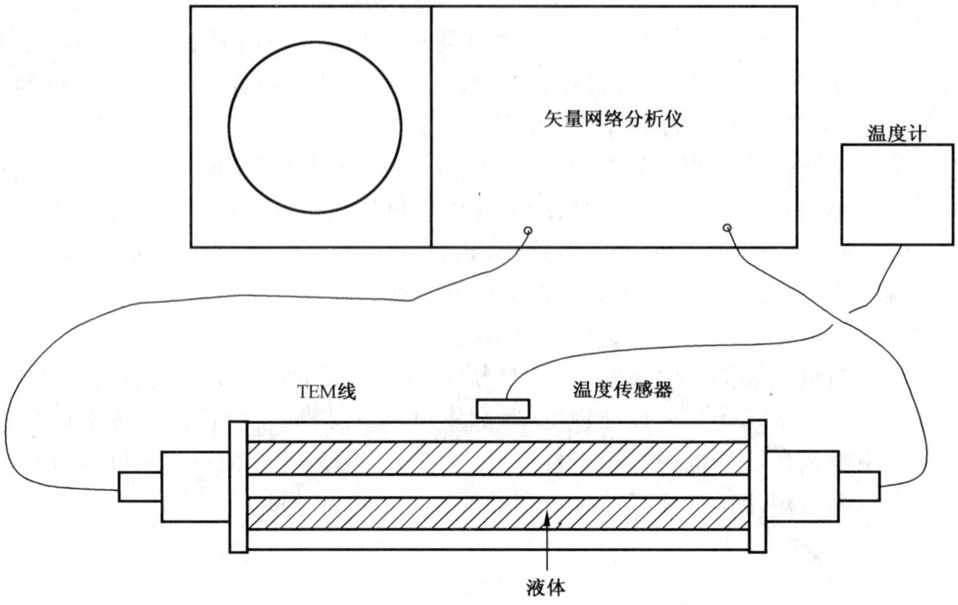

图 J.3　TEM 线介电特性测量设备的配置

J.5.2　测量步骤

a）设置和校准网络分析仪。

b）在所需频率下记录空小室 S_{21}^{0} 的幅度和相位。

c）将样品液体充满小室，反复测量以得到样品 S_{21}^{S} 的传输系数。

d）从 TEM 线中移除液体，使用清水完全清洗内壁并且仔细地擦干。

e）重新把同轴线连接到网络分析仪，确保 S_{21}^{0} 的幅度和相位不变（幅度偏差小于 0.1 dB，相位偏差小于 0.5°）。这个步骤只有在测量多种样品的时候才用到。

f）根据 S_{21}^{S}/S_{21}^{0} 的幅度和相位来计算液体的复介电常数，见式(J.3)：

$$\frac{S_{21}^{S}}{S_{21}^{0}}=\frac{(1-\Gamma^{2})\exp[-\mathrm{j}(k-k_{0})d]}{1-\Gamma^{2}\exp(-\mathrm{j}2kd)}$$

$$\Gamma=\frac{1-\sqrt{\varepsilon_{r}}}{1+\sqrt{\varepsilon_{r}}}$$

$$k=\frac{2\pi f}{c_{0}}\sqrt{\varepsilon_{r}}$$

$$k_{0}=\text{自由空间传播因子} \qquad \cdots\cdots(\mathrm{J.3})$$

式中：

Γ——TEM 线任一端的反射系数；

k——液体中的波数；

k_0——自由空间传播因子；

d——样品测量器（TEM 线）的长度；

f——频率；

c_0——自由空间的光速；

ε_r——样品的复数相对介电常数：

$$\varepsilon_{r}=\varepsilon'_{r}-\mathrm{j}\sigma/\omega\varepsilon_{0}$$

J.6 参考液体的介电特性

J.2 中推荐了使用介电特性良好的参考材料验证系统的测量步骤。需要两种参考液体，一种用于校准，另一种用于检查校准。用于计算随频率而变的介电参数的通用方程见式(J.4)：

$$\varepsilon_r = \varepsilon_\infty + \frac{\varepsilon_s - \varepsilon_\infty}{[1+(j\omega\tau)^{1-\alpha}]^\beta} + \frac{\sigma_i}{j\omega\varepsilon_0} \qquad \text{(J.4)}$$

式中：

ε_s ——静态或低频介电常数；

ε_∞——渐进高频的介电常数；

τ ——缓和时间；

σ_i ——离子电导率。

该方程当 $\alpha=0,\beta=1$ 时相当于 Debye 方程；当 $\beta=1, 0<\alpha<1$ 时相当于 Cole-Cole 方程；当 $\alpha=0$，$0<\beta<1$ 时相当于 Cole-Davidson 方程[20]。

表 J.1 中给出了用这个方程计算多种参考液体特性的参数。这些液体是二甲基亚砜、甲醇、乙二醇和去离子水。对于表 J.1 中的所有液体，参数 α 和 σ_i 都是零。模型参数是通过文献中提到的多种测量方法而得到的。总的说来，由两端口闭合的传输线小室所测的结果通常是最准确的，但是表中所列各项的结果相对来说也较好。表 J.2 包括 20℃的目标相对介电常数和电导率。如果使用其他的参考液体，就需要在测试报告中说明目标值和相应的参考文献。

选用和组织模拟液有相似介电特性的参考液体是一种很好的方法。应严格遵守任何参考液体的混合配方，也应在特定的温度测量介电特性。为了避免污染和挥发，混合物不能暴露在空气中。参考液体应是高纯度等级的，比如，分析纯或更高。在打开后，试剂瓶应要根据制造商的建议在保存期内储存。

注：对于每一种特定液体，所有的工作人员都应该熟悉并且能够根据材料安全数据单(MSDS)进行一些特殊的处理方法。

表 J.1 用于计算多种参考液体介电特性的参数

参考液体	温度/℃	参考文献	模型	ε_s	ε_∞	τ/ps	β
去离子水	20	[28]	Debye	80.21	5.6	9.36	1
去离子水	25	[28]	Debye	78.36	5.2	8.27	1
二甲基亚砜	20	[19][a]	Debye	47.13	7.13	21.27	1
二甲基亚砜	25	[19][a]	Debye	46.48	6.63	19.18	1
二甲基亚砜	25	[29]	Cole-Davidson	47.0	3.9	21.1	0.878
乙二醇	20	[37]	Cole-Davidson	41.4	3.7	164	0.8
甲醇	20	[16]	Debye	33.7	4.8	53.8	0
甲醇	20	[19][a]	Debye	33.64	5.68	56.6	0
甲醇	25	[19][a]	Debye	32.67	5.58	50.8	0

[a] 测量所得的数据仅到 5 GHz。

表 J.2　20 ℃时参考液体的介电特性

频率/MHz	甲醇[16]		二甲基亚砜[19]		去离子水[28]		乙烷二醇[37]	
	ε_r'	σ	ε_r'	σ	ε_r'	σ	ε_r'	σ
300	33.33	0.05	47.07	0.03	80.19	0.02	39.01	0.14
450	32.94	0.11	46.99	0.06	80.16	0.05	34.49	0.30
835	31.37	0.35	46.64	0.20	80.03	0.17	29.15	0.75
900	31.04	0.41	46.56	0.24	80.00	0.20	28.00	0.83
1 450	27.77	0.92	45.68	0.60	79.67	0.51	20.38	1.34
1 800	25.51	1.27	44.94	0.91	79.38	0.78	17.23	1.58
1 900	24.88	1.37	44.71	1.01	79.29	0.87	16.51	1.63
2 000	24.25	1.47	44.46	1.11	79.19	0.96	15.85	1.69
2 450	21.57	1.89	43.25	1.61	78.69	1.44	13.49	1.89
3 000	18.76	2.33	41.59	2.31	77.96	2.13	11.56	2.07

J.7　液体介电参数测量的不确定度评估

使用矢量网络分析仪对组织液介电特性的测量过程在本附录中已有描述。为了确认和消除内在损耗和反射，网络分析仪需要进行校准。电介质测量的不确定度来源于校准数据的不准确度、网络分析仪的漂移和随机误差。其他可能的误差源主要是支架硬件产品的容限值、指定频率下与优化尺寸的偏差值以及样品的特性。这些与支架的类型和所测的材料散射参数无关。由于开槽线法的直线深度产生的不确定度可以通过最小平方分析法评估[59]。

表 J.3 中给出了一个不确定度评估的模板。对于某一特定的测量装置或者测量程序，这些影响量可能并不适用，也可能有其他因素并未列于表中。表 J.3 也包括了数值样例。由于测量的配置不同，实际的不确定度评估也可能与此处所列的数值不相同。可通过对特性良好的参考液体的测量来评估介电特性测量的不确定度[10],[26],[39],[47]，步骤如下：

a) 以目标频率为中心在足够大的频率跨度内配置和校准网络分析仪，例如在 835 MHz±100 MHz 频率范围内，设备传输频段内的五个或更多频点上进行配置和校准。

b) 在每个设备的中心频段和邻近频率上，至少测量参考材料 n 次以获得相对介电常数和电导率的平均值和标准偏差。

c) 对从步骤 b)开始的每次确认频率—校准有效性的测量，在设备传输频段的 5 个或更多的频点处使用式(J.5)计算测量值和相关参考数据(参见表 J.1)之间的差值：

$$\varepsilon'_{\text{r tolerance}} = \left| \frac{\varepsilon'_{\text{r measured}} - \varepsilon'_{\text{r ref}}}{\varepsilon'_{\text{r ref}}} \right| \times 100\%$$

$$\sigma_{\text{tolerance}} = \left| \frac{\sigma_{\text{measured}} - \sigma_{\text{ref}}}{\sigma_{\text{ref}}} \right| \times 100\% \qquad \text{(J.5)}$$

d) 如果预计的介电常数和电导率的标准偏差(见 7.1.2)可知，那么就要用对 c)中 n 个介电常数和电导率的容限而言的，与频率相关的最大值来计算平均标准偏差($s/\sqrt{n}$)，例如[61]；或者使用表 J.3 第 a 列的当前测量序列的标准方差。

e) 在指定频率范围内，评估表 E.3 的其他成分(或者其他必要的相关成分)的 B 类不确定度。

f) 表 3 中填入 ε_r'和 σ 的合成标准不确定度。在实验报告中插入完整的表 J.3，并且给出采用或者忽略每一影响量的基本原理。

g) 测量第二种参考材料来验证相对校准的有效性，确定测量值与步骤 c)的参考值(见 J.6)一致。如果怀疑设备有漂移，返回步骤 b)重新测量参考液体。

表 J.3 介电常数 ε_r' 和电导率 σ 测量的不确定度示例

不确定度分量	a		b	c	$u_i=(a/b)\times c$	ν_i 或 ν_{eff}
	容限/不确定度值(±%)	概率分布	除数	c_i	标准不确定度(±%)	
可重复性(重复 n 次，中间频段)		N	1	1		n-1
参考液体 ε_r' 或 σ		R	$\sqrt{3}$	1		∞
网络分析仪的漂移、线性等		R	$\sqrt{3}$	1		∞
测量端口的电缆变化		U	$\sqrt{2}$	1		∞
合成不确定度						

注：列标 a,b,c 仅作参考。对于每个 ε_r' 和 σ 通常都需要单独的表。

参 考 文 献

[1] ARAI,M. J. ,BINNER,G. P. ,and CROSS,T. E. ,Estimating errors due to sample surface roughness in microwave complex permittivity measurements obtained using a coaxial probe. Electron. Lett. ,Jan. 19,1995,vol. 32,no. 2,pp. 115-117.

[2] BAO,J. Z. ,SWICORD,M. L. ,and DAVIS,C. C. ,Microwave dielectric characterization of binary mixtures of water,methanol,and ethanol. J. Chem. Phys. ,Mar. 12,1996,vol. 104,no. 12,pp. 4441～4450.

[3] BLACKHAM,D. V. and POLLARD,R. D. ,An improved technique for permittivity measurements using a coaxial probe. IEEE Trans. Instrumen. Meas. , Oct. 1997, vol. 46, no. 5, pp. 1093-1099.

[4] CHOU,C. K. ,CHEN,G. W. ,GUY,A. W. ,and LUK,K. H. ,Formulas for preparing phantom muscle tissue at various radiofrequencies. Bioelectromag. ,1984,vol. 5,pp. 435-441.

[5] CHRIST,A. ,CHAVANNES ,N. ,POKOVIC,K,GERBER,H. U. and Kuster,N. ,Numerical and Experimental Comparison of Human Head Models for SAR Assessment. Proceedings of Millennium Workshop on Biological Effects of Electromagnetic Fields,Heraklion,Kreta,Greece,Oct. 2000,pp. 234-240.

[6] CLARKE,R. N. ,GREGORY,A. P. ,HODGETTS,T. E. ,and SYMM,G. T. ,Improvements in coaxial sensor dielectric measurement: relevance to aqueous dielectrics and biological tissue. in Microwave Aquametry: Electromagnetic Wave Interaction With Watercontaining Materials,A. Kraszewski, ed. ,New York: IEEE Press,1996,pp. 279-297.

[7] DIECK,R. H. ,Measurement Uncertainty: Methods and Applications. North Carolina, Research Triangle Park: Instrument Society of America,1992.

[8] DROSSOS,A. ,SANTOMAA,V. and KUSTER,N. ,The dependence of electromagnetic energy absorption upon human head tissue composition in the frequency range of 300-3000 MHz. IEEE Trans. Microwave Theory Tech. ,Nov. 2000,vol. 48,no. 11,pp. 1988-1995.

[9] EA-2/07 (rev. 01) EAL Strategy to Achieve Comparability of Results in Calibration and Testing,Mar. 1997.

[10] EVANS,S. and MICHELSON,S. C. ,Intercomparison of dielectric reference materials available for the calibration of an open-ended probe at different temperatures. Meas. Sci. Tech. ,Dec. 1995,vol. 6,no. 12,pp. 1721-1732.

[11] FARAONE,A. ,McCOY,D. O. ,CHOU,C. K. ,and BALZANO,Q. ,Characterization of miniaturized E-field probes for SAR measurements. IEEE Intl. Symp. Electromag. Compat. ,Washington,DC,2000,pp. 749-754.

[12] FERREIRA P. J. S. G. ,Non iterative and fast iterative methods for interpolation and extrapolation. IEEE Trans. Sig. Proc. ,Nov 1994,vol. 41,pp. 3278-3282.

[13] FIEGUTH,P. W. ,KARL,W. C. ,WILLSKY,A. S. and WUNSCH,C. ,Multi-resolution optimal interpolation and statistical analysis of TOPEX/POSEIDON satellite altimetry.

[14] FORD,C and ETTER,D. M. ,Wavelet basis reconstruction of non uniform sampled data. IEEE Trans. Circuits Sys. Ⅱ: Analog Dig. Sig. Proc. ,Aug. 1998,vol. 45,no. 8,pp. 1165-1168.

[15] FUKUNAGA,K. ,WATANABE ,S. ,WAKE ,K. ,and YAMANAKA,Y. ,Time dependence of tissue-equivalent dielectric liquid materials and its effect on SAR. EMC Europe Symp. ,Sorrento,Italy,

Sep. 2002.

[16] GABRIEL,C.,CHAN,T. Y. A.,and GRANT,E. H.,Admittance models for open ended coaxial probes and their place in dielectric spectroscopy. Phys. Med. Biol.,1994. vol. 39,no. 12,pp. 2183-2200.

[17] GABRIEL,S.,LAU,R. W. and GABRIEL,C.,The dielectric properties of biological tissues: 3. Parametric models for the dielectric spectrum of tissues. Phys. Med. Bio.,1996,vol. 41,no. 11,pp. 2271-2293.

[18] GORDON,C. C.,CHURCHILL,T.,CLAUSER,C. E.,BRADTMILLER,B.,McCONVILLE,J. T.,TEBBETTSI. and WALKER,R. A.,1988 Anthropometric Survey of U. S. Army Personnel: Methods and Summary Statistics. Technical Report NATICK/TR-89/044,U. S. Army Natick Research,Development and Engineering Center,Massachusetts: Natick,Sep. 1989.

[19] GREGORY,A. P. and CLARKE,R. N.,Tables of the Complex Permittivity of Dielectric Reference Liquids at Frequencies up to 5 GHz. NPL Report CETM 33,Centre for Electromagnetic and Time Metrology. Teddington,England: National Physical Laboratory,2001.

[20] HILL,N. E.,VAUGHAN,W. E.,PRICE,A. H.,and DAVIES,M.,Dielectric Properties and Molecular Behaviour. London: Van Nostrand Reinhold,1969.

[21] IEC 60050. International Electrotechnical Vocabulary.

[22] IEEE Std 1528. Recommended Practice for Determining the Peak Spatial-Average Specific Absorption Rate (SAR) in the Human Head from Wireless Communications Devices: Measurement Techniques,New York: Institute Electrical and Electronics Engineers,Dec. 2003.

[23] ISO/IEC DIR-2 (2001-7),IEC Directives—Part 2: Rules for the structure and drafting of International Standards. Geneva: International Electrotechnical Commission.

[24] ISO/IEC Guide 43-1:1997,Proficiency testing by interlaboratory comparisons—Part 1: Development and operation of proficiency testing schemes. Geneva: International Organization for Standardization.

[25] ISO/IEC Guide to the Expression of Uncertainty in Measurement. Geneva: International Organization for Standardization.

[26] JENKINS,S.,HODGETTS,T. E.,CLARKE,R. N.,and PREECE,A. W.,Dielectric measurements on reference liquids using automatic network analysers and calculable geometries. Meas. Sci. Tech.,July 1990,vol. 1,no. 7,pp. 691-702.

[27] JOKELA,K.,HYYSALO,P. and PURANEN,L.,Calibration of specific absorption rate (SAR) probes in waveguide at 900 MHz. IEEE Trans. Instrumen. Meas.,Apr. 1998,vol. 47,no. 2,pp. 432-438.

[28] KAATZE,U.,Complex permittivity of water as function of frequency and temperature. J. Chem. Engin. Data,1989,vol. 34,no. 4,pp. 371-374.

[29] KAATZE,U.,POTTEL R.,and SCHAFER M.,Dielectric spectrum of dimethyl sulfoxide/water mixtures as a function of composition. J. Phys. Chem.,1989,vol. 93,pp. 5623-5627.

[30] KANDA,M. Y.,BALLEN,M.,CHOU,C. K.,Formulation and characterization of tissue simulating liquids used for SAR measurement (500-2 000 MHz). Asia-Pacific Radio Science Conference,Tokyo,Japan,Aug. 1-4,2001,pp. 274.

[31] KUSTER N.,KÄSTLE,R.,and SCHMID,T.,Dosimetric evaluation of mobile communications equipment with known precision (invited paper). IEICE Trans. Commun.,May 1997,vol. E80-B,no. 5,pp. 645-652.

[32] KUSTER, N., BALZANO, Q. and LIN, J. C., Eds., Mobile Communications Safety. London: Chapman & Hall, 1997.

[33] LANCASTER, P. and SALKAUSKA, K., Curve and Surface Fitting: An Introduction. New York: Academic Press, 1986.

[34] LEE, A. K., and PACK, J. K., Effect of head size for cellular telephone exposure on EM absorption. IEICE Trans. Commun., Mar. 2002, vol. E85-B, no. 3, pp. 698-701.

[35] LEE, A. K., CHOI, H. D., LEE, H. S., and PACK, J. K., Human head size and SAR characteristics for handset exposure. ETRI J., Apr. 2002, vol. 24, no. 2, pp. 176-179.

[36] LEISTEN, O., VARDAXAGLOU, Y., SCHMID, T., ROSENBERGER, B., AGBORAW, E., KUSTER, N., and NICOLAIDIS, G., Miniature dielectric-loaded personal telephone antennas with low user exposure. Electron. Lett., Aug. 20, 1998, vol. 34, no. 17, pp. 1628-1629.

[37] LEVIN, V. V. and PODLOVCHENKO, T. L., Dispersion of the dielectric permittivity of ethylene glycol. Zhurnal Strukturnoi Khimii, 1970, vol. 11, pp. 766-767.

[38] MEIER, K., BURKHARDT, M., SCHMID, T. and KUSTER, N., Broadband calibration of Efield probes in lossy media. IEEE Trans. Microwave Theory Tech., Oct. 1996, vol. 44, no. 10, pp. 1954-1962.

[39] MIGLIORE, M. D., Partial self-calibration method for permittivity measurement using truncated coaxial cable. Electron. Lett., July 20, 2000, vol. 36, no. 15, pp. 1275-1277.

[40] MISRA, D., A quasi-static analysis of open-ended coaxial lines. IEEE Trans. Microwave Theory Tech., Oct. 1987, vol. 35, no. 10, pp. 925-928.

[41] MISRA, D., CHABBRA, M., EPSTEIN, B. R., MIROTZNIK, M., and FOSTER, K. R., Noninvasive electrical characterization of materials at microwave frequencies using an open-ended coaxial line: test of an improved calibration technique. IEEE Trans. Microwave Theory Tech., Jan. 1990, vol. 38, no. 1, pp. 8-14.

[42] MISRA, D., On the measurement of the complex permittivity of materials by an openended coaxial probe. IEEE Microwave Guided Wave Lett., May 1995, vol. 5, no. 5, pp. 161-163.

[43] MOSIG, J. R, BESSON, J. C. E, GEX-FABRY, M. and GARDIOL, F. E., Reflection of an open-ended coaxial line and application to non-destructive measurement of materials. IEEE Trans. Instrumen. Meas., 1981, IM-30, pp 46-51.

[44] NAHMAN, N. S., KANDA, M., LARSEN, E. B. and CRAWFORD, M. L., Methodology for standard electromagnetic field measurements. IEEE Trans. Instrumen. Meas., Dec. 1985, vol. IM-34, no. 4, pp. 490-503.

[45] NEVELS, R. D., BUTLER, C. M. and YABLON, W., The annular slot antenna in a lossy biological medium. IEEE Trans. Microwave Theory Tech., 1985, MTT-30, pp 314-319.

[46] NIST TN1297, Guidelines for Evaluating and Expressing the Uncertainty of NIST Measurement Results. Gaithersburg, MD: National Institute of Standards and Technology, 1994.

[47] NYSHADHAM, A., SIBBALD, C. L., and STUCHLY, S. S., Permittivity measurements using open-ended sensors and reference liquid calibration-an uncertainty analysis. IEEE Trans. Microwave Theory Tech., Feb. 1992, vol. 40, no. 2, pp. 305-314.

[48] PERSON C., AHLONSOU, L. N. and GRANGEAT, C., New test bench for the characterization of SAR measurement probes used in tissue equivalent liquids, Bioelectromagnetics Society 22nd Annual Meeting, Munich Germany, June 11-16, 2000.

[49] PERSON, C., TANNÉ, G., AHLONSOU, L. N., NGOUNOU, C. and GRANGEAT C.,

New reference antennas for SAR probe calibration in tissue equivalent liquid. Millennium Conference on Antennas and Propagation, AP2000, Davos, Switzerland: April 9-14, 2000.

[50] PEYMAN, A. and GABRIEL, C., Tissue equivalent liquids for SAR measurement at microwave frequencies. Bioelectromagnetics Society 24th Annual Meeting, Quebec, Canada, June 2002, poster P-53.

[51] POKOVIC, K., Advanced Electromagnetic Probes for Near Field Evaluation. Doc. Tech. Sci. Diss. ETH Nr. 13334. Switzerland, Zurich: Swiss Federal Institute of Technology, 1999.

[52] POKOVIC, K., SCHMID, T. and KUSTER, N., Robust setup for precise calibration of Efield probes in tissue simulating liquids at mobile communication frequencies. In Proceedings ICECOM'97. Dubrovnik, Croatia, Oct. 12-17, 1997, pp. 120-124.

[53] POKOVIC, K., SCHMID, T., CHRIST, A. and KUSTER, N., Design and characterization of E-field probes for lossy media, submitted to IEEE Trans. Microwave Theory Tech., 1999.

[54] POURNAROPOULOS, C. L. and MISRA, D. K., The co-axial aperture electromagnetic sensor and its application in material characterization. Meas. Sci. Tech., 1997, vol. 8, pp. 1191-1202.

[55] PRESS, W. H., FLANNERY, B. P., TEUKOLSKY, S. A. and VETTERLING, W. T., Numerical Recipes in FORTRAN 77: The Art of Scientific Computing. New York: Cambridge University Press, 1992.

[56] RAMO, S., WHINNERY, J. R. and VAN DUZER, T., Fields and Waves in Communication Electronics. New York, Wiley, 1993.

[57] SCHMID, T., EGGER O. and KUSTER, N., Automated E-field scanning system for dosimetric assessments. IEEE Trans. Microwave Theory Tech., Jan. 1996, vol. 44, no. 1, pp. 105-113.

[58] SCHÖNBORN, F., BURKHARDT, M. and KUSTER, N., The difference of EM energy absorption between adults and children. Health Phys., Feb. 1998, vol. 74, no. 2, pp.

[59] TAYLOR, J. R., An Introduction to Error Analysis: The Study of Uncertainties In Physical Measurements. 2nd ed. Sausalito, CA: University Science Books, 1997.

[60] TOROPAINEN, A., VAINIKAINEN, P., and DROSSOS, A., Method for accurate measurement of complex permittivity of tissue equivalent liquids. Electron. Lett., 2000, vol. 36, no. 1, pp. 32-34.

[61] UKAS LAB34, The Expression of Uncertainty in EMC Testing. Feltham, Middlesex, England: United Kingdom Accreditation Service, 2002.

[62] UKAS M3003, The Expression of Uncertainty and Confidence in Measurement. Feltham, Middlesex, England: United Kingdom Accreditation Service, 1997.

[63] USTUNER, K. F. and FERRAI, L. A., Discrete splines and spline filters. IEEE Trans. Circuits Sys., July 1991, vol. 39, no. 7, pp 417-422.

[64] VIGNERAS, V., Elaboration and characterization of biological tissues equivalent liquids in the frequency range 0.9-3 GHz, final report. France: PIOM Laboratory, University of Bordeaux, Nov. 2001.

[65] VON HIPPEL, A. Dielectric Materials and Applications. Cambridge: MA: MIT Press, 1954.

ICS 35.020
L 80

中华人民共和国国家标准

GB/T 28447—2012

信息安全技术 电子认证服务机构运营管理规范

Information security technology—Specification on the operation management of a certificate authority

2012-06-29 发布 2012-10-01 实施

中华人民共和国国家质量监督检验检疫总局
中国国家标准化管理委员会 发布

前　言

本标准按照 GB/T 1.1—2009 给出的规则起草。

本标准由全国信息安全标准化技术委员会(SAC/TC 260)提出并归口。

本标准主要起草单位:北京天威诚信电子商务服务有限公司、颐信科技有限公司。

本标准主要起草人:唐志红、李延昭、魏一才、徐虎、龙毅宏、刘旭、许蕾、赵宏科、张海松、郭宏杰。

引　言

本标准是为贯彻执行《中华人民共和国电子签名法》(以下简称《电子签名法》),规范电子认证服务机构的运营管理而制定。

本标准覆盖了电子认证服务机构运营管理的主要方面,提供公共认证服务的电子认证服务机构应按本标准的规定开展相关的工作。本标准涉及面多,但对每方面只做重点的、关键的、必要的要点性规定,确保电子认证服务机构执行本标准时在具体技术上、策略上和方案上有很大的灵活性。比如,对于认证系统安全方面,本标准只规定需要采用的安全防护技术和手段及需要考虑的关键点,对具体实现技术并未做规定。

信息安全技术
电子认证服务机构运营管理规范

1 范围

本标准规定了电子认证服务机构在业务运营、认证系统运行、物理环境与设施安全、组织与人员管理、文档、记录、与介质管理、业务连续性、审计与改进等多方面应遵循的要求。

本标准适用于在开放互联环境中提供数字证书服务的电子认证服务机构的建设、管理及评估。

对于在封闭环境中(如在特定团体或某个行业内)运行的电子认证服务机构可根据自身安全风险评估以及国家有关的法律法规有选择性地参考本标准。国家有关的测评机构、监管部门也可以将本标准作为测评和监管的依据。

2 规范性引用文件

下列文件对于本文件的应用是必不可少的。凡是注日期的引用文件,仅注日期的版本适用于本文件。凡是不注日期的引用文件,其最新版本(包括所有的修改单)适用于本文件。

GB/T 2887 计算机场地通用规范

GB/T 9361 计算机场地安全要求

GB/T 25056—2010 信息安全技术 证书认证系统密码及其相关安全技术规范

GB/T 26855—2011 信息安全技术 公钥基础设施 证书策略与认证业务声明框架

GB 50045 高层民用建筑设计防火规范

GB 50057 建筑物防雷设计规范

GB 50174 电子信息系统机房设计规范

GB 50343 建筑物电子信息系统防雷技术规范

SJ/T 10796 防静电活动地板通用规范

3 术语和定义

下列术语和定义适用于本文件。

3.1

电子认证服务机构 certificate authority

负责创建、分发证书并在必要时提供验证以证实用户身份的机构,一般是受用户信任的权威机构,用户可以选择该机构为其创建密钥。通常将电子认证服务机构简称为CA,也称为CA中心、CA机构、认证机构、证书认证机构等。

3.2

电子认证服务 electronic certification service

电子认证服务是指为电子签名相关各方提供真实性、可靠性验证的活动。

3.3

证书策略 certificate policy

命名的一组规则,指出证书对具有共同安全要求的特定团体和/或应用的适用性。

3.4

电子认证业务规则 certification practice statement

电子认证服务机构在提供电子认证服务时，在责任范围、作业操作规范、信息安全保障措施等方面所遵循的业务规则。

3.5

证书撤销列表 certificate revocation list

由电子认证服务机构签署的一个失效证书列表，它给出了一套证书发布者认为无效的证书。

3.6

数字证书 digital certificate

由电子认证服务机构采用非对称密码技术签发的、证实主体身份与特定公钥间对应关系的数据电文。

3.7

公钥基础设施 public key infrastructure

支持公开密钥体制的安全基础设施，提供身份鉴别、信息加密、数据完整性和交易抗抵赖的技术支撑。

3.8

注册机构 registration authority

具有下列一项或多项功能的实体：识别和鉴别证书申请者，同意或拒绝证书申请，在某些环境下主动撤销或挂起证书，处理用户撤销或挂起其证书的请求，同意或拒绝用户更新其证书或密钥的请求。通常将注册机构简称为 RA 或 RA 机构。

3.9

秘密共享 secret sharing

秘密共享指将一个秘密在一组参入者间进行分发的方法，其中每个参入者被分配了该秘密经分割后的一份(称为秘密份额或秘密分割)。只有足够数量的秘密份额才能恢复原秘密，单个的秘密份额本身是无法恢复秘密的。

注：在本标准中，被分担的秘密可能是 CA 私钥备份恢复数据或 CA 私钥。

4 缩略语

下列缩略语适用于本文件：

CA 证书认证机构，本标准中称为电子认证服务机构 Certificate Authority

CP 证书策略 Certificate Policy

CPS 电子认证业务规则 Certification Practice Statement

CRL 证书撤销列表 Certificate Revocation List

OCSP 在线证书状态查询协议 Online Certificate Status Protocol

PKI 公钥基础设施 Public Key Infrastructure

RA 注册机构 Registration Authority

5 电子认证服务机构运营的业务

5.1 用户证书服务

5.1.1 证书申请与审核

用户通过认证系统在线提交证书申请或通过注册机构申请证书，应按照电子认证服务机构的要求提供相应的申请信息，如申请者姓名、域名、公司名、地址、联系方式等。

用户还应提供电子认证服务机构审核证书申请所需要的相关证明材料，如机构资质证明、域名所有权证明等。

电子认证服务机构的审核人员，依据用户提交的证明材料，对证书申请者的身份进行审核。

电子认证服务机构在证书申请审核过程中，应保留完整的审核记录，以供日后审计、审查、责任追踪和界定使用。

5.1.2 证书签发

电子认证服务机构必须在完成规定的证书申请审核后，通过认证系统批准、签发证书。证书签发应有记录。

5.1.3 证书存储与发布

电子认证服务机构通过认证系统为用户提供数字证书的存储与发布功能，使得依赖方可以查询、获取。

5.1.4 证书更新

证书用户在证书有效期到达前，可以申请更新证书，已过期或撤销的证书不能更新。

对证书用户提交的证书更新请求，电子认证服务机构必须进行审核，审核的方式包括手工和自动两种方式。手工审核的过程，要求在安全保障方面应与证书申请等同。对于自动审核方式，证书更新请求必须用原证书私钥签名，认证系统验证签名的有效性并自动签发更新证书。

5.1.5 证书撤销

证书撤销有下列3种发起方式：

a) 由证书用户发起——用户申请撤销证书，电子认证服务机构必须明确规定撤销证书申请的接受方式，如通过电话、邮件、在线申请等，以及审核程序。

b) 由电子认证服务机构发起——电子认证服务机构如发现用户证书申请资料存在虚假信息、不能满足证书签发条件等情况，或者发生（或怀疑发生）电子认证服务机构CA私钥泄露、认证系统存在安全隐患威胁用户证书安全等情况，可以不经过证书用户本人同意，予以撤销证书。

c) 由依赖方发起——当依赖方提出证书撤销申请时，如证书仅用于依赖方的系统，可以不经过证书用户本人同意，予以撤销证书。

证书撤销后，电子认证服务机构必须在周期性签发的CRL中，于最近的下次更新时间发布所撤销证书，或签发临时CRL发布所撤销证书；电子认证服务机构如提供OCSP服务，必须立即更新OCSP查询数据库，确保实时发布所撤销证书。

证书撤销后，应通过电话、邮件、在线等方式，及时告知用户或依赖方证书撤销结果。

电子认证服务机构必须记录所有证书撤销请求和相关操作结果。

5.1.6 证书冻结

证书冻结有下列3种发起方式：

a) 由证书用户发起——用户申请冻结证书，电子认证服务机构必须明确规定冻结证书申请的接受方式，如通过电话、邮件、在线申请等，以及审核程序。

b) 由电子认证服务机构发起——电子认证服务机构如发现用户证书申请资料存在虚假信息、不能满足证书签发条件等情况，或者发生（或怀疑发生）电子认证服务机构CA私钥泄露、认证系统存在安全隐患威胁用户证书安全等情况，可以不经过证书用户本人同意，予以冻结证书。

c） 由依赖方发起——当依赖方提出证书冻结申请时，如证书仅用于依赖方的系统，可以不经过证书用户本人同意，予以冻结证书。

冻结的证书需在CRL中发布，当被冻结证书失效后，将不再出现在CRL中。

在证书有效期内，对被冻结的证书有3种处理方式：

a） 被冻结证书有效性无法验证，用户和依赖方不能使用证书；

b） 被冻结证书转为正式撤销；

c） 被冻结证书解冻，从CRL中删除，重新转为有效证书。

证书冻结后，电子认证服务机构必须在周期性签发的CRL中，于最近的下次更新时间发布所冻结证书，或签发临时CRL发布所冻结证书；电子认证服务机构如提供OCSP服务，必须立即更新OCSP查询数据库，确保实时发布所冻结证书。

冻结的证书解冻后，电子认证服务机构应在周期性签发的CRL中，于最近的下次CRL更新中删除冻结的证书，电子认证服务机构如提供OCSP服务，应立即更新OCSP查询数据库，确保解冻的证书变为有效。

证书冻结和解冻后，应通过电话、邮件、在线等方式，及时告知用户或依赖方冻结和解冻结果。

电子认证服务机构必须记录所有证书冻结请求和相关操作结果。

5.1.7 证书状态查询

电子认证服务机构应为用户和依赖方提供如下2种证书状态查询服务（包括证书撤销列表和/或在线证书状态查询）：

a） CRL查询。电子认证服务机构必须能够提供证书撤销列表（CRL）查询服务，CRL发布必须符合标准；必须明确规定CRL发布周期和发布时间，宜每天签发CRL；根据证书策略或当发生严重私钥泄露情况时，电子认证服务机构可签发临时CRL；根据证书策略和依赖方协议，用户和依赖方应及时检查、下载临时CRL。

   在证书有效期内的，被撤销证书必须一直保留在CRL中直至证书过期失效，被冻结证书在冻结期内必须保留在CRL中直至解冻。当被撤销或被冻结证书过期时，应从CRL中删除。

   电子认证服务机构发布的所有CRL必须定期归档保存，在证书失效后至少保留5年。

b） OCSP查询。电子认证服务机构必须能够提供在线证书状态查询（OCSP）服务，查询数据格式和响应查询结果必须符合国家有关标准；必须保证查询服务响应速度和并发查询性能满足服务要求；必须保证查询结果的实时性和准确性。

5.1.8 证书归档

电子认证服务机构应定期对过期失效以及被撤销的证书进行归档。

在证书失效至少5年后，方可销毁归档数据。

5.2 用户证书密钥服务

电子认证服务机构必须说明所提供的证书类型及密钥对产生的方式，并告知证书用户和依赖方电子认证服务机构是否保存有用户证书私钥的备份。

5.2.1 用户证书密钥的产生、传递和存储

通常情况下，用户的签名证书的密钥对由用户自己在其密码设备中生成，并由用户控制。

用户加密证书密钥对可由用户自己产生，或者由电子认证服务机构通过密钥管理中心集中生成，并通过安全的途径传送给用户。若加密证书密钥对由电子认证服务机构通过密钥管理中心集中生成，则加密证书私钥在传送给用户的过程中，不能以明文形式出现。当电子认证服务机构通过密钥管理中心

为用户生成加密证书密钥对时，电子认证服务机构可将加密证书私钥的备份加密保存在密钥库中，以便在必要的时候恢复用户加密证书私钥。

5.2.2 用户证书私钥激活数据的产生、传递和存储

用户加密证书密钥对及其私钥激活数据可由用户自己产生和保存，或者由电子认证服务机构通过密钥管理中心集中生成。在后者的情况下，电子认证服务机构代用户产生的私钥激活数据必须有足够的安全强度并通过一定的安全方式传送给用户，确保激活数据在传递过程中不被泄漏，并对传递过程进行跟踪和记录。

5.2.3 用户证书私钥恢复

电子认证服务机构不应保存用户签名证书的私钥备份。

若电子认证服务机构保留有用户加密证书的私钥备份，则只能应用户自己要求或司法恢复需要，电子认证服务机构才能对用户加密证书的私钥进行恢复。

私钥恢复应有多人参与才能完成，且应对操作过程及结果进行记录。

5.2.4 用户证书密钥对的更新

用户在进行证书更新时应同时更新证书的密钥对。若出于特别的原因和安排，允许用户在进行证书更新时不更新证书的密钥对，那么电子认证服务机构必须确保这种方式是安全的，且必须为不更新的密钥对规定一个适合的、安全的最大期限，在这个期限后，该密钥不能再使用。

5.2.5 用户证书私钥的归档和销毁

电子认证服务机构不得拥有用户签名证书私钥，用户签名证书的私钥由用户自己根据需要进行管理和销毁。用户加密证书的密钥对由电子认证服务机构的密钥管理中心产生，在用户密钥对、证书失效后，电子认证服务机构应以加密的方式归档保留；所有归档密钥对，应至少在证书失效 5 年后方可销毁，销毁方式应能可靠地、彻底地销毁密钥信息。

5.3 认证系统功能要求

电子认证服务机构使用的认证系统应符合 GB/T 25056—2010 中的要求，能够提供用户证书的申请、签发、存储、发布、更新、撤销、冻结、状态查询、归档以及用户证书密钥管理等功能。

5.4 认证业务流程要求

认证业务流程应符合如下要求：

a) 对于证书申请审核过程，电子认证服务机构应根据认证业务规则，制定严格的证书申请审核流程和规范，鉴别证书申请者提供的身份信息的真伪，验证证书申请者的身份，确认是证书申请者所声称的人、机构在申请证书。

b) 对于证书更新的自动审核方式，电子认证服务机构必须确保能够通过一定的方式控制哪些证书可自动更新，防止非授权的更新。

c) 电子认证服务机构应制定证书撤销管理策略和流程，确保撤销过程的规范和撤销结果的准确、及时。

d) 电子认证服务机构可根据具体业务需要，制定证书冻结策略和流程，包括冻结请求、条件、宽限期及冻结状态的发布等。

e) 电子认证服务机构应在 CP 和 CPS 中发布证书状态查询服务策略，并在相关协议中明确提示证书用户和依赖方，使用证书时必须使用证书状态查询服务。

f) 电子认证服务机构应制定证书归档策略,以保证对过期失效以及被撤销的证书及时归档。
g) 电子认证服务机构应制定用户证书密钥和私钥激活数据的传递策略,以保障传递过程中的安全性。
h) 电子认证服务机构应制定严格的用户证书私钥恢复的管理规定和流程,确保用户私钥恢复的规范性和安全性。
i) 电子认证服务机构应制定用户证书私钥归档、销毁流程,保证私钥被安全地归档或销毁,确保私钥不会泄漏。

6 业务运营中的风险

电子认证服务机构在业务运营过程中面临着各类风险,包括系统风险、物理环境风险以及管理风险等。附录A对各类风险进行了举例说明,以供参考。

本标准后面各章节描述了电子认证服务机构为应对各类风险所应采取的控制措施。

7 认证系统运行要求

7.1 网络系统安全

网络系统安全应符合如下要求:

a) 电子认证服务机构及其注册机构的认证系统运行网络,必须采用独立的接入链路与公共网络连接,并与办公网络隔离,网段划分应符合GB/T 25056—2010中的要求。
b) 网络访问策略应只允许必需的访问,设定允许访问的主体(主机、端口)和对应的访问对象(主机、端口)以及连接方向,其他访问禁止。
c) 应对网络中的实体设备进行网络漏洞扫描,根据检测结果及时发现存在的不安全网络协议、网络服务,将不需要的网络协议、网络服务关闭,对于因业务需要而开启的不安全网络协议、网络服务应采取相应措施,使用更安全的网络协议、网络服务进行替换。
d) 应在关键网段安装入侵检测系统,能够及时检测到并报告常见的入侵模式,能够且应该及时更新入侵模式知识库,具备完善的日志与审计功能。
e) 实施网络服务安全配置与加固,只开启必需的网络服务,关闭其他的网络服务;对开启了的网络服务进行优化配置,定期打补丁。
f) 网络应采用通过安全检测、安全认证的网络设备,如路由器、各类安全网关、交换机等。
g) 若网络设备账户使用用户名/口令方式进行身份鉴别,则口令应具有足够的安全强度。
h) 网络设备应有完备的审计日志。
i) 采取其他必要的安全措施,保障运营网络的安全。

7.2 主机系统安全

主机系统安全应符合如下要求:

a) 应通过主机漏洞扫描系统发现系统存在的安全漏洞,并采取应对措施,包括进行系统安全优化等。
b) 应及时对系统安全漏洞打补丁,并采取防病毒措施,同时考虑采用其他系统安全加固技术,保障主机系统安全。
c) 主机系统应只创建、开启必需账户,关闭不需要的默认账户,账户口令应具有足够的安全强度,确保只有授权用户、进程和应用才能访问相应的资源。

7.3 系统冗余与备份

7.3.1 系统冗余

应采用设备冷/热备份、单机逻辑备份、双机备份等方式，对于生产系统的重要设备进行备份/冗余设置和容错设计。

应采用冗余技术、路由选择技术、路由备份技术等技术手段，实现网络备份与冗余。

a） 网络链路冗余

认证系统的网络对外应采用双路接入，并且两路网络接入来自不同的网络设施运营商，一路网络接入作为主服务线路，另一路接入作为备用线路，当主服务线路出现故障时能够迅速切换到备用线路。

b） 主机冗余

认证系统对关键业务、功能所在主机必须采用双机热备措施。对非关键业务、功能的设备，应该至少采用硬盘冷备份的方式进行系统备份。

c） 电源冗余与后备发电

对电子认证服务机构的电源有如下要求：

1） 放置有认证系统的数据中心宜采用双路供电系统，即从建筑外至数据中心内至少具有两条供电线路；
2） 必须为认证系统及安全设备提供不间断电源（UPS），且不间断电源设备应该具有冗余，不间断电源提供的电力必须足够支持通常的断电时间；
3） 有条件的电子认证服务机构应配置备用发电机，当出现停电且不间断电源不能提供持续的电力时，能够提供电力。

7.3.2 系统备份

电子认证服务机构应采用完全备份与增量备份相结合的方式对生产系统数据和信息进行备份。

应制定备份数据收集、保管、押运、恢复的管理策略，确保备份数据的安全，防止泄露和未经授权的使用。备份数据宜实行同城异地保管，如租用银行保管箱保存数据备份。

应定期检查备份系统和设备的可靠性和可用性，定期检查备份介质可靠性和数据完整性。

应根据设备的重要程度、故障频率、供应难度、库存数据量、设备金额等因素，综合评估运营风险，确定并建立关键设备和系统备份管理办法。应对关键设备做备份或采取有效办法保证供应的及时性（如与供应商签订应急维修或紧急供货合同）。

a） 软件与数据备份

软件与数据备份包括如下内容：

1） 主机操作系统；
2） 系统应用软件，如邮件系统、Web 服务程序、数据库系统等；
3） 认证系统软件；
4） 系统上的客户定制数据；
5） 系统配置；
6） 数据库用户数据。

对软件与数据备份有如下要求：

1） 必须采用专门的备份系统对整个认证系统进行备份，备份数据可以保存在磁带、硬盘或其他介质上；
2） 备份策略采用全备份与增量备份相结合的方式；
3） 备份策略应该保证没有数据丢失或数据丢失不会造成实质性的影响；

4) 在系统出现故障、遭遇灾难时，备份方案能够在最短的时间内从备份数据中恢复出原系统及数据；

5) 选择的备份介质应能保证数据的长期可靠，否则应定期更新；

6) 备份数据应存放在电子认证服务机构以外安全的地方，比如银行保管箱、灾难恢复中心等。

b) 硬件设备备份

电子认证服务机构硬件设备必须具有冗余、备份，在系统设备出现故障、损坏时能够及时更换。

7.4 系统运营维护安全管理

7.4.1 系统权限管理

电子认证服务机构应制定系统访问控制方面的管理规定，制定访问控制权限分配表，正确设置系统的用户角色和相应权限，所有运营维护只被赋予必须的、最小的权限，并对关键的、敏感的操作进行权限分割。

7.4.2 系统操作管理

系统操作管理应符合如下要求：

a) 应根据生产系统建设厂商的维护要求，制定运营维护策略和流程。

b) 不经批准不得在服务器上安装任何软件和硬件；不经批准不得删除服务器上的任何文件。

c) 应正确配置安全设备、网络设备、业务系统，定期检查、测试配置策略的有效性。应及时分析入侵检测系统的日志和所发现的问题，及时响应安全事件，调整安全策略。

d) 应有与生产系统功能相一致的测试系统，用于功能、补丁的部署、升级等测试用途。测试系统中不得使用生产系统的业务数据。

e) 应及时升级系统和数据库补丁包、安全包；及时升级防病毒软件病毒库；及时升级入侵检测系统、防火墙及网络设备固件等。只有在测试系统中经测试合格后，方能在生产系统上正式部署。

f) 应监控系统容量需求，制定未来容量需求的项目计划，保持适当的处理能力和存储能力。

g) 生产系统的任何调整和升级，应先制定详细的技术实施方案，经电子认证服务机构的安全策略管理组织审核批准后，方可实施，并应有完整的实施记录。

h) 对系统的任何操作，应做好操作记录。系统的事件和日志应及时归档保存。

7.4.3 系统变更和升级

应制定严谨的系统变更和升级的申请及审批策略、操作流程及验收标准，明确管理责任和程序，严格遵守管理控制程序，防止因为系统的变更和升级影响认证系统的正常运行。系统变更和升级应遵循如下准则：

a) 对设备、软件或程序的所有变更制定严格的程序。

b) 变更、升级前，对原系统业务数据和业务系统进行全备份。

c) 保证原有系统中的数据到变更、升级后系统的平稳过渡。

d) 系统变更和升级的实施方案和过程不应对已有客户、用户产生严重的影响。

7.4.4 账户、口令管理

应对网络设备和主机系统的账户口令的安全强度、使用期限、更换频率、保管手段、传输方式等进行要求和管理；应确保网络设备、主机和应用程序中没有设置默认的用户名、口令。

7.4.5 系统安全监控

电子认证服务机构应在系统的各个重要环节设置各类监测、防护设备，实时监测网络数据流量，监视并记录内部、外部用户的操作行为，监测并记录各类安全事件，如攻击、入侵、病毒等，能对异常的行为和安全事件采取相应的控制并及时报警。

电子认证服务机构应在运营场地管理区建立专门的系统监控室，由系统安全监控人员通过监控系统和设备对运营系统的运行状况、安全状况进行实时监控。当安全监控人员发现异常情况或安全事件后，应及时采取措施进行处理和记录，并报告安全主管，对于严重的安全事件，须上报安全策略管理组织。

7.5 密码设备安全管理

7.5.1 认证系统密码设备管理

认证系统所使用的密码设备应符合如下要求：

a) 购买和运输

电子认证服务机构及其注册机构购买、使用的密码设备，必须是通过国家密码管理机构审查的设备。

密码设备从制造商到电子认证服务机构的运输过程应安全可靠，防止篡改或非授权地接触。

电子认证服务机构收到密码设备后，应及时确认密码设备没有被替换或改动。

b) 保管和存储

电子认证服务机构应委派可信人员负责密码设备的接收、存储、保管、领用等流程，并留有完整的记录。

c) 安装、升级和维修

电子认证服务机构的密码设备，在运营环境中的安装、拆卸、硬件更换、固件和软件升级等过程中应有两名以上可信人员现场监督。

对密码设备进行故障诊断时，必须有两名以上可信人员在场；密码设备的维修必须始终处于电子认证服务机构可信人员的控制中。

d) 功能测试

新设备或密码设备修复后，在安装到认证系统使用前，应进行功能测试，只有测试正常方能投入使用。

认证系统所有密码设备应做周期性测试和校验，并做好相应记录。

e) 报废和销毁

生产系统中的密码设备不再使用后，应进行报废。所有报废必须经过审批，然后在安全环境中进行删除或归零操作，清除其中的密钥信息，并实施硬件销毁。报废和销毁必须有相应的记录。

7.5.2 用户密码设备管理

电子认证服务机构为用户提供的、用于生成和存储用户私钥的密码设备，在管理上应符合如下要求：

a) 用户密码设备应是经国家密码管理机构批准生产和销售的密码设备。
b) 电子认证服务机构应建立采购、测试、保管、使用、废弃等管理制度。
c) 用户密码设备的管理应由可信雇员执行。
d) 用户密码设备经测试功能正常后，方可进入生产流程。
e) 电子认证服务机构应采用适当措施，保证用户能安全地获得密码设备和激活数据。

f) 电子认证服务机构应对密码设备各阶段的管理信息进行记录。

7.6 CA 密钥和证书管理

7.6.1 CA 密钥的生成和存储

电子认证服务机构 CA 密钥(含根密钥)必须使用通过国家密码管理机构审查的设备生成,并在其中存储。

电子认证服务机构必须制定认证系统 CA 密钥的生成流程、操作等文档,在安全的(包括物理环境安全、流程安全以及参与的人员安全控制等)环境中操作。操作过程中应有操作员、见证人以及 CA 私钥激活数据保管员同时在场,并应对 CA 密钥的生成操作过程进行录像或拍照。

在整个 CA 密钥生成过程中,所有关键步骤都要进行记录,以备审计。

离线 CA 私钥必须保存在核心区;存放在线 CA 私钥的密码设备必须位于屏蔽区域。

7.6.2 CA 私钥激活数据的管理

电子认证服务机构应确保 CA 私钥激活数据在生成、保管及分发过程中安全可靠。

7.6.3 CA 密钥的使用

应建立管理制度对 CA 密钥及其激活数据的使用权限进行严格控制,每次使用应有书面记录,记录应包括每次使用的时间、用途及操作人员等内容。

7.6.4 CA 密钥的备份与恢复

为了防止存储 CA 密钥的硬件发生损坏导致数据丢失,CA 密钥在生成之后,应进行克隆备份,以便在必要时进行恢复。

a) CA 密钥备份

电子认证服务机构应制定 CA 密钥备份策略,对 CA 密钥进行备份。备份必须使用秘密共享和加密存储机制,确保 CA 私钥不会以明文形式出现在密码硬件之外。被分割的秘密可以是 CA 私钥备份恢复数据(如口令)或 CA 私钥本身,秘密共享采用公开的 m of n 算法($m \geqslant 60\% \times n$),各秘密份额保存在不同的 IC 卡或智能密码钥匙中,并分发给不同的可信人员持有。

密钥备份必须妥善保存在核心区内,并实行双人访问控制存取。可保存于具有防火、防热、防潮、防尘、防磁、防静电功能的保险柜中。保险柜应能保证在 1 000 ℃火灾现场,纸张防火柜内温度保持≤180 ℃、磁盘防火柜内温度保持≤52 ℃不少于 1 h。

b) CA 密钥恢复

当需要进行 CA 密钥恢复时,应有操作员、见证人、私钥恢复秘密份额保管员同时在场,由满足恢复要求的数量的秘密份额保管员输入分割数据,按照一定的算法进行合成并恢复 CA 密钥到密码设备中。应将恢复操作全程进行记录。

7.6.5 CA 密钥的销毁

电子认证服务机构必须制定彻底清除或销毁存储 CA 私钥密码设备的操作流程和办法,对因退出产品系统、超过归档期限或其他原因需要销毁的 CA 密钥对进行安全销毁,即销毁或归零存放私钥的密码设备。

7.6.6 CA 证书的创建和发布

CA 证书的创建,应事先进行审批,过程中做好记录,并在创建后适时发布,以保证用户和依赖方能及时、安全的获取。

7.6.7 CA证书的更新

电子认证服务机构的CA证书可能会因为如下原因进行重新签发，称为“CA证书更新”：

——延长有效期；

——更换密钥对；

——改变证书的其他信息(如签名算法、扩展项等)。

CA证书更新时，应采取与生成初始证书相同的流程和方法。

对于更换密钥对的证书更新，则应采取与生成CA密钥相同的流程和方法。

7.6.8 CA证书的撤销

CA证书可能会被撤销的原因包括不再使用、私钥损坏、私钥泄漏或怀疑泄漏以及被认为需要撤销的其他原因。

CA证书的撤销操作，应如创建操作一样，事先进行审批，并做好撤销操作的记录；在被撤销后，相关信息被纳入到CA的CRL中，并及时发布。

7.6.9 CA密钥和证书的归档

CA证书失效后，必须将失效的CA密钥及CA证书归档并妥善保存。在证书失效至少5年后，方可销毁归档的CA密钥；归档数据和操作宜做签名。

8 物理环境与设施

8.1 运营场地

电子认证服务机构及其注册机构提供电子认证服务必须有固定和适宜的运营场地(数据中心)。

电子认证服务机构的场地环境建设应符合以下标准：

a) 计算机机房(数据中心)的安全建设应符合GB/T 9361的要求；

b) 活动地板应该具有稳定的抗静电性能和承载能力，同时应耐油、耐腐蚀、柔光、不起尘，具体应符合SJ/T 10796的要求；

c) 计算机系统的供电电源技术指标、相对湿度控制、接地系统设置等应按GB/T 2887中的规定执行；

d) 计算机机房的耐火等级应符合GB 50045及GB/T 9361的规定；

e) 计算机机房设计应符合GB 50174的规定。

8.2 运营区域划分及要求

8.2.1 基本要求

电子认证服务机构机房场所为安全控制区域，必须在机房场所的周边建立明确和清晰的安全边界(设置标志、物理障碍、门禁管理系统等)，进行物理保护；安全边界应完善和完整，能及时发现任何入侵企图；安全边界应设置向外开启的消防通道防火门，并应能快速关闭；消防门应有防误开启标识和报警装置，开启时应能以声、光或电的方式向安全监控中心报警。

安全区域应使用合格门锁，门应坚固，保证关闭安全；应使用合适的门禁系统和辅助设备，如加装闭门器、门位置状态检测器和门开启报警器等；采取必要措施，在各个区域防止尾随进入。

安全区域物理环境的任何变更，如设备或系统的新增、撤销、部署调整等，必须事先完成风险评估和安全分析，形成正式文档向电子认证服务机构的安全策略管理组织申报，经审核批准后，方可实施，同时应做好完整的过程记录。

8.2.2 区域划分

电子认证服务机构机房场地根据业务功能分为公共区、服务区、管理区、核心区，各功能区域对应的安全级别为控制区、限制区、敏感区、机密区，安全等级和要求逐级提高。安全等级要求越高，安全防护措施和配套设施要求越严格。

宜使用层级式安全区域防护进行安全区域隔离和物理保护。层级式安全区域防护是指将安全区域按照安全等级的重要程度，由外向内安全级别逐步提高，且只有经由较低级别的区域方能进入更高级别安全区域。

不宜划分层级式安全区域的机房场所，应按照安全等级功能等同的原则保护各安全区域。

a) 公共区(控制区)

电子认证服务机构场地的入口处、办公区域、辅助和支持区域属于公共区，应采用访问控制措施，如使用身份标识门禁卡控制出入。

b) 服务区(限制区)

服务区是提供证书审批、证书管理等电子认证服务的区域，必须使用身份标识门禁卡控制出入。

c) 管理区(敏感区)

该区域是电子认证系统运营管理区域，系统监控室、场地安全监控中心、配电室等均属于该区域。此区域必须使用身份标识门禁卡控制出入，推荐使用人体特征鉴别控制出入。

d) 核心区(机密区)

证书认证系统、密钥管理系统、离线私钥和私钥激活数据存放房间属于核心区。核心区必须使用身份标识门禁卡和人体特征鉴别身份，控制出入，且在核心区内必须采取职责分离与权限分割的方案和措施，使得单个人员在核心区内无法完成敏感操作。

在核心区内，放置有在线签发数字证书的CA私钥的密码设备的区域，必须是至少符合GB/T 9361要求的屏蔽区域，该区域必须有安全的出入控制，且必须采取职责分离与权限分割的方案和措施，使得单个人员在屏蔽区域内无法完成敏感操作。

8.3 安全监控系统

宜设置专门用途的安全监控中心，对机房建筑整个区域发生的出入访问进行实时监控。

8.3.1 门禁

电子认证服务机构机房区域必须采用适宜的门禁管理系统进行物理场地访问控制管理。

门禁系统应能支持以电子身份识别卡、生物特征、PKI/CA技术等单独或以组合形式的方式鉴别身份；应能控制电子认证服务机构整个运营场地的所有出入口；应能识别、区分正确进出方式，如未刷卡进入，则不能刷卡离开；应能与安全侦测布防系统结合，对各个区域进行安全布防，侦测到异常活动时，应具备报警功能(如声光报警、短信/电话报警、门禁联动锁止等)；门禁系统应有备用电源，能保证不间断进行访问控制；系统应有完善的事件记录和审计控制；门禁系统控制中心应位于安全监控中心或相同安全等级的区域内。

在发生紧急情况(如电力故障、消防报警)时，所有消防疏散通道受控门应处于开启状态，重要区域如核心机房、资料室等区域应处于外部关闭、内部可手工开启的状态；前述重要区域应有应急开启装置，且当应急开启装置开启时，必须以声、光、电的方式发出报警信号，同时系统应显示报警区域并记录应急情况发生的详细信息。

应定期将门禁记录整理归档，并保存合理时间。

8.3.2 入侵检测

在机房场所建筑区域内应安装入侵检测报警系统，进行安全布防。安全区域窗户上应安装玻璃破碎报警器，建筑内天花板上应安装活动侦测器，发生非法入侵应立即报警。

入侵检测系统应有应急备用电源提供电力支持，保证在出现外部供电中断时系统能够不间断地运行。

8.3.3 监控录像

必须设置合适的监控点，采用录像集中监控对整个机房的活动区域进行24h不间断的监控。录像记录可以采用两种方式，一种为不间断录像；另一种为采用活动侦测系统与录像相结合的方式，不间断监控，间断(活动侦测)录像。

合理调整录像监控镜头位置，应能有效识别进出人员和记录操作行为；录像记录应安全保管并定期归档，录像记录的查阅必须经安全主管批准。录像记录最少保留3个月；重大活动记录应保留1年以上，可采用刻盘备份等形式。

监控录像系统应配有应急备用电源提供电力支持，保证在出现外部供电中断时系统不间断运行。

8.4 环境保护与控制设施

8.4.1 空气和温湿度控制

必须有完备的空调系统，保证机房有充足、新鲜和洁净的空气供应；保证机房各个区域的温湿度能满足系统运行、人员活动和其他辅助设备的要求。

8.4.2 防雷击和接地

必须采用符合国家标准的防雷措施。

必须设置综合地线系统；屏蔽机房必须设立保护地线，应经常检测接地电阻，确保人身、设备运行的安全；应设置交流电源地线，交流供电应采用符合规范的三芯线，即相线、中线、地线。

计算机系统安全保护地电阻值、计算机系统防雷保护地电阻值应符合 GB 50057 和 GB 50343 的有关规定。

8.4.3 静电防护

机房的地板或地面应有静电泄放措施和接地构造，防静电地板、地面的表面电阻或体积电阻应为 $2.5\times10^{4}\ \Omega\sim1.0\times10^{9}\ \Omega$，且应具有防火、环保、耐污耐磨性能。

8.4.4 水患防治

应正确安装水管和密封结构，合理布置水管走向，防止发生水害损失。机房内应进行防水检测，发现水害能及时报警。

8.4.5 消防设施

建筑材料耐火等级应符合 GB 50045 的规定。

办公区域必须设置火灾自动报警系统和灭火系统，可以使用水喷淋灭火装置，并应配备合理数量的手持灭火器具。

认证系统所在机房必须安装火灾自动报警系统和自动灭火系统，火灾探测系统应能同时通过检测温度和烟雾发现火灾的发生，且火灾报警系统应与灭火系统联动。

火灾报警系统包括火灾自动探测、区域报警器、集中报警器和控制器等，能够对火灾发生区域以声、光或电的方式发出报警信号，并能以手动或自动的方式启动灭火设备。用于生产系统的灭火系统，不得使用水作为灭火介质，必须使用洁净气体灭火装置。宜使用惰性气体如IG541作为灭火介质。

凡设置洁净气体灭火系统的机房区域，应配置一定数量的专用空气呼吸器或氧气呼吸器。

8.5 支撑设施

8.5.1 供配电系统

供配电系统布线应采用金属管、硬质塑料管、塑料线槽等；塑料件应采用阻燃型材料；强电与弱电线路应分开布设；线路设计容量应大于设备总用量；应设立独立的配电室，通过配电柜控制供电系统。

应使用双路供电，并配备适当设备（如在线式UPS），保障机房（数据中心）有不间断的供电。当出现意外情况导致供电中断时，应至少持续向机房提供8 h的供电。

8.5.2 照明

机房工作区域主要照明应采用高效节能荧光灯，照度标准值为500 lx，照明均匀度不应小于0.7 lx；主要通道应设置通道疏散照明及疏散指示灯，主机房疏散照明照度值不应低于5 lx，其他区域通道疏散照明的照度值不应低于0.5 lx。

8.6 场地访问安全管理

电子认证服务机构应制定物理场地授权与访问规定，合理控制物理场地权限，保障场地安全。

内部人员因工作需要，可被赋予访问相应物理场地的权限。没有访问物理场地某区域权限而确因工作需要访问该场地区域的内部人员，在访问该区域时，必须由具有相应权限的人员全程陪同，并做好访问记录。

外来人员出入日志由电子认证服务机构陪同员工负责填写。所有外来人员进入、离开电子认证服务机构应有记录，能审计全部访问行为，并应定期将访问控制记录归档保存。

8.7 场地监控安全管理

电子认证服务机构必须安排安全人员通过场地安全监控设备对运营场地进行7×24 h监控，发现可疑问题或安全事件应及时处理，记录并及时报告上级安全主管。对于严重的安全事件，必须上报安全策略管理组织。

安全监控人员不得擅离职守，运营场地任何时候都必须有安全人员值守。

8.8 注册机构场地安全

RA系统可在电子认证服务机构中建立、运行，也可在注册机构中建立、运行。运行RA系统并开展RA业务的机构，其运营场地和设施应符合如下要求：

a) 注册机构场地应有门禁监控系统，及为RA系统的各类设备提供电力、空气和温湿度控制、消防报警和灭火功能的支撑系统和环境保护设施；注册机构也可选择符合上述条件的IDC放置RA系统设备。

b) 使用了密码设备的RA系统，应另设专门的控制区域，对密码设备进行适当保护。

9 组织与人员管理

9.1 职能与角色设置

9.1.1 必需的部门职能

电子认证服务机构应设立开展电子认证服务所需的职能部门：

a） 安全策略管理部门

负责制定、批准、发布、实施、废止电子认证服务机构总体信息安全策略、安全管理制度，并监督、检查安全运营和生产活动。

b） 安全管理部门

监督生产系统、密钥管理、物理场地、设备、电力和网络基础设施的安全运作，对员工可信的控制等，规避主要风险。

c） 运营管理部门

负责对生产系统进行维护，协调和监督生产系统、密钥管理和运营物理环境等基础设施正常运行。

d） 人事管理部门

建立可信人员策略（包括岗位可信人员要求、背景调查内容和程序执行等内容），执行可信人员背景调查，并对可信人员进行管理。

e） 认证服务部门

对证书用户的身份真实性、过程真实性进行鉴别和验证，以及对证书用户资料进行规范管理。

f） 技术服务部门

解决用户在证书使用过程中的各种技术问题，为用户提供相关技术支持服务。

9.1.2 必需的岗位角色

电子认证服务机构应设置如下必需的岗位角色：

a） 安全策略管理组织负责人

负责安全策略管理组织的管理工作。

b） 安全管理人员

包括安全经理和负责网络与系统安全管理、场地安全管理的专业人员。

c） 密钥管理员

负责 CA 密钥和证书管理，以及核心区的密码设备管理。

d） 系统维护员

负责办公系统和认证系统的维护。

e） 鉴别与验证员

负责确认用户身份的真实性，确认用户证书服务请求的真实性，确保证书签发给正确的实体。

f） 客户档案管理员

负责管理客户资料档案。

g） 客户服务员

为客户提供技术咨询、技术支持和售后服务。

h） 审计员

负责对涉及系统安全的事件、各类管理和操作人员的行为进行审计和监督，确保遵从法律法规以及本机构安全策略要求，降低运营风险，提高服务质量，保证经营的可持续性。

i） 人事经理

负责制定可信人员政策，对关键岗位人员进行管理。

9.2 安全组织

电子认证服务机构应设立安全策略管理组织，如安全策略管理委员会，通过电子认证服务机构跨部门的执行层、业务管理层和行政管理层等不同部门管理人员协同完成电子认证服务机构整体的运营管理、风险控制和发展战略。

电子认证服务机构应设立贯彻安全策略、执行安全制度的安全管理部门，设置安全经理、网络与系统安全管理人员、场地与设施安全管理人员、及审计员等安全管理岗位，建立覆盖企业内部和外部业务活动的信息安全组织架构。

9.3 人员安全管理

9.3.1 人员安全策略

电子认证服务机构应制定人员安全策略，对正式员工和临时人员进行有效的安全管理。应在策略中明确定义关键岗位的职责和关键岗位管理要求，对关键岗位应采用职责分割、双重控制、岗位轮换、最小权限等安全管理措施。

9.3.2 可信背景调查

应制定可信人员策略，对正式雇佣的新员工进行可信背景调查。背景调查可分为基本调查和高级调查。对普通雇员执行基本调查，调查内容如教育背景、工作经历等；对关键岗位雇员执行高级调查，调查内容如犯罪记录、信用记录等。

9.3.3 人员可信保障

电子认证服务机构应与员工签订保密协议，并定期对员工进行安全教育和专业培训，确保员工在从事电子认证服务的过程中，知悉自身责任，遵守相关制度，达到所从事岗位的安全要求。

9.3.4 人员异动处理

所谓人员异动是指由于不可预测的事件导致员工不能履行职责或员工不辞而别。电子认证服务机构应制定人员异动管理策略，要求关键岗位必须设置备份人员，以便在意外情况下关键业务职能得到延续，避免人员异动发生而影响企业运营。

10 文档、记录与介质管理

10.1 文档管理

10.1.1 文档归类

电子认证服务机构应对需要管理的文档进行归类，需要归类的文档包括但不限于如下文档。

a) 企业管理类

本类文档包括常规的企业管理文档，如公司组织管理、财务管理、人事管理、资产与设备管理等方面的文档。

b) 安全策略类

本类文档包括人员安全策略、物理环境安全策略、信息系统安全策略、通信系统安全策略、密钥管理策略、审计策略等。

c) 运营管理类

本类文档包括证书策略(CP)、电子认证业务规则(CPS)、认证服务流程与规范、客户服务流程与规范、用户协议、依赖方协议、隐私保护协议、应急响应计划、灾难恢复计划、业务连续性计划等文档。

电子认证服务机构应制定证书策略(CP)与电子认证业务规则(CPS)。证书策略要对电子认证服务机构签发的证书的类型、适用的环境、适用的应用、认证要求、安全保障要求等方面做出广泛而全面的规定。电子认证业务规则须阐述电子认证服务机构如何贯彻实施其证书策略。

认证业务规则的编写应符合 GB/T 26855—2011 的要求。

电子认证服务机构应对证书策略和电子认证业务规则进行有效管理，设有负责撰写、修改、审核、发布和管理的部门,并制定相应的管理流程。

电子认证服务机构应根据其业务内容的变化,及时修改、调整其证书策略与电子认证业务规则。

证书策略与电子认证业务规则及其修改版本,必须经过电子认证服务机构的安全策略管理组织批准后才能公开发布。

d) 客户类

本类文档包括客户合同、客户资料、审批材料等开展电子认证业务过程中产生的文档。

提供公共服务的电子认证服务机构,应对其提供的证书业务同客户签订或通过某种方式向客户明示相应的法律协议,这些协议对客户和电子认证服务机构所承担的责任和义务以协议的形式给出明确的规定和说明。通常的法律协议有订户协议、依赖方协议、服务协议等。

当电子认证服务机构以外的实体要作为电子认证服务机构的一个注册机构提供认证业务时,电子认证服务机构与该实体须通过相应的协议明确规定双方,特别是作为注册机构的一方,应该承担的责任和义务,还包括该证书拥有者(证书用户)和依赖方应承担的责任和义务。

10.1.2 注册机构的文档

注册机构应制定与电子认证服务机构一致的安全策略及运营管理规范,如认证服务流程与规范、系统运行维护流程与规范、人员管理规范等。相关安全策略及运营管理规范需经过电子认证服务机构的安全策略管理组织批准才能实施。

对于授权承担 RA 职能的机构,电子认证服务机构应与其签订相应的协议,明确双方的权利、义务和责任。

10.1.3 人员与制度

电子认证服务机构应制定专门的文档管理制度,并指派专门人员负责管理各类文档。

10.1.4 文档保存

对于重要的纸质文档,如资质文档、重要文件等,应设置专门地点保存,防止文件受潮、损坏及遗失、被盗。

电子文档应放置在专门的服务器上,并设置有相应权限,由专人负责管理。

10.1.5 使用控制

根据策略和文档不同的安全等级,必须制定保管、借阅审批、登记、专控制度;对于机密和敏感文档,应限定借阅范围,并应经过相应级别负责人审批,同时做好登记。

作为可信第三方的电子认证服务机构会获得用户的各种信息,电子认证服务机构应制定严格的客户信息保密政策和制度,确定哪些客户信息是保密的,哪些客户信息是可公开的,对于需要公开的信息应该让客户事先知晓。无论电子认证服务机构还是其员工,都不能在未经客户许可的情况下向其他机构或个人透露客户信息。如因某种原因确实需要公开或向其他机构提供客户的信息,则事先应让客户知晓并获得客户同意。

为了配合国家的行政和执法的需要,电子认证服务机构有可能需要在客户不知晓的情况下向国家有关行政、执法机构提供客户的涉密信息,对此,电子认证服务机构应事先向客户说明电子认证服务机构有责任和义务提供这种协助。

10.1.6 文档销毁

应制定文档销毁流程,对机密和敏感文档的销毁应经过审批,并由专门人员销毁。

10.2 记录管理

10.2.1 记录种类

电子认证服务机构应保存完整的系统运行、安全监控、证书和密钥生命周期管理、设备管理、人员管理等方面的记录，具体的需保存的记录包括但不限于如下记录类别：

a) 物理场地与设施日常管理记录

场地值班巡检日志、场地安全事件日志、人员进出登记、设备维护巡检日志等。

b) 安全监控记录

物理场地的监控录像、门禁进出电子记录、场地入侵检测记录等，特别是报警记录。

c) 密码设备管理记录

密码设备购置、运输、测试、使用、存放、维修、销毁等方面的记录。

d) 密码设备操作使用记录

与认证业务有关的密码设备的操作使用记录，包括什么人、什么原因、在什么地方、使用了什么密码设备，进行了哪些操作，其他在场的参与人员或见证人员等。

e) CA 证书和密钥维护记录

CA 证书与密钥生命周期管理的相关记录。

f) 认证系统运行日志

记录认证系统的运行状况，如启动、运行是否正常，是否出现错误以及错误的类别，系统性能数据等。认证系统运行日志主要用于系统故障的监测和诊断，以及系统性能的分析。

g) 运营网络安全监测记录

对网络、主机、安全设备、以及软件的监测记录，特别是安全事件记录。

h) 认证系统操作日志

证书管理员在证书服务过程中使用认证系统的各种操作记录。

i) 认证服务记录

认证服务过程中的各类操作记录，如证书申请的鉴别与验证、批准或拒绝等。

除认证系统运行日志、运营网络安全监测记录根据需要设定合理的保存期限外，所有与运营有关的记录，包括运营网络安全监测记录中与安全事故、事件有关的记录，都需至少保留 1 年以上至完成运营审计。

10.2.2 记录管理要求

记录的查阅应仅限于特定人、特定目的，如审计人员进行周期性审计时方可查阅。

电子认证服务机构应定期对记录进行归档处理，并应防止归档记录被未授权的修改或销毁。对于归档的电子记录，可进行数字签名保证数据的完整性，防止被修改或置换。

记录的销毁应经过审批，并由具有相应权限的人员实施。对于纸质记录可使用粉碎机销毁；对于电子记录可采用不可逆、不可恢复的彻底删除方法，包括物理销毁电子记录存储介质的方法。所有的销毁操作过程应记录。

10.3 介质管理

应妥善控制和保管各类介质，包括光盘、硬盘、软盘、移动存储介质以及磁带等，并应完整记录介质的使用、库存、维修、销毁等信息，防止被盗、毁坏、被篡改、未授权访问、信息泄露等情况发生。

10.3.1 保管

应制定介质保管策略与制度，包括购买、存储等过程的管理要求。

10.3.2 使用

应制定介质使用管理策略与制度，明确便携介质进出机房的管理办法。

10.3.3 销毁

介质销毁应经审批，由2名可信人员实施，1人执行1人监督，并记录销毁过程。

应采用介质厂家建议的清理或销毁敏感数据的方法。若介质厂家未规定销毁方法，则根据不同的介质，可以采用下列方法清理敏感数据。

a) 覆盖：指将非保密数据写入以前存有敏感数据的存储位置的过程，应注意覆盖的次数能够彻底消除恢复敏感数据的可能性。

b) 消磁：磁介质被擦除的过程，即还原其最初的退磁状态。

c) 销毁：以物理方式销毁存储介质，主要手段有熔炼、瓦解、粉碎。

11 业务连续性要求

为保证向客户提供连续、安全、稳定的服务，防止在发生意外事件、自然灾害后导致服务长时间中断，电子认证服务机构必须制订业务连续性计划。

业务连续性计划应涉及系统冗余与备份、应急处理、灾难恢复，以及建立灾备中心等方面的内容。

电子认证服务机构应设立部门负责业务连续性计划的制订、更新、维护以及相关员工的培训。业务连续性计划应由安全策略管理组织审批。

11.1 业务连续性计划

应对可能引起业务中断的事件进行风险评估，确定中断可能造成的影响（破坏程度和恢复时间），然后根据风险评估结果建立业务连续性战略和计划。

业务连续性计划应规定启动计划的条件、应急流程、恢复流程、培训要求和人员的职责。

业务连续性计划应覆盖电子认证业务的所有关键要素的恢复过程。

业务连续性计划应定义可接受的业务中断时间，恢复时间和故障间的平均时间，并在电子认证业务规则中披露。

业务连续性计划应定期演练、测试和更新，保证其持续有效、可执行。每年应至少组织一次灾难恢复演练，根据演练情况，发现存在的问题和潜在风险，及时更新计划。

11.2 应急处理预案

电子认证服务机构应针对影响认证业务正常运营的故障与意外事件，如黑客攻击、网络系统瘫痪、病毒、系统数据破坏或丢失、系统严重故障、CA私钥损坏、水灾、停电或电力系统故障、人员异动等，制定应急处理预案。

应急处理预案应根据事件的严重程度、紧急程度和事件类别，分别规范告警、报告、保护、处置、善后、总结等处理流程和处置措施。

故障消除或意外事件处理后，应对应急处理过程进行总结，总结中应详细记录事件起因、处理过程、经验教训、改进建议等。

应针对应急事件处理中暴露的问题，不断修改和完善应急处理预案。

11.3 灾难恢复计划

灾难是指由人为因素或不可抗力产生的、对认证业务正常运营产生重大影响的严重故障、事件、事故、自然灾害等。

电子认证服务机构应进行风险分析，确定可能出现的灾难及造成的影响，确定灾难恢复目标，包括关键业务功能和恢复的优先顺序、灾难恢复的时间范围(恢复时间目标、恢复点目标),制定灾难恢复方案和计划,以便在出现灾难性故障、事件、事故时,能够尽快恢复认证业务。

灾难恢复计划主要包括目标和范围、组织和职责、联络与通讯、应急响应流程、恢复和重续运行流程、灾后重建和回退、计划保障条件、计划附录等内容。

灾难恢复方案必须考虑如何把对用户的影响降到最低。

为保证灾难恢复计划的实施,应设立灾难恢复响应团队,明确具体职责分工,并将团队成员联系方式进行通告和备案。

特别地,当电子认证服务机构发生CA私钥泄漏事故时,必须重新生成CA密钥、签发CA证书、并进行发布,应在24 h内通过有效途径(如网站、媒体、电话、邮件等)告知用户和依赖方。

11.4 灾备中心

有条件的电子认证服务机构应建立灾备中心,在主运营场地出现灾难而不能正常运营时,在最短时间内,利用备份数据和设备在灾备中心恢复认证系统的部分或全部数据和功能。

灾备系统应使用与正常运营系统相同的认证系统,并配置独立的数据备份系统、备用数据处理系统和备用网络系统;灾备中心应具有与主运营中心功能上相等同的物理和运行环境,安全管理和控制亦应与主运营场地相等同,其中密码设备和CA密钥的保护等级应符合本标准要求;灾备系统可建设于同城或异地灾备中心,建议使用异地灾备中心。

12 审计与改进

12.1 审计

12.1.1 系统审计

系统审计的目的是发现电子认证服务机构业务系统运行和操作中存在的风险和问题,并依此采取相应的措施和手段,防止安全事故的产生,杜绝问题再发生。

系统审计对象包括与认证业务有关的软件与硬件设备,包括但不限于证书认证系统、密钥管理系统、应用软件系统、数据库系统、操作系统、密码设备、防火墙、路由器、交换机、入侵检测系统、防病毒系统及其他与认证业务有关的系统。

系统审计的内容是系统审计范围内各审计对象的系统运行日志和管理人员操作日志。系统运行日志审计主要用于发现外部或非人为的风险,而管理人员操作日志审计主要用于发现内部或人为的风险。

系统运行日志应该每周审计一次。管理人员操作日志应该每月审计一次。

12.1.2 运营审计

运营审计是为了检查、确认电子认证服务机构是否按照其电子认证业务规则、业务规范、管理制度和安全策略开展业务,发现存在的风险。

运营审计分内部审计和独立第三方审计。

内部审计即由电子认证服务机构自己组织内部人员进行的审计,审计的结果可供电子认证服务机构改进、完善业务,也可以为第三方审计做准备。对于内部审计应从组织制度上保证审计过程的独立性和有效性。

独立第三方审计是电子认证服务机构聘请具有审计资格和相关审计经验的审计机构进行的审计,审计的结果既可供电子认证服务机构改进、完善业务,也是主管部门监管电子认证服务机构的依据。

运营审计包括如下内容:

a) 安全策略是否得到充分的实施;

b) 工作流程和制度是否得到严格遵守；

c) 是否严格按电子认证业务规则、业务规范和安全规定开展认证业务；

d) 各种日志、记录是否完整，是否存在问题；

e) 是否存在其他安全风险。

运营审计的依据包括电子认证服务机构所有与业务有关的安全策略、电子认证业务规则、业务规范、管理制度，以及国家或行业的相关标准。

应定期对电子认证服务机构进行运营审计，一般审计间隔周期为1年。

内部审计结果一般不需对外公开发布。外部审计结果，应根据审计目的和用途，由电子认证服务机构自行决定是否对外公开发布。

12.1.3 注册机构审计

电子认证服务机构应对注册机构进行定期监督检查，监督检查的内容主要包括法律法规符合性、安全运营管理、风险管理等，检查其是否严格按照相关的安全策略及运营管理规范开展业务活动。监督检查可采取报告审查和现场核查相结合的方式，具体检查方式根据注册机构的实际运营情况进行选择。

12.2 改进

电子认证服务机构应制定安全调整策略和规程。

在审计时发现与安全要求不相符的事项，应按照相应的调整策略和规程进行适当调整，必要时对调整后的事项进行评估，然后实施调整后的事项。

电子认证服务机构对注册机构实施审计时，若发现违反策略、规范的情况，应通知注册机构限期改正；若超期不改，则电子认证服务机构应立即暂停甚至中止注册机构的业务，并及时通知相关的用户。

附　录　A
（资料性附录）
业务运营风险举例

A.1　系统风险

A.1.1　系统技术风险

下面列出了系统主要面临的四种威胁，以及可能导致的部分风险。

a）　截获，即未授权获得了访问资源的权利。例如：
   1）　未进行网段隔离，易导致网络攻击，敏感数据被窃取，以及未授权的访问。
   2）　使用默认设置，使得系统、网络开放了非必要端口或运行了非必要的网络服务，易被黑客用来实施攻击。

b）　中断，即系统资源丢失、不可用或不可得。例如：
   1）　缺乏入侵检测机制，则无法发现网络中的非法扫描行为，也易使系统受到服务拒绝（DOS）攻击，导致授权访问被拒绝。
   2）　运营系统的网络采用单一链路接入公网，易因网络运营商故障导致断网，影响对外提供业务。
   3）　系统关键设备没有冗余，出现单点故障时，会导致服务中断。
   4）　关键数据未备份，易导致数据丢失无法恢复。

c）　篡改，即未授权方不仅访问了资源而且修改了其内容。
   1）　未安装防病毒软件或未升级防病毒软件病毒库，易导致系统数据被窃取、篡改或删除。
   2）　未及时给系统打补丁或补丁未更新，易被黑客利用系统漏洞发动攻击。

d）　伪造，即未授权方在系统中创建假冒对象。例如：
   1）　认证系统未对通信实体采用相应的鉴别技术，易导致非授权的访问以及信息泄露。
   2）　系统存在默认账户和口令，或口令强度不够，或没有定期审查用户的权限是否有变化，易被内部或外部人员猜测弱密码入侵系统。

A.1.2　系统运行风险

系统运行风险包括但不限于如下方面：

a）　缺乏测试系统，系统变更直接应用于产品系统，易导致系统故障。

b）　没有存储容量计划，不能应变数据量超过容量的情形。

c）　缺乏对系统硬件、软件、固件以及文档的变更控制，则如果出现不完善的变更，将对系统产生不良影响。

d）　对设备的账户和口令缺乏设置要求和管理措施，无法保障账户和口令的安全有效，存在未授权访问的风险。

e）　未设专门人员对系统状态和各类日志进行监控，无法及时发现和响应系统异常情况。

f）　对密码设备缺乏管理，无法确保密码设备在生命周期各环节内的安全可靠。

g）　没有 CA 密钥管理策略、申报和审批流程制度，对涉及 CA 密钥和证书的所有关键操作和记录缺乏管理，无法确保 CA 密钥的可信性。

A.2 物理环境风险

物理环境风险包括但不限于如下方面：

a) 未对运营场地进行合理的区域划分，无法保障核心设备的访问安全。

b) 物理场地没有门禁系统，可能导致未授权人员对系统设备的物理访问，致使数据或设备被盗、损坏。

c) 缺乏常规安全监控，则无法及时发现、处理未授权人员的访问、场地设施的损坏等安全事件，可能会加重损失。

d) 缺乏环境控制设施，系统设备过热，易导致系统关闭、设备损坏或服务中断。

e) 没有防雷击、漏水报警、静电防护等环境保护设施，无法保障系统运行环境的安全可靠。

f) 没有后备电源，易因断电导致系统关闭，中断对外服务。

A.3 管理风险

管理风险包括但不限于如下方面：

a) 岗位角色划分不清，部门职能不明确，无法保障关键业务流程的有效执行。

b) 没有设立专门的安全管理组织，无法实施有效的安全规划和运营安全管理。

c) 安全策略和规程的缺失无法保障对运营风险的有效控制，如没有职责分割策略，单人即可完成敏感操作，易因疏忽导致重要业务受损。

d) 对从业人员的背景缺乏必要了解，无法保障人员的可信性，存在内部人员恶意入侵系统、泄露敏感信息等风险。

e) 缺乏整体的安全意识培训和专业岗位培训，易因疏忽、错误操作而造成损失，也无法保障安全事件发生时能够及时响应。

f) 关键岗位人员流失可能影响业务的正常运营。

g) 缺乏对文档和介质的管理，易导致信息被盗、数据丢失。

h) 未正确保存日志，无法确认导致安全事件发生的原因。

i) 没有对系统操作记录实施独立审计，无法确定系统安全控制的充足性以及与安全策略和规程的符合性，同时也无法检测系统安全方面的漏洞，进而提升安全控制能力。

j) 未建立业务连续性计划，没有异地备份站点，如发生地震、洪水等自然灾害，将导致长时间业务中断以及数据丢失。

ICS 35.020
L 80

中华人民共和国国家标准

GB/T 28448—2012

信息安全技术 信息系统安全等级保护测评要求

Information security technology—
Testing and evaluation requirement for classified protection of information system

2012-06-29 发布 2012-10-01 实施

中华人民共和国国家质量监督检验检疫总局
中国国家标准化管理委员会 发布

前　言

本标准按照 GB/T 1.1—2009 给出的规则起草。

本标准由全国信息安全标准化技术委员会提出并归口(SAC/TC 260)。

本标准起草单位:公安部信息安全等级保护评估中心。

本标准主要起草人:朱建平、马力、黄洪、毕马宁、任卫红、谢朝海、李升、袁静、曲洁、刘静、尚旭光、张振峰、李明、陈雪秀。

引　言

依据《中华人民共和国计算机信息系统安全保护条例》(国务院147号令)、《国家信息化领导小组关于加强信息安全保障工作的意见》(中办发[2003]27号)、《关于信息安全等级保护工作的实施意见》(公通字[2004]66号)和《信息安全等级保护管理办法》(公通字[2007]43号)等有关文件要求,制定本标准。

本标准是信息安全等级保护相关系列标准之一。

与本标准相关的系列标准包括:

——GB/T 22239—2008　信息安全技术　信息系统安全等级保护基本要求;

——GB/T 22240—2008　信息安全技术　信息系统安全等级保护定级指南;

——GB/T 28449—2012　信息安全技术　信息系统安全等级保护测评过程指南。

《信息安全技术　信息系统安全等级保护测评过程指南》就有关信息系统安全等级保护测评工作的组织、实施和过程控制方面提供指导。本标准对信息系统进行安全等级保护测试评估的技术活动提出要求,为评价信息系统是否符合GB/T 22239—2008提供了获取证据的途径和方法,用以指导测评人员从信息安全等级保护的角度对信息系统进行测试评估。

本标准中的信息系统指计算机信息系统。

在本标准文本中,黑体字的测评要求表示该要求出现在当前等级而在低于当前等级信息系统的测评要求中没有出现过。

信息安全技术
信息系统安全等级保护测评要求

1 范围

本标准规定了对实现的信息系统是否符合 GB/T 22239—2008 所进行的测试评估活动的要求，包括对第一级信息系统、第二级信息系统、第三级信息系统和第四级信息系统进行测试评估的要求。本标准略去对第五级信息系统进行测评的要求。

本标准适用于信息安全测评服务机构、信息系统的主管部门及运营使用单位对信息系统安全等级保护状况进行的安全测试评估。信息安全监管职能部门依法进行的信息安全等级保护监督检查可以参考使用。

2 规范性引用文件

下列文件对于本文件的应用是必不可少的。凡是注日期的引用文件，仅注日期的版本适用于本文件。凡是不注日期的引用文件，其最新版本(包括所有的修改单)适用于本文件。

GB/T 5271.8 信息技术 词汇 第8部分：安全

GB/T 22239—2008 信息安全技术 信息系统安全等级保护基本要求

3 术语和定义

GB/T 5271.8 和 GB/T 22239—2008 界定的以及下列术语和定义适用于本文件。

3.1

访谈 interview

访谈是指测评人员通过引导信息系统相关人员进行有目的的(有针对性的)交流以帮助测评人员理解、澄清或取得证据的过程。

3.2

检查 examination

检查是指测评人员通过对测评对象(如制度文档、各类设备、安全配置等)进行观察、查验、分析以帮助测评人员理解、澄清或取得证据的过程。

3.3

测试 testing

测试是指测评人员使用预定的方法/工具使测评对象(各类设备或安全配置)产生特定的结果，将运行结果与预期的结果进行比对的过程。

4 概述

4.1 测评框架

信息系统安全等级保护测评(以下简称等级测评)的概念性框架由三部分构成：测评输入、测评过程和测评输出。测评输入包括 GB/T 22239—2008 第四级目录(即安全控制点的唯一标识符)和采用该安全控制的信息系统的安全保护等级(含业务信息安全保护等级和系统服务保护等级)。过程组件为一组与输入组件中所标识的安全控制相关的特定测评对象和测评方法,输出组件包括一组由测评人员使用的用于确定安全控制有效性的程序化陈述。图 1 给出了框架。

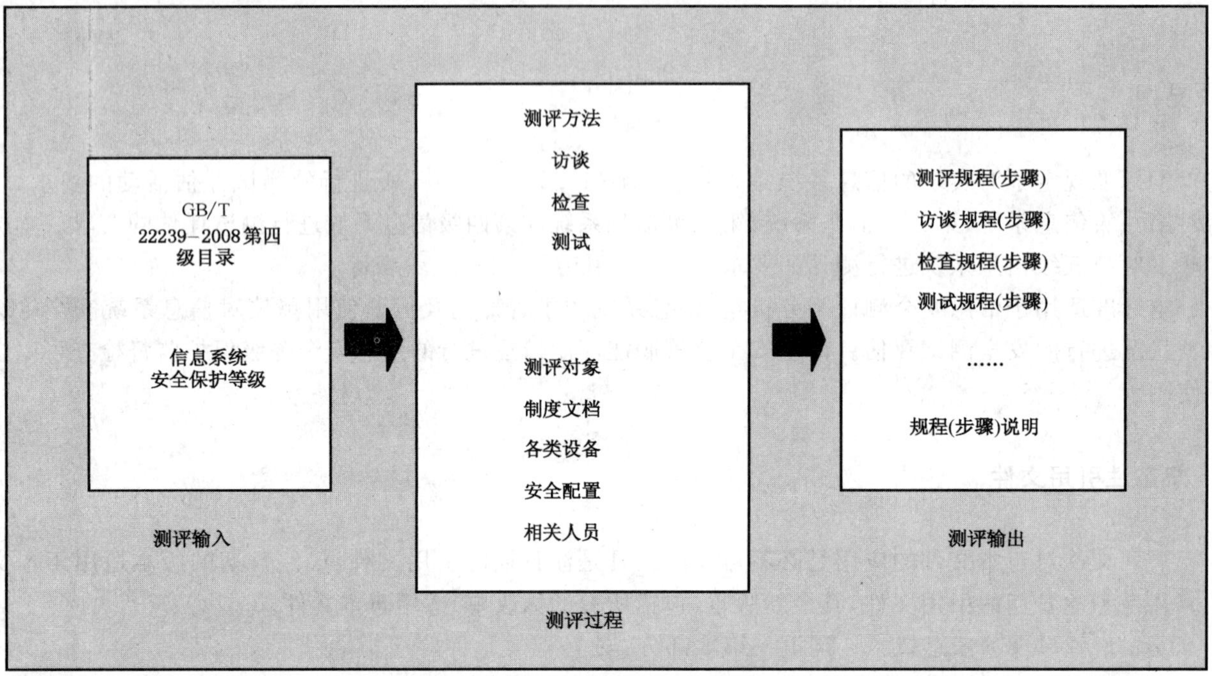

图 1　测评框架

测评对象是指测评实施的对象,即测评过程中涉及到的制度文档、各类设备及其安全配置和相关人员等。

制度文档是指针对信息系统所制定的相关联的文件(如政策、程序、计划、系统安全需求、功能规格及建筑设计)。各类设备是指安装在信息系统之内或边界,能起到特定保护作用的相关部件(如硬件、软件、固件或物理设施)。安全配置是指信息系统所使用的设备为了贯彻安全策略而进行的设置。相关人员或部门,是指应用上述制度、设备及安全配置的人。

对于框架来说,每一个被测安全控制(不同级别)均有一组与之相关的预先定义的测评对象(如制度文档、各类设备及其安全配置和相关人员)。

测评方法:在框架的测评过程组件中,测评方法包括访谈、检查和测试(说明见术语),测评人员通过这些方法试图获取证据。上述三种测评方法(访谈、检查和测评)的测评结果都用以对安全控制的有效性进行评估。

上述的评估方法都由一组相关属性来规范测评方法的测评力度。这些属性是广度(覆盖面)和深度。对于每一种测评方法都标识(定义)了唯一属性,深度特性适用于访谈和检查,而覆盖面特性则适用于全部三种测评方法。具体的描述参见附录 A。

4.2　等级测评内容

等级测评的实施过程由单元测评和整体测评两部分构成。

针对基本要求各安全控制点的测评称为单元测评。单元测评是等级测评工作的基本活动,支持测评结果的可重复性和可再现性。每个单元测评包括测评指标、测评实施和结果判定三部分。其中,测评指标来源于 GB/T 22239—2008 第四级目录下的各要求项,测评实施描述对测评活动输入、测评对象、测评步骤和方法的要求,结果判定描述测评人员执行测评实施并产生各种测评输出数据后,如何依据这些测评输出数据来判定被测系统是否满足测评指标要求的原则和方法。

单项测评满足概念性框架的三部分内容:测评输入、测评过程和测评输出。

整体测评是在单元测评的基础上,通过进一步分析信息系统安全保护功能的整体相关性,对信息系统实施的综合安全测评。整体测评主要包括安全控制点间、层面间和区域间相互作用的安全测评。整体测评需要与信息系统的实际情况相结合,因此全面地给出整体测评要求的全部输入,测评实施的具体对象、步骤和方法以及明确的结果判定方法是非常困难的,测评人员应根据被测系统的实际情况,结合本标准的要求,实施整体测评。

4.3 测评力度

测评力度是在测评过程中实施测评工作的力度,反映测评的广度和深度,体现为测评工作的实际投入程度。测评广度越大,测评实施的范围越大,测评实施包含的测评对象就越多;测评深度越深,越需要在细节上展开,测评就越严格,因此就越需要更多的投入。投入越多,测评力度就越强,测评就越有保证。测评的广度和深度落实到访谈、检查和测试三种不同的测评方法上,能体现出测评实施过程中访谈、检查和测试的投入程度的不同。

信息安全等级保护要求不同安全保护等级的信息系统应具有不同的安全保护能力,满足相应等级的保护要求。为了检验不同安全保护等级的信息系统是否具有相应等级的安全保护能力,是否满足相应等级的保护要求,需要实施与其安全保护等级相适应的测评,付出相应的工作投入,达到应有的测评力度。第一级到第四级信息系统的测评力度反映在访谈、检查和测试等三种基本测评方法的测评广度和深度上,落实在不同单元测评中具体的测评实施上。不同安全保护等级的信息系统在总体上所对应的测评力度在附录 A 中描述。

4.4 使用方法

本标准第 5 章到第 8 章分别描述了第一级信息系统、第二级信息系统、第三级信息系统和第四级信息系统所有单元测评的内容,在章节上分别对应 GB/T 22239—2008 的第 5 章到第 8 章。在 GB/T 22239—2008 第 5 章到第 8 章中,各章的二级目录都分为安全技术和安全管理两部分,三级目录从安全层面(如物理安全、网络安全、主机安全等)进行划分和描述,四级目录按照安全控制点进行划分和描述(如主机安全层面下分为身份鉴别、访问控制、安全审计等),第五级目录是每一个安全控制点下面包括的具体安全要求项(以下简称"要求项",这些要求项在本标准中被称为"测评指标")。本标准中针对每一个安全控制点的测评就构成一个单元测评,单元测评中的每一个具体测评实施要求项(以下简称"测评要求项")是与安全控制点下面所包括的要求项(测评指标)相对应的。在对每一要求项进行测评时,可能用到访谈、检查和测试三种测试方法,也可能用到其中一种或两种,为了描述简洁,在测评要求项中,没有针对每一个要求项分别进行描述,而是对具有相同测评方法的多个要求项进行了合并描述,但测评实施的内容完全覆盖了 GB/T 22239—2008 中所有要求项的测评要求,使用时,应当从单元测评的测评实施中抽取出对于 GB/T 22239—2008 中每一个要求项的测评要求,并按照这些测评要求开发测评指导书,以规范和指导安全等级测评活动。

测评过程中,测评人员应注意对测评记录和证据的采集、处理、存储和销毁,保护其在测评期间免遭破坏、更改或遗失,并保守秘密。

测评的最终输出是测评报告,测评报告应结合第 11 章的要求给出等级测评结论。

5 第一级信息系统单元测评

5.1 安全技术测评

5.1.1 物理安全

5.1.1.1 物理访问控制

5.1.1.1.1 测评指标

见 GB/T 22239—2008 中 5.1.1.1。

5.1.1.1.2 测评实施

本项要求包括：

a) 应检查机房出入口是否有专人负责控制人员出入；

b) 应检查是否有来访人员进入机房的登记记录。

5.1.1.1.3 结果判定

如果 5.1.1.1.2 中 a)和 b)均为肯定，则信息系统符合本单元测评指标要求，否则，信息系统不符合或部分符合本单元测评指标要求。

5.1.1.2 防盗窃和防破坏

5.1.1.2.1 测评指标

见 GB/T 22239—2008 中 5.1.1.2。

5.1.1.2.2 测评实施

本项要求包括：

a) 应检查关键设备是否放置在机房内；

b) 应检查关键设备或主要部件是否固定；

c) 应检查关键设备或主要部件上是否设置明显的不易除去的标记。

5.1.1.2.3 结果判定

如果 5.1.1.2.2 中 a)～c)均为肯定，则信息系统符合本单元测评指标要求，否则，信息系统不符合或部分符合本单元测评指标要求。

5.1.1.3 防雷击

5.1.1.3.1 测评指标

见 GB/T 22239—2008 中 5.1.1.3。

5.1.1.3.2 测评实施

本项要求包括：

a) 应访谈物理安全负责人，询问机房所在建筑物是否设置了避雷装置，是否通过验收或国家有关部门的技术检测；

b) 应检查机房所在建筑物的防雷验收文档是否有设置避雷装置的说明。

5.1.1.3.3 结果判定

如果5.1.1.3.2中a)和b)均为肯定,则信息系统符合本单元测评指标要求,否则,信息系统不符合或部分符合本单元测评指标要求。

5.1.1.4 防火

5.1.1.4.1 测评指标

见GB/T 22239—2008中5.1.1.4。

5.1.1.4.2 测评实施

应检查机房是否设置了灭火设备,灭火设备是否是经消防检测部门检测合格的产品,其有效期是否合格。

5.1.1.4.3 结果判定

如果5.1.1.4.2为肯定,则信息系统符合本单元测评指标要求,否则,信息系统不符合或部分符合本单元测评指标要求。

5.1.1.5 防水和防潮

5.1.1.5.1 测评指标

见GB/T 22239—2008中5.1.1.5。

5.1.1.5.2 测评实施

本项要求包括:

a) 应检查穿过机房墙壁或楼板的给水排水管道是否采取防渗漏和防结露等保护措施;
b) 应检查机房的窗户、屋顶和墙壁等是否未出现过漏水、渗透和返潮现象,机房的窗户、屋顶和墙壁是否进行过防水防渗处理。

5.1.1.5.3 结果判定

如果5.1.1.5.2中a)和b)均为肯定,则信息系统符合本单元测评指标要求,否则,信息系统不符合或部分符合本单元测评指标要求。

5.1.1.6 温湿度控制

5.1.1.6.1 测评指标

见GB/T 22239—2008中5.1.1.6。

5.1.1.6.2 测评实施

应检查机房内是否有温湿度控制设施,温湿度控制设施是否正常运行,机房温度、相对湿度是否满足电子信息设备的使用要求。

5.1.1.6.3 结果判定

如果5.1.1.6.2为肯定,则信息系统符合本单元测评指标要求,否则,信息系统不符合或部分符合本单元测评指标要求。

5.1.1.7 电力供应

5.1.1.7.1 测评指标

见 GB/T 22239—2008 中 5.1.1.7。

5.1.1.7.2 测评实施

应检查机房的计算机系统供电线路上是否设置了稳压器和过电压防护设备，这些设备是否正常运行。

5.1.1.7.3 结果判定

如果 5.1.1.7.2 为肯定，则信息系统符合本单元测评指标要求，否则，信息系统不符合或部分符合本单元测评指标要求。

5.1.2 网络安全

5.1.2.1 结构安全

5.1.2.1.1 测评指标

见 GB/T 22239—2008 中 5.1.2.1。

5.1.2.1.2 测评实施

本项要求包括：

a) 应访谈网络管理员，询问关键网络设备的业务处理能力是否满足基本业务需求；
b) 应访谈网络管理员，询问接入网络及核心网络的带宽是否满足基本业务需要；
c) 应检查网络拓扑结构图，查看其与当前运行的实际网络系统是否一致。

5.1.2.1.3 结果判定

本项要求包括：

a) 如果 5.1.2.1.2c) 中缺少网络拓扑结构图，则为否定；
b) 如果 5.1.2.1.2 中 a)～c) 均为肯定，则信息系统符合本单元测评指标要求，否则，信息系统不符合或部分符合本单元测评指标要求。

5.1.2.2 访问控制

5.1.2.2.1 测评指标

见 GB/T 22239—2008 中 5.1.2.2。

5.1.2.2.2 测评实施

本项要求包括：

a) 应访谈网络管理员，询问网络访问控制的措施有哪些；询问网络访问控制设备具备哪些访问控制功能；
b) 应检查边界网络设备，查看是否有正确的访问控制列表，以通过源地址、目的地址、源端口、目的端口、协议等进行网络数据流控制，其控制粒度是否至少为用户组。

5.1.2.2.3 结果判定

如果5.1.2.2.2b)为肯定，则信息系统符合本单元测评指标要求，否则，信息系统不符合或部分符合本单元测评指标要求。

5.1.2.3 网络设备防护

5.1.2.3.1 测评指标

见GB/T 22239—2008中5.1.2.3。

5.1.2.3.2 测评实施

本项要求包括：

a) 应检查边界和关键网络设备的设备防护策略，查看是否配置了对登录用户进行身份鉴别的功能；
b) 应检查边界和关键网络设备的设备防护策略，查看是否配置了登录失败处理功能，包括结束会话、限制非法登录次数、登录连接超时自动退出等；
c) 应检查边界和关键网络设备的设备防护策略，查看是否配置了对设备远程管理所产生的鉴别信息进行保护的功能。

5.1.2.3.3 结果判定

如果5.1.2.3.2中a)～c)均为肯定，则信息系统符合本单元测评指标要求，否则，信息系统不符合或部分符合本单元测评指标要求。

5.1.3 主机安全

5.1.3.1 身份鉴别

5.1.3.1.1 测评指标

见GB/T 22239—2008中5.1.3.1。

5.1.3.1.2 测评实施

应检查关键服务器操作系统和关键数据库管理系统的身份鉴别策略，查看是否提供了身份鉴别措施。

5.1.3.1.3 结果判定

如果5.1.3.1.2为肯定，则信息系统符合本单元测评指标要求，否则，信息系统不符合或部分符合本单元测评指标要求。

5.1.3.2 访问控制

5.1.3.2.1 测评指标

见GB/T 22239—2008中5.1.3.2。

5.1.3.2.2 测评实施

本项要求包括：

a) 应检查关键服务器操作系统的访问控制策略，查看是否对重要文件的访问权限进行了限制，对系统不需要的服务、共享路径等进行了禁用或删除；
b) 应检查关键服务器操作系统和关键数据库管理系统的访问控制策略，查看是否已禁用或者限制匿名/默认账户的访问权限，是否重命名系统默认账户、修改这些账户的默认口令；
c) 应检查关键服务器操作系统和关键数据库管理系统的访问控制策略，是否删除了系统中多余的、过期的以及共享的账户；
d) 应检查关键服务器操作系统和关键数据库管理系统的权限设置情况，查看是否依据安全策略对用户权限进行了限制。

5.1.3.2.3 结果判定

如果5.1.3.2.2中a)～d)均为肯定，则信息系统符合本单元测评指标要求，否则，信息系统不符合或部分符合本单元测评指标要求。

5.1.3.3 入侵防范

5.1.3.3.1 测评指标

见GB/T 22239—2008中5.1.3.3。

5.1.3.3.2 测评实施

本项要求包括：
a) 应访谈系统管理员，询问关键服务器操作系统和关键数据库管理系统中所安装的系统组件和应用程序是否都是必须的；
b) 应检查关键服务器操作系统和关键数据库管理系统的补丁是否得到了及时更新。

5.1.3.3.3 结果判定

如果5.1.3.3.2中a)和b)均为肯定，则信息系统符合本单元测评指标要求，否则，信息系统不符合或部分符合本单元测评指标要求。

5.1.3.4 恶意代码防范

5.1.3.4.1 测评指标

见GB/T 22239—2008中5.1.3.4。

5.1.3.4.2 测评实施

应检查关键服务器的恶意代码防范策略，查看是否安装了实时检测与查杀恶意代码的软件产品，并且及时更新了软件版本和恶意代码库。

5.1.3.4.3 结果判定

如果5.1.3.4.2为肯定，则信息系统符合本单元测评指标要求，否则，信息系统不符合或部分符合本单元测评指标要求。

5.1.4 应用安全

5.1.4.1 身份鉴别

5.1.4.1.1 测评指标

见GB/T 22239—2008中5.1.4.1。

5.1.4.1.2 测评实施

本项要求包括：

a） 应检查关键应用系统，查看是否提供身份标识和鉴别功能；

b） 应检查关键应用系统，查看是否提供登录失败处理功能，是否根据安全策略设置了登录失败次数等参数。

5.1.4.1.3 结果判定

如果5.1.4.1.2中a)和b)均为肯定，则信息系统符合本单元测评指标要求，否则，信息系统不符合或部分符合本单元测评指标要求。

5.1.4.2 访问控制

5.1.4.2.1 测评指标

见GB/T 22239—2008中5.1.4.2。

5.1.4.2.2 测评实施

本项要求包括：

a） 应检查关键应用系统，查看系统是否提供访问控制功能控制用户组或用户对系统功能和用户数据的访问；

b） 应检查关键应用系统，查看是否限制了默认账户的访问权限，是否修改了这些账户的默认口令；

c） 应检查关键应用系统，查看是否删除多余的、过期的账户。

5.1.4.2.3 结果判定

如果5.1.4.2.2中a)～c)均为肯定，则信息系统符合本单元测评指标要求，否则，信息系统不符合或部分符合本单元测评指标要求。

5.1.4.3 通信完整性

5.1.4.3.1 测评指标

见GB/T 22239—2008中5.1.4.3。

5.1.4.3.2 测评实施

应检查设计、验收文档或源代码，查看是否有关于保护通信完整性的描述。

5.1.4.3.3 结果判定

如果5.1.4.3.2为肯定，则信息系统符合本单元测评指标要求，否则，信息系统不符合或部分符合本单元测评指标要求。

5.1.4.4 软件容错

5.1.4.4.1 测评指标

见GB/T 22239—2008中5.1.4.4。

5.1.4.4.2 测评实施

本项要求包括：

a) 应检查设计或验收文档，查看应用系统有对人机接口输入或通信接口输入的数据进行有效性检验功能的说明；

b) 应测试关键应用系统，查看应用系统是否能明确拒绝不符合格式要求数据。

5.1.4.4.3 结果判定

如果5.1.4.4.2中a)和b)均为肯定，则信息系统符合本单元测评指标要求，否则，信息系统不符合或部分符合本单元测评指标要求。

5.1.5 数据安全及备份恢复

5.1.5.1 数据完整性

5.1.5.1.1 测评指标

见GB/T 22239—2008中5.1.5.1。

5.1.5.1.2 测评实施

应检查应用系统的设计、验收文档或源代码，查看是否有关于能检测重要业务数据传输过程中完整性受到破坏的描述。

5.1.5.1.3 结果判定

如果5.1.5.1.2为肯定，则信息系统符合本单元测评指标要求，否则，信息系统不符合或部分符合本单元测评指标要求。

5.1.5.2 备份和恢复

5.1.5.2.1 测评指标

见GB/T 22239—2008中5.1.5.2。

5.1.5.2.2 测评实施

应检查是否对关键网络设备、关键主机操作系统、关键数据库管理系统和关键应用系统的重要信息进行了备份，并定期进行恢复测试。

5.1.5.2.3 结果判定

如果5.1.5.2.2为肯定，则信息系统符合本单元测评指标要求，否则，信息系统不符合或部分符合本单元测评指标要求。

5.2 安全管理测评

5.2.1 安全管理制度

5.2.1.1 管理制度

5.2.1.1.1 测评指标

见GB/T 22239—2008中5.2.1.1。

5.2.1.1.2 测评实施

应检查各项安全管理制度，查看是否覆盖物理、网络、主机系统、数据、应用、建设和运维等层面。

5.2.1.1.3 结果判定

如果5.2.1.1.2为肯定，则信息系统符合本单元测评指标要求，否则，信息系统不符合或部分符合本单元测评指标要求。

5.2.1.2 制定和发布

5.2.1.2.1 测评指标

见GB/T 22239—2008中5.2.1.2。

5.2.1.2.2 测评实施

本项要求包括：

a) 应访谈系统安全负责人，询问是否由专人负责制定安全管理制度；

b) 应访谈系统安全负责人，询问安全管理制度是否能够发布到相关人员手中。

5.2.1.2.3 结果判定

如果5.2.1.2.2中a)和b)均为肯定，则信息系统符合本单元测评指标要求，否则，信息系统不符合或部分符合本单元测评指标要求。

5.2.2 安全管理机构

5.2.2.1 岗位设置

5.2.2.1.1 测评指标

见GB/T 22239—2008中5.2.2.1。

5.2.2.1.2 测评实施

本项要求包括：

a) 应访谈系统安全负责人，询问信息系统是否设置了相关管理岗位，各个岗位的职责分工是否明确；

b) 应检查岗位职责分工文档，查看是否明确了相关岗位的职责。

5.2.2.1.3 结果判定

如果5.2.2.1.2中a)和b)均为肯定，则信息系统符合本单元测评指标要求，否则，信息系统不符合或部分符合本单元测评指标要求。

5.2.2.2 人员配备

5.2.2.2.1 测评指标

见GB/T 22239—2008中5.2.2.2。

5.2.2.2.2 测评实施

本项要求包括：

a) 应访谈系统安全负责人，询问各个安全管理岗位是否配备了一定数量的人员；

b) 应检查安全管理各岗位人员信息表，查看其是否明确相关岗位的人员信息。

5.2.2.2.3 结果判定

如果5.2.2.2.2中a)和b)均为肯定，则信息系统符合本单元测评指标要求，否则，信息系统不符合或部分符合本单元测评指标要求。

5.2.2.3 授权和审批

5.2.2.3.1 测评指标

见GB/T 22239—2008中5.2.2.3。

5.2.2.3.2 测评实施

应访谈系统安全负责人，询问是否对信息系统中的关键活动进行审批，审批活动是否得到授权。

5.2.2.3.3 结果判定

如果5.2.2.3.2为肯定，则信息系统符合本单元测评指标要求，否则，信息系统不符合或部分符合本单元测评指标要求。

5.2.2.4 沟通和合作

5.2.2.4.1 测评指标

见GB/T 22239—2008中5.2.2.4。

5.2.2.4.2 测评实施

本项要求包括：

a) 应访谈系统安全负责人，询问是否与公安机关、电信公司和兄弟单位建立联系；

b) 应检查外联单位说明文档，查看外联单位是否包含公安机关、电信公司及兄弟单位，是否说明外联单位的联系人和联系方式等内容。

5.2.2.4.3 结果判定

如果5.2.2.4.2中a)和b)均为肯定，则信息系统符合本单元测评指标要求，否则，信息系统不符合或部分符合本单元测评指标要求。

5.2.3 人员安全管理

5.2.3.1 人员录用

5.2.3.1.1 测评指标

见GB/T 22239—2008中5.2.3.1。

5.2.3.1.2 测评实施

本项要求包括：

a) 应访谈人事负责人，询问是否由专门的部门或人员负责人员的录用工作；
b) 应访谈人事负责人，询问在人员录用时是否对被录用人的身份和专业资格进行审查；
c) 应检查人员录用管理文档，查看是否说明录用人员应具备的条件（如学历、学位要求，技术人员应具备的专业技术水平，管理人员应具备的安全管理知识等）；
d) 应检查是否具有人员录用时对录用人身份、专业资格等进行审查的相关文档或记录等。

5.2.3.1.3 结果判定

如果5.2.3.1.2中a)～d)均为肯定，则信息系统符合本单元测评指标要求，否则，信息系统不符合或部分符合本单元测评指标要求。

5.2.3.2 人员离岗

5.2.3.2.1 测评指标

见GB/T 22239—2008中5.2.3.2。

5.2.3.2.2 测评实施

本项要求包括：

a) 应访谈系统安全负责人，询问是否及时终止离岗人员的所有访问权限，取回各种身份证件、钥匙、徽章以及机构提供的软硬件设备等；
b) 应检查是否具有离岗人员交还身份证件、设备等的登记记录。

5.2.3.2.3 结果判定

如果5.2.3.2.2中a)和b)均为肯定，则信息系统符合本单元测评指标要求，否则，信息系统不符合或部分符合本单元测评指标要求。

5.2.3.3 安全意识教育和培训

5.2.3.3.1 测评指标

见GB/T 22239—2008中5.2.3.3。

5.2.3.3.2 测评实施

应访谈系统安全负责人，询问是否对各个岗位人员进行安全教育和岗位技能培训，告知相关的安全知识、安全责任和惩戒措施。

5.2.3.3.3 结果判定

如果5.2.3.3.2为肯定，则信息系统符合本单元测评指标要求，否则，信息系统不符合或部分符合本单元测评指标要求。

5.2.3.4 外部人员访问管理

5.2.3.4.1 测评指标

见GB/T 22239—2008中5.2.3.4。

5.2.3.4.2 测评实施

本项要求包括：

a) 应访谈系统安全负责人，询问外部人员访问重要区域（如访问机房、重要服务器或设备区等）是否需经有关部门或负责人批准；
b) 应检查外部人员访问管理文档，查看是否具有规范外部人员访问机房等重要区域需经过相关部门或负责人批准的管理要求。

5.2.3.4.3 结果判定

如果 5.2.3.4.2 中 a）和 b）均为肯定，则信息系统符合本单元测评指标要求，否则，信息系统不符合或部分符合本单元测评指标要求。

5.2.4 系统建设管理

5.2.4.1 系统定级

5.2.4.1.1 测评指标

见 GB/T 22239—2008 中 5.2.4.1。

5.2.4.1.2 测评实施

本项要求包括：

a) 应访谈系统建设负责人，询问是否参照定级指南确定信息系统安全保护等级；
b) 应检查系统定级文档，查看文档是否明确信息系统的边界和信息系统的安全保护等级，是否说明定级的方法和理由，是否有相关部门或主管领导的盖章或签名。

5.2.4.1.3 结果判定

如果 5.2.4.1.2 中 a）和 b）均为肯定，则信息系统符合本单元测评指标要求，否则，信息系统不符合或部分符合本单元测评指标要求。

5.2.4.2 安全方案设计

5.2.4.2.1 测评指标

见 GB/T 22239—2008 中 5.2.4.2。

5.2.4.2.2 测评实施

本项要求包括：

a) 应访谈系统建设负责人，询问是否依据风险分析的结果补充和调整过安全措施，具体做过哪些调整；
b) 应检查系统的安全设计方案，查看方案是否描述系统的安全保护等级，是否描述系统的安全保护策略，是否根据系统的安全级别选择了安全措施；
c) 应检查系统的安全设计方案，查看是否详细描述安全措施的实现内容，是否有安全产品的功能、性能和部署等描述，是否有安全建设的费用和计划等。

5.2.4.2.3 结果判定

如 5.2.4.2.2 中 a）～c）均为肯定，则信息系统符合本单元测评指标要求，否则，信息系统不符合或部分符合本单元测评指标要求。

5.2.4.3 产品采购和使用

5.2.4.3.1 测评指标

见 GB/T 22239—2008 中 5.2.4.3。

5.2.4.3.2 测评实施

应访谈系统建设负责人,询问系统使用的有关信息安全产品是否符合国家的有关规定,如安全产品获得了销售许可证等。

5.2.4.3.3 结果判定

如果 5.2.4.3.2 为肯定,则信息系统符合本单元测评指标要求,否则,信息系统不符合或部分符合本单元测评指标要求。

5.2.4.4 自行软件开发

5.2.4.4.1 测评指标

见 GB/T 22239—2008 中 5.2.4.4。

5.2.4.4.2 测评实施

本项要求包括:

a) 应访谈系统建设负责人,询问是否进行自主开发软件;
b) 应访谈系统建设负责人,询问自主开发软件是否在独立的环境中完成编码和调试,如相对独立的网络区域,询问软件设计相关文档是否由专人负责保管,负责人是何人;
c) 应检查网络拓扑图和实际开发环境,查看是否实际运行环境和开发环境有效隔离。

5.2.4.4.3 结果判定

如果 5.2.4.4.2 中 a)～c)均为肯定,则信息系统符合本单元测评指标要求,否则,信息系统不符合或部分符合本单元测评指标要求。

5.2.4.5 外包软件开发

5.2.4.5.1 测评指标

见 GB/T 22239—2008 中 5.2.4.5。

5.2.4.5.2 测评实施

本项要求包括:

a) 应访谈系统建设负责人,询问软件交付前是否依据开发要求的技术指标对软件功能和性能等进行验收测试,软件安装之前是否检测软件中的恶意代码;
b) 应检查是否具有软件开发的相关文档,如需求分析说明书、软件设计说明书等,是否具有软件操作手册或使用指南。

5.2.4.5.3 结果判定

如果 5.2.4.5.2 中 a)和 b)均为肯定,则信息系统符合本单元测评指标要求,否则,信息系统不符合或部分符合本单元测评指标要求。

5.2.4.6 工程实施

5.2.4.6.1 测评指标

见 GB/T 22239—2008 中 5.2.4.6。

5.2.4.6.2 测评实施

应访谈系统建设负责人，询问是否指定专门部门或人员对工程实施过程进行进度和质量控制，由何部门/何人负责。

5.2.4.6.3 结果判定

如果 5.2.4.6.2 为肯定，则信息系统符合本单元测评指标要求，否则，信息系统不符合或部分符合本单元测评指标要求。

5.2.4.7 测试验收

5.2.4.7.1 测评指标

见 GB/T 22239—2008 中 5.2.4.7。

5.2.4.7.2 测评实施

本项要求包括：

a) 应访谈系统建设负责人，询问在信息系统建设完成后是否对其进行安全性测试验收；
b) 应检查是否具有工程测试验收方案，查看其是否明确说明参与测试的部门、人员、测试验收内容、现场操作过程等内容；
c) 应检查是否具有系统测试验收报告。

5.2.4.7.3 结果判定

如果 5.2.4.7.2 中 a)～c)均为肯定，则信息系统符合本单元测评指标要求，否则，信息系统不符合或部分符合本单元测评指标要求。

5.2.4.8 系统交付

5.2.4.8.1 测评指标

见 GB/T 22239—2008 中 5.2.4.8。

5.2.4.8.2 测评实施

本项要求包括：

a) 应访谈系统建设负责人，询问系统交接工作是否根据交付清单对所交接的设备、文档、软件等进行清点；
b) 应访谈系统建设负责人，询问系统正式运行前是否对运行维护人员进行过培训，针对哪些方面进行过培训；
c) 应检查是否具有系统交付清单，查看交付清单是否说明系统交付的各类设备、软件、文档等；
d) 应检查系统交付提交的文档，查看是否有指导用户进行系统运维的文档等。

5.2.4.8.3 结果判定

如果 5.2.4.8.2 中 a)～d)均为肯定，则信息系统符合本单元测评指标要求，否则，信息系统不符合或部分符合本单元测评指标要求。

5.2.4.9 安全服务商选择

5.2.4.9.1 测评指标

见 GB/T 22239—2008 中 5.2.4.9。

5.2.4.9.2 测评实施

本项要求包括：

a) 应访谈系统建设负责人，询问信息系统选择的安全服务商有哪些，是否符合国家有关规定；
b) 应检查是否具有与安全服务商签订的安全责任合同书或保密协议等文档，查看其内容是否包含保密范围、安全责任、违约责任、协议的有效期限和责任人的签字等。

5.2.4.9.3 结果判定

如果 5.2.4.9.2 中 a)和 b)均为肯定，则信息系统符合本单元测评指标要求，否则，信息系统不符合或部分符合本单元测评指标要求。

5.2.5 系统运维管理

5.2.5.1 环境管理

5.2.5.1.1 测评指标

见 GB/T 22239—2008 中 5.2.5.1。

5.2.5.1.2 测评实施

本项要求包括：

a) 应访谈系统运维负责人，询问是否有专门的部门或人员对机房供配电、空调、温湿度控制等设施进行定期维护，由何部门/何人负责，维护周期多长；
b) 应访谈系统运维负责人，询问是否有专门的部门或人员对机房的出入、服务器开机/关机等日常工作进行管理，由何部门/何人负责；
c) 应检查是否有机房安全管理制度，查看其内容是否覆盖机房物理访问、物品带进/带出机房和机房环境安全等方面。

5.2.5.1.3 结果判定

如果 5.2.5.1.2 中 a)～c)均为肯定，则信息系统符合本单元测评指标要求，否则，信息系统不符合或部分符合本单元测评指标要求。

5.2.5.2 资产管理

5.2.5.2.1 测评指标

见 GB/T 22239—2008 中 5.2.5.2。

5.2.5.2.2 测评实施

应检查是否有资产清单，查看其内容是否覆盖资产责任部门、责任人、所处位置和重要程度等方面。

5.2.5.2.3 结果判定

如果5.2.5.2.2为肯定，则信息系统符合本单元测评指标要求，否则，信息系统不符合或部分符合本单元测评指标要求。

5.2.5.3 介质管理

5.2.5.3.1 测评指标

见GB/T 22239—2008中5.2.5.3。

5.2.5.3.2 测评实施

本项要求包括：

a) 应访谈资产管理员，询问介质的存放环境是否采取保护措施防止介质被盗、被毁等；
b) 应访谈资产管理员，询问是否根据介质的目录清单对介质的使用现状进行定期检查；
c) 应检查介质使用管理记录，查看其是否记录介质归档和使用等情况。

5.2.5.3.3 结果判定

如果5.2.5.3.2中a)～c)均为肯定，则信息系统符合本单元测评指标要求，否则，信息系统不符合或部分符合本单元测评指标要求。

5.2.5.4 设备管理

5.2.5.4.1 测评指标

见GB/T 22239—2008中5.2.5.4。

5.2.5.4.2 测评实施

本项要求包括：

a) 应访谈系统运维负责人，询问是否有专门的部门或人员对各种设备、线路进行定期维护，由何部门/何人负责，维护周期多长；
b) 应检查是否有设备安全管理制度，查看其内容是否对各种软硬件设备的选型、采购、发放和领用等环节进行规定。

5.2.5.4.3 结果判定

如果5.2.5.4.2中a)和b)均为肯定，则信息系统符合本单元测评指标要求，否则，信息系统不符合或部分符合本单元测评指标要求。

5.2.5.5 网络安全管理

5.2.5.5.1 测评指标

见GB/T 22239—2008中5.2.5.5。

5.2.5.5.2 测评实施

本项要求包括：

a) 应访谈系统运维负责人，询问是否指定专门的部门或人员负责网络管理，维护网络运行日志、监控记录，分析处理报警信息等；

b) 应访谈网络管理员，询问是否定期对网络进行漏洞扫描，扫描周期多长，发现漏洞是否及时修补；

c) 应检查是否有网络漏洞扫描报告，检查扫描时间间隔与扫描周期是否一致。

5.2.5.5.3 结果判定

如果 5.2.5.5.2 中 a)～c)均为肯定，则信息系统符合本单元测评指标要求，否则，信息系统不符合或部分符合本单元测评指标要求。

5.2.5.6 系统安全管理

5.2.5.6.1 测评指标

见 GB/T 22239—2008 中 5.2.5.6。

5.2.5.6.2 测评实施

本项要求包括：

a) 应访谈系统运维负责人，询问是否指定专门的部门或人员负责系统管理，如根据业务需求和系统安全分析制定系统的访问控制策略，控制分配文件及服务的访问权限；

b) 应访谈系统管理员，询问是否定期对系统进行漏洞扫描，扫描周期多长，发现漏洞是否及时修补，在安装系统补丁前是否对重要文件进行备份；

c) 应检查是否有系统漏洞扫描报告，检查扫描时间间隔与扫描周期是否一致。

5.2.5.6.3 结果判定

如果 5.2.5.6.2 中 a)～c)均为肯定，则信息系统符合本单元测评指标要求，否则，信息系统不符合或部分符合本单元测评指标要求。

5.2.5.7 恶意代码防范管理

5.2.5.7.1 测评指标

见 GB/T 22239—2008 中 5.2.5.7。

5.2.5.7.2 测评实施

应访谈系统运维负责人，询问是否对员工进行基本恶意代码防范意识的教育，是否告知应及时升级软件版本，使用外来设备、网络上接收文件和外来计算机或存储设备接入网络系统之前应进行病毒检查等。

5.2.5.7.3 结果判定

如果 5.2.5.7.2 为肯定，则信息系统符合本单元测评指标要求，否则，信息系统不符合或部分符合本单元测评指标要求。

5.2.5.8 备份与恢复管理

5.2.5.8.1 测评指标

见 GB/T 22239—2008 中 5.2.5.8。

5.2.5.8.2 测评实施

本项要求包括：

a) 应访谈系统运维负责人，询问是否识别出需要定期备份的业务信息、系统数据和软件系统，主要有哪些；

b) 应检查备份管理文档，查看其是否明确了备份方式、备份频度、存储介质和保存期等方面内容。

5.2.5.8.3 结果判定

如果 5.2.5.8.2 中 a)和 b)均为肯定，则信息系统符合本单元测评指标要求，否则，信息系统不符合或部分符合本单元测评指标要求。

5.2.5.9 安全事件处置

5.2.5.9.1 测评指标

见 GB/T 22239—2008 中 5.2.5.9。

5.2.5.9.2 测评实施

本项要求包括：

a) 应访谈系统运维负责人，询问是否告知用户在发现安全弱点和可疑事件时应及时报告；

b) 应检查是否有安全事件报告和处置管理制度，查看其是否明确安全事件的现场处理、事件报告和后期恢复等内容。

5.2.5.9.3 结果判定

如果 5.2.5.9.2 中 a)和 b)均为肯定，则信息系统符合本单元测评指标要求，否则，信息系统不符合或部分符合本单元测评指标要求。

6 第二级信息系统单元测评

6.1 安全技术测评

6.1.1 物理安全

6.1.1.1 物理位置的选择

6.1.1.1.1 测评指标

见 GB/T 22239—2008 中 6.1.1.1。

6.1.1.1.2 测评实施

本项要求包括：

a) **应访谈物理安全负责人，询问机房和办公场地所在建筑物是否具有防震、防风和防雨等能力；**

b) **应检查是否有机房和办公场地所在建筑物抗震设防审批文档；**

c) **应检查机房和办公场地所在建筑物是否具有防风和防雨等能力。**

6.1.1.1.3 结果判定

如果6.1.1.1.2中a)～c)均为肯定，则信息系统符合本单元测评指标要求，否则，信息系统不符合或部分符合本单元测评指标要求。

6.1.1.2 物理访问控制

6.1.1.2.1 测评指标

见GB/T 22239—2008中6.1.1.2。

6.1.1.2.2 测评实施

本项要求包括：

a) 应检查机房**出入口是否有专人值守**负责控制并鉴别进入机房的人员，**是否有值守记录；**

b) **应检查机房是否不存在专人值守之外的其他开放的出入口；**

c) 应检查是否有来访人员进入机房的登记记录；

d) **应检查是否有来访人员进入机房的申请、审批记录，查看申请、审批记录是否包括来访人员的访问范围；**

e) **应检查来访人员进入机房时是否有专人陪同。**

6.1.1.2.3 结果判定

如果6.1.1.2.2中a)～e)均为肯定，则信息系统符合本单元测评指标要求，否则，信息系统不符合或部分符合本单元测评指标要求。

6.1.1.3 防盗窃和防破坏

6.1.1.3.1 测评指标

见GB/T 22239—2008中6.1.1.3。

6.1.1.3.2 测评实施

本项要求包括：

a) 应检查**重要设备**等是否放置在机房内；

b) 应检查**重要设备**等或设备的主要部件是否固定；

c) 应检查**重要设备**等或设备的主要部件上是否设置明显的不易除去的标记；

d) **应检查通信线缆铺设是否暗敷或在不易被发现的地方；**

e) **应检查主机房是否安装防盗报警设施，防盗报警设施是否正常运行，是否通过了国家相关部门检验，并查看是否有防盗报警设施的运行记录；**

f) **应检查介质是否有分类标识，是否分类存放在介质库或档案室内。**

6.1.1.3.3 结果判定

如果6.1.1.3.2中a)～f)均为肯定，则信息系统符合本单元测评指标要求，否则，信息系统不符合或部分符合本单元测评指标要求。

6.1.1.4　防雷击

6.1.1.4.1　测评指标

见 GB/T 22239—2008 中 6.1.1.4。

6.1.1.4.2　测评实施

本项要求包括：

a)　应访谈物理安全负责人，询问机房所在建筑物是否设置了避雷装置，是否通过验收或国家有关部门的技术检测；

b)　**应访谈物理安全负责人，询问机房是否设置有交流电源地线；**

c)　应检查机房所在建筑物的防雷验收文档中是否有设置避雷装置的说明；

d)　**应检查机房防雷验收文档中是否有设置交流电源地线的说明。**

6.1.1.4.3　结果判定

如果 6.1.1.4.2 中 a)～d)均为肯定，则信息系统符合本单元测评指标要求，否则，信息系统不符合或部分符合本单元测评指标要求。

6.1.1.5　防火

6.1.1.5.1　测评指标

见 GB/T 22239—2008 中 6.1.1.5。

6.1.1.5.2　测评实施

本项要求包括：

a)　应检查机房是否设置了灭火设备，灭火设备是否是经消防检测部门检测合格的产品，其有效期是否合格；

b)　**应检查机房是否部署了火灾自动报警系统，火灾自动报警系统是否是经消防检测部门检测合格的产品，是否处于正常运行状态，是否有火灾自动报警系统的运行记录。**

6.1.1.5.3　结果判定

如果 6.1.1.5.2 中 a)和 b)均为肯定，则信息系统符合本单元测评指标要求，否则，信息系统不符合或部分符合本单元测评指标要求。

6.1.1.6　防水和防潮

6.1.1.6.1　测评指标

见 GB/T 22239—2008 中 6.1.1.6。

6.1.1.6.2　测评实施

本项要求包括：

a)　**应检查机房屋顶或活动地板下是否未安装水管；**

b)　应检查穿过机房墙壁或楼板的给水排水管道是否采取防渗漏和防结露等保护措施；

c)　应检查机房的窗户、屋顶和墙壁等是否未出现过漏水、渗透和返潮现象，机房的窗户、屋顶和墙壁是否进行过防水防渗处理；

d) **如果机房内安装有空调机和加湿器，应检查是否设置了挡水和排水设施；**

e) **如果机房位于湿度较高的地区，应检查机房是否有除湿装置并能够正常运行，是否有防水防潮处理记录。**

6.1.1.6.3 结果判定

如果 6.1.1.6.2 中 a)～e)均为肯定，则信息系统符合本单元测评指标要求，否则，信息系统不符合或部分符合本单元测评指标要求。

6.1.1.7 防静电

6.1.1.7.1 测评指标

见 GB/T 22239—2008 中 6.1.1.7。

6.1.1.7.2 测评实施

应检查重要设备是否有接地构造或其他静电泄放措施。

6.1.1.7.3 结果判定

如果 6.1.1.7.2 为肯定，则信息系统符合本单元测评指标要求，否则，信息系统不符合或部分符合本单元测评指标要求。

6.1.1.8 温湿度控制

6.1.1.8.1 测评指标

见 GB/T 22239—2008 中 6.1.1.8。

6.1.1.8.2 测评实施

本项要求包括：

a) 应检查机房内是否配备了**温湿度自动调节设施**，温湿度自动调节设施是否能够正常运行，机房温度、相对湿度是否满足电子信息设备的使用要求；

b) 应检查**是否有机房的温湿度记录，是否有温湿度自动调节设施的运行记录**。

6.1.1.8.3 结果判定

如果 6.1.1.8.2 中 a)和 b)均为肯定，则信息系统符合本单元测评指标要求，否则，信息系统不符合或部分符合本单元测评指标要求。

6.1.1.9 电力供应

6.1.1.9.1 测评指标

见 GB/T 22239—2008 中 6.1.1.9。

6.1.1.9.2 测评实施

本项要求包括：

a) 应检查机房的计算机系统供电线路上是否设置了稳压器和过电压防护设备，这些设备是否正常运行。

b) 应检查机房计算机系统是否配备了短期备用电源设备，备用电源设备是否正常运行。

6.1.1.9.3 结果判定

如果6.1.1.9.2中a)和b)均为肯定，则信息系统符合本单元测评指标要求，否则，信息系统不符合或部分符合本单元测评指标要求。

6.1.1.10 电磁防护

6.1.1.10.1 测评指标

见GB/T 22239—2008中6.1.1.10。

6.1.1.10.2 测评实施

应检查机房布线，查看是否做到电源线和通信线缆隔离。

6.1.1.10.3 结果判定

如果6.1.1.10.2为肯定，则信息系统符合本单元测评指标要求，否则，信息系统不符合或部分符合本单元测评指标要求。

6.1.2 网络安全

6.1.2.1 结构安全

6.1.2.1.1 测评指标

见GB/T 22239—2008中6.1.2.1。

6.1.2.1.2 测评实施

本项要求包括：

a) 应检查网络设计或验收文档，查看是否有满足关键网络设备业务处理能力需要的设计或描述；
b) 应检查网络设计或验收文档，查看是否有满足接入网络及核心网络的带宽业务高峰期需要的设计或描述；
c) 应检查网络拓扑结构图，查看其与当前运行的实际网络系统是否一致；
d) 应检查网络设计或验收文档，查看是否有根据各部门的工作职能、重要性和所涉及信息的重要程度等因素，划分不同的子网或网段，并按照方便管理和控制的原则为各子网和网段分配地址段的设计或描述。

6.1.2.1.3 结果判定

如果6.1.2.1.2中a)～d)均为肯定，则信息系统符合本单元测评指标要求，否则，信息系统不符合或部分符合本单元测评指标要求。

6.1.2.2 访问控制

6.1.2.2.1 测评指标

见GB/T 22239—2008中6.1.2.2。

6.1.2.2.2 测评实施

本项要求包括：

a) **应检查边界网络设备的访问控制策略，查看其是否根据会话状态信息对数据流进行控制，控制粒度是否为网段级；**

b) 应检查边界网络设备的访问控制策略，查看是否按用户和系统之间的允许访问规则，允许或拒绝对受控系统进行访问，且控制力度为**单个用户**；

c) **应检查边界网络设备的拨号用户列表，查看其是否对具有拨号访问权限的用户数量进行限制。**

6.1.2.2.3 结果判定

如果 6.1.2.2.2 中 a)～c)均为肯定，则信息系统符合本单元测评指标要求，否则，信息系统不符合或部分符合本单元测评指标要求。

6.1.2.3 安全审计

6.1.2.3.1 测评指标

见 GB/T 22239—2008 中 6.1.2.3。

6.1.2.3.2 测评实施

本项要求包括：

a) **应检查边界和关键网络设备的安全审计策略，查看其是否包括网络设备运行状况、网络流量、用户行为等；**

b) **应检查边界和关键网络设备的安全审计记录，查看其是否包括：事件的日期和时间、用户、事件类型、事件成功情况及其他与审计相关的信息。**

6.1.2.3.3 结果判定

如果 6.1.2.3.2 中 a)和 b)均为肯定，则信息系统符合本单元测评指标要求，否则，信息系统不符合或部分符合本单元测评指标要求。

6.1.2.4 边界完整性检查

6.1.2.4.1 测评指标

见 GB/T 22239—2008 中 6.1.2.4。

6.1.2.4.2 测评实施

应检查边界完整性检查设备的非法外联监控策略，查看是否正确设置了对网络内部用户私自连接到外部网络的行为进行有效监控的配置。

6.1.2.4.3 结果判定

如果 6.1.2.4.2 为肯定，则信息系统符合本单元测评指标要求，否则，信息系统不符合本单元测评指标要求。

6.1.2.5 入侵防范

6.1.2.5.1 测评指标

见 GB/T 22239—2008 中 6.1.2.5。

6.1.2.5.2 测评实施

本项要求包括：

a) **应检查网络入侵防范设备，查看是否能检测以下攻击行为：端口扫描、强力攻击、木马后门攻击、拒绝服务攻击、缓冲区溢出攻击、IP 碎片攻击、网络蠕虫攻击等；**

b) **应检查网络入侵防范设备的规则库版本，查看其规则库是否及时更新。**

6.1.2.5.3 结果判定

如果 6.1.2.5.2 中 a)和 b)均为肯定，则信息系统符合本单元测评指标要求，否则，信息系统不符合或部分符合本单元测评指标要求。

6.1.2.6 网络设备防护

6.1.2.6.1 测评指标

见 GB/T 22239—2008 中 6.1.2.6。

6.1.2.6.2 测评实施

本项要求包括：

a) 应检查边界和关键网络设备的设备防护策略，查看是否配置了对登录用户进行身份鉴别的功能；

b) **应检查边界和关键网络设备的设备防护策略，查看是否对网络设备的登录地址进行了限制；**

c) **应检查边界和关键网络设备的账户列表，查看用户标识是否唯一；**

d) **应检查边界和关键网络设备的设备防护策略，查看是否对口令的复杂度和定期修改进行了设置；**

e) 应检查边界和关键网络设备的设备防护策略，查看是否配置了登录失败处理功能，包括结束会话、限制非法登录次数、登录连接超时自动退出等；

f) 应检查边界和关键网络设备的设备防护策略，查看是否配置了对设备远程管理所产生的鉴别信息进行保护的功能。

6.1.2.6.3 结果判定

如果 6.1.2.6.2 中 a)～f)均为肯定，则信息系统符合本单元测评指标要求，否则，信息系统不符合或部分符合本单元测评指标要求。

6.1.3 主机安全

6.1.3.1 身份鉴别

6.1.3.1.1 测评指标

见 GB/T 22239—2008 中 6.1.3.1。

6.1.3.1.2 测评实施

本项要求包括：

a) 应检查重要服务器操作系统和重要数据库管理系统的身份鉴别策略，查看是否提供了身份鉴别措施；

b) 应检查重要服务器操作系统和重要数据库管理系统的身份鉴别策略，查看其身份鉴别信息是否具有不易被冒用的特点，如对用户登录口令的最小长度、复杂度和更换周期进行要求和限制；

c) 应检查重要服务器操作系统和重要数据库管理系统的身份鉴别策略，查看是否配置了登录失败处理功能、设置了非法登录次数的限制值；查看是否设置网络登录连接超时，并自动退出；

d) 应访谈系统管理员和数据库管理员，询问是否对操作系统和数据库管理系统采用了远程管理方式，如果采用远程管理方式，查看是否具有防止鉴别信息在网络传输过程中被窃听的措施；

e) 应检查重要服务器操作系统和重要数据库管理系统账户列表，查看管理员用户名或 UID 分配是否唯一。

6.1.3.1.3 结果判定

如果 6.1.3.1.2 中 a)～e)均为肯定，则信息系统符合本单元测评指标要求，否则，信息系统不符合或部分符合本单元测评指标要求。

6.1.3.2 访问控制

6.1.3.2.1 测评指标

见 GB/T 22239—2008 中 6.1.3.2。

6.1.3.2.2 测评实施

本项要求包括：

a) 应检查重要服务器操作系统的访问控制策略，查看是否对重要文件的访问权限进行了限制，对系统不需要的服务、共享路径等进行了禁用或删除；

b) 应检查重要数据库管理系统的特权用户和重要操作系统的特权用户，查看不同管理员的系统账户权限是否不同，且不应由同一人担任；

c) 应检查重要服务器操作系统和重要数据库管理系统的访问控制策略，查看是否已禁用或者限制匿名/默认账户的访问权限，是否重命名系统默认账户、修改这些账户的默认口令；

d) 应检查重要服务器操作系统和重要数据库管理系统的访问控制策略，是否删除了系统中多余的、过期的以及共享的账户；

e) 应检查重要服务器操作系统和重要数据库管理系统的权限设置情况，查看是否依据安全策略对用户权限进行了限制。

6.1.3.2.3 结果判定

如果 6.1.3.2.2 中 a)～e)均为肯定，则信息系统符合本单元测评指标要求，否则，信息系统不符合或部分符合本单元测评指标要求。

6.1.3.3 安全审计

6.1.3.3.1 测评指标

见 GB/T 22239—2008 中 6.1.3.3。

6.1.3.3.2 测评实施

本项要求包括：

a) 应检查重要服务器操作系统和重要数据库管理系统的安全审计策略，查看安全审计配置是否包括系统内重要用户行为、系统资源的异常和重要系统命令的使用等重要的安全相关事件；

b) 应检查重要服务器操作系统和重要数据库管理系统的安全审计策略，查看审计记录信息是否包括事件发生的日期与时间、触发事件的主体与客体、事件的类型、事件成功或失败、事件的结果等内容；

c) 应检查重要服务器操作系统和重要数据库管理系统的安全审计策略，查看是否通过日志覆盖周期、存储方式、日志文件/空间大小、日志文件操作权限等设置，实现了对审计记录的保护，使其避免受到未预期的删除、修改或覆盖等。

6.1.3.3.3 结果判定

如果6.1.3.3.2中a)～c)均为肯定，则信息系统符合本单元测评指标要求，否则，信息系统不符合或部分符合本单元测评指标要求。

6.1.3.4 入侵防范

6.1.3.4.1 测评指标

见GB/T 22239—2008中6.1.3.4。

6.1.3.4.2 测评实施

本项要求包括：

a) 应访谈系统管理员，询问重要服务器操作系统和重要数据库管理系统中所安装的系统组件和应用程序是否都是必须的；

b) 应检查是否设置了专门的升级服务器实现对重要服务器操作系统补丁的升级；

c) 应检查重要服务器操作系统和重要数据库管理系统的补丁是否得到了及时更新。

6.1.3.4.3 结果判定

如果6.1.3.4.2中a)～c)均为肯定，则信息系统符合本单元测评指标要求，否则，信息系统不符合或部分符合本单元测评指标要求。

6.1.3.5 恶意代码防范

6.1.3.5.1 测评指标

见GB/T 22239—2008中6.1.3.5。

6.1.3.5.2 测评实施

本项要求包括：

a) 应检查重要服务器的恶意代码防范策略，查看是否安装了实时检测与查杀恶意代码的软件产品，并且及时更新了软件版本和恶意代码库；

b) 应检查防恶意代码软件是否实现了统一管理。

6.1.3.5.3 结果判定

如果6.1.3.5.2中a)和b)均为肯定，则信息系统符合本单元测评指标要求，否则，信息系统不符合或部分符合本单元测评指标要求。

6.1.3.6 资源控制

6.1.3.6.1 测评指标

见 GB/T 22239—2008 中 6.1.3.6。

6.1.3.6.2 测评实施

本项要求包括：

a) **应检查重要服务器操作系统和重要数据库管理系统的资源控制策略，查看是否设定终端接入方式、网络地址范围等条件限制终端登录；**

b) **应检查访问重要服务器的终端是否都设置了操作超时锁定的配置；**

c) **应检查重要服务器操作系统和重要数据库管理系统的资源控制策略，查看是否设置了单个用户或应用对系统资源的最大或最小使用限度。**

6.1.3.6.3 结果判定

如果 6.1.3.6.2 中 a)～c)均为肯定，则信息系统符合本单元测评指标要求，否则，信息系统不符合或部分符合本单元测评指标要求。

6.1.4 应用安全

6.1.4.1 身份鉴别

6.1.4.1.1 测评指标

见 GB/T 22239—2008 中 6.1.4.1。

6.1.4.1.2 测评实施

本项要求包括：

a) 应检查关键应用系统，查看是否提供身份标识和鉴别功能；

b) 应检查关键应用系统，查看是否采用了措施保证身份标识具有唯一性，**是否对登录用户的口令最小长度、复杂度和更换周期等进行了要求和限制，保证身份鉴别信息不易被冒用；**

c) 应检查关键应用系统，查看其提供的登录失败处理功能，是否根据安全策略设置了登录失败次数等参数；

d) **应测试关键应用系统，可通过试图以合法和非法用户分别登录系统，查看是否成功，验证身份标识和鉴别功能是否有效；**

e) **应测试关键应用系统，可通过多次输入错误的密码，查看系统的处理方式，验证登录失败处理功能是否有效。**

6.1.4.1.3 结果判定

如果 6.1.4.1.2 中 a)～e)均为肯定，则信息系统符合本单元测评指标要求，否则，信息系统不符合或部分符合本单元测评指标要求。

6.1.4.2 访问控制

6.1.4.2.1 测评指标

见 GB/T 22239—2008 中 6.1.4.2。

6.1.4.2.2 测评实施

本项要求包括：

a) 应检查关键应用系统，查看系统是否提供访问控制功能控制用户对客体的访问；
b) 应检查关键应用系统，查看其访问控制的覆盖范围是否包括与信息安全直接相关的主体、客体及它们之间的操作；访问控制的粒度是否达到主体为用户级，客体为文件、数据库表级；
c) 应检查关键应用系统，查看是否有由授权用户设置其他用户访问系统功能和用户数据的权限的功能，是否限制默认用户的访问权限，是否修改了这些账户的默认口令；
d) 应检查关键应用系统，查看是否删除多余的、过期的账户；
e) 应检查关键应用系统用户角色或权限的分配情况，查看是否授予不同账户为完成各自承担任务所需的最小权限，特权用户的权限是否分离，权限之间是否相互制约；
f) 应测试关键应用系统，可通过以不同权限的用户登录系统，查看其拥有的权限是否与系统赋予的权限一致，验证应用系统访问控制功能是否有效。

6.1.4.2.3 结果判定

如果6.1.4.2.2中a)～f)均为肯定，则信息系统符合本单元测评指标要求，否则，信息系统不符合或部分符合本单元测评指标要求。

6.1.4.3 安全审计

6.1.4.3.1 测评指标

见GB/T 22239—2008中6.1.4.3。

6.1.4.3.2 测评实施

本项要求包括：

a) 应检查关键应用系统，查看审计范围是否覆盖到每个用户，审计策略是否覆盖系统内重要的安全相关事件，例如，用户标识与鉴别、访问控制的所有操作记录、重要用户行为、系统资源的异常使用、重要系统命令的使用等；
b) 应检查关键应用系统的审计记录，查看是否包括事件发生的日期与时间、触发事件的主体与客体、事件的类型、事件成功或失败、身份鉴别事件中请求的来源、事件的结果等内容；
c) 应测试重要应用系统，在应用系统上试图产生一些重要的安全相关事件(如用户登录、修改用户权限等)，查看应用系统是否对其进行了审计，验证应用系统安全审计的覆盖情况是否覆盖到每个用户；如果进行了审计则查看审计记录内容是否包含事件的日期、时间、发起者信息、类型、描述和结果等；
d) 应测试重要应用系统，试图非授权删除、修改或覆盖审计记录，验证安全审计的保护情况是否无法非授权删除、修改或覆盖审计记录。

6.1.4.3.3 结果判定

如果6.1.4.3.2中a)～d)均为肯定，则信息系统符合本单元测评指标要求，否则，信息系统不符合或部分符合本单元测评指标要求。

6.1.4.4 通信完整性

6.1.4.4.1 测评指标

见GB/T 22239—2008中6.1.4.4。

6.1.4.4.2 测评实施

本项要求包括：

a) 应检查设计、验收文档或源代码，查看是否有关于保护通信完整性的描述，如果有则查看是否依据校验码判断对方数据包的有效性；

b) 应测试关键应用系统，可通过获取通信双方的数据包，查看通信报文中是否含有校验码。

6.1.4.4.3 结果判定

如果6.1.4.4.2中a)和b)均为肯定，则信息系统符合本单元测评指标要求，否则，信息系统不符合或部分符合本单元测评指标要求。

6.1.4.5 通信保密性

6.1.4.5.1 测评指标

见GB/T 22239—2008中6.1.4.5。

6.1.4.5.2 测评实施

本项要求包括：

a) 应检查设计、验收文档或源代码，查看是否有关于保护通信保密性的说明，如果有则查看在通信双方建立连接之前利用密码技术进行会话初始化验证的描述，以及对通信过程中的敏感信息字段进行加密的描述；

b) 应测试关键应用系统，通过查看通信双方数据包的内容，查看系统是否能在通信双方建立连接之前，利用密码技术进行会话初始化验证（如SSL建立加密通道前是否利用密码技术进行了会话初始化验证）；系统在通信过程中，对敏感信息字段是否进行加密。

6.1.4.5.3 结果判定

如果6.1.4.5.2中a)和b)均为肯定，则信息系统符合本单元测评指标要求，否则，信息系统不符合或部分符合本单元测评指标要求。

6.1.4.6 软件容错

6.1.4.6.1 测评指标

见GB/T 22239—2008中6.1.4.6。

6.1.4.6.2 测评实施

本项要求包括：

a) 应检查设计或验收文档，查看是否有对人机接口输入或通信接口输入的数据进行有效性检验，在故障发生时继续提供一部分功能确保实施必要的措施的描述；

b) 应测试关键应用系统，查看应用系统是否能明确拒绝不符合格式要求数据；

c) 应测试关键应用系统，验证在故障发生时是否继续提供一部分功能，确保能够实施必要的措施。

6.1.4.6.3 结果判定

如果6.1.4.6.2中a)～c)均为肯定，则信息系统符合本单元测评指标要求，否则，信息系统不符合或部分符合本单元测评指标要求。

6.1.4.7 资源控制

6.1.4.7.1 测评指标

见 GB/T 22239—2008 中 6.1.4.7。

6.1.4.7.2 测评实施

本项要求包括：

a) **应检查关键应用系统的配置参数，查看是否提供对最大并发会话连接数进行限制；**

b) **应测试关键应用系统，查看能否对单个账户的多重并发会话进行限制；**

c) **应测试关键应用系统，当通信双方中的一方在一段时间内未作任何响应，查看另一方是否能够自动结束会话。**

6.1.4.7.3 结果判定

如果 6.1.4.7.2 中 a)～c)均为肯定，则信息系统符合本单元测评指标要求，否则，信息系统不符合或部分符合本单元测评指标要求。

6.1.5 数据安全及备份恢复

6.1.5.1 数据完整性

6.1.5.1.1 测评指标

见 GB/T 22239—2008 中 6.1.5.1。

6.1.5.1.2 测评实施

本项要求包括：

a) **如果关键网络设备、关键主机操作系统和关键数据库管理系统能够进行远程管理，则应查看其能否检测鉴别信息在传输过程中完整性受到了破坏；**

b) 应检查应用系统的设计、验收文档或源代码，查看是否有关于能检测鉴别信息和重要业务数据传输过程中完整性受到破坏的描述。

6.1.5.1.3 结果判定

如果 6.1.5.1.2 中 a)和 b)均为肯定，则信息系统符合本单元测评指标要求，否则，信息系统不符合或部分符合本单元测评指标要求。

6.1.5.2 数据保密性

6.1.5.2.1 测评指标

见 GB/T 22239—2008 中 6.1.5.2。

6.1.5.2.2 测评实施

应检查关键网络设备、关键主机操作系统、关键数据库管理系统和关键应用系统，查看其鉴别信息是否采用加密或其他有效措施实现了存储保密性。

6.1.5.2.3 结果判定

如果6.1.5.2.2为肯定，则信息系统符合本单元测评指标要求，否则，信息系统不符合或部分符合本单元测评指标要求。

6.1.5.3 备份和恢复

6.1.5.3.1 测评指标

见GB/T 22239—2008中6.1.5.3。

6.1.5.3.2 测评实施

本项要求包括：

a) 应检查是否对关键网络设备、关键主机操作系统、关键数据库管理系统和关键应用系统的重要信息进行了备份，并定期进行恢复测试；

b) **应检查关键网络设备、通信线路和数据处理系统（如包含数据库管理系统在内的数据库服务器）是否提供硬件冗余。**

6.1.5.3.3 结果判定

如果6.1.5.3.2中a)和b)均为肯定，则信息系统符合本单元测评指标要求，否则，信息系统不符合或部分符合本单元测评指标要求。

6.2 安全管理测评

6.2.1 安全管理制度

6.2.1.1 管理制度

6.2.1.1.1 测评指标

见GB/T 22239—2008中6.2.1.1。

6.2.1.1.2 测评实施

本项要求包括：

a) **应检查信息安全工作的总体方针和安全策略文件，查看文件是否明确机构安全工作的总体目标、范围、原则和安全框架等；**

b) 应检查各项安全管理制度，查看是否覆盖物理、网络、主机系统、数据、应用、建设和运维等层面的**管理内容；**

c) **应检查是否具有重要管理操作的操作规程（如系统维护手册和用户操作规程等）。**

6.2.1.1.3 结果判定

如果6.2.1.1.2中a)～c)均为肯定，则信息系统符合本单元测评指标要求，否则，信息系统不符合或部分符合本单元测评指标要求。

6.2.1.2 制定和发布

6.2.1.2.1 测评指标

见GB/T 22239—2008中6.2.1.2。

6.2.1.2.2 测评实施

本项要求包括：

a) 应访谈安全主管，询问是否由专门的部门或人员负责制定安全管理制度；
b) 应访谈安全主管，询问安全管理制度是否能够发布到相关人员手中，是否对制定的安全管理制度进行论证和审定；
c) 应检查管理制度评审记录，查看是否有相关人员的评审意见。

6.2.1.2.3 结果判定

如果6.2.1.2.2中a)～c)均为肯定，则信息系统符合本单元测评指标要求，否则，信息系统不符合或部分符合本单元测评指标要求。

6.2.1.3 评审和修订

6.2.1.3.1 测评指标

见GB/T 22239—2008中6.2.1.3。

6.2.1.3.2 测评实施

本项要求包括：

a) 应访谈安全主管，询问是否定期对安全管理制度进行评审，发现存在不足或需要改进的是否进行修订；
b) 应检查是否具有安全管理制度评审记录；如果对制度做过修订，检查是否有修订版本的安全管理制度。

6.2.1.3.3 结果判定

如果6.2.1.3.2中a)和b)均为肯定，则信息系统符合本单元测评指标要求，否则，信息系统不符合或部分符合本单元测评指标要求。

6.2.2 安全管理机构

6.2.2.1 岗位设置

6.2.2.1.1 测评指标

见GB/T 22239—2008中6.2.2.1。

6.2.2.1.2 测评实施

本项要求包括：

a) 应访谈安全主管，询问信息系统是否设置了系统管理员、网络管理员和安全管理员等岗位，各个岗位的职责分工是否明确；是否设立安全管理各个方面的负责人；
b) 应检查岗位职责文档，查看文档是否明确设置安全主管、安全管理各个方面的负责人、系统管理员、网络管理员和安全管理员等各个岗位，各个岗位的职责范围是否清晰、明确。

6.2.2.1.3 结果判定

如果6.2.2.1.2中a)和b)均为肯定，则信息系统符合本单元测评指标要求，否则，信息系统不符合或部分符合本单元测评指标要求。

6.2.2.2 人员配备

6.2.2.2.1 测评指标

见 GB/T 22239—2008 中 6.2.2.2。

6.2.2.2.2 测评实施

本项要求包括：

a) 应访谈安全主管，询问各个安全管理岗位是否配备了一定数量的人员；

b) 应检查安全管理各岗位人员信息表，查看其是否明确系统管理员、网络管理员、安全管理员等重要岗位人员的信息，查看安全管理员是否没有兼任网络管理员、系统管理员、数据库管理员等岗位。

6.2.2.2.3 结果判定

如果 6.2.2.2.2 中 a)和 b)均为肯定，则信息系统符合本单元测评指标要求，否则，信息系统不符合或部分符合本单元测评指标要求。

6.2.2.3 授权和审批

6.2.2.3.1 测评指标

见 GB/T 22239—2008 中 6.2.2.3。

6.2.2.3.2 测评实施

本项要求包括：

a) 应访谈安全主管，询问其是否对信息系统中的关键活动进行审批，审批活动是否得到授权；

b) 应检查审批管理制度文档，查看文档是否明确系统投入运行、网络系统接入和重要资源的访问等关键活动的审批部门、批准人和审批程序；

c) 应检查经审批的文档，查看审批程序与文件要求是否一致，是否有批准人的签字和审批部门的盖章。

6.2.2.3.3 结果判定

如果 6.2.2.3.2 中 a)～c)均为肯定，则信息系统符合本单元测评指标要求，否则，信息系统不符合或部分符合本单元测评指标要求。

6.2.2.4 沟通和合作

6.2.2.4.1 测评指标

见 GB/T 22239—2008 中 6.2.2.4。

6.2.2.4.2 测评实施

本项要求包括：

a) 应访谈安全主管，询问是否与公安机关、电信公司和兄弟单位建立联系，信息安全职能部门内部之间、各类管理人员之间以及与组织机构内其他部门之间是否建立交流和沟通机制；

b) 应检查部门间和部门内部沟通和合作的相关文档，查看是否包括工作内容、参加人员等的描述；

c) 应检查外联单位说明文档，查看外联单位是否包含公安机关、电信公司及兄弟单位等，是否说明外联单位的联系人和联系方式等内容。

6.2.2.4.3 结果判定

如果6.2.2.4.2中a)～c)均为肯定，则信息系统符合本单元测评指标要求，否则，信息系统不符合或部分符合本单元测评指标要求。

6.2.2.5 审核和检查

6.2.2.5.1 测评指标

见GB/T 22239—2008中6.2.2.5。

6.2.2.5.2 测评实施

本项要求包括：

a) 应访谈安全管理员，询问是否定期检查系统日常运行、系统漏洞和数据备份等情况；

b) 应检查安全管理员定期实施安全检查的记录，查看检查内容是否包括系统日常运行、系统漏洞和数据备份等情况。

6.2.2.5.3 结果判定

如果6.2.2.5.2中a)和b)均为肯定，则信息系统符合本单元测评指标要求，否则，信息系统不符合或部分符合本单元测评指标要求。

6.2.3 人员安全管理

6.2.3.1 人员录用

6.2.3.1.1 测评指标

见GB/T 22239—2008中6.2.3.1。

6.2.3.1.2 测评实施

本项要求包括：

a) 应访谈人事负责人，询问是否由专门的部门或人员负责人员的录用工作；

b) 应访谈人事负责人，询问在人员录用时是否对被录用人的身份、背景和专业资格进行审查，对技术人员的技术技能进行考核；

c) 应访谈人事负责人，询问录用后是否与从事关键岗位的人员签署保密协议；

d) 应检查人员录用管理文档，查看是否说明录用人员应具备的条件(如学历、学位要求，技术人员应具备的专业技术水平，管理人员应具备的安全管理知识等)；

e) 应检查是否具有人员录用时对录用人身份、背景和专业资格等进行审查的相关文档或记录，查看是否记录审查内容和审查结果等；

f) 应检查人员录用时的技能考核文档或记录，查看是否记录考核内容和考核结果等；

g) 应检查保密协议，查看是否有保密范围、保密责任、违约责任、协议的有效期限和责任人签字等内容。

6.2.3.1.3 结果判定

如果6.2.3.1.2中a)～g)均为肯定,则信息系统符合本单元测评指标要求,否则,信息系统不符合或部分符合本单元测评指标要求。

6.2.3.2 人员离岗

6.2.3.2.1 测评指标

见GB/T 22239—2008中6.2.3.2。

6.2.3.2.2 测评实施

本项要求包括:

a) 应访谈安全主管,询问是否及时终止离岗人员的所有访问权限,是否取回各种身份证件、钥匙、徽章以及机构提供的软硬件设备等;
b) **应访谈人事负责人,询问人员离岗是否遵循严格的调离手续;**
c) 应检查是否具有离岗人员交还身份证件、设备等的登记记录;
d) **应检查是否具有按照离岗程序办理调离手续的记录。**

6.2.3.2.3 结果判定

如果6.2.3.2.2中a)～d)均为肯定,则信息系统符合本单元测评指标要求,否则,信息系统不符合或部分符合本单元测评指标要求。

6.2.3.3 人员考核

6.2.3.3.1 测评指标

见GB/T 22239—2008中6.2.3.3。

6.2.3.3.2 测评实施

本项要求包括:

a) **应访谈安全主管,询问是否定期对各个岗位人员进行安全技能及安全知识的考核;**
b) **应检查考核记录,查看考核人员是否包括各个岗位的人员,考核内容是否包含安全知识、安全技能等。**

6.2.3.3.3 结果判定

如果6.2.3.3.2中a)和b)均为肯定,则信息系统符合本单元测评指标要求,否则,信息系统不符合或部分符合本单元测评指标要求。

6.2.3.4 安全意识教育和培训

6.2.3.4.1 测评指标

见GB/T 22239—2008中6.2.3.4。

6.2.3.4.2 测评实施

本项要求包括:

a) 应访谈安全主管，询问是否**制定培训计划并按计划**对各个岗位人员进行安全教育和培训；**是否对违反安全策略和规定的人员进行惩戒；**

b) **应检查安全教育和培训计划文档，查看计划是否明确了培训方式、培训对象、培训内容、培训时间和地点等，培训内容是否包含信息安全基础知识、岗位操作规程等；**

c) **应检查安全教育和培训记录，查看记录是否有培训人员、培训内容、培训结果等的描述。**

6.2.3.4.3 结果判定

如果6.2.3.4.2中a)～c)均为肯定，则信息系统符合本单元测评指标要求，否则，信息系统不符合或部分符合本单元测评指标要求。

6.2.3.5 外部人员访问管理

6.2.3.5.1 测评指标

见GB/T 22239—2008中6.2.3.5。

6.2.3.5.2 测评实施

本项要求包括：

a) 应访谈安全主管，询问外部人员访问重要区域（如访问机房、重要服务器或设备区等）是否需经有关部门或负责人批准，**是否由专人全程陪同或监督，是否进行记录并备案管理；**

b) 应检查外部人员访问管理文档，查看是否具有规范外部人员访问机房等重要区域需经过相关部门或负责人批准的管理要求；

c) **应检查外部人员访问重要区域的登记记录，查看是否记录了外部人员访问重要区域的进入时间、离开时间、访问区域及陪同人等信息。**

6.2.3.5.3 结果判定

如果6.2.3.5.2中a)～c)均为肯定，则信息系统符合本单元测评指标要求，否则，信息系统不符合或部分符合本单元测评指标要求。

6.2.4 系统建设管理

6.2.4.1 系统定级

6.2.4.1.1 测评指标

见GB/T 22239—2008中6.2.4.1。

6.2.4.1.2 测评实施

本项要求包括：

a) 应访谈系统建设负责人，询问是否参照定级指南确定信息系统安全保护等级；

b) 应检查系统定级文档，查看文档是否明确信息系统的边界和信息系统的安全保护等级，是否说明定级的方法和理由，是否有相关部门或主管领导的盖章或签名。

6.2.4.1.3 结果判定

如果6.2.4.1.2中a)和b)均为肯定，则信息系统符合本单元测评指标要求，否则，信息系统不符合或部分符合本单元测评指标要求。

6.2.4.2 安全方案设计

6.2.4.2.1 测评指标

见 GB/T 22239—2008 中 6.2.4.2。

6.2.4.2.2 测评实施

本项要求包括：

a) 应访谈系统建设负责人，询问是否依据风险分析的结果补充和调整过安全措施，具体做过哪些调整；
b) **应访谈系统建设负责人，询问安全设计方案是否经过论证和审定，是否经过审批；**
c) 应检查系统的安全设计方案，查看方案是否描述系统的安全保护等级，是否描述系统的安全保护策略，是否根据系统的安全级别选择了安全措施；
d) 应检查系统的安全设计方案，查看是否详细描述安全措施的实现内容，是否有安全产品的功能、性能和部署等描述，是否有安全建设的费用和计划等；
e) **应检查安全设计方案专家论证评审记录或文档，查看是否有相关部门和有关安全技术专家对安全设计方案的评审意见。**

6.2.4.2.3 结果判定

如果 6.2.4.2.2 中 a)～e)均为肯定，则信息系统符合本单元测评指标要求，否则，信息系统不符合或部分符合本单元测评指标要求。

6.2.4.3 产品采购和使用

6.2.4.3.1 测评指标

见 GB/T 22239—2008 中 6.2.4.3。

6.2.4.3.2 测评实施

本项要求包括：

a) **应访谈系统建设负责人，询问是否有专门的部门负责产品的采购，由何部门负责；**
b) **应访谈系统建设负责人，询问系统是否采用了密码产品，密码产品的采购和使用是否符合国家密码主管部门的要求；**
c) 应访谈系统建设负责人，询问系统使用的有关信息安全产品是否符合国家的有关规定，如安全产品获得了销售许可证等；
d) **应抽样检查安全产品和密码产品的相关凭证，如销售许可等，查看是否使用了符合国家有关规定产品。**

6.2.4.3.3 结果判定

如果 6.2.4.3.2 中 a)～d)均为肯定，则信息系统符合本单元测评指标要求，否则，信息系统不符合或部分符合本单元测评指标要求。

6.2.4.4 自行软件开发

6.2.4.4.1 测评指标

见 GB/T 22239—2008 中 6.2.4.4。

6.2.4.4.2 测评实施

本项要求包括：

a) 应访谈系统建设负责人，询问是否进行自主开发软件；
b) 应访谈系统建设负责人，询问自主开发软件是否在独立的环境中完成编码和调试，如相对独立的网络区域，询问软件设计相关文档是否由专人负责保管，负责人是何人；
c) **应检查是否有软件开发方面的管理制度，查看文件是否明确软件设计、开发、测试、验收过程的控制方法和人员行为准则，是否明确哪些开发活动应经过授权、审批等；**
d) **应检查是否具有软件使用指南或操作手册等；**
e) 应检查网络拓扑图和实际开发环境，查看是否实际运行环境和开发环境有效隔离。

6.2.4.4.3 结果判定

如果6.2.4.4.2中a)～e)均为肯定，则信息系统符合本单元测评指标要求，否则，信息系统不符合或部分符合本单元测评指标要求。

6.2.4.5 外包软件开发

6.2.4.5.1 测评指标

见GB/T 22239—2008中6.2.4.5。

6.2.4.5.2 测评实施

本项要求包括：

a) 应访谈系统建设负责人，询问软件交付前是否依据开发要求的技术指标对软件功能和性能等进行验收测试，软件安装之前是否检测软件中的恶意代码；
b) **应访谈系统建设负责人，是否要求开发单位提供源代码，是否根据源代码对软件中可能存在的后门进行审查；**
c) 应检查是否具有软件开发的相关文档，如需求分析说明书、软件设计说明书等，是否具有软件操作手册或使用指南；
d) **应检查部分软件源代码，查看是否具有源代码。**

6.2.4.5.3 结果判定

如果6.2.4.5.2中a)～d)均为肯定，则信息系统符合本单元测评指标要求，否则，信息系统不符合或部分符合本单元测评指标要求。

6.2.4.6 工程实施

6.2.4.6.1 测评指标

见GB/T 22239—2008中6.2.4.6。

6.2.4.6.2 测评实施

本项要求包括：

a) 应访谈系统建设负责人，询问是否指定专门部门或人员对工程实施过程进行进度和质量控制，由何部门/何人负责；
b) **应检查工程实施方案，查看其是否包括工程时间限制、进度控制和质量控制等方面内容。**

6.2.4.6.3 结果判定

如果6.2.4.6.2中a)和b)均为肯定，则信息系统符合本单元测评指标要求，否则，信息系统不符合或部分符合本单元测评指标要求。

6.2.4.7 测试验收

6.2.4.7.1 测评指标

见GB/T 22239—2008中6.2.4.7。

6.2.4.7.2 测评实施

本项要求包括：

a) 应访谈系统建设负责人，询问在信息系统建设完成后是否对其进行安全性测试验收；
b) 应检查是否具有工程测试验收方案，查看其是否明确说明参与测试的部门、人员、测试验收内容、现场操作过程等内容；
c) 应检查是否具有系统测试验收报告，**是否有相关部门和人员对系统测试验收报告进行审定的意见。**

6.2.4.7.3 结果判定

如果6.2.4.7.2中a)～c)均为肯定，则信息系统符合本单元测评指标要求，否则，信息系统不符合或部分符合本单元测评指标要求。

6.2.4.8 系统交付

6.2.4.8.1 测评指标

见GB/T 22239—2008中6.2.4.8。

6.2.4.8.2 测评实施

本项要求包括：

a) 应访谈系统建设负责人，询问系统交接工作是否根据交付清单对所交接的设备、文档、软件等进行清点；
b) 应访谈系统建设负责人，询问系统正式运行前是否对运行维护人员进行过培训，针对哪些方面进行过培训；
c) 应检查是否具有系统交付清单，查看交付清单是否说明系统交付的各类设备、软件、文档等；
d) 应检查系统交付提交的文档，查看是否有指导用户进行系统运维的文档等；
e) **应检查是否有系统交付技术培训记录，查看是否包括培训内容、培训时间和参与人员等。**

6.2.4.8.3 结果判定

如果6.2.4.8.2中a)～e)均为肯定，则信息系统符合本单元测评指标要求，否则，信息系统不符合或部分符合本单元测评指标要求。

6.2.4.9 安全服务商选择

6.2.4.9.1 测评指标

见GB/T 22239—2008中6.2.4.9。

6.2.4.9.2 测评实施

本项要求包括：

a) 应访谈系统建设负责人，询问信息系统选择的安全服务商有哪些，是否符合国家有关规定；
b) 应检查是否具有与安全服务商签订的安全责任合同书或保密协议等文档，查看其内容是否包含保密范围、安全责任、违约责任、协议的有效期限和责任人的签字等；
c) **应检查是否具有与安全服务商签订的服务合同或安全责任合同书，查看是否明确了后期的技术支持和服务承诺等内容。**

6.2.4.9.3 结果判定

如果6.2.4.9.2中a)～c)均为肯定，则信息系统符合本单元测评指标要求，否则，信息系统不符合或部分符合本单元测评指标要求。

6.2.5 系统运维管理

6.2.5.1 环境管理

6.2.5.1.1 测评指标

见GB/T 22239—2008中6.2.5.1。

6.2.5.1.2 测评实施

本项要求包括：

a) 应访谈系统运维负责人，询问是否有专门的部门或人员对机房供配电、空调、温湿度控制等设施进行定期维护，由何部门/何人负责，维护周期多长；
b) 应访谈系统运维负责人，询问是否有专门的部门或人员对机房的出入、服务器开机/关机等日常工作进行管理，由何部门/何人负责；
c) **应访谈系统运维负责人，询问为保证办公环境的保密性采取了哪些控制措施，在哪个区域接待来访人员，工作人员调离时是否收回办公室钥匙等；**
d) 应检查是否有机房安全管理制度，查看其内容是否覆盖机房物理访问、物品带进/带出机房和机房环境安全等方面；
e) **应检查是否具有空调、温湿度控制等机房设施的维护保养记录，表明定期对这些设施进行了维护保养。**

6.2.5.1.3 结果判定

如果6.2.5.1.2中a)～e)均为肯定，则信息系统符合本单元测评指标要求，否则，信息系统不符合或部分符合本单元测评指标要求。

6.2.5.2 资产管理

6.2.5.2.1 测评指标

见GB/T 22239—2008中6.2.5.2。

6.2.5.2.2 测评实施

本项要求包括：

a) 应访谈系统运维负责人，询问是否有资产管理的责任人员或部门，由何部门/何人负责；
b) 应检查是否有资产清单，查看其内容是否覆盖资产责任部门、责任人、所处位置和重要程度等方面；
c) 应检查是否有资产安全管理方面的制度，查看是否明确信息资产管理的责任部门、责任人，查看其内容是否覆盖资产使用、借用、维护等方面。

6.2.5.2.3 结果判定

如果 6.2.5.2.2 中 a)～c)均为肯定，则信息系统符合本单元测评指标要求，否则，信息系统不符合或部分符合本单元测评指标要求。

6.2.5.3 介质管理

6.2.5.3.1 测评指标

见 GB/T 22239—2008 中 6.2.5.3。

6.2.5.3.2 测评实施

本项要求包括：
a) 应访谈资产管理员，询问介质的存放环境是否采取保护措施防止介质被盗、被毁等；
b) 应访谈资产管理员，询问是否根据介质的目录清单对介质的使用现状进行定期检查；
c) 应访谈资产管理员，询问是否将介质保管在一个特定环境里，有专人负责，并根据重要性对介质进行分类和标识；
d) 应访谈资产管理员，询问对送出维修或销毁的介质在送出之前是否对介质内存储数据进行净化处理；
e) 应检查介质使用管理记录，查看其是否记录介质归档和使用等情况；
f) 应检查介质存储环境，查看是否对其进行了分类，并具有不同标识。

6.2.5.3.3 结果判定

如果 6.2.5.3.2 中 a)～f)均为肯定，则信息系统符合本单元测评指标要求，否则，信息系统不符合或部分符合本单元测评指标要求。

6.2.5.4 设备管理

6.2.5.4.1 测评指标

见 GB/T 22239—2008 中 6.2.5.4。

6.2.5.4.2 测评实施

本项要求包括：
a) 应访谈系统运维负责人，询问是否有专门的部门或人员对各种设备、线路进行定期维护，由何部门/何人负责，维护周期多长；
b) 应检查是否有设备安全管理制度，查看其内容是否对各种软硬件设备的选型、采购、发放和领用等环节进行规定；
c) 应检查设备安全管理制度中是否有对终端计算机、便携机和网络设备等使用方式、操作原则、注意事项等方面的规定，是否有信息处理设备必须经过审批才能带离机房或办公地点的要求。

6.2.5.4.3 结果判定

如果6.2.5.4.2中a)～c)均为肯定，则信息系统符合本单元测评指标要求，否则，信息系统不符合或部分符合本单元测评指标要求。

6.2.5.5 网络安全管理

6.2.5.5.1 测评指标

见GB/T 22239—2008中6.2.5.5。

6.2.5.5.2 测评实施

本项要求包括：

a) 应访谈系统运维负责人，询问是否指定专门的部门或人员负责网络管理，维护网络运行日志、监控记录，分析处理报警信息等；
b) 应访谈网络管理员，询问是否定期对网络进行漏洞扫描，扫描周期多长，发现漏洞是否及时修补；
c) **应访谈网络管理员，询问是否根据厂家提供的软件升级版本对网络设备进行过升级，目前的版本号为多少，升级前是否对重要文件进行备份，采取什么方式备份；**
d) **应访谈网络管理员，网络的外联种类有哪些，是否都得到授权与批准，由何部门或何人批准，申请和批准的过程；**
e) **应检查是否有网络安全管理制度，查看其是否覆盖网络安全配置、安全策略、升级与打补丁、授权访问、日志保存时间、口令更新周期等方面内容；**
f) 应检查是否有网络漏洞扫描报告，检查扫描时间间隔与扫描周期是否一致；
g) **应检查是否具有网络设备配置文件的备份文件；**
h) **应检查是否具有内部网络外联的授权批准书。**

6.2.5.5.3 结果判定

如果6.2.5.5.2中a)～h)均为肯定，则信息系统符合本单元测评指标要求，否则，信息系统不符合或部分符合本单元测评指标要求。

6.2.5.6 系统安全管理

6.2.5.6.1 测评指标

见GB/T 22239—2008中6.2.5.6。

6.2.5.6.2 测评实施

本项要求包括：

a) 应访谈系统运维负责人，询问是否指定专门的部门或人员负责系统管理，如根据业务需求和系统安全分析制定系统的访问控制策略，控制分配文件及服务的访问权限；
b) **应访谈系统管理员，询问系统日常管理的主要内容，是否有操作规程指导日常管理工作，包括重要的日常操作、参数的设置和修改等；**
c) 应访谈系统管理员，询问是否定期对系统进行漏洞扫描，扫描周期多长，发现漏洞是否及时修补，在安装系统补丁前是否对重要文件进行备份，**是否先在测试环境中测试通过再安装；**
d) **应检查是否有系统安全管理制度，查看其内容是否覆盖系统安全策略、安全配置、日志管理和**

日常操作流程等方面；

e) 应检查是否有系统漏洞扫描报告，检查扫描时间间隔与扫描周期是否一致；

f) 应检查是否有详细日常运行维护操作日志。

6.2.5.6.3 结果判定

如果6.2.5.6.2中a)～f)均为肯定，则信息系统符合本单元测评指标要求，否则，信息系统不符合或部分符合本单元测评指标要求。

6.2.5.7 恶意代码防范管理

6.2.5.7.1 测评指标

见GB/T 22239—2008中6.2.5.7。

6.2.5.7.2 测评实施

本项要求包括：

a) 应访谈系统运维负责人，询问是否对员工进行基本恶意代码防范意识的教育，是否告知应及时升级软件版本，使用外来设备、网络上接收文件和外来计算机或存储设备接入网络系统之前进行病毒检查等；

b) 应访谈系统运维负责人，询问是否指定专人对恶意代码进行检测，发现病毒后是否及时处理；

c) 应检查是否有恶意代码防范方面的管理制度，查看其内容是否覆盖防恶意代码软件的授权使用、恶意代码库升级、定期汇报等方面。

6.2.5.7.3 结果判定

如果6.2.5.7.2中a)～c)均为肯定，则信息系统符合本单元测评指标要求，否则，信息系统不符合或部分符合本单元测评指标要求。

6.2.5.8 密码管理

6.2.5.8.1 测评指标

见GB/T 22239—2008中6.2.5.8。

6.2.5.8.2 测评实施

应访谈系统运维负责人，询问系统中是否使用密码技术和产品，密码技术和产品的使用是否遵照国家密码管理规定。

6.2.5.8.3 结果判定

如果6.2.5.8.2为肯定，则信息系统符合本单元测评指标要求，否则，信息系统不符合或部分符合本单元测评指标要求。

6.2.5.9 变更管理

6.2.5.9.1 测评指标

见GB/T 22239—2008中6.2.5.9。

6.2.5.9.2 测评实施

本项要求包括：

a) 应访谈系统运维负责人，询问是否针对系统的重大变更制定变更方案指导系统变更工作的开展；

b) 应访谈系统运维负责人，询问重要系统变更前是否得到有关领导的批准，由何人批准，对发生的变更情况是否通知了所有相关人员，以何种方式通知；

c) 应检查系统变更方案，查看其是否覆盖变更类型、变更原因、变更过程、变更前评估等方面内容；

d) 应检查重要系统的变更申请书，查看其是否有主管领导的批准签字。

6.2.5.9.3 结果判定

如果6.2.5.9.2中a)～d)均为肯定，则信息系统符合本单元测评指标要求，否则，信息系统不符合或部分符合本单元测评指标要求。

6.2.5.10 备份与恢复管理

6.2.5.10.1 测评指标

见GB/T 22239—2008中6.2.5.10。

6.2.5.10.2 测评实施

本项要求包括：

a) 应访谈系统运维负责人，询问是否识别出需要定期备份的业务信息、系统数据和软件系统，主要有哪些；

b) 应检查备份管理文档，查看其是否明确了备份方式、备份频度、存储介质和保存期等方面内容；

c) 应检查数据备份和恢复策略文档，查看其内容是否覆盖备份数据的存放场所、文件命名规则、介质替换频率、数据离站传输方法等方面。

6.2.5.10.3 结果判定

如果6.2.5.10.2中a)～c)均为肯定，则信息系统符合本单元测评指标要求，否则，信息系统不符合或部分符合本单元测评指标要求。

6.2.5.11 安全事件处置

6.2.5.11.1 测评指标

见GB/T 22239—2008中6.2.5.11。

6.2.5.11.2 测评实施

本项要求包括：

a) 应访谈系统运维负责人，询问是否告知用户在发现安全弱点和可疑事件时应及时报告；

b) 应检查是否有安全事件报告和处置管理制度，查看其是否明确安全事件的级别，明确不同级别安全事件的报告和处置方式等内容；

c) 应检查安全事件处理记录，查看其是否记录引发安全事件的原因，是否记录事件处理过程，是否与管理规定的处理要求一致等。

6.2.5.11.3 结果判定

如果 6.2.5.11.2 中 a)～c)均为肯定，则信息系统符合本单元测评指标要求，否则，信息系统不符合或部分符合本单元测评指标要求。

6.2.5.12 应急预案管理

6.2.5.12.1 测评指标

见 GB/T 22239—2008 中 6.2.5.12。

6.2.5.12.2 测评实施

本项要求包括：

a) **应访谈系统运维负责人，询问是否制定不同事件的应急预案，是否对系统相关人员进行应急预案培训，多长时间举办一次；**

b) **应检查应急预案框架，查看其内容是否覆盖启动应急预案的条件、应急处理流程、系统恢复流程、事后教育和培训等方面；**

c) **应检查是否具有根据应急预案框架制定的不同事件的应急预案。**

6.2.5.12.3 结果判定

如果 6.2.5.12.2 中 a)～d)均为肯定，则信息系统符合本单元测评指标要求，否则，信息系统不符合或部分符合本单元测评指标要求。

7 第三级信息系统单元测评

7.1 安全技术测评

7.1.1 物理安全

7.1.1.1 物理位置的选择

7.1.1.1.1 测评指标

见 GB/T 22239—2008 中 7.1.1.1。

7.1.1.1.2 测评实施

本项要求包括：

a) 应访谈物理安全负责人，询问机房和办公场地所在建筑物是否具有防震、防风和防雨等能力；

b) 应检查是否有机房和办公场地所在建筑物抗震设防审批文档；

c) 应检查机房和办公场地所在建筑物是否具有防风和防雨等能力；

d) **应检查机房场地是否不在用水区域的垂直下方；**

e) **如果机房场地位于建筑物的高层或地下室或用水设备的隔壁，应检查机房是否采取了防水和防潮措施。**

7.1.1.1.3 结果判定

如果 7.1.1.1.2 中 a)～e)均为肯定，则信息系统符合本单元测评指标要求，否则，信息系统不符合或部分符合本单元测评指标要求。

7.1.1.2 物理访问控制

7.1.1.2.1 测评指标

见 GB/T 22239—2008 中 7.1.1.2。

7.1.1.2.2 测评实施

本项要求包括：

a) 应检查机房出入口是否有专人值守负责控制并鉴别进入机房的人员，是否有值守记录；
b) 应检查机房是否不存在专人值守之外的其他开放出入口；
c) 应检查是否有来访人员进入机房的登记记录；
d) 应检查是否有来访人员进入机房的申请、审批记录，查看申请、审批记录是否包括来访人员的访问范围；
e) **应检查来访人员进入机房时是否对其行为进行限制和监控；**
f) **应检查机房是否合理划分区域，是否在机房重要区域前设置交付或安装等过渡区域；是否在不同机房间和同一机房不同区域间设置了有效的物理隔离装置；**
g) **应检查重要区域是否配置了电子门禁系统，查看电子门禁系统是否有验收文档或产品安全认证资质；**
h) **应检查部署在机房重要区域的电子门禁系统是否正常工作(不考虑断电后的工作情况)；检查电子门禁系统记录，查看是否能够鉴别和记录进入人员的身份；检查是否有电子门禁系统运行、定期检查和维护记录。**

7.1.1.2.3 结果判定

如果 7.1.1.2.2 中 a)～h)均为肯定，则信息系统符合本单元测评指标要求，否则，信息系统不符合或部分符合本单元测评指标要求。

7.1.1.3 防盗窃和防破坏

7.1.1.3.1 测评指标

见 GB/T 22239—2008 中 7.1.1.3。

7.1.1.3.2 测评实施

本项要求包括：

a) 应检查**主要设备**等是否放置在机房内；
b) 应检查**主要设备**等或设备的主要部件是否固定；
c) 应检查**主要设备**等或设备的主要部件上是否设置明显的不易除去的标记；
d) 应检查通信线缆铺设是否暗敷或在不易被发现的地方；
e) 应检查**机房**是否安装防盗报警设施，防盗报警设施是否正常运行，并查看是否有防盗报警设施的运行记录、**定期检查和维护记录；**
f) 应检查介质是否有分类标识，是否分类存放在介质库或档案室内；
g) **应检查机房是否安装摄像、传感等监控报警系统，监控报警系统是否正常运行，并查看是否有监控报警系统的监控记录、定期检查和维护记录；**
h) **应检查是否有机房防盗报警设施和监控报警设施的安全资质材料、安装测试和验收报告。**

7.1.1.3.3 结果判定

如果7.1.1.3.2中a)～h)均为肯定，则信息系统符合本单元测评指标要求，否则，信息系统不符合或部分符合本单元测评指标要求。

7.1.1.4 防雷击

7.1.1.4.1 测评指标

见GB/T 22239—2008中7.1.1.4。

7.1.1.4.2 测评实施

本项要求包括：

a) 应访谈物理安全负责人，询问机房所在建筑物是否设置了避雷装置，是否通过验收或国家有关部门的技术检测；
b) 应访谈物理安全负责人，询问机房是否设置有交流电源地线；
c) 应检查机房所在建筑物的防雷验收文档中是否有设置避雷装置的说明；
d) 应检查机房防雷验收文档中是否有设置交流电源地线的说明；
e) **应检查机房是否安装防止感应雷的防雷装置，防雷装置是否通过了具有防雷检测资质的检测部门的测试。**

7.1.1.4.3 结果判定

如果7.1.1.4.2中a)～e)均为肯定，则信息系统符合本单元测评指标要求，否则，信息系统不符合或部分符合本单元测评指标要求。

7.1.1.5 防火

7.1.1.5.1 测评指标

见GB/T 22239—2008中7.1.1.5。

7.1.1.5.2 测评实施

本项要求包括：

a) 应检查机房是否设置了**自动检测火情、自动报警、自动灭火的自动消防系统，自动消防系统是否是经消防检测部门检测合格的产品**，其有效期是否合格；应检查**自动消防系统**是否处于正常运行状态，查看是否有运行记录、定期检查和维护记录；
b) **应检查机房设计或验收文档，查看是否说明机房及相关的工作房间和辅助房采用具有耐火等级的建筑材料；**
c) **应检查机房重要区域与其他区域之间是否采取隔离防火措施。**

7.1.1.5.3 结果判定

如果7.1.1.5.2中a)～c)均为肯定，则信息系统符合本单元测评指标要求，否则，信息系统不符合或部分符合本单元测评指标要求。

7.1.1.6 防水和防潮

7.1.1.6.1 测评指标

见 GB/T 22239—2008 中 7.1.1.6。

7.1.1.6.2 测评实施

本项要求包括：

a) 应检查机房屋顶或活动地板下是否未安装水管；

b) 应检查穿过机房墙壁或楼板的给水排水管道是否采取防渗漏和防结露等防水保护措施；

c) 应检查机房的窗户、屋顶和墙壁等是否未出现过漏水、渗透和返潮现象，机房的窗户、屋顶和墙壁是否进行过防水防渗处理；

d) 如果机房内安装有空调机和加湿器，应检查是否设置了挡水和排水设施；

e) 如果机房位于湿度较高的地区，应检查机房是否有除湿装置并能够正常运行，是否有防水防潮处理记录和**除湿装置运行记录、定期检查和维护记录**；

f) **应检查是否设置对水敏感的检测仪表或元件，对机房进行防水检测和报警，查看该仪表或元件是否正常运行，是否有运行记录、定期检查和维护记录。**

7.1.1.6.3 结果判定

如果 7.1.1.6.2 中 a)～f)均为肯定，则信息系统符合本单元测评指标要求，否则，信息系统不符合或部分符合本单元测评指标要求。

7.1.1.7 防静电

7.1.1.7.1 测评指标

见 GB/T 22239—2008 中 7.1.1.7。

7.1.1.7.2 测评实施

本项要求包括：

a) 应检查**主要设备**是否有安全接地构造或其他静电泄放措施；

b) **应检查机房是否采用了防静电地板或敷设防静电地面。**

7.1.1.7.3 结果判定

如果 7.1.1.7.2 中 a)和 b)均为肯定，则信息系统符合本单元测评指标要求，否则，信息系统不符合或部分符合本单元测评指标要求。

7.1.1.8 温湿度控制

7.1.1.8.1 测评指标

见 GB/T 22239—2008 中 7.1.1.8。

7.1.1.8.2 测评实施

本项要求包括：

a) 应检查机房内是否配备了温湿度自动调节设施，温湿度自动调节设施是否能够正常运行，机房温度、相对湿度是否满足电子信息设备的使用要求；

b） 应检查是否有机房的温湿度记录，是否有温湿度自动调节设施的运行记录、**定期检查和维护记录**。

7.1.1.8.3 结果判定

如果7.1.1.8.2中a)和b)均为肯定，则信息系统符合本单元测评指标要求，否则，信息系统不符合或部分符合本单元测评指标要求。

7.1.1.9 电力供应

7.1.1.9.1 测评指标

见GB/T 22239—2008中7.1.1.9。

7.1.1.9.2 测评实施

本项要求包括：

a） **应访谈物理安全负责人，询问是否采用冗余或并行的电力电缆线路为计算机系统供电；**

b） 应检查机房的计算机系统供电线路上是否设置了稳压器和过电压防护设备，这些设备是否正常运行，**查看供电电压是否正常；**

c） 应检查机房计算机系统是否配备了短期备用电源设备，短期备用电源设备是否正常运行；

d） **应检查是否为机房计算机系统建立了备用供电系统，备用供电系统的基本容量是否能够满足主要设备的正常运行；**

e） 应检查是否有稳压器、过电压防护设备、短期备用电源设备以及**备用供电系统**等设备的检查和维护记录，**备用供电系统运行记录、定期检查和维护记录**。

7.1.1.9.3 结果判定

如果7.1.1.9.2中a)～e)均为肯定，则信息系统符合本单元测评指标要求，否则，信息系统不符合或部分符合本单元测评指标要求。

7.1.1.10 电磁防护

7.1.1.10.1 测评指标

见GB/T 22239—2008中7.1.1.10。

7.1.1.10.2 测评实施

本项要求包括：

a） **应检查机房设备外壳是否有安全接地；**

b） 应检查机房布线，查看是否做到电源线和通信线缆隔离；

c） **应检查磁介质和处理秘密级信息的设备是否存放在具有电磁屏蔽功能的容器中。**

7.1.1.10.3 结果判定

如果7.1.1.10.2中a)～c)均为肯定，则信息系统符合本单元测评指标要求，否则，信息系统不符合或部分符合本单元测评指标要求。

7.1.2 网络安全

7.1.2.1 结构安全

7.1.2.1.1 测评指标

见 GB/T 22239—2008 中 7.1.2.1。

7.1.2.1.2 测评实施

本项要求包括：

a) 应检查网络设计或验收文档，查看是否有满足主要网络设备业务处理能力需要的设计或描述；

b) 应检查网络设计或验收文档，查看是否有满足接入网络及核心网络的带宽业务高峰期的需要以及**不存在带宽瓶颈等方面**的设计或描述；

c) **应检查边界和主要网络设备的路由控制策略，查看是否建立安全的访问路径；**

d) 应检查网络拓扑结构图，查看其与当前运行的实际网络系统是否一致；

e) 应检查网络设计或验收文档，查看是否有根据各部门的工作职能、重要性和所涉及信息的重要程度等因素，划分不同的子网或网段，并按照方便管理和控制的原则为各子网和网段分配地址段的设计或描述；

f) **应检查边界和主要网络设备，查看重要网段是否采取了技术隔离手段与其他网段隔离；**

g) **应检查边界和主要网络设备，查看是否配置对带宽进行控制的策略，这些策略是否能够保证在网络发生拥堵的时候优先保护重要业务。**

7.1.2.1.3 结果判定

如果 7.1.2.1.2 中 a)～g)均为肯定，则信息系统符合本单元测评指标要求，否则，信息系统不符合或部分符合本单元测评指标要求。

7.1.2.2 访问控制

7.1.2.2.1 测评指标

见 GB/T 22239—2008 中 7.1.2.2。

7.1.2.2.2 测评实施

本项要求包括：

a) 应检查边界网络设备的访问控制策略，查看其是否根据会话状态信息对数据流进行控制，**控制粒度是否为端口级；**

b) **应检查边界网络设备的访问控制策略，查看其是否对进出网络的信息内容进行过滤，实现对应用层 HTTP、FTP、TELNET、SMTP、POP3 等协议命令级的控制；**

c) **应检查边界网络设备，查看是否有会话处于非活跃的时间或会话结束后自动终止网络连接的配置，查看是否设置网络最大流量数及网络连接数；**

d) **应检查边界和主要网络设备地址绑定配置，查看重要网段是否采取了地址绑定的措施；**

e) **应测试边界网络设备，可通过试图访问未授权的资源，验证访问控制措施对未授权的访问行为的控制是否有效，控制粒度是否为单个用户；**

f) 应检查边界网络设备的拨号用户列表，查看其是否对具有拨号访问权限的用户数量进行限制；

g) **应对网络访问控制措施进行渗透测试，可通过采用多种渗透测试技术，验证网络访问控制措施**

不存在明显弱点。

7.1.2.2.3 结果判定

如果 7.1.2.2.2 中 a)～g)均为肯定，则信息系统符合本单元测评指标要求，否则，信息系统不符合或部分符合本单元测评指标要求。

7.1.2.3 安全审计

7.1.2.3.1 测评指标

见 GB/T 22239—2008 中 7.1.2.3。

7.1.2.3.2 测评实施

本项要求包括：

a) 应检查边界和主要网络设备的安全审计策略，查看是否包含网络系统中的网络设备运行状况、网络流量、用户行为等；

b) 应检查边界和主要网络设备的安全审计记录，查看是否包括：事件的日期和时间、用户、事件类型、事件成功情况，及其他与审计相关的信息；

c) **应检查边界和主要网络设备，查看是否为授权用户浏览和分析审计数据提供专门的审计工具，并能根据需要生成审计报表；**

d) **应测试边界和主要网络设备，可通过以某个非审计用户登录系统，试图删除、修改或覆盖审计记录，验证安全审计的保护情况与要求是否一致。**

7.1.2.3.3 结果判定

如果 7.1.2.3.2 中 a)～d)均为肯定，则信息系统符合本单元测评指标要求，否则，信息系统不符合或部分符合本单元测评指标要求。

7.1.2.4 边界完整性检查

7.1.2.4.1 测评指标

见 GB/T 22239—2008 中 7.1.2.4。

7.1.2.4.2 测评实施

本项要求包括：

a) 应检查边界完整性检查设备的非法外联和非授权接入策略，查看是否设置了对非法连接到内网和非法连接到外网的行为进行监控**并有效的阻断的配置；**

b) **应测试边界完整性检查设备，测试是否能够确定出非法外联设备的位置，并对其进行有效阻断；**

c) **应测试边界完整性检查设备，测试是否能够对非授权设备私自接入内部网络的行为进行检查，并准确定出位置，对其进行有效阻断。**

7.1.2.4.3 结果判定

如果 7.1.2.4.2 中 a)～c)均为肯定，则信息系统符合本单元测评指标要求，否则，信息系统不符合或部分符合本单元测评指标要求。

7.1.2.5 入侵防范

7.1.2.5.1 测评指标

见 GB/T 22239—2008 中 7.1.2.5。

7.1.2.5.2 测评实施

本项要求包括：

a) 应检查网络入侵防范设备，查看是否能检测以下攻击行为：端口扫描、强力攻击、木马后门攻击、拒绝服务攻击、缓冲区溢出攻击、IP 碎片攻击、网络蠕虫攻击等；

b) **应检查网络入侵防范设备的入侵时间记录，查看记录中是否包括入侵的源 IP、攻击的类型、攻击的目的、攻击的时间等；**

c) 应检查网络入侵防范设备的规则库版本，查看其规则库是否及时更新；

d) 应测试网络入侵防范设备，验证其检测策略是否有效；

e) **应测试网络入侵防范设备，验证其报警策略是否有效。**

7.1.2.5.3 结果判定

如果 7.1.2.5.2 中 a)～e)均为肯定，则信息系统符合本单元测评指标要求，否则，信息系统不符合或部分符合本单元测评指标要求。

7.1.2.6 恶意代码防范

7.1.2.6.1 测评指标

见 GB/T 22239—2008 中 7.1.2.6。

7.1.2.6.2 测评实施

本项要求包括：

a) **应检查在网络边界及核心业务网段处是否有相应的防恶意代码措施；**

b) **应检查防恶意代码产品，查看其运行是否正常，恶意代码库是否及时更新。**

7.1.2.6.3 结果判定

如果 7.1.2.6.2 中 a)和 b)均为肯定，则信息系统符合本单元测评指标要求，否则，信息系统不符合或部分符合本单元测评指标要求。

7.1.2.7 网络设备防护

7.1.2.7.1 测评指标

见 GB/T 22239—2008 中 7.1.2.7。

7.1.2.7.2 测评实施

本项要求包括：

a) 应检查边界和**主要**网络设备的设备防护策略，查看是否配置了对登录用户进行身份鉴别的功能；

b) 应检查边界和**主要**网络设备的设备防护策略，查看是否对网络设备的登录地址进行了限制；

c) 应检查边界和主要网络设备的账户列表，查看用户标识是否唯一；

d) **应检查边界和主要网络设备，查看是否对同一用户选择两种或两种以上组合的鉴别技术来进行身份鉴别；**

e) 应检查边界和主要网络设备的设备防护策略，查看口令设置是否有复杂度和定期修改要求；

f) 应检查边界和主要网络设备的设备防护策略，查看是否配置了鉴别失败处理功能，包括结束会话、限制非法登录次数、登录连接超时自动退出等；

g) 应检查边界和主要网络设备的设备防护策略，查看是否配置了对设备远程管理所产生的鉴别信息进行保护的功能；

h) **应检查边界和主要网络设备的管理设置，查看是否实现设备特权用户的权限分离；**

i) **应对边界和主要网络设备进行渗透测试，通过使用各种渗透测试技术对网络设备进行渗透测试，验证网络设备防护能力是否符合要求。**

7.1.2.7.3 结果判定

如果7.1.2.7.2中a)～i)均为肯定，则信息系统符合本单元测评指标要求，否则，信息系统不符合或部分符合本单元测评指标要求。

7.1.3 主机安全

7.1.3.1 身份鉴别

7.1.3.1.1 测评指标

见GB/T 22239—2008中7.1.3.1。

7.1.3.1.2 测评实施

本项要求包括：

a) 应检查主要服务器操作系统和主要数据库管理系统的身份鉴别策略，查看是否提供了身份鉴别措施；

b) 应检查主要服务器操作系统和主要数据库管理系统的身份鉴别策略，查看其身份鉴别信息是否具有不易被冒用的特点，如对用户登录口令的最小长度、复杂度和更换周期进行要求和限制；

c) 应检查主要服务器操作系统和主要数据库管理系统的身份鉴别策略，查看是否配置了登录失败处理功能、设置了非法登录次数的限制值；查看是否设置网络登录连接超时，并自动退出；

d) 如果操作系统或数据库采用远程管理方式，查看是否具有防止鉴别信息在网络传输过程中被窃听的措施；

e) 应检查主要服务器操作系统和主要数据库管理系统账户列表，查看管理员用户名或UID分配是否唯一；

f) **应检查主要服务器操作系统和主要数据库管理系统的身份鉴别策略，查看是否采用两种或两种以上身份鉴别技术的组合来进行身份鉴别；**

g) **应渗透测试主要服务器操作系统，可通过使用口令破解工具等，对服务器操作系统进行用户口令强度检测，查看是否能够破解用户口令，破解口令后是否能够登录进入系统；**

h) **应渗透测试主要服务器操作系统，测试是否存在绕过认证方式进行系统登录的方法。**

7.1.3.1.3 结果判定

如果7.1.3.1.2中a)～f)均为肯定，则信息系统符合本单元测评指标要求，否则，信息系统不符合或部分符合本单元测评指标要求。

7.1.3.2 访问控制

7.1.3.2.1 测评指标

见 GB/T 22239—2008 中 7.1.3.2。

7.1.3.2.2 测评实施

本项要求包括：

a) 应检查**主要**服务器操作系统的安全策略，查看是否对重要文件的访问权限进行了限制，对系统不需要的服务、共享路径等进行了禁用或删除；
b) **应检查主要服务器操作系统和主要数据库管理系统的访问控制策略，查看特权用户的权限是否进行分离，如可分为系统管理员、安全管理员、安全审计员等；查看是否采用最小授权原则；**
c) 应检查操作系统的特权用户和数据库管理系统的特权用户，查看不同管理员的系统账户权限是否不同，且不应由同一人担任；
d) 应检查**主要**服务器操作系统和**主要**数据库管理系统的访问控制策略，查看是否已禁用或者限制匿名/默认账户的访问权限，是否重命名系统默认账户、修改这些账户的默认口令；
e) 应检查**主要**服务器操作系统和**主要**数据库管理系统的访问控制策略，是否删除了系统中多余的、过期的以及共享的账户；
f) 应检查**主要**服务器操作系统和**主要**数据库管理系统的权限设置情况，查看是否依据安全策略对用户权限进行了限制；
g) **应检查主要服务器操作系统和主要数据库管理系统的访问控制策略，查看是否对重要信息资源设置敏感标记；是否依据安全策略严格控制用户对有敏感标记重要信息资源的操作。**

7.1.3.2.3 结果判定

如果 7.1.3.2.2 中 a)～g) 均为肯定，则信息系统符合本单元测评指标要求，否则，信息系统不符合或部分符合本单元测评指标要求。

7.1.3.3 安全审计

7.1.3.3.1 测评指标

见 GB/T 22239—2008 中 7.1.3.3。

7.1.3.3.2 测评实施

本项要求包括：

a) 应检查**主要**服务器操作系统、**重要**终端操作系统和**主要**数据库管理系统的安全审计策略，查看安全审计配置是否包括系统内重要用户行为、系统资源的异常和重要系统命令的使用等重要的安全相关事件；
b) 应检查**主要**服务器操作系统、**重要**终端操作系统和**主要**数据库管理系统的安全审计策略，查看审计记录信息是否包括事件发生的日期与时间、触发事件的主体与客体、事件的类型、事件成功或失败、事件的结果等内容；
c) 应检查**主要**服务器操作系统、**重要**终端操作系统和**主要**数据库管理系统的安全审计策略，查看是否通过日志覆盖周期、存储方式、日志文件/空间大小、日志文件操作权限等设置，实现了对审计记录的保护，使其避免受到未预期的删除、修改或覆盖等；

d) 应检查主要服务器操作系统、重要终端操作系统和主要数据库管理系统的安全审计策略，查看是否为授权用户提供浏览和分析审计记录的功能，是否可以根据需要自动生成不同格式的审计报表；

e) 应测试主要服务器操作系统、重要终端操作系统和主要数据库管理系统，可通过非审计员的其他账户试图中断审计进程，验证审计进程是否受到保护。

7.1.3.3.3 结果判定

如果7.1.3.3.2中a)～e)均为肯定，则信息系统符合本单元测评指标要求，否则，信息系统不符合或部分符合本单元测评指标要求。

7.1.3.4 剩余信息保护

7.1.3.4.1 测评指标

见GB/T 22239—2008中7.1.3.4。

7.1.3.4.2 测评实施

应检查主要操作系统和主要数据库管理系统技术开发手册或产品检测报告，查看是否明确用户的鉴别信息存储空间被释放或再分配给其他用户前的处理方法和过程；是否明确文件、目录和数据库记录等资源所在的存储空间被释放或重新分配给其他用户前的处理方法和过程。

7.1.3.4.3 结果判定

如果7.1.3.4.2为肯定，则信息系统符合本单元测评指标要求，否则，信息系统不符合或部分符合本单元测评指标要求。

7.1.3.5 入侵防范

7.1.3.5.1 测评指标

见GB/T 22239—2008中7.1.3.5。

7.1.3.5.2 测评实施

本项要求包括：

a) 应检查入侵防范系统的入侵防范策略，查看是否能够记录对主要服务器攻击的源IP、攻击类型、攻击目标、攻击时间等，在发生严重入侵事件时是否提供报警(如声音、短信和EMAIL等)；

b) 应检查主要服务器是否提供对重要程序的完整性进行检测，并在检测到完整性受到破坏后具有恢复的措施的功能；

c) 应检查主要服务器操作系统中所安装的系统组件和应用程序是否都是必须的；

d) 应检查是否设置了专门的升级服务器实现对主要服务器操作系统补丁的升级，主要服务器操作系统是否具有操作系统补丁更新策略；

e) 应检查主要服务器操作系统和主要数据库管理系统的补丁是否得到了及时更新；

f) 应渗透测试主要服务器操作系统和主要数据库管理系统，查看入侵防范系统是否及时正确记录了本次攻击行为，并自动报警。

7.1.3.5.3 结果判定

如果7.1.3.5.2中a)～e)均为肯定，则信息系统符合本单元测评指标要求，否则，信息系统不符合或部分符合本单元测评指标要求。

7.1.3.6 恶意代码防范

7.1.3.6.1 测评指标

见 GB/T 22239—2008 中 7.1.3.6。

7.1.3.6.2 测评实施

本项要求包括：

a) 应检查主要服务器的恶意代码防范策略，查看是否安装了实时检测与查杀恶意代码的软件产品，并且及时更新了软件版本和恶意代码库；

b) **应检查主机防恶意代码软件或硬件，查看其厂家名称、产品版本号和恶意代码库名称等，查看其是否与网络防恶意代码软件有不同的恶意代码库；**

c) 应检查主机防恶意代码软件是否实现了统一管理。

7.1.3.6.3 结果判定

如果 7.1.3.6.2 中 a)～c)均为肯定，则信息系统符合本单元测评指标要求，否则，信息系统不符合或部分符合本单元测评指标要求。

7.1.3.7 资源控制

7.1.3.7.1 测评指标

见 GB/T 22239—2008 中 7.1.3.7。

7.1.3.7.2 测评实施

本项要求包括：

a) 应检查**主要**服务器操作系统和**主要**数据库管理系统的资源控制策略，查看是否设定了终端接入方式、网络地址范围等条件限制终端登录；

b) 应检查访问**主要**服务器的终端是否都设置了操作超时锁定的配置；

c) **应检查主要服务器操作系统的资源控制策略，查看是否对 CPU、硬盘、内存和网络等资源的使用情况进行监控；**

d) 应检查**主要**服务器操作系统和**主要**数据库管理系统的资源控制策略，查看是否设置了单个用户或应用对系统资源的最大或最小使用限度；

e) **应检查主要服务器操作系统和主要数据库管理系统的资源控制策略，查看是否在服务水平降低到预先规定的阈值时，能检测和报警。**

7.1.3.7.3 结果判定

如果 7.1.3.7.2 中 a)～e)均为肯定，则信息系统符合本单元测评指标要求，否则，信息系统不符合或部分符合本单元测评指标要求。

7.1.4 应用安全

7.1.4.1 身份鉴别

7.1.4.1.1 测评指标

见 GB/T 22239—2008 中 7.1.4.1。

7.1.4.1.2　测评实施

本项要求包括：

a) 应检查主要应用系统，查看是否提供身份标识和鉴别功能；

b) **应检查主要应用系统，查看是否采用了两种或两种以上组合的身份鉴别技术来进行身份鉴别；**

c) 应检查主要应用系统，查看是否采用了措施保证身份标识具有唯一性，是否对登录用户的口令最小长度、复杂度和更换周期等进行了要求和限制，保证身份鉴别信息不易被冒用；

d) 应检查主要应用系统，查看是否提供登录失败处理功能，是否根据安全策略设置了登录失败次数等参数；

e) 应测试主要应用系统，可通过试图以合法和非法用户分别登录系统，验证身份标识和鉴别功能是否有效；

f) 应测试主要应用系统，可通过多次输入错误的密码，验证登录失败处理功能是否有效；

g) **应渗透测试主要应用系统，如多次猜测用户口令，验证应用系统身份标识和鉴别功能是否不存在明显的弱点。**

7.1.4.1.3　结果判定

如果 7.1.4.1.2 中 a)～f)均为肯定，则信息系统符合本单元测评指标要求，否则，信息系统不符合或部分符合本单元测评指标要求。

7.1.4.2　访问控制

7.1.4.2.1　测评指标

见 GB/T 22239—2008 中 7.1.4.2。

7.1.4.2.2　测评实施

本项要求包括：

a) 应检查主要应用系统，查看是否依据安全策略控制用户对文件、数据库表等客体的访问；

b) 应检查主要应用系统，查看其访问控制的覆盖范围是否包括与信息安全直接相关的主体、客体及它们之间的操作；

c) 应检查主要应用系统，查看是否有由授权用户设置其他用户访问系统功能和用户数据权限的功能，是否限制了默认用户的访问权限，是否修改了这些账户的默认口令；

d) 应检查主要应用系统的用户角色或权限的分配情况，查看是否仅授予不同账户为完成各自承担任务所需的最小权限，特权用户的权限是否分离，权限之间是否相互制约，如系统管理员不能进行审计操作、审计员不能进行系统管理操作等；

e) 应检查关键应用系统，查看是否删除多余的、过期的账户；

f) **应检查主要应用系统，查看是否能对重要信息资源设置敏感标记，这些敏感标记是否以默认方式生成或由安全员建立、维护和管理；**

g) **应检查主要应用系统，查看是否依据安全策略严格控制用户对有敏感标记重要信息资源的操作；**

h) 应测试主要应用系统，可通过以不同权限的用户登录系统，查看其拥有的权限是否与系统赋予的权限一致，验证应用系统访问控制功能是否有效；

i) 应测试主要应用系统，可通过以默认用户登录系统，并进行一些合法和非法操作，验证系统是否严格限制了默认账户的访问权限；

j) **应渗透测试主要应用系统，进行试图绕过访问控制的操作，验证应用系统的访问控制功能是否不存在明显的弱点。**

7.1.4.2.3 结果判定

如果7.1.4.2.2中a)～i)均为肯定，则信息系统符合本单元测评指标要求，否则，信息系统不符合或部分符合本单元测评指标要求。

7.1.4.3 安全审计

7.1.4.3.1 测评指标

见GB/T 22239—2008中7.1.4.3。

7.1.4.3.2 测评实施

本项要求包括：

a) 应检查**主要**应用系统，查看审计范围是否覆盖到每个用户，审计策略是否覆盖系统内重要的安全相关事件，例如，用户标识与鉴别、访问控制的所有操作记录、重要用户行为、系统资源的异常使用、重要系统命令的使用等；
b) 应检查**主要**应用系统的审计记录，查看是否包括事件发生的日期与时间、触发事件的主体与客体、事件的类型、事件成功或失败、身份鉴别事件中请求的来源、事件的结果等内容；
c) **应检查主要应用系统，查看是否为授权用户浏览和分析审计数据提供专门的审计分析功能，并能根据需要生成审计报表；**
d) 应测试**主要**应用系统，在应用系统上试图产生一些重要的安全相关事件（如进行用户登录、修改用户权限等操作），查看应用系统是否对其进行了审计，验证应用系统安全审计的覆盖情况是否覆盖到每个用户；如果进行了审计则查看审计记录内容是否包含事件的日期、时间、发起者信息、类型、描述和结果等；
e) 应测试**主要**应用系统，**试图非授权终止审计进程或审计功能**，删除、修改或覆盖审计记录，查看安全审计进程和记录的保护情况。

7.1.4.3.3 结果判定

如果7.1.4.3.2中a)～e)均为肯定，则信息系统符合本单元测评指标要求，否则，信息系统不符合或部分符合本单元测评指标要求。

7.1.4.4 剩余信息保护

7.1.4.4.1 测评指标

见GB/T 22239—2008中7.1.4.4。

7.1.4.4.2 测评实施

本项要求包括：

a) **应检查设计、验收文档或源代码，查看其是否有关于系统在释放或再分配鉴别信息所在存储空间给其他用户前如何将其进行完全清除（无论这些信息是存放在硬盘上还是在内存中）的描述；**
b) **应检查设计、验收文档或源代码，查看其是否有关于释放或重新分配系统内文件、目录和数据库记录等资源所在存储空间给其他用户前进行完全清除的描述；**

c) 应测试主要应用系统，用某用户登录系统并进行操作后，在该用户退出后用另一用户登录，试图操作（读取、修改或删除等）其他用户产生的文件、目录和数据库记录等资源，查看操作是否成功，验证系统提供的剩余信息保护功能是否正确（确保系统内的文件、目录和数据库记录等资源所在的存储空间，被释放或重新分配给其他用户前得到完全清除）。

7.1.4.4.3 结果判定

如果7.1.4.4.2中a)～c)均为肯定，则信息系统符合本单元测评指标要求，否则，信息系统不符合或部分符合本单元测评指标要求。

7.1.4.5 通信完整性

7.1.4.5.1 测评指标

见GB/T 22239—2008中7.1.4.5。

7.1.4.5.2 测评实施

本项要求包括：

a) 应检查设计、验收文档或源代码，查看其是否有关于保护通信完整性的说明，如果有则查看是否有根据校验码判断对方数据有效性，以及散列（Hash）密码计算报文校验码的描述；
b) 应测试主要应用系统，可通过获取通信双方的数据包，查看通信报文中是否含有校验码。

7.1.4.5.3 结果判定

如果7.1.4.5.2中a)和b)均为肯定，则信息系统符合本单元测评指标要求，否则，信息系统不符合或部分符合本单元测评指标要求。

7.1.4.6 通信保密性

7.1.4.6.1 测评指标

见GB/T 22239—2008中7.1.4.6。

7.1.4.6.2 测评实施

本项要求包括：

a) 应检查设计、验收文档或源代码，查看其是否有关于保护通信保密性的说明，如果有则查看是否有在通信双方建立连接之前利用密码技术进行会话初始化验证的描述，以及对整个报文或会话过程是否进行加密的描述；
b) 应测试主要应用系统，通过获取通信双方数据包并查看数据包的内容，查看系统是否能在通信双方建立连接之前，利用密码技术进行会话初始化验证（如SSL建立加密通道前是否利用密码技术进行了会话初始化验证）；并查看系统在通信过程中，对整个报文或会话过程是否进行加密。

7.1.4.6.3 结果判定

如果7.1.4.6.2中a)和b)均为肯定，则信息系统符合本单元测评指标要求，否则，信息系统不符合或部分符合本单元测评指标要求。

7.1.4.7 抗抵赖

7.1.4.7.1 测评指标

见 GB/T 22239—2008 中 7.1.4.7。

7.1.4.7.2 测评实施

本项要求包括：

a) 如果业务应用有明确的抗抵赖需求，则应检查应用系统，查看系统是否提供在请求的情况下为数据原发者和接收者提供数据原发证据的功能；是否提供在请求的情况下为数据原发者和接收者提供数据接收证据的功能；
b) 如果业务应用有明确的抗抵赖需求，则应测试应用系统，通过模拟通信过程进行通信，查看系统是否提供在请求的情况下为数据原发者和接收者提供数据原发证据的功能；是否提供在请求的情况下为数据原发者和接收者提供数据接收证据的功能。

7.1.4.7.3 结果判定

如果 7.1.4.7.2 中 a)和 b)均为肯定，则信息系统符合本单元测评指标要求，否则，信息系统不符合或部分符合本单元测评指标要求。

7.1.4.8 软件容错

7.1.4.8.1 测评指标

见 GB/T 22239—2008 中 7.1.4.8。

7.1.4.8.2 测评实施

本项要求包括：

a) 应检查设计或验收文档，查看是否有对人机接口输入或通信接口输入的数据进行有效性检验，在故障发生时自动保护当前所有状态保证系统能够进行恢复的描述；
b) 应测试主要应用系统，查看应用系统是否能明确拒绝不符合格式要求数据；
c) 应测试主要应用系统，验证是否提供自动保护功能，当故障发生时自动保护当前所有状态，保证系统能够进行恢复。

7.1.4.8.3 结果判定

如果 7.1.4.8.2 中 a)～c)均为肯定，则信息系统符合本单元测评指标要求，否则，信息系统不符合或部分符合本单元测评指标要求。

7.1.4.9 资源控制

7.1.4.9.1 测评指标

见 GB/T 22239—2008 中 7.1.4.9。

7.1.4.9.2 测评实施

本项要求包括：

a) 应检查主要应用系统的配置参数，查看是否提供对最大并发会话连接数进行限制；

b) 应检查主要应用系统，查看是否对一个访问账户或一个请求进程占用的资源分配最大限额和最小限额；

c) 应检查主要应用系统，查看是否有服务水平最小值的设定，当系统的服务水平降低到预先设定的最小值时，系统报警；

d) 应检查主要应用系统，查看是否能根据安全策略设定主体的服务优先级，根据优先级分配系统资源；

e) 应测试主要应用系统，当应用系统的通信双方中的一方在一段时间内未作任何响应，查看另一方是否能够自动结束会话；

f) 应测试主要应用系统，可通过对系统进行超过规定的单个账户的多重并发会话数进行连接，验证系统是否能够正确地限制单个账户的多重并发会话数；

g) 应测试主要应用系统，可试图使服务水平降低到预先规定的最小值，验证系统是否能够正确检测并报警。

7.1.4.9.3 结果判定

如果 7.1.4.9.2 中 a)～g)均为肯定，则信息系统符合本单元测评指标要求，否则，信息系统不符合或部分符合本单元测评指标要求。

7.1.5 数据安全及备份恢复

7.1.5.1 数据完整性

7.1.5.1.1 测评指标

见 GB/T 22239—2008 中 7.1.5.1。

7.1.5.1.2 测评实施

本项要求包括：

a) 如果主要网络设备、主要主机操作系统和主要数据库管理系统能够进行远程管理，则应查看其能否检测系统管理数据（如配置文件）、鉴别信息在传输过程中完整性受到了破坏，并在检测到完整性错误时采取必要的恢复措施；

b) 应检查应用系统的设计、验收文档或源代码，查看是否有关于能检测系统管理数据、鉴别信息和重要业务数据传输过程中完整性受到破坏，并在检测到完整性错误时采取必要的恢复措施的描述；

c) 应检查主要网络设备、主要操作系统和主要数据库管理系统，查看是否配备检测系统管理数据（如配置文件）和鉴别信息在存储过程中完整性受到破坏的功能，并在检测到完整性错误时是否能采取必要的恢复措施；

d) 应检查主要应用系统，查看是否配备检测系统管理数据、鉴别信息和业务数据在存储过程中完整性受到破坏的功能，并在检测到完整性错误时是否能采取必要的恢复措施。

7.1.5.1.3 结果判定

如果 7.1.5.1.2 中 a)～d)均为肯定，则信息系统符合本单元测评指标要求，否则，信息系统不符合或部分符合本单元测评指标要求。

7.1.5.2 数据保密性

7.1.5.2.1 测评指标

见 GB/T 22239—2008 中 7.1.5.2。

7.1.5.2.2 测评实施

本项要求包括：

a) 应检查主要网络设备、主要操作系统和主要数据库管理系统，查看其管理数据和鉴别信息是否采用加密或其他有效措施实现了**传输**和存储保密性；

b) 应检查主要应用系统，查看其管理数据、鉴别信息和重要业务数据是否采用加密或其他有效措施实现**传输**和存储保密性；

c) **应测试**主要网络设备、主要操作系统、主要数据库管理系统和主要应用系统，**可通过用嗅探工具获取通信数据包，查看是否为密文。**

7.1.5.2.3 结果判定

如果 7.1.5.2.2 中 a)～c)均为肯定，则信息系统符合本单元测评指标要求，否则，信息系统不符合或部分符合本单元测评指标要求。

7.1.5.3 备份和恢复

7.1.5.3.1 测评指标

见 GB/T 22239—2008 中 7.1.5.3。

7.1.5.3.2 测评实施

本项要求包括：

a) 应检查是否对主要网络设备、主要主机操作系统、主要数据库管理系统和主要应用系统的重要信息进行了备份，**备份方式(如是否为完全数据备份)、频率和介质存放方式是否达到相关标准的要求**，是否定期对备份数据进行恢复测试；

b) **应检查主要网络设备、主要主机操作系统、主要数据库管理系统和主要应用系统是否对重要信息进行了异地数据备份；**

c) **应检查网络拓扑结构是否不存在关键节点的单点故障；**

d) 应检查主要网络设备、通信线路和数据处理系统(如包含数据库管理系统在内的数据库服务器)是否提供硬件冗余。

7.1.5.3.3 结果判定

如果 7.1.5.3.2 中 a)～d)均为肯定，则信息系统符合本单元测评指标要求，否则，信息系统不符合或部分符合本单元测评指标要求。

7.2 安全管理测评

7.2.1 安全管理制度

7.2.1.1 管理制度

7.2.1.1.1 测评指标

见 GB/T 22239—2008 中 7.2.1.1。

7.2.1.1.2 测评实施

本项要求包括：

a) 应访谈安全主管，询问机构是否形成全面的信息安全管理制度体系，制度体系是否由总体方针、安全策略、管理制度、操作规程等构成；
b) 应检查信息安全工作的总体方针和安全策略文件，查看文件是否明确机构安全工作的总体目标、范围、原则和安全框架等；
c) 应检查各项安全管理制度，查看是否覆盖物理、网络、主机系统、数据、应用、建设和运维等层面的管理内容；
d) 应检查是否具有日常管理操作的操作规程(如系统维护手册和用户操作规程等)。

7.2.1.1.3 结果判定

如果7.2.1.1.2中a)～d)均为肯定，则信息系统符合本单元测评指标要求，否则，信息系统不符合或部分符合本单元测评指标要求。

7.2.1.2 制定和发布

7.2.1.2.1 测评指标

见GB/T 22239—2008中7.2.1.2。

7.2.1.2.2 测评实施

本项要求包括：

a) 应访谈安全主管，询问是否由专门的部门或人员负责制定安全管理制度；
b) 应访谈安全主管，询问安全管理制度是否能够发布到相关人员手中，是否对制定的安全管理制度进行论证和审定，是否按照统一的格式标准或要求制定；
c) 应检查制度制定和发布要求管理文档，查看文档是否说明安全管理制度的制定和发布程序、格式要求及版本编号等相关内容；
d) 应检查管理制度评审记录，查看是否有相关人员的评审意见；
e) 应检查各项安全管理制度文档，查看文档是否是正式发布的文档，是否注明适用和发布范围，是否具有版本标识，是否具有管理层的签字或单位盖章；查看各项制度文档格式是否统一；
f) 应检查安全管理制度的收发登记记录，查看是否通过正式、有效的方式收发(如正式发文、领导签署和单位盖章等)，是否注明发布范围。

7.2.1.2.3 结果判定

如果7.2.1.2.2中a)～f)均为肯定，则信息系统符合本单元测评指标要求，否则，信息系统不符合或部分符合本单元测评指标要求。

7.2.1.3 评审和修订

7.2.1.3.1 测评指标

见GB/T 22239—2008中7.2.1.3。

7.2.1.3.2 测评实施

本项要求包括：

a) **应访谈安全主管，询问是否由信息安全领导小组负责定期对安全管理制度体系的合理性和适用性进行审定，是否定期或不定期对安全管理制度进行检查、审定；**
b) **应检查是否具有安全管理制度体系的评审记录，是否记录了相关人员的评审意见；**
c) 应检查是否具有安全管理制度的检查或评审记录，如果对制度做过修订，检查是否有修订版本的安全管理制度。

7.2.1.3.3 结果判定

如果7.2.1.3.2中a)～c)均为肯定，则信息系统符合本单元测评指标要求，否则，信息系统不符合或部分符合本单元测评指标要求。

7.2.2 安全管理机构

7.2.2.1 岗位设置

7.2.2.1.1 测评指标

见GB/T 22239—2008中7.2.2.1。

7.2.2.1.2 测评实施

本项要求包括：

a) **应访谈安全主管，询问是否设立指导和管理信息安全工作的委员会或领导小组，其最高领导是否由单位主管领导委任或授权的人员担任；**
b) **应访谈安全主管，询问是否设立专职的安全管理机构(即信息安全管理工作的职能部门)，是否明确各部门的职责分工；**
c) 应访谈安全主管，询问信息系统是否设置了系统管理员、网络管理员和安全管理员等岗位，各个岗位的职责分工是否明确；是否设立安全管理各个方面的负责人；
d) **应检查部门、岗位职责文件，查看文件是否明确安全管理机构的职责，是否明确机构内各部门的职责和分工，部门职责是否涵盖物理、网络和系统安全等各个方面；**查看文件是否明确设置安全主管、安全管理各个方面的负责人、系统管理员、网络管理员、安全管理员等各个岗位职责；**查看文件是否明确各个岗位人员应具有的技能要求；**
e) **应检查是否具有信息安全管理委员会或领导小组成立的正式文件；**
f) **应检查信息安全管理委员会或领导小组职责文件，查看是否明确管理委员会或领导小组职责和其最高领导岗位的职责。**

7.2.2.1.3 结果判定

如果7.2.2.1.2中a)～f)均为肯定，则信息系统符合本单元测评指标要求，否则，信息系统不符合或部分符合本单元测评指标要求。

7.2.2.2 人员配备

7.2.2.2.1 测评指标

见GB/T 22239—2008中7.2.2.2。

7.2.2.2.2 测评实施

本项要求包括：

a) 应访谈安全主管，询问各个安全管理岗位是否配备了一定数量的人员，对关键事务岗位是否配备多人；

b) 应检查人员配备要求管理文档，查看是否明确应配备系统管理员、网络管理员、安全管理员等重要岗位人员并明确应配备专职的安全管理员；查看是否明确关键事务的管理人员应配备2人或2人以上共同管理；

c) 应检查安全管理各岗位人员信息表，查看其是否明确系统管理员、网络管理员、安全管理员等重要岗位人员的信息，安全管理员是否是专职人员。

7.2.2.2.3 结果判定

如果7.2.2.2.2中a)～c)均为肯定，则信息系统符合本单元测评指标要求，否则，信息系统不符合或部分符合本单元测评指标要求。

7.2.2.3 授权和审批

7.2.2.3.1 测评指标

见GB/T 22239—2008中7.2.2.3。

7.2.2.3.2 测评实施

本项要求包括：

a) 应访谈安全主管，询问其是否规定对信息系统中的重要活动进行审批，审批活动是否得到授权；是否定期审查、更新需审批项目；

b) 应检查审批管理制度文档，查看文档是否明确审批事项、需逐级审批的事项、审批部门、批准人等；是否明确系统变更、重要操作、物理访问和系统接入等事项的审批流程；是否明确需定期审查、更新审批的项目、审批部门、批准人和审查周期等；

c) 应检查经逐级审批的文档，查看是否具有各级批准人的签字和审批部门的盖章；

d) 应检查关键活动的审批过程记录，查看记录的审批程序与文件要求是否一致。

7.2.2.3.3 结果判定

如果7.2.2.3.2中a)～d)均为肯定，则该测评指标符合要求，否则，信息系统不符合或部分符合本单元测评指标要求。

7.2.2.4 沟通和合作

7.2.2.4.1 测评指标

见GB/T 22239—2008中7.2.2.4。

7.2.2.4.2 测评实施

本项要求包括：

a) 应访谈安全主管，询问是否与外单位(公安机关、电信公司、兄弟单位、供应商、业界专家、专业的安全公司、安全组织等)建立沟通、合作机制；是否与组织机构内其他部门之间及内部各部门管理人员之间建立沟通、合作机制；

b) 应访谈安全主管，询问是否召开过部门间协调会议，组织其他部门人员共同协助处理信息系统安全有关问题，安全管理机构内部是否召开过安全工作会议以部署安全工作的实施；信息安全领导小组或者管理委员会是否定期召开例会；

c) 应访谈安全主管,询问是否聘请信息安全专家作为常年的安全顾问,指导信息安全建设,参与安全规划和安全评审等;

d) 应检查组织内部机构之间以及信息安全职能部门内部的安全工作会议文件或会议记录,查看是否有会议内容、会议时间、参加人员和会议结果等的描述;

e) 应检查信息安全领导小组或者管理委员会定期例会会议文件或会议记录,查看是否有会议内容、会议时间、参加人员、会议结果等的描述;

f) 应检查外联单位联系列表,查看外联单位是否包含公安机关、电信公司、兄弟单位、供应商、业界专家、专业的安全公司和安全组织等,是否说明外联单位的名称、合作内容、联系人和联系方式等内容;

g) 应检查是否具有安全顾问名单或者聘请安全顾问的证明文件,查看是否有安全顾问指导信息安全建设、参与安全规划和安全评审的相关文档或记录。

7.2.2.4.3 结果判定

如果7.2.2.4.2中a)~g)均为肯定,则信息系统符合本单元测评指标要求,否则,信息系统不符合或部分符合本单元测评指标要求。

7.2.2.5 审核和检查

7.2.2.5.1 测评指标

见GB/T 22239—2008中7.2.2.5。

7.2.2.5.2 测评实施

本项要求包括:

a) 应访谈安全主管,询问是否组织人员定期对信息系统安全技术措施和安全管理制度落实情况进行全面安全检查;

b) 应访谈安全管理员,询问是否定期检查系统日常运行、系统漏洞和数据备份等情况;

c) 应检查安全检查管理制度文档,查看文档是否规定定期进行全面安全检查,是否规定检查内容、检查程序和检查周期等,检查内容是否包括现有安全技术措施的有效性、安全配置与安全策略的一致性、安全管理制度的执行情况等;

d) 应检查全面安全检查报告,查看报告中是否有检查内容、检查人员、检查数据汇总表、检查结果等的描述,检查内容是否包括现有安全技术措施的有效性、安全配置与安全策略的一致性、安全管理制度的执行情况等;

e) 应检查安全管理员定期实施安全检查的报告,查看检查内容是否包括系统日常运行、系统漏洞和数据备份等情况;

f) 应检查是否具有执行安全检查时的安全检查表、安全检查记录和结果通告记录。

7.2.2.5.3 结果判定

如果7.2.2.5.2中a)~f)均为肯定,则信息系统符合本单元测评指标要求,否则,信息系统不符合或部分符合本单元测评指标要求。

7.2.3 人员安全管理

7.2.3.1 人员录用

7.2.3.1.1 测评指标

见GB/T 22239—2008中7.2.3.1。

7.2.3.1.2 测评实施

本项要求包括：

a) 应访谈人事负责人，询问是否由专门的部门或人员负责人员的录用工作；
b) 应访谈人事负责人，询问在人员录用时是否对被录用人的身份、背景、专业资格和**资质**进行审查，对技术人员的技术技能进行考核；
c) 应访谈人事负责人，询问是否与**被录用人员**签署保密协议；
d) **应访谈人事负责人，询问对从事关键岗位的人员是否从内部人员中选拔，是否要求其签署岗位安全协议；**
e) 应检查人员录用管理文档，查看是否说明录用人员应具备的条件（如学历、学位要求，技术人员应具备的专业技术水平，管理人员应具备的安全管理知识等）；
f) 应检查是否具有人员录用时对录用人身份、背景、专业资格和**资质**等进行审查的相关文档或记录，查看是否记录审查内容和审查结果等；
g) 应检查人员录用时的技能考核文档或记录，查看是否记录考核内容和考核结果等；
h) 应检查保密协议，查看是否有保密范围、保密责任、违约责任、协议的有效期限和责任人的签字等内容；
i) **应检查岗位安全协议，查看是否有岗位安全责任定义、协议的有效期限和责任人签字等内容。**

7.2.3.1.3 结果判定

如果7.2.3.1.2中a)～i)均为肯定，则信息系统符合本单元测评指标要求，否则，信息系统不符合或部分符合本单元测评指标要求。

7.2.3.2 人员离岗

7.2.3.2.1 测评指标

见GB/T 22239—2008中7.2.3.2。

7.2.3.2.2 测评实施

本项要求包括：

a) 应访谈安全主管，询问是否及时终止离岗人员的所有访问权限，是否取回各种身份证件、钥匙、徽章以及机构提供的软硬件设备等；
b) 应访谈人事负责人，询问人员离岗是否遵循严格的调离手续，**是否要求人员调离时须承诺相关保密义务后方可离开；**
c) **应检查人员离岗的管理文档，查看是否规定了人员调离手续和离岗要求等；**
d) 应检查是否具有离岗人员交还身份证件、设备等的登记记录；
e) 应检查是否具有按照离岗程序办理调离手续的记录；
f) **应检查保密承诺文档，查看是否有调离人员的签字。**

7.2.3.2.3 结果判定

如果7.2.3.2.2中a)～f)均为肯定，则信息系统符合本单元测评指标要求，否则，信息系统不符合或部分符合本单元测评指标要求。

7.2.3.3 人员考核

7.2.3.3.1 测评指标

见 GB/T 22239—2008 中 7.2.3.3。

7.2.3.3.2 测评实施

本项要求包括：

a) 应访谈安全主管，询问是否定期对各个岗位人员进行安全技能及安全知识的考核，是否对关键岗位人员定期进行安全审查和技能考核；
b) 应检查考核记录，查看考核人员是否包括各个岗位的人员，考核内容是否包含安全知识、安全技能等；
c) 应检查是否具有对关键岗位人员的安全审查记录。

7.2.3.3.3 结果判定

如果 7.2.3.3.2 中 a)～c) 均为肯定，则信息系统符合本单元测评指标要求，否则，信息系统不符合或部分符合本单元测评指标要求。

7.2.3.4 安全意识教育和培训

7.2.3.4.1 测评指标

见 GB/T 22239—2008 中 7.2.3.4。

7.2.3.4.2 测评实施

本项要求包括：

a) 应访谈安全主管，询问是否制定培训计划并按计划对各个岗位人员进行安全教育和培训；是否对违反安全策略和规定的人员进行惩戒；
b) 应检查安全责任和惩戒措施管理文档，查看是否包含具体的安全责任和惩戒措施；
c) 应检查信息安全教育及技能培训和考核管理制度文档，查看是否明确培训周期、培训方式、培训内容和考核方式等相关内容；
d) 应检查安全教育和培训计划文档，查看是否具有不同岗位的培训计划；查看计划是否明确了培训方式、培训对象、培训内容、培训时间和地点等，培训内容是否包含信息安全基础知识、岗位操作规程等；
e) 应检查安全教育和培训记录，查看记录是否有培训人员、培训内容、培训结果等的描述。

7.2.3.4.3 结果判定

如果 7.2.3.4.2 中 a)～e) 均为肯定，则信息系统符合本单元测评指标要求，否则，信息系统不符合或部分符合本单元测评指标要求。

7.2.3.5 外部人员访问管理

7.2.3.5.1 测评指标

见 GB/T 22239—2008 中 7.2.3.5。

7.2.3.5.2 测评实施

本项要求包括：

a) 应访谈安全主管，询问外部人员访问重要区域（如访问机房、重要服务器或设备区等）是否需经有关部门或负责人书面批准，是否由专人全程陪同或监督，是否进行记录并备案管理；

b) **应检查外部人员访问管理文档，查看是否明确允许外部人员访问的范围（区域、系统、设备、信息等内容），外部人员进入的条件（对哪些重要区域的访问须提出书面申请批准后方可进入），外部人员进入的访问控制措施（由专人全程陪同或监督等）等；**

c) **应检查外部人员访问重要区域的书面申请文档，查看是否具有批准人允许访问的批准签字等；**

d) 应检查外部人员访问重要区域的登记记录，查看是否记录了外部人员访问重要区域的进入时间、离开时间、访问区域及陪同人等。

7.2.3.5.3 结果判定

如果 7.2.3.5.2 中 a)～d) 均为肯定，则该测评指标符合要求，否则，信息系统不符合或部分符合本单元测评指标要求。

7.2.4 系统建设管理

7.2.4.1 系统定级

7.2.4.1.1 测评指标

见 GB/T 22239—2008 中 7.2.4.1。

7.2.4.1.2 测评实施

本项要求包括：

a) 应访谈系统建设负责人，询问是否参照定级指南确定信息系统安全保护等级，**是否组织相关部门和有关安全技术专家对定级结果进行论证和审定；**

b) 应检查系统定级文档，查看文档是否明确信息系统的边界和信息系统的安全保护等级，是否说明定级的方法和理由，是否有相关部门或主管领导的盖章或签名；

c) **应检查定级结果的论证评审会议文档，查看是否有相关部门和有关安全技术专家对定级结果的论证意见。**

7.2.4.1.3 结果判定

如果 7.2.4.1.2 中 a)～c) 均为肯定，则信息系统符合本单元测评指标要求，否则，信息系统不符合或部分符合本单元测评指标要求。

7.2.4.2 安全方案设计

7.2.4.2.1 测评指标

见 GB/T 22239—2008 中 7.2.4.2。

7.2.4.2.2 测评实施

本项要求包括：

a) **应访谈系统建设负责人，询问是否授权专门的部门对信息系统的安全建设进行总体规划，由何**

部门负责；

b) 应访谈系统建设负责人，询问是否根据信息系统的等级划分情况统一考虑总体安全策略、安全技术框架、安全管理策略、总体建设规划和详细设计方案等；

c) 应访谈系统建设负责人，询问是否对安全建设的配套文件进行论证和审定，是否根据等级测评、安全评估的结果定期调整和修订安全建设的配套文件；

d) 应检查是否有系统安全建设的工作计划，查看文件是否明确了系统的近期安全建设计划和远期安全建设计划；

e) 应检查是否有系统总体安全策略、安全技术框架、安全管理策略、总体建设规划、详细设计方案等配套文件，查看各个文件是否有机构管理层的批准；

f) 应检查配套文件的论证评审记录或文档，查看是否有相关部门和有关安全技术专家对总体安全策略、安全技术框架、安全管理策略、总体建设规划、详细设计方案等相关配套文件的论证意见；

g) 应检查是否具有总体安全策略、安全技术框架、安全管理策略、总体建设规划、详细设计方案等相关配套文件的维护记录或修订版本。

7.2.4.2.3 结果判定

如果 7.2.4.2.2 中 a)～g)均为肯定，则信息系统符合本单元测评指标要求，否则，信息系统不符合或部分符合本单元测评指标要求。

7.2.4.3 产品采购和使用

7.2.4.3.1 测评指标

见 GB/T 22239—2008 中 7.2.4.3。

7.2.4.3.2 测评实施

本项要求包括：

a) 应访谈系统建设负责人，询问是否有专门的部门负责产品的采购，由何部门负责；

b) 应访谈系统建设负责人，询问系统是否采用了密码产品，密码产品的采购和使用是否符合国家密码主管部门的要求；

c) 应访谈系统建设负责人，询问系统使用的有关信息安全产品是否符合国家的有关规定，如安全产品获得了销售许可证等；

d) 应访谈系统建设负责人，询问采购产品前是否预先对产品进行选型测试确定产品的候选范围，是否有产品采购清单指导产品采购，是否定期审定和更新候选产品采购清单，审定周期多长；

e) 应抽样检查安全产品和密码产品的相关凭证，如销售许可等，查看是否使用了符合国家有关规定产品；

f) 应检查是否具有产品选型测试结果文档、候选产品采购清单及审定或更新的记录。

7.2.4.3.3 结果判定

如果 7.2.4.3.2 中 a)～f)均为肯定，则信息系统符合本单元测评指标要求，否则，信息系统不符合或部分符合本单元测评指标要求。

7.2.4.4 自行软件开发

7.2.4.4.1 测评指标

见 GB/T 22239—2008 中 7.2.4.4。

7.2.4.4.2 测评实施

本项要求包括：

a) 应访谈系统建设负责人，询问是否进行自主开发软件，是否对**程序资源库的修改、更新、发布进行授权和批准，授权部门是何部门，批准人是何人，是否要求开发人员不能做测试人员（即二者分离）**，自主开发软件是否在独立的模拟环境中完成编码和调试，如相对独立的网络区域；

b) 应访谈系统建设负责人，询问软件设计相关文档是否由专人负责保管，负责人是何人，**如何控制使用，测试数据和测试结果是否受到控制；**

c) **应访谈软件开发人员，询问其是否了解软件开发管理制度，是否了解代码编写安全规范，是否按照代码编写安全规范进行软件开发；**

d) 应检查软件开发管理制度，查看文件是否明确软件设计、开发、测试、验收过程的控制方法和人员行为准则，是否明确哪些开发活动应经过授权、审批；

e) **应检查代码编写安全规范，查看规范中是否明确代码编写规则，应抽样部分源代码，检查是否按照代码编写安全规范开发；**

f) **应检查对程序资源库的修改、更新、发布进行授权和审批的文档或记录，查看是否有批准人的签字；**

g) **应检查是否具有软件开发相关文档（源代码、测试数据、测试结果等）的使用控制记录；**

h) 应检查是否具有软件使用指南或操作手册等；

i) 应检查网络拓扑图和实际开发环境，查看是否实际运行环境和开发环境有效隔离。

7.2.4.4.3 结果判定

如果 7.2.4.4.2 中 a)～i)均为肯定，则信息系统符合本单元测评指标要求，否则，信息系统不符合或部分符合本单元测评指标要求。

7.2.4.5 外包软件开发

7.2.4.5.1 测评指标

见 GB/T 22239—2008 中 7.2.4.5。

7.2.4.5.2 测评实施

本项要求包括：

a) 应访谈系统建设负责人，询问软件交付前是否依据开发要求的技术指标对软件功能和性能等进行验收测试，软件安装之前是否检测软件中的恶意代码；

b) 应访谈系统建设负责人，是否要求开发单位提供源代码，是否根据源代码对软件中可能存在的后门进行审查；

c) 应检查是否具有软件开发的相关文档，如需求分析说明书、软件设计说明书等，是否具有软件操作手册或使用指南；

d) 应检查部分软件源代码，查看是否具有源代码，**应检查软件源代码审查记录，查看是否包括对可能存在后门的审查结果。**

7.2.4.5.3 结果判定

如果 7.2.4.5.2 中 a)～d)均为肯定，则信息系统符合本单元测评指标要求，否则，信息系统不符合或部分符合本单元测评指标要求。

7.2.4.6 工程实施

7.2.4.6.1 测评指标

见 GB/T 22239—2008 中 7.2.4.6。

7.2.4.6.2 测评实施

本项要求包括：

a) 应访谈系统建设负责人，询问是否指定专门部门或人员对工程实施过程进行进度和质量控制，由何部门/何人负责；
b) 应访谈系统建设负责人，询问是否要求工程实施单位提供其能够实施安全工程的资质证明和能力保证；
c) 应检查系统建设方面的管理制度，查看其是否包括工程实施过程的控制方法、实施参与人员的行为准则等方面内容；
d) 应检查工程实施方案，查看其是否包括工程时间限制、进度控制和质量控制等方面内容，是否按照工程实施方面的管理制度进行各类控制、产生阶段性文档等。

7.2.4.6.3 结果判定

如果 7.2.4.6.2 中 a)～d)均为肯定，则信息系统符合本单元测评指标要求，否则，信息系统不符合或部分符合本单元测评指标要求。

7.2.4.7 测试验收

7.2.4.7.1 测评指标

见 GB/T 22239—2008 中 7.2.4.7。

7.2.4.7.2 测评实施

本项要求包括：

a) 应访谈系统建设负责人，询问是否有专门的部门负责测试验收工作，由何部门负责；是否委托第三方测试机构对信息系统进行独立的安全性测试；
b) 应访谈系统建设负责人，询问是否根据设计方案或合同要求组织相关部门和人员制定工程测试验收方案，并对系统测试验收报告进行审定；
c) 应检查系统建设方面的管理制度，查看其是否包括对系统测试验收的控制方法和人员行为准则规定；
d) 应检查是否具有工程测试验收方案，查看其是否明确说明参与测试的部门、人员、测试验收内容、现场操作过程等内容，过程控制是否符合管理规定的要求；
e) 应检查是否具有系统测试验收报告，是否有相关部门和人员对系统测试验收报告进行审定的意见，是否有第三方测试机构的签字或盖章。

7.2.4.7.3 结果判定

如果 7.2.4.7.2 中 a)～e)均为肯定，则信息系统符合本单元测评指标要求，否则，信息系统不符合或部分符合本单元测评指标要求。

7.2.4.8 系统交付

7.2.4.8.1 测评指标

见 GB/T 22239—2008 中 7.2.4.8。

7.2.4.8.2 测评实施

本项要求包括：

a) 应访谈系统建设负责人，询问是否有专门的部门负责系统交接工作，系统交接工作是否根据交付清单对所交接的设备、文档、软件等进行清点；

b) 应访谈系统建设负责人，询问系统正式运行前是否对运行维护人员进行过培训，针对哪些方面进行过培训；

c) **应检查系统建设方面的管理制度，查看其是否包括系统交付的控制方法和人员行为准则的规定；**

d) 应检查是否具有系统交付清单，查看交付清单是否说明系统交付的各类设备、软件、文档等；

e) 应检查系统交付提交的文档，查看是否有指导用户进行系统运维的文档等，**提交的文档是否符合管理规定的要求；**

f) 应检查是否有系统交付技术培训记录，查看是否包括培训内容、培训时间和参与人员等。

7.2.4.8.3 结果判定

如果 7.2.4.8.2 中 a)～f) 均为肯定，则信息系统符合本单元测评指标要求，否则，信息系统不符合或部分符合本单元测评指标要求。

7.2.4.9 系统备案

7.2.4.9.1 测评指标

见 GB/T 22239—2008 中 7.2.4.9。

7.2.4.9.2 测评实施

本项要求包括：

a) **应访谈系统建设负责人，询问是否有专门的部门或人员负责管理系统定级的相关文档，由何部门/何人负责；询问对系统定级相关备案文档使用的控制方式；**

b) **应检查是否具有将系统等级及相关材料报主管部门备案的记录或备案文档；**

c) **应检查是否具有将系统等级及相关备案材料报相应公安机关备案的记录或证明。**

7.2.4.9.3 结果判定

如果 7.2.4.9.2 中 a)～c) 均为肯定，则信息系统符合本单元测评指标要求，否则，信息系统不符合或部分符合本单元测评指标要求。

7.2.4.10 安全服务商选择

7.2.4.10.1 测评指标

见 GB/T 22239—2008 中 7.2.4.11。

7.2.4.10.2 测评实施

本项要求包括：

a) 应访谈系统建设负责人，询问信息系统选择的安全服务商有哪些，是否符合国家有关规定；

b) 应检查是否具有与安全服务商签订的安全责任合同书或保密协议等文档，查看其内容是否包含保密范围、安全责任、违约责任、协议的有效期限和责任人的签字等；

c) 应检查是否具有与安全服务商签订的服务合同或安全责任合同书，查看是否明确了后期的技术支持和服务承诺等内容。

7.2.4.10.3 结果判定

如果7.2.4.10.2中a)～c)均为肯定，则信息系统符合本单元测评指标要求，否则，信息系统不符合或部分符合本单元测评指标要求。

7.2.5 系统运维管理

7.2.5.1 环境管理

7.2.5.1.1 测评指标

见GB/T 22239—2008中7.2.5.1。

7.2.5.1.2 测评实施

本项要求包括：

a) 应访谈系统运维负责人，询问是否有专门的部门或人员对机房供配电、空调、温湿度控制等设施进行定期维护，由何部门/何人负责，维护周期多长；

b) 应访谈系统运维负责人，询问是否有专门的部门或人员对机房的出入、服务器开机/关机等日常工作进行管理，由何部门/何人负责；

c) 应访谈系统运维负责人，询问为保证办公环境的保密性采取了哪些控制措施，在哪个区域接待来访人员，工作人员调离时是否收回办公室钥匙等；

d) 应检查是否有机房安全管理制度，查看其内容是否覆盖机房物理访问、物品带进/带出机房和机房环境安全等方面；

e) 应检查是否具有空调、温湿度控制等机房设施的维护保养记录，表明定期对这些设施进行了维护保养；

f) **应检查办公环境，查看其是否包括工作人员离开座位时退出登陆状态、桌面没有敏感信息文件等。**

7.2.5.1.3 结果判定

如果7.2.5.1.2中a)～f)均为肯定，则信息系统符合本单元测评指标要求，否则，信息系统不符合或部分符合本单元测评指标要求。

7.2.5.2 资产管理

7.2.5.2.1 测评指标

见GB/T 22239—2008中7.2.5.2。

7.2.5.2.2 测评实施

本项要求包括：

a) 应访谈系统运维负责人，询问是否有资产管理的责任人员或部门，由何部门/何人负责；
b) 应检查是否有资产清单，查看其内容是否覆盖资产责任部门、责任人、所处位置和重要程度等方面；
c) 应检查是否有资产安全管理方面的制度，查看是否明确信息资产管理的责任部门、责任人，查看其内容是否覆盖资产使用、借用、维护等方面；
d) **应检查是否有资产安全管理方面的制度，查看是否明确了依据资产的重要程度对资产进行分类和标识管理的方法，是否明确了信息分类标识的原则和方法，是否说明了不同类别的资产采取的不同管理措施。**

7.2.5.2.3 结果判定

如果 7.2.5.2.2 中 a)～d)均为肯定，则信息系统符合本单元测评指标要求，否则，信息系统不符合或部分符合本单元测评指标要求。

7.2.5.3 介质管理

7.2.5.3.1 测评指标

见 GB/T 22239—2008 中 7.2.5.3。

7.2.5.3.2 测评实施

本项要求包括：

a) 应访谈资产管理员，询问介质的存放环境是否采取保护措施防止介质被盗、被毁等；
b) 应访谈资产管理员，询问是否根据介质的目录清单对介质的使用现状进行定期检查；
c) 应访谈资产管理员，询问是否将介质保管在一个特定环境里，有专人负责，并根据重要性对介质进行分类和标识；
d) **应访谈资产管理员，询问是否对某些重要介质实行异地存储，异地存储环境是否与本地环境相同；**
e) **应访谈资产管理员，询问是否定期对存储介质的完整性(数据是否损坏或丢失)和可用性(介质是否受到物理破坏)进行检查，是否对重要数据进行加密存储；**
f) 应访谈资产管理员，询问对送出维修或销毁的介质在送出之前是否对介质内存储数据进行净化处理，**对介质带出工作环境和重要介质中的数据和软件是否进行保密性处理；对保密性较高的介质销毁前是否有领导批准；**
g) **应访谈资产管理员，询问对介质的物理传输过程是否要求选择可靠传输人员、严格介质的打包、选择安全的物理传输途径、双方在场交付等环节的控制；**
h) **应检查是否有介质安全管理制度，查看是否对介质的存放环境、使用、维护和销毁等方面作出规定；**
i) 应检查介质使用管理记录，查看其是否记录介质归档和使用等情况；
j) 应检查介质存储环境，查看是否对其进行了分类，并具有不同标识；
k) **应抽样检查重要介质，查看是否可以使用，查看需要加密存储的数据是否加密。**

7.2.5.3.3 结果判定

如果 7.2.5.3.2 中 a)～k)均为肯定，则信息系统符合本单元测评指标要求，否则，信息系统不符合或部分符合本单元测评指标要求。

7.2.5.4 设备管理

7.2.5.4.1 测评指标

见 GB/T 22239—2008 中 7.2.5.4。

7.2.5.4.2 测评实施

本项要求包括：

a) 应访谈系统运维负责人，询问是否有专门的部门或人员对各种设备、线路进行定期维护，由何部门/何人负责，维护周期多长；
b) 应检查是否有设备安全管理制度，查看其内容是否对各种软硬件设备的选型、采购、发放和领用等环节进行规定；
c) 应检查设备安全管理制度中是否有对终端计算机、便携机和网络设备等使用方式、操作原则、注意事项等方面的规定，是否有信息处理设备必须经过审批才能带离机房或办公地点的要求；
d) **应检查设备安全管理制度中是否有对涉外维修和服务的审批、维修过程的监督控制管理等要求；**
e) **应检查是否有关键设备的操作规程。**

7.2.5.4.3 结果判定

如果 7.2.5.4.2 中 a)～e)均为肯定，则信息系统符合本单元测评指标要求，否则，信息系统不符合或部分符合本单元测评指标要求。

7.2.5.5 监控管理和安全管理中心

7.2.5.5.1 测评指标

见 GB/T 22239—2008 中 7.2.5.5。

7.2.5.5.2 测评实施

本项要求包括：

a) **应访谈系统运维负责人，询问是否对通信线路、主机、网络设备和应用软件的运行状况，对设备状态、恶意代码、网络流量、补丁升级、安全审计等安全相关事项进行集中管理，是否形成监测记录文档，是否组织人员对监测记录进行整理并保管；**
b) **应访谈系统运维负责人，询问其是否组织人员定期对监测记录进行分析、评审，是否发现可疑行为并对其采取必要的措施，是否形成分析报告；**
c) **应检查是否具有安全集中管理的相关工具，可以实施对设备状态、恶意代码、补丁升级、安全审计等安全相关事项的集中监控和管理；**
d) **应检查监测记录，查看是否记录监控对象、监控内容、监控的异常现象处理等方面，查看是否对异常现象及处理措施形成分析报告。**

7.2.5.5.3 结果判定

如果 7.2.5.5.2 中 a)～d)均为肯定，则信息系统符合本单元测评指标要求，否则，信息系统不符合或部分符合本单元测评指标要求。

7.2.5.6 网络安全管理

7.2.5.6.1 测评指标

见 GB/T 22239—2008 中 7.2.5.6。

7.2.5.6.2 测评实施

本项要求包括：

a) 应访谈系统运维负责人，询问是否指定专门的部门或人员负责网络管理，维护网络运行日志、监控记录，分析处理报警信息等；

b) 应访谈网络管理员，询问是否定期对网络进行漏洞扫描，扫描周期多长，发现漏洞是否及时修补；

c) 应访谈网络管理员，询问是否根据厂家提供的软件升级版本对网络设备进行过升级，目前的版本号为多少，升级前是否对重要文件进行备份，采取什么方式备份；

d) 应访谈网络管理员，网络的外联种类有哪些，是否都得到授权与批准，由何部门或何人批准，申请和批准的过程；

e) 应检查是否有网络安全管理制度，查看其是否覆盖网络安全配置、安全策略、升级与打补丁、授权访问、日志保存时间、口令更新周期等方面内容；

f) **应检查是否有网络安全管理制度，查看其是否明确了允许或者拒绝便携式和移动式设备网络接入的规定；**

g) 应检查是否有网络漏洞扫描报告，检查扫描时间间隔与扫描周期是否一致，**检查网络设备是否实现了最小服务配置；**

h) 应检查是否具有网络设备配置文件的备份文件，**是否离线备份；**

i) 应检查是否具有内部网络外联的授权批准书，**检查是否有网络违规行为（如拨号上网等）的检查手段和工具。**

7.2.5.6.3 结果判定

如果 7.2.5.6.2 中 a)～i)均为肯定，则信息系统符合本单元测评指标要求，否则，信息系统不符合或部分符合本单元测评指标要求。

7.2.5.7 系统安全管理

7.2.5.7.1 测评指标

见 GB/T 22239—2008 中 7.2.5.7。

7.2.5.7.2 测评实施

本项要求包括：

a) 应访谈系统运维负责人，询问是否指定专门的部门或人员负责系统管理，如根据业务需求和系统安全分析制定系统的访问控制策略，控制分配文件及服务的访问权限；

b) 应访谈系统运维负责人，询问是否**对系统管理员用户进行分类，明确各个角色的权限、责任和风险，权限设定是否遵循最小授权原则；**

c) 应访谈系统管理员，询问系统日常管理的主要内容，是否有操作规程指导日常管理工作，包括重要的日常操作、参数的设置和修改等；

d) 应访谈系统管理员，询问是否定期对系统进行漏洞扫描，扫描周期多长，发现漏洞是否及时修补，在安装系统补丁前是否对重要文件进行备份，是否先在测试环境中测试通过再安装；

e) 应检查是否有系统安全管理制度，查看其内容是否覆盖系统安全策略、安全配置、日志管理和日常操作流程等方面；

f) 应检查是否有系统漏洞扫描报告，检查扫描时间间隔与扫描周期是否一致，**检查系统服务是否实现了最小服务配置；**

g) 应检查是否有详细日常运行维护操作日志。

7.2.5.7.3 结果判定

如果 7.2.5.7.2 中 a)～g)均为肯定，则信息系统符合本单元测评指标要求，否则，信息系统不符合或部分符合本单元测评指标要求。

7.2.5.8 恶意代码防范管理

7.2.5.8.1 测评指标

见 GB/T 22239—2008 中 7.2.5.8。

7.2.5.8.2 测评实施

本项要求包括：

a) 应访谈系统运维负责人，询问是否对员工进行基本恶意代码防范意识的教育，是否告知应及时升级软件版本，使用外来设备、网络上接收文件和外来计算机或存储设备接入网络系统之前进行病毒检查等；

b) 应访谈系统运维负责人，询问是否指定专人对恶意代码进行检测，发现病毒后是否及时处理；

c) **应访谈安全管理员，询问是否定期检查恶意代码库的升级情况，对截获的危险病毒或恶意代码是否及时进行分析处理，并形成书面的报表和总结汇报；**

d) 应检查是否有恶意代码防范方面的管理制度，查看其内容是否覆盖防恶意代码软件的授权使用、恶意代码库升级、定期汇报等方面；

e) **应检查是否具有恶意代码检测记录、恶意代码库升级记录和分析报告，查看升级记录是否记录升级时间、升级版本等内容；查看分析报告是否描述恶意代码的特征、修补措施等内容。**

7.2.5.8.3 结果判定

如果 7.2.5.8.2 中 a)～e)均为肯定，则信息系统符合本单元测评指标要求，否则，信息系统不符合或部分符合本单元测评指标要求。

7.2.5.9 密码管理

7.2.5.9.1 测评指标

见 GB/T 22239—2008 中 7.2.5.9。

7.2.5.9.2 测评实施

本项要求包括：

a) **应访谈系统运维负责人，询问系统中是否使用密码技术和产品，密码技术和产品的使用是否遵照国家密码管理规定；**

b) **应检查是否具有密码使用方面的管理制度。**

7.2.5.9.3 结果判定

如果7.2.5.9.2中a)和b)均为肯定,则信息系统符合本单元测评指标要求,否则,信息系统不符合或部分符合本单元测评指标要求。

7.2.5.10 变更管理

7.2.5.10.1 测评指标

见GB/T 22239—2008中7.2.5.10。

7.2.5.10.2 测评实施

本项要求包括:

a) 应访谈系统运维负责人,询问是否针对系统的重大变更制定变更方案指导系统变更工作的开展;
b) 应访谈系统运维负责人,**询问变更方案是否经过评审**,重要系统变更前是否得到有关领导的批准,由何人批准,对发生的变更情况是否通知了所有相关人员,以何种方式通知;
c) **应检查是否有变更管理制度,查看其是否覆盖变更前审批、变更过程记录、变更后通报等方面内容,是否包括变更申报、审批程序,是否规定需要申报的变更类型、申报流程、审批部门、批准人等方面内容;**
d) 应检查系统变更方案,查看其是否覆盖变更类型、变更原因、变更过程、变更前评估、**变更失败恢复程序**等方面内容,查看其是否有主管领导的批准签字。

7.2.5.10.3 结果判定

如果7.2.5.10.2中a)～d)均为肯定,则信息系统符合本单元测评指标要求,否则,信息系统不符合或部分符合本单元测评指标要求。

7.2.5.11 备份与恢复管理

7.2.5.11.1 测评指标

见GB/T 22239—2008中7.2.5.11。

7.2.5.11.2 测评实施

本项要求包括:

a) 应访谈系统运维负责人,询问是否识别出需要定期备份的业务信息、系统数据和软件系统,主要有哪些;
b) **应检查是否有备份与恢复方面的管理制度**,查看其是否明确了备份方式、备份频度、存储介质和保存期等方面内容,是否明确了数据的存放场所、文件命名规则、介质替换频率、数据离站传输方法等方面内容;
c) **应访谈系统管理员、数据库管理员和网络管理员,询问是否定期执行恢复程序,周期多长,系统是否按照恢复程序完成恢复,如有问题,是否针对问题改进恢复程序或调整其他因素;**
d) **应检查备份和恢复记录,查看其是否包含备份内容、备份操作、备份介质存放等内容,记录内容与备份和恢复策略是否一致。**

7.2.5.11.3 结果判定

如果7.2.5.11.2中a)～d)均为肯定,则信息系统符合本单元测评指标要求,否则,信息系统不符合或部分符合本单元测评指标要求。

7.2.5.12 安全事件处置

7.2.5.12.1 测评指标

见 GB/T 22239—2008 中 7.2.5.12。

7.2.5.12.2 测评实施

本项要求包括：

a) 应访谈系统运维负责人，询问是否告知用户在发现安全弱点和可疑事件时应及时报告；

b) 应检查是否有安全事件报告和处置管理制度，查看其是否明确安全事件的级别，明确不同级别安全事件的报告和处置方式等内容；

c) 应检查是否有安全事件报告和处置管理制度，查看其是否细化了不同安全事件的处理和报告程序，是否明确具体报告方式、报告内容、报告人等方面内容，造成系统中断和造成信息泄密的重大安全事件是否采用了不同于其他的处理程序和报告程序；

d) 应检查安全事件处理记录，查看其是否记录引发安全事件的原因，是否记录事件处理过程，是否与管理规定的处理要求一致等。

7.2.5.12.3 结果判定

如果 7.2.5.12.2 中 a)～d)均为肯定，则信息系统符合本单元测评指标要求，否则，信息系统不符合或部分符合本单元测评指标要求。

7.2.5.13 应急预案管理

7.2.5.13.1 测评指标

见 GB/T 22239—2008 中 7.2.5.13。

7.2.5.13.2 测评实施

本项要求包括：

a) **应访谈系统运维负责人，询问是否具有应急预案小组**，询问是否制定不同事件的应急预案，**应急预案执行所需资金是否做过预算并能够落实；**

b) 应访谈系统运维负责人，是否对系统相关人员进行应急预案培训，多长时间举办一次，**是否定期对应急预案进行演练，演练周期多长，是否对应急预案定期进行审查；**

c) **应检查是否具有定期审查应急预案的管理规定，查看是否明确应急预案中需要定期审查和根据实际情况更新的内容；**

d) 应检查应急预案框架，查看其内容是否覆盖启动应急预案的条件、应急处理流程、系统恢复流程、事后教育和培训等方面；

e) 应检查是否具有根据应急预案框架制定的不同事件的应急预案，**是否具有应急预案培训记录、演练记录和审查记录。**

7.2.5.13.3 结果判定

如果 7.2.5.13.2 中 a)～e)均为肯定，则信息系统符合本单元测评指标要求，否则，信息系统不符合或部分符合本单元测评指标要求。

8 第四级信息系统单元测评

8.1 安全技术测评

8.1.1 物理安全

8.1.1.1 物理位置的选择

8.1.1.1.1 测评指标

见 GB/T 22239—2008 中 8.1.1.1。

8.1.1.1.2 测评实施

本项要求包括：

a) 应访谈物理安全负责人，询问机房和办公场地所在建筑物是否具有防震、防风和防雨等能力；
b) 应检查是否有机房和办公场地所在建筑物抗震设防审批文档；
c) 应检查机房和办公场地所在建筑物是否具有防风和防雨等能力；
d) 应检查机房场地是否不在用水区域的垂直下方；
e) 如果机房场地位于建筑物的高层或地下室或用水设备的隔壁，应检查机房是否采取了防水和防潮措施。

8.1.1.1.3 结果判定

如果 8.1.1.1.2 中 a)～e)均为肯定，则信息系统符合本单元测评指标要求，否则，信息系统不符合或部分符合本单元测评指标要求。

8.1.1.2 物理访问控制

8.1.1.2.1 测评指标

见 GB/T 22239—2008 中 8.1.1.2。

8.1.1.2.2 测评实施

本项要求包括：

a) 应检查机房和**重要区域是否配置了电子门禁系统，每道**电子门禁系统是否都有验收文档或产品安全认证资质；
b) 应检查机房出入口是否有专人值守负责控制、鉴别进入机房的人员，是否有值守记录和**电子门禁记录**；
c) 应检查机房是否不存在专人值守和**电子门禁系统控制**之外的其他开放出入口；
d) 应检查是否有来访人员进入机房的登记记录；
e) 应检查是否有来访人员进入机房的申请、审批记录，查看申请、审批记录是否包括来访人员的访问范围；
f) 应检查来访人员进入机房时是否对其行为进行限制和监控；
g) 应检查机房是否合理划分区域，是否在机房重要区域前设置交付或安装等过渡区域；是否在不同机房间和同一机房不同区域间设置了有效的物理隔离装置；
h) 应检查**每道电子门禁系统**是否都能正常工作(不考虑断电后的工作情况)；检查**每道电子门禁系统**记录，查看是否能够鉴别和记录进入人员的身份；检查是否有**每道电子门禁系统**运行、定期检查和维护记录。

8.1.1.2.3 结果判定

本项要求包括：

如果 8.1.1.2.2 中 a)～h)均为肯定，则信息系统符合本单元测评指标要求，否则，信息系统不符合或部分符合本单元测评指标要求。

8.1.1.3 防盗窃和防破坏

8.1.1.3.1 测评指标

见 GB/T 22239—2008 中 8.1.1.3。

8.1.1.3.2 测评实施

本项要求包括：

a) 应检查**设备**是否放置在机房内；
b) 应检查**设备**或设备的主要部件是否固定；
c) 应检查**设备**等或设备的主要部件上是否设置明显的不易除去的标记；
d) 应检查通信线缆铺设是否暗敷或在不易被发现的地方；
e) 应检查机房是否安装防盗报警设施，防盗报警设施是否正常运行，并查看是否有防盗报警设施的运行记录、定期检查和维护记录；
f) 应检查介质是否有分类标识，是否分类存放在介质库或档案室内；
g) 应检查机房是否安装摄像、传感等监控报警系统，监控报警系统是否正常运行，并查看是否有监控报警系统的监控记录、定期检查和维护记录；
h) 应检查是否有机房防盗报警设施和监控报警设施的安全资质材料、安装测试和验收报告。

8.1.1.3.3 结果判定

如果 8.1.1.3.2 中 a)～h)均为肯定，则信息系统符合本单元测评指标要求，否则，信息系统不符合或部分符合本单元测评指标要求。

8.1.1.4 防雷击

8.1.1.4.1 测评指标

见 GB/T 22239—2008 中 8.1.1.4。

8.1.1.4.2 测评实施

本项要求包括：

a) 应访谈物理安全负责人，询问机房所在建筑物是否设置了避雷装置，是否通过验收或国家有关部门的技术检测；
b) 应访谈物理安全负责人，询问机房是否设置有交流电源地线；
c) 应检查机房所在建筑物的防雷验收文档中是否有设置避雷装置的说明，**是否符合机房设计相关国家标准的要求；**
d) 应检查机房防雷验收文档中是否有设置交流电源地线的说明，**是否符合机房设计相关国家标准的要求；**
e) 应检查机房是否安装防止感应雷的防雷装置，防雷装置是否通过了具有检测资质的防雷检测部门的测试。

8.1.1.4.3　**结果判定**

如果8.1.1.4.2中a)～e)均为肯定,则信息系统符合本单元测评指标要求,否则,信息系统不符合或部分符合本单元测评指标要求。

8.1.1.5　**防火**

8.1.1.5.1　**测评指标**

见GB/T 22239—2008中8.1.1.5。

8.1.1.5.2　**测评实施**

本项要求包括:

a)　应检查机房是否设置了自动检测火情、自动报警、自动灭火的自动消防系统,自动消防系统是否是经消防检测部门检测合格的产品,其有效期是否合格;应检查自动消防系统是否处于正常运行状态,查看是否有运行记录、定期检查和维护记录;
b)　应检查机房设计或验收文档,查看是否说明机房及相关的工作房间和辅助房采用具有耐火等级的建筑材料;
c)　应检查机房重要区域与其他区域之间是否采取隔离防火措施。

8.1.1.5.3　**结果判定**

如果8.1.1.5.2中a)～c)均为肯定,则信息系统符合本单元测评指标要求,否则,信息系统不符合或部分符合本单元测评指标要求。

8.1.1.6　**防水和防潮**

8.1.1.6.1　**测评指标**

见GB/T 22239—2008中8.1.1.6。

8.1.1.6.2　**测评实施**

本项要求包括:

a)　应检查机房屋顶或活动地板下是否未安装水管;
b)　应检查穿过机房墙壁或楼板的给水排水管道是否采取防渗漏和防结露等防水保护措施;
c)　应检查机房的窗户、屋顶和墙壁等是否未出现过漏水、渗透和返潮现象,机房的窗户、屋顶和墙壁是否进行过防水防渗处理;
d)　如果机房内安装有空调机和加湿器,应检查是否设置了挡水和排水设施;
e)　如果机房位于湿度较高的地区,应检查机房是否有除湿装置并能够正常运行,是否有防水防潮处理记录和除湿装置运行记录、定期检查和维护记录;
f)　应检查是否设置对水敏感的检测仪表或元件,对机房进行防水检测和报警,查看该仪表或元件是否正常运行,是否有运行记录、定期检查和维护记录。

8.1.1.6.3　**结果判定**

如果8.1.1.6.2中a)～f)均为肯定,则信息系统符合本单元测评指标要求,否则,信息系统不符合或部分符合本单元测评指标要求。

8.1.1.7 防静电

8.1.1.7.1 测评指标

见 GB/T 22239—2008 中 8.1.1.7。

8.1.1.7.2 测评实施

本项要求包括：

a) 应检查机房内**所有设备可导电金属外壳、各类金属管道、金属线槽等是否有安全接地或其他静电泄放措施；**

b) 应检查机房是否采用了防静电地板或敷设防静电地面；

c) **应检查机房是否采用了防静电工作台、静电消除剂或静电消除器等防静电措施；应查看是否有使用静电消除剂或静电消除器等的除湿操作记录。**

8.1.1.7.3 结果判定

如果 8.1.1.7.2 中 a)～c)均为肯定，则信息系统符合本单元测评指标要求，否则，信息系统不符合或部分符合本单元测评指标要求。

8.1.1.8 温湿度控制

8.1.1.8.1 测评指标

见 GB/T 22239—2008 中 8.1.1.8。

8.1.1.8.2 测评实施

本项要求包括：

a) 应检查机房内是否配备了温湿度自动调节设施，温湿度自动调节设施是否能够正常运行，机房温度、相对湿度是否满足电子信息设备的使用要求；

b) 应检查是否有机房的温湿度记录，是否有温湿度自动调节设施的运行记录、定期检查和维护记录。

8.1.1.8.3 结果判定

如果 8.1.1.8.2 中 a)和 b)均为肯定，则信息系统符合本单元测评指标要求，否则，信息系统不符合或部分符合本单元测评指标要求。

8.1.1.9 电力供应

8.1.1.9.1 测评指标

见 GB/T 22239—2008 中 8.1.1.9。

8.1.1.9.2 测评实施

本项要求包括：

a) 应访谈物理安全负责人，询问是否采用冗余或并行的电力电缆线路为计算机系统供电；

b) 应检查机房的计算机系统供电线路上是否设置了稳压器和过电压防护设备，这些设备是否正常运行，查看供电电压是否正常；

c) 应检查机房计算机系统是否配备了短期备用电源设备,短期备用电源设备是否正常运行;
d) 应检查是否为机房计算机系统建立了备用供电系统,备用供电系统的基本容量是否能够满足主要设备的正常运行;
e) 应检查是否有稳压器、过电压防护设备、短期备用电源设备以及备用供电系统等设备的检查和维护记录,备用供电系统运行记录、定期检查和维护记录。

8.1.1.9.3 结果判定

如果8.1.1.9.2中a)~e)均为肯定,则信息系统符合本单元测评指标要求,否则,信息系统不符合或部分符合本单元测评指标要求。

8.1.1.10 电磁防护

8.1.1.10.1 测评指标

见GB/T 22239—2008中8.1.1.10。

8.1.1.10.2 测评实施

本项要求包括:
a) **应检查是否有针对机房关键区域的电子屏蔽或屏蔽机房设计或验收文档;**
b) 应检查机房设备外壳是否有安全接地;
c) 应检查机房布线,查看是否做到电源线和通信线缆隔离;
d) **应检查磁介质和处理秘密级信息的设备是否为低辐射设备,磁介质和处理秘密级信息的设备所在区域是否实施了电磁屏蔽;**
e) **对采用了电子屏蔽的机房,应检查在机房有设备运行时是否开启了电子屏蔽装置;检查进入机房的电源线和非光纤通信线是否经过滤波器,光纤通信线是否经过波导管,机房门是否及时关闭;**
f) **对屏蔽机房,应检查是否有定期测试电磁泄漏的报告,且报告中明确指出屏蔽机房电磁屏蔽功能完好。**

8.1.1.10.3 结果判定

如果8.1.1.10.2中a)~f)均为肯定,则信息系统符合本单元测评指标要求,否则,信息系统不符合或部分符合本单元测评指标要求。

8.1.2 网络安全

8.1.2.1 结构安全

8.1.2.1.1 测评指标

见GB/T 22239—2008中8.1.2.1。

8.1.2.1.2 测评实施

本项要求包括:
a) 应检查网络设计或验收文档,查看是否有满足网络设备业务处理能力需要的设计或描述;
b) 应检查网络设计或验收文档,查看是否有满足接入网络及核心网络的带宽业务高峰期的需要以及不存在带宽瓶颈等方面的设计或描述;

c) 应检查边界和网络设备的路由控制策略，查看是否建立安全的访问路径；

d) 应检查网络拓扑结构图，查看其与当前运行的实际网络系统是否一致；

e) 应检查网络设计或验收文档，查看是否有根据各部门的工作职能、重要性和所涉及信息的重要程度等因素，划分不同的子网或网段，并按照方便管理和控制的原则为各子网和网段分配地址段的设计或描述；

f) 应检查边界和网络设备，查看重要网段是否采取了技术隔离手段与其他网段隔离；

g) 应检查边界和网络设备，查看是否有对带宽进行控制的策略，这些策略是否能够保证在网络发生拥堵的时候优先保护重要业务。

8.1.2.1.3 结果判定

如果8.1.2.1.2中a)～g)均为肯定，则信息系统符合本单元测评指标要求，否则，信息系统不符合或部分符合本单元测评指标要求。

8.1.2.2 访问控制

8.1.2.2.1 测评指标

见GB/T 22239—2008中8.1.2.2。

8.1.2.2.2 测评实施

本项要求包括：

a) 应检查在网络边界是否部署网络访问控制设备，是否启用访问控制策略，同时访谈安全管理员，询问访问控制策略的设计原则是什么；**询问访问控制策略是否做过调整，以及调整后和调整前的情况如何**；询问是否禁止远程拨号访问网络；

b) **应检查边界网络设备，查看是否采取协议转换或其他相应的控制措施来实现禁止数据带通用协议通过；**

c) **应检查边界网络设备，查看是否能有根据数据的敏感标记允许或拒绝数据通过的功能；**

d) **应检查边界网络设备，查看是否禁用远程拨号访问功能；**

e) **应测试边界网络设备，可通过发送带通用协议的数据，测试访问控制措施是否有效阻断这种连接。**

8.1.2.2.3 结果判定

如果8.1.2.2.2中a)～e)均为肯定，则信息系统符合本单元测评指标要求，否则，信息系统不符合或部分符合本单元测评指标要求。

8.1.2.3 安全审计

8.1.2.3.1 测评指标

见GB/T 22239—2008中8.1.2.3。

8.1.2.3.2 测评实施

本项要求包括：

a) 应检查边界和网络设备的安全审计策略，查看是否对网络设备运行状况、网络流量、用户行为等进行全面的监测、记录；

b) 应检查边界和网络设备的安全审计记录，查看是否包括：事件的日期和时间、用户、事件类型、事件成功情况及其他与审计相关的信息；

c) 应检查边界和网络设备，查看其是否为授权用户浏览和分析审计数据提供专门的审计工具，并能根据需要生成审计报表；

d) **应测试边界和主要网络设备，可通过以某个非审计用户登录系统，试图删除、修改或覆盖审计记录，验证安全审计的保护情况与要求是否一致；**

e) **应检查边界和网络设备是否定义了审计跟踪极限的阈值，当存储空间被耗尽时，是否能够采取必要的保护措施，例如，报警并导出、丢弃未记录的审计信息、暂停审计或覆盖以前的审计记录等；**

f) **应检查是否进行了集中审计，查看时钟是否与时钟服务器保持同步。**

8.1.2.3.3 结果判定

如果8.1.2.3.2中a)～f)均为肯定，则信息系统符合本单元测评指标要求，否则，信息系统不符合或部分符合本单元测评指标要求。

8.1.2.4 边界完整性检查

8.1.2.4.1 测评指标

见GB/T 22239—2008中8.1.2.4。

8.1.2.4.2 测评实施

本项要求包括：

a) 应检查边界完整性检查设备的非法外联和非授权接入策略，查看是否设置了对非法连接到内网和非法连接到外网的行为进行监控并有效的阻断的配置；

b) 应测试边界完整性检查设备，测试是否能够确定出非法外联设备的位置，并对其进行有效阻断；

c) 应测试边界完整性检查设备，测试是否能够对非授权设备私自接入内部网络的行为进行检查，并准确定出位置，对其进行有效阻断。

8.1.2.4.3 结果判定

如果8.1.2.4.2中a)～c)均为肯定，则信息系统符合本单元测评指标要求，否则，信息系统不符合或部分符合本单元测评指标要求。

8.1.2.5 入侵防范

8.1.2.5.1 测评指标

见GB/T 22239—2008中8.1.2.5。

8.1.2.5.2 测评实施

本项要求包括：

a) 应检查网络入侵防范设备，查看是否能检测以下攻击行为：端口扫描、强力攻击、木马后门攻击、拒绝服务攻击、缓冲区溢出攻击、IP碎片攻击、网络蠕虫攻击等；

b) 应检查网络入侵防范设备的入侵事件记录，查看记录中是否包括入侵的源IP、攻击的类型、攻击的目的、攻击的时间等；**查看是否设置了安全警告方式；查看是否设置了在发生严重入侵事件时自动采取相应动作的配置；**

c) 应检查网络入侵防范设备的规则库，查看其规则库是否及时更新；
d) 应测试网络入侵防范设备，验证其检测策略是否有效；
e) 应测试网络入侵防范设备，验证其报警**与自动采取动作等策略**是否有效。

8.1.2.5.3 结果判定

如果8.1.2.5.2中a)～e)均为肯定，则信息系统符合本单元测评指标要求，否则，信息系统不符合或部分符合本单元测评指标要求。

8.1.2.6 恶意代码防范

8.1.2.6.1 测评指标

见GB/T 22239—2008中8.1.2.6。

8.1.2.6.2 测评实施

本项要求包括：
a) 应检查在网络边界及核心业务网段处是否有相应的防恶意代码措施；
b) 应检查防恶意代码产品，查看其运行是否正常，恶意代码库是否及时更新。

8.1.2.6.3 结果判定

如果8.1.2.6.2中a)和b)均为肯定，则信息系统符合本单元测评指标要求，否则，信息系统不符合或部分符合本单元测评指标要求。

8.1.2.7 网络设备防护

8.1.2.7.1 测评指标

见GB/T 22239—2008中8.1.2.7。

8.1.2.7.2 测评实施

本项要求包括：
a) 应检查边界和主要网络设备的设备防护策略，查看是否配置了对登录用户进行身份鉴别的功能；
b) 应检查边界和主要网络设备的设备防护策略，查看是否对网络设备的登录地址进行了限制；
c) 应检查边界和主要网络设备的账户列表，查看用户标识是否唯一；
d) 应检查是否对同一用户选择两种或两种以上组合的鉴别技术来进行身份鉴别**且其中一种是不可伪造的**；
e) 应检查边界和主要网络设备的设备防护策略，查看口令设置是否有复杂度和定期修改要求；
f) 应检查边界和主要网络设备的设备防护策略，查看是否配置了鉴别失败处理功能，包括结束会话、限制非法登录次数、登录连接超时自动退出等措施；
g) 应检查边界和网络设备的设备防护策略，查看是否配置了对设备远程管理所产生的鉴别信息进行保护的功能；
h) 应检查边界和网络设备的管理配置，查看是否实现设备特权用户的权限分离；
i) 应对边界和网络设备进行渗透测试，通过使用各种渗透测试技术对网络设备进行渗透测试，验证网络设备防护能力是否符合要求。

8.1.2.7.3 结果判定

如果8.1.2.7.2中a)～i)均为肯定，则信息系统符合本单元测评指标要求，否则，信息系统不符合或部分符合本单元测评指标要求。

8.1.3 主机安全

8.1.3.1 身份鉴别

8.1.3.1.1 测评指标

见GB/T 22239—2008中8.1.3.1。

8.1.3.1.2 测评实施

本项要求包括：

a) 应检查服务器操作系统和数据库管理系统的身份鉴别策略，查看是否提供了身份鉴别措施；
b) 应检查服务器操作系统和数据库管理系统的身份鉴别策略，查看是否提供了身份鉴别措施，身份鉴别信息是否具有不易被冒用的特点，如对用户登录口令的最小长度、复杂度和更换周期进行了要求和限制；
c) 应检查服务器操作系统和数据库管理系统的身份鉴别策略，查看是否配置了鉴别失败处理功能，并设置了非法登录次数的限制值；查看是否设置网络登录连接超时，并自动退出；
d) **应测试服务器操作系统和数据库管理系统，通过正常登录，查看是否有登录警示信息，并且在警示信息中是否有未授权访问可能导致的后果的描述；**
e) 如果操作系统或数据库采用远程管理方式，查看是否具有防止鉴别信息在网络传输过程中被窃听的措施；
f) 应检查服务器操作系统和数据库管理系统账户列表，查看管理员用户名分配是否唯一；
g) 应检查服务器操作系统和数据库管理系统的身份鉴别策略，查看身份鉴别是否采用两个以上身份鉴别技术的组合来进行身份鉴别，**并且有一种是不可伪造的；**
h) 应渗透测试服务器操作系统和数据库管理系统，可通过使用口令破解工具等，对服务器操作系统进行用户口令强度检测，查看是否能够破解用户口令，破解口令后是否能够登录进入系统；
i) 应渗透测试服务器操作系统和数据库管理系统，测试是否存在绕过认证方式进行系统登录的方法。

8.1.3.1.3 结果判定

如果8.1.3.1.2中a)～g)均为肯定，则信息系统符合本单元测评指标要求，否则，信息系统不符合或部分符合本单元测评指标要求。

8.1.3.2 安全标记

8.1.3.2.1 测评指标

见GB/T 22239—2008中8.1.3.2。

8.1.3.2.2 测评实施

本项要求包括：

a) **应检查服务器操作系统和数据库管理系统，查看是否能对所有主体和客体设置敏感标记，这些**

敏感标记是否构成多级安全模型的属性库，主体和客体的敏感标记是否以默认方式生成或由安全员建立、维护和管理；

b) **应测试服务器操作系统和数据库管理系统，对主体和客体设置敏感标记，以授权用户和非授权用户身份访问客体，验证是否只有授权用户可以访问客体，而非授权用户不能访问客体。**

8.1.3.2.3 结果判定

如果 8.1.3.2.2 中 a)和 b)均为肯定，则信息系统符合本单元测评指标要求，否则，信息系统不符合或部分符合本单元测评指标要求。

8.1.3.3 访问控制

8.1.3.3.1 测评指标

见 GB/T 22239—2008 中 8.1.3.3。

8.1.3.3.2 测评实施

本项要求包括：

a) 应检查服务器操作系统的访问控制策略，查看是否对重要文件的访问权限进行了限制，对系统不需要的服务、共享路径等进行了禁用或删除；
b) 应检查服务器操作系统和数据库管理系统的访问控制策略，查看特权用户的权限是否进行分离，如可分为系统管理员、安全管理员、安全审计员等；查看是否采用最小授权原则；
c) 应检查数据库管理系统的特权用户和服务器的操作系统的特权用户，查看不同管理员的系统账户权限是否不同，且不应由同一人担任；
d) 应检查服务器操作系统和数据库管理系统的访问控制策略，查看是否已禁用或者限制匿名/默认账户的访问权限，是否重命名系统默认账户、修改这些账户的默认口令；
e) 应检查服务器操作系统和数据库管理系统的访问控制策略，是否删除了系统中多余的、过期的以及共享的账户；
f) 应检查服务器操作系统和数据库管理系统的权限设置情况，查看是否依据安全策略对用户权限进行了限制；
g) **应检查服务器操作系统和数据库管理系统的访问控制策略，查看是否依据安全策略和所有主体和客体设置的敏感标记控制主体对客体的访问；操作系统的访问控制粒度是否达到主体为用户级或进程级，客体为文件级，数据库管理系统访问控制粒度是否达到主体为用户级或进程级，客体为文件、数据库表、记录和字段级。**

8.1.3.3.3 结果判定

如果 8.1.3.3.2 中 a)～g)均为肯定，则信息系统符合本单元测评指标要求，否则，信息系统不符合或部分符合本单元测评指标要求。

8.1.3.4 可信路径

8.1.3.4.1 测评指标

见 GB/T 22239—2008 中 8.1.3.4。

8.1.3.4.2 测评实施

本项要求包括：

a) **应检查服务器操作系统文档，查看系统提供了哪些可信路径功能；**
b) **应检查服务器操作系统，查看文档声称的可信路径功能是否有效；**
c) **应检查数据库管理系统文档，查看系统提供了哪些可信路径功能；**
d) **应检查数据库管理系统，查看文档声称的可信路径功能是否有效。**

8.1.3.4.3 结果判定

如果8.1.3.4.2中a)～d)均为肯定，则信息系统符合本单元测评指标要求，否则，信息系统不符合或部分符合本单元测评指标要求。

8.1.3.5 安全审计

8.1.3.5.1 测评指标

见GB/T 22239—2008中8.1.3.5。

8.1.3.5.2 测评实施

本项要求包括：

a) 应检查服务器操作系统、重要终端操作系统和数据库管理系统的安全审计策略，查看安全审计配置是否包括系统内重要用户行为、系统资源的异常和重要系统命令的使用等重要的安全相关事件；
b) 应检查服务器操作系统、重要终端操作系统和数据库管理系统的安全审计策略，查看审计记录信息是否包括事件发生的日期与时间、触发事件的主体与客体、事件的类型、事件成功或失败、事件的结果等内容；
c) 应检查服务器操作系统、重要终端操作系统和数据库管理系统的安全审计策略，查看是否通过日志覆盖周期、存储方式、日志文件/空间大小、日志文件操作权限等设置，实现了对审计记录的保护，使其避免受到未预期的删除、修改或覆盖等；
d) 应检查服务器操作系统、重要终端操作系统和数据库管理系统的安全审计策略，查看是否为授权用户提供浏览和分析审计记录的功能，是否可以根据需要自动生成不同格式的审计报表；
e) **应检查服务器操作系统、重要终端操作系统和数据库管理系统的安全审计策略，查看是否实现了集中审计功能，通过集中审计平台将服务器操作系统、重要终端操作系统和数据库管理系统的审计记录进行集中存储、管理、查看和统计分析；**
f) 应测试服务器操作系统、重要终端操作系统和数据库管理系统，可通过非审计员的其他账户试图中断审计进程，验证审计进程是否受到保护。

8.1.3.5.3 结果判定

如果8.1.3.5.2中a)～f)均为肯定，则信息系统符合本单元测评指标要求，否则，信息系统不符合或部分符合本单元测评指标要求。

8.1.3.6 剩余信息保护

8.1.3.6.1 测评指标

见GB/T 22239—2008中8.1.3.6。

8.1.3.6.2 测评实施

应检查操作系统和数据库管理系统技术开发手册或产品检测报告，查看是否明确用户的鉴别信息存储空间被释放或再分配给其他用户前的处理方法和过程；是否明确文件、目录和数据库记录等资源所在的存储空间被释放或重新分配给其他用户前的处理方法和过程。

8.1.3.6.3 结果判定

如果8.1.3.6.2为肯定，则信息系统符合本单元测评指标要求，否则，信息系统不符合或部分符合本单元测评指标要求。

8.1.3.7 入侵防范

8.1.3.7.1 测评指标

见GB/T 22239—2008中8.1.3.7。

8.1.3.7.2 测评实施

本项要求包括：

a) 应检查入侵防范系统的入侵防范策略，查看是否能够记录对服务器攻击的源IP、攻击类型、攻击目标、攻击时间等，在发生严重入侵事件时是否提供报警(如声音、短信和EMAIL等)；
b) 应检查服务器是否提供对重要程序的完整性进行检测，并在检测到完整性受到破坏后具有恢复的措施的功能；
c) 应检查服务器操作系统中所安装的系统组件和应用程序是否都是必须的；
d) 应检查是否设置了专门的升级服务器实现对服务器操作系统补丁的升级，是否具有操作系统补丁更新策略；
e) 应检查服务器操作系统和数据库管理系统的补丁是否得到了及时更新；
f) 应渗透测试服务器操作系统和数据库管理系统，查看入侵防范系统是否及时正确记录了本次攻击行为，并自动报警。

8.1.3.7.3 结果判定

如果8.1.3.7.2中a)～f)均为肯定，则信息系统符合本单元测评指标要求，否则，信息系统不符合或部分符合本单元测评指标要求。

8.1.3.8 恶意代码防范

8.1.3.8.1 测评指标

见GB/T 22239—2008中8.1.3.8。

8.1.3.8.2 测评实施

本项要求包括：

a) 应检查服务器的恶意代码防范策略，查看是否安装了实时检测与查杀恶意代码的软件产品，并且及时更新了软件版本和恶意代码库；
b) 应检查主机防恶意代码软件或硬件，查看其厂家名称、产品版本号和恶意代码库名称等，查看其是否与网络防恶意代码软件有不同的恶意代码库；
c) 应检查主机防恶意代码软件是否实现了统一管理。

8.1.3.8.3 结果判定

如果8.1.3.8.2中a)～c)均为肯定，则信息系统符合本单元测评指标要求，否则，信息系统不符合或部分符合本单元测评指标要求。

8.1.3.9　资源控制

8.1.3.9.1　测评指标

见 GB/T 22239—2008 中 8.1.3.9。

8.1.3.9.2　测评实施

本项要求包括：

a)　应检查服务器操作系统和数据库管理系统的资源访问策略，查看是否设定了终端接入方式、网络地址范围等条件限制终端登录；

b)　应检查访问服务器的终端是否都设置了操作超时锁定的配置。

c)　应检查服务器操作系统的资源访问策略，查看是否对 CPU、硬盘、内存和网络等资源的使用情况进行监控；

d)　应检查服务器操作系统和数据库管理系统的资源访问策略，查看是否设置了单个用户或应用对系统资源的最大或最小使用限度；

e)　应检查服务器操作系统和数据库管理系统的资源访问策略，查看是否在服务水平降低到预先规定的阈值时，能检测和报警。

8.1.3.9.3　结果判定

如果 8.1.3.9.2 中 a)～e)均为肯定，则信息系统符合本单元测评指标要求，否则，信息系统不符合或部分符合本单元测评指标要求。

8.1.4　应用安全

8.1.4.1　身份鉴别

8.1.4.1.1　测评指标

见 GB/T 22239—2008 中 8.1.4.1。

8.1.4.1.2　测评实施

本项要求包括：

a)　应检查应用系统，查看是否提供身份标识和鉴别功能；

b)　应检查应用系统，查看是否采用了两种或两种以上组合的身份鉴别技术来进行身份鉴别，**并且至少有一种是不可伪造的**；

c)　应检查应用系统，查看是否采用了措施保证身份标识具有唯一性，是否对登录用户的口令最小长度、复杂度和更换周期等进行了要求和限制，保证身份鉴别信息不易被冒用；

d)　应检查应用系统，查看是否提供登录失败处理功能，是否根据安全策略设置了登录失败次数等参数；

e)　应测试应用系统，可通过试图以合法和非法用户分别登录系统，验证身份标识和鉴别功能是否有效；

f)　应测试应用系统，可通过多次输入错误的密码，验证登录失败处理功能是否有效；

g)　应渗透测试应用系统，如多次猜测用户口令，验证应用系统身份标识和鉴别功能是否不存在明显的弱点。

8.1.4.1.3 结果判定

如果8.1.4.1.2中a)～f)均为肯定，则信息系统符合本单元测评指标要求，否则，信息系统不符合或部分符合本单元测评指标要求。

8.1.4.2 安全标记

8.1.4.2.1 测评指标

见GB/T 22239—2008中8.1.4.2。

8.1.4.2.2 测评实施

本项要求包括：

a) **应检查设计、验收文档或源代码，查看文档中是否有应用系统采用敏感标记的说明；**
b) **应检查应用系统，查看是否能对所有主体和客体设置敏感标记，这些敏感标记是否构成多级安全模型的属性库，主体和客体的敏感标记是否以默认方式生成或由安全员建立、维护和管理；**
c) **应测试应用系统，对主体和客体设置敏感标记，以授权用户和非授权用户身份访问客体，验证是否只有授权用户可以访问客体，而非授权用户不能访问客体。**

8.1.4.2.3 结果判定

如果8.1.4.2.2中a)～c)均为肯定，则信息系统符合本单元测评指标要求，否则，信息系统不符合或部分符合本单元测评指标要求。

8.1.4.3 访问控制

8.1.4.3.1 测评指标

见GB/T 22239—2008中8.1.4.3。

8.1.4.3.2 测评实施

本项要求包括：

a) 应检查应用系统，查看是否依据安全策略控制用户对文件、数据库表等客体的访问；
b) 应检查应用系统，查看其访问控制的覆盖范围是否包括与信息安全直接相关的主体、客体及它们之间的操作；
c) 应检查应用系统，查看其是否有由授权用户设置其他用户访问系统功能和用户数据的权限的功能；
d) **应检查应用系统的用户列表，查看其是否不存在默认账户，如果有是否禁止了默认账户的访问；**
e) 应检查应用系统的用户角色或权限的分配情况，查看是否仅授予不同账户为完成各自承担任务所需的最小权限，特权用户的权限是否分离，权限之间是否相互制约，如系统管理员不能进行审计操作、审计员不能进行系统管理操作等；
f) **应检查应用系统，查看其是否具有通过比较安全标签来确定是授予还是拒绝主体对客体的访问的功能；**
g) 应测试应用系统，可通过以不同权限的用户登录系统，查看其拥有的权限是否与系统赋予的权限一致，验证应用系统访问控制功能是否有效；
h) 应测试应用系统，可通过以默认用户登录系统并进行一些操作，查看系统是否禁止了默认账户的访问；

i) 应渗透测试应用系统，进行试图绕过访问控制的操作，验证应用系统的访问控制功能是否不存在明显的弱点。

8.1.4.3.3 结果判定

如果 8.1.4.3.2 中 a)～h)均为肯定，则信息系统符合本单元测评指标要求，否则，信息系统不符合或部分符合本单元测评指标要求。

8.1.4.4 可信路径

8.1.4.4.1 测评指标

见 GB/T 22239—2008 中 8.1.4.4。

8.1.4.4.2 测评实施

本项要求包括：

a) **应检查设计或验收文档，查看文档中是否有在系统对用户进行身份鉴别和用户对系统进行访问时系统与用户之间能够建立一条安全的信息传输路径的描述；**

b) **应检查应用系统，可通过查看系统对用户进行身份鉴别和用户对系统进行访问的路径，分析在系统对用户进行身份鉴别和用户对系统进行访问时系统能否在系统与用户之间建立一条安全的信息传输路径。**

8.1.4.4.3 结果判定

如果 8.1.4.4.2 中 a)和 b)均为肯定，则信息系统符合本单元测评指标要求，否则，信息系统不符合或部分符合本单元测评指标要求。

8.1.4.5 安全审计

8.1.4.5.1 测评指标

见 GB/T 22239—2008 中 8.1.4.5。

8.1.4.5.2 测评实施

本项要求包括：

a) 应检查关键应用系统，查看审计范围是否覆盖到每个用户，审计策略是否覆盖系统内重要的安全相关事件，例如，用户标识与鉴别、访问控制的所有操作记录、重要用户行为、系统资源的异常使用、重要系统命令的使用等；

b) 应检查应用系统的审计记录，查看是否包括事件发生的日期与时间、触发事件的主体与客体、事件的类型、事件成功或失败、身份鉴别事件中请求的来源、事件的结果等内容；

c) 应检查应用系统，查看是否为授权用户浏览和分析审计数据提供专门的审计分析功能，并能根据需要生成审计报表；

d) **应检查应用系统，查看是否有集中审计接口，并根据信息系统的统一安全策略实现集中审计；**

e) 应测试主要应用系统，在应用系统上试图产生一些重要的安全相关事件(如用户登录、修改用户权限等)，查看应用系统是否对其进行了审计，验证应用系统安全审计的覆盖情况是否覆盖到每个用户；如果进行了审计则查看审计记录内容是否包含事件的日期、时间、发起者信息、类型、描述和结果等；

f) 应测试应用系统，试图非授权终止审计进程或审计功能，非授权删除、修改或覆盖审计记录，查看安全审计进程和记录的保护情况。

8.1.4.5.3 结果判定

如果8.1.4.5.2中a)～f)均为肯定，则信息系统符合本单元测评指标要求，否则，信息系统不符合或部分符合本单元测评指标要求。

8.1.4.6 剩余信息保护

8.1.4.6.1 测评指标

见GB/T 22239—2008中8.1.4.6。

8.1.4.6.2 测评实施

本项要求包括：

a) 应检查设计、验收文档或源代码，查看其是否有关于系统在释放或再分配鉴别信息所在存储空间给其他用户前如何将其进行完全清除（无论这些信息是存放在硬盘上还是在内存中）的描述；
b) 应检查设计、验收文档或源代码，查看其是否有关于释放或重新分配系统内文件、目录和数据库记录等资源所在存储空间给其他用户前进行完全清除的描述；
c) 应测试主要应用系统，用某用户登录系统并进行操作后，在该用户退出后用另一用户登录，试图操作（读取、修改或删除等）其他用户产生的文件、目录和数据库记录等资源，查看操作是否不成功，验证系统提供的剩余信息保护功能是否正确（确保系统内的文件、目录和数据库记录等资源所在的存储空间，被释放或重新分配给其他用户前得到完全清除）。

8.1.4.6.3 结果判定

如果8.1.4.6.2中a)～c)均为肯定，则信息系统符合本单元测评指标要求，否则，信息系统不符合或部分符合本单元测评指标要求。

8.1.4.7 通信完整性

8.1.4.7.1 测评指标

见GB/T 22239—2008中8.1.4.7。

8.1.4.7.2 测评实施

本项要求包括：

a) 应检查设计、验收文档或源代码，查看是否有关于保护通信完整性的说明，如果有则查看是否有根据校验码判断对方数据有效性，以及散列(Hash)密码计算报文校验码的描述；
b) 应测试应用系统，可通过获取通信双方的数据包，查看通信报文是否含有的校验码。

8.1.4.7.3 结果判定

如果8.1.4.7.2中a)和b)均为肯定，则信息系统符合本单元测评指标要求，否则，信息系统不符合或部分符合本单元测评指标要求。

8.1.4.8 通信保密性

8.1.4.8.1 测评指标

见 GB/T 22239—2008 中 8.1.4.8。

8.1.4.8.2 测评实施

本项要求包括：

a) 应检查应用系统，查看其是否基于硬件化的设备，产生密钥，进行加解密运算；

b) 应检查相关证明材料（证书），查看主要应用系统采用的密码算法是否符合国家有关部门的要求；

c) 应测试应用系统，通过获取通信双方数据包并查看数据包的内容，查看系统是否能在通信双方建立连接之前，利用密码技术进行会话初始化验证；在通信过程中，是否对整个报文或会话过程进行加密。

8.1.4.8.3 结果判定

本项要求包括：

a) 如果 8.1.4.8.2 b)缺少相关文档材料，则为否定；

b) 如果 8.1.4.8.2 中 a)～c)均为肯定，则信息系统符合本单元测评指标要求，否则，信息系统不符合或部分符合本单元测评指标要求。

8.1.4.9 抗抵赖

8.1.4.9.1 测评指标

见 GB/T 22239—2008 中 8.1.4.9。

8.1.4.9.2 测评实施

本项要求包括：

a) 如果业务应用有明确的抗抵赖需求，则应检查应用系统是否提供在请求的情况下为数据原发者和接收者提供数据原发证据的功能；是否提供在请求的情况下为数据原发者和接收者提供数据接收证据的功能；

b) 如果业务应用有明确的抗抵赖需求，则应测试应用系统，通过双方进行通信，查看系统是否提供在请求的情况下为数据原发者和接收者提供数据原发证据的功能；系统是否提供在请求的情况下为数据原发者和接收者提供数据接收证据的功能。

8.1.4.9.3 结果判定

如果 8.1.4.9.2 中 a)和 b)均为肯定，则信息系统符合本单元测评指标要求，否则，信息系统不符合或部分符合本单元测评指标要求。

8.1.4.10 软件容错

8.1.4.10.1 测评指标

见 GB/T 22239—2008 中 8.1.4.10。

8.1.4.10.2 测评实施

本项要求包括：

a) 应检查设计或验收文档，查看应用系统有对人机接口输入或通信接口输入的数据进行有效性检验功能的说明；
b) 应测试应用系统，查看应用系统是否能明确拒绝不符合格式要求数据；
c) 应测试应用系统，验证是否提供自动保护功能，当故障发生时自动保护当前所有状态，保证系统能够进行恢复；
d) **应测试应用系统，验证是否具有自动恢复能力，当故障发生时，是否能立即启动新的进程，恢复原来的工作状态。**

8.1.4.10.3 结果判定

如果8.1.4.10.2中a)～d)均为肯定，则信息系统符合本单元测评指标要求，否则，信息系统不符合或部分符合本单元测评指标要求。

8.1.4.11 资源控制

8.1.4.11.1 测评指标

见GB/T 22239—2008中8.1.4.11。

8.1.4.11.2 测评实施

本项要求包括：

a) 应检查应用系统的配置参数，查看是否提供对最大并发会话连接数进行限制；
b) 应检查应用系统，查看是否对一个访问账户或一个请求进程占用的资源分配最大限额和最小限额；
c) 应检查应用系统，查看是否有服务水平最小值的设定，当系统的服务水平降低到预先设定的最小值时，系统报警，**并合理自动调整资源分配；**
d) 应检查应用系统，查看是否能根据安全策略设定主体的服务优先级，根据优先级分配系统资源；
e) 应测试应用系统，当应用系统的通信双方中的一方在一段时间内未作任何响应，查看另一方是否能够自动结束会话；
f) 应测试应用系统，可通过对系统进行超过规定的单个账户的多重并发会话数进行连接，验证系统是否能够正确地限制单个账户的多重并发会话数；
g) 应测试应用系统，可试图使服务水平降低到预先规定的最小值，验证系统是否能够正确检测并报警。

8.1.4.11.3 结果判定

如果8.1.4.11.2中a)～g)肯定，则信息系统符合本单元测评指标要求，否则，信息系统不符合或部分符合本单元测评指标要求。

8.1.5 数据安全及备份恢复

8.1.5.1 数据完整性

8.1.5.1.1 测评指标

见GB/T 22239—2008中8.1.5.1。

8.1.5.1.2 测评实施

本项要求包括：

a) 如果网络设备、主机操作系统和数据库管理系统能够进行远程管理，则应查看其能否检测系统管理数据(如配置文件)、鉴别信息在传输过程中完整性受到了破坏，并在检测到完整性错误时采取必要的恢复措施；

b) 应检查应用系统的设计、验收文档或源代码，查看是否有关于能检测系统管理数据、鉴别信息和重要业务数据传输过程中完整性受到破坏，并在检测到完整性错误时采取必要的恢复措施的描述；

c) 应检查网络设备、操作系统和数据库管理系统，查看是否配备检测系统管理数据(如配置文件)和鉴别信息在存储过程中完整性受到破坏的功能，并在检测到完整性错误时是否能采取必要的恢复措施；

d) 应检查应用系统，查看是否配备检测系统管理数据、鉴别信息和业务数据在存储过程中完整性受到破坏的功能，并在检测到完整性错误时是否能采取必要的恢复措施；

e) **应检查网络设备、操作系统、数据库管理系统和应用系统中是否为重要通信提供专用通信协议或安全通信协议服务，避免来自基于通用通信协议的攻击破坏数据完整性。**

8.1.5.1.3 结果判定

如果 8.1.5.1.2 中 a)～e)均为肯定，则信息系统符合本单元测评指标要求，否则，信息系统不符合或部分符合本单元测评指标要求。

8.1.5.2 数据保密性

8.1.5.2.1 测评指标

见 GB/T 22239—2008 中 8.1.5.2。

8.1.5.2.2 测评实施

本项要求包括：

a) 应检查网络设备、操作系统和数据库管理系统，查看其管理数据和鉴别信息是否采用加密或其他有效措施实现了传输和存储保密性；

b) 应检查应用系统，查看其管理数据、鉴别信息和重要业务数据是否采用加密或其他有效措施实现传输和存储保密性；

c) **应检查网络设备、操作系统、数据库管理系统和应用系统中是否为重要通信提供专用通信协议或安全通信协议服务，避免来自基于通用通信协议的攻击破坏数据保密性；**

d) 应测试操作系统、网络设备操作系统、数据库管理系统和应用系统，可通过用嗅探工具获取系统传输数据包，查看是否为密文。

8.1.5.2.3 结果判定

如果 8.1.5.2.2 中 a)～d)均为肯定，则信息系统符合本单元测评指标要求，否则，信息系统不符合或部分符合本单元测评指标要求。

8.1.5.3 备份和恢复

8.1.5.3.1 测评指标

见 GB/T 22239—2008 中 8.1.5.3。

8.1.5.3.2 测评实施

本项要求包括：

a) 应检查是否对网络设备、主机操作系统、数据库管理系统和应用系统的重要信息进行了备份，备份方式(如是否为完全数据备份)、频率和介质存放方式是否达到相关标准的要求，是否定期对备份数据进行恢复测试；

b) **应检查是否建立了异地灾难备份中心，能否对业务应用进行实时无缝切换；**

c) **应检查能否对网络设备、主机操作系统、数据库管理系统和应用系统的重要信息进行实时异地备份，实时将数据备份到灾难备份中心；**

d) 应检查网络设备、主要主机操作系统、主要数据库管理系统和主要应用系统是否对重要信息进行了异地数据备份；

e) 应检查网络拓扑结构是否不存在关键节点的单点故障；

f) 应检查网络设备、通信线路和数据处理系统(如包含数据库管理系统在内的数据库服务器)是否提供硬件冗余；

g) **如果条件允许，应验证能否对业务应用进行实时无缝切换。**

8.1.5.3.3 结果判定

如果8.1.5.3.2中a)～g)均为肯定，则信息系统符合本单元测评指标要求，否则，信息系统不符合或部分符合本单元测评指标要求。

8.2 安全管理测评

8.2.1 安全管理制度

8.2.1.1 管理制度

8.2.1.1.1 测评指标

见GB/T 22239—2008中8.2.1.1。

8.2.1.1.2 测评实施

本项要求包括：

a) 应访谈安全主管，询问机构是否形成全面的信息安全管理制度体系，制度体系是否由总体方针、安全策略、管理制度、操作规程等构成；

b) 应检查信息安全工作的总体方针和安全策略文件，查看文件是否明确机构安全工作的总体目标、范围、原则和安全框架等；

c) 应检查各项安全管理制度，查看是否覆盖物理、网络、主机系统、数据、应用、建设和运维等层面的管理内容；

d) 应检查是否具有日常管理操作的操作规程(如系统维护手册和用户操作规程等)。

8.2.1.1.3 结果判定

如果8.2.1.1.2中a)～d)均为肯定，则信息系统符合本单元测评指标要求，否则，信息系统不符合或部分符合本单元测评指标要求。

8.2.1.2 **制定和发布**

8.2.1.2.1 **测评指标**

见 GB/T 22239—2008 中 8.2.1.2。

8.2.1.2.2 **测评实施**

本项要求包括：

a) 应访谈安全主管，询问是否由专门的部门或人员负责制定安全管理制度；
b) 应访谈安全主管，询问安全管理制度是否能够发布到相关人员手中，是否对制定的安全管理制度进行论证和审定，是否按照统一的格式标准或要求制定，**对有密级的管理制度是否采取相应措施有效管理**；
c) 应检查制度制定和发布要求管理文档，查看文档是否说明安全管理制度的制定和发布程序、格式要求、版本编号和**密级标注方法**等相关内容；
d) 应检查管理制度评审记录，查看是否有相关人员的评审意见；
e) 应检查各项安全管理制度文档，查看文档是否是正式发布的文档，是否注明适用和发布范围，是否有版本标识，**是否有密级标注**，是否有管理层的签字或单位盖章；查看各项制度文档格式是否统一；
f) 应检查安全管理制度的收发登记记录，查看是否通过正式、有效的方式收发（如正式发文、领导签署和单位盖章等），是否注明发布范围。

8.2.1.2.3 **结果判定**

如果 8.2.1.2.2 中 a)～f)均为肯定，则信息系统符合本单元测评指标要求，否则，信息系统不符合或部分符合本单元测评指标要求。

8.2.1.3 **评审和修订**

8.2.1.3.1 **测评指标**

见 GB/T 22239—2008 中 8.2.1.3。

8.2.1.3.2 **测评实施**

本项要求包括：

a) 应访谈安全主管，询问是否由信息安全领导小组负责定期对安全管理制度体系的合理性和适用性进行审定，**是否有专门部门或人员负责制度的日常维护**；
b) **应访谈安全主管，询问评审和修订有密级的安全管理制度时对参加评审和修订的人员是否考虑到相应保密要求**；
c) **应检查是否具有需要定期修订的安全管理制度列表，查看列表是否注明修订周期**；
d) 应检查是否具有安全管理制度体系的评审记录，**查看记录的日期间隔与评审周期是否一致**，是否记录了相关人员的评审意见；
e) 应检查是否具有安全管理制度的检查或评审记录，**查看记录的日期间隔与评审周期是否一致**；如果对制度做过修订，检查是否有修订版本的安全管理制度。

8.2.1.3.3 **结果判定**

如果 8.2.1.3.2 中 a)～e)均为肯定，则信息系统符合本单元测评指标要求，否则，信息系统不符合或部分符合本单元测评指标要求。

8.2.2 安全管理机构

8.2.2.1 岗位设置

8.2.2.1.1 测评指标

见 GB/T 22239—2008 中 8.2.2.1。

8.2.2.1.2 测评实施

本项要求包括：

a) 应访谈安全主管，询问是否设立指导和管理信息安全工作的委员会或领导小组，其最高领导是否由单位主管领导委任或授权的人员担任；

b) 应访谈安全主管，询问是否设立专职的安全管理机构(即信息安全管理工作的职能部门)，是否明确各部门的职责分工；

c) 应访谈安全主管，询问信息系统是否设置了系统管理员、网络管理员和安全管理员等岗位，各个岗位的职责分工是否明确；是否设立安全管理各个方面的负责人；

d) **应访谈安全主管、安全管理各个方面的负责人、系统管理员、网络管理员和安全管理员，询问其是否明确其岗位职责；**

e) 应检查部门、岗位职责文件，查看文件是否明确安全管理机构的职责，是否明确机构内各部门的职责和分工，部门职责是否涵盖物理、网络和系统安全等各个方面；查看文件是否明确设置安全主管、安全管理各个方面的负责人、系统管理员、网络管理员、安全管理员等各个岗位职责；查看文件是否明确各个岗位人员应具有的技能要求；

f) 应检查是否具有信息安全管理委员会或领导小组成立的正式文件；

g) 应检查信息安全管理委员会或领导小组职责文件，查看是否明确委员会或领导小组职责和其最高领导岗位的职责。

8.2.2.1.3 结果判定

如果 8.2.2.1.2 中 a)～g) 均为肯定，则信息系统符合本单元测评指标要求，否则，信息系统不符合或部分符合本单元测评指标要求。

8.2.2.2 人员配备

8.2.2.2.1 测评指标

见 GB/T 22239—2008 中 8.2.2.2。

8.2.2.2.2 测评实施

本项要求包括：

a) 应访谈安全主管，询问各个安全管理岗位是否配备了一定数量的人员，对关键事务岗位是否配备多人；

b) 应检查人员配备要求管理文档，查看是否明确应配备系统管理员、网络管理员、安全管理员等重要岗位人员并明确应配备专职的安全管理员；查看是否明确关键事务的管理人员应配备 2 人或2 人以上共同管理；

c) 应检查安全管理各岗位人员信息表，查看其是否明确系统管理员、网络管理员和安全管理员等重要岗位人员的信息，安全管理员是否是专职人员。

8.2.2.2.3 结果判定

如果8.2.2.2.2中a)～c)均为肯定，则信息系统符合本单元测评指标要求，否则，信息系统不符合或部分符合本单元测评指标要求。

8.2.2.3 授权和审批

8.2.2.3.1 测评指标

见GB/T 22239—2008中8.2.2.3。

8.2.2.3.2 测评实施

本项要求包括：

a) 应访谈安全主管，询问其是否规定对信息系统中的关键活动进行审批，审批活动是否得到授权；是否定期审查、更新审批项目；
b) 应检查审批管理制度文档，查看文档是否明确审批事项、需逐级审批的事项、审批部门、批准人等，是否明确系统变更、重要操作、物理访问和系统接入等事项的审批流程；是否明确需定期审查、更新审批的项目、审批部门、批准人和审查周期等；
c) 应检查经逐级审批的文档，查看是否具有各级批准人的签字和审批部门的盖章；
d) 应检查关键活动的审批过程记录，查看记录的审批程序与文件要求是否一致。

8.2.2.3.3 结果判定

如果8.2.2.3.2中a)～d)均为肯定，则该测评指标符合要求，否则，信息系统不符合或部分符合本单元测评指标要求。

8.2.2.4 沟通和合作

8.2.2.4.1 测评指标

见GB/T 22239—2008中8.2.2.4。

8.2.2.4.2 测评实施

本项要求包括：

a) 应访谈安全主管，询问是否与外单位(公安机关、电信公司、兄弟单位、供应商、业界专家、专业的安全公司、安全组织等)建立沟通、合作机制；是否与组织机构内其他部门之间及内部各部门管理人员之间建立沟通、合作机制，是否定期或不定期召开协调会议；
b) 应访谈安全主管，询问是否召开过部门间协调会议，组织其他部门人员共同协助处理信息系统安全有关问题，安全管理机构内部是否召开过安全工作会议以部署安全工作的实施；信息安全领导小组或者管理委员会是否定期召开例会；
c) 应访谈安全主管，询问是否聘请信息安全专家作为常年的安全顾问，指导信息安全建设，参与安全规划和安全评审等；
d) 应检查组织内部机构之间以及信息安全职能部门内部的安全工作会议文件或会议记录，查看是否有会议内容、会议时间、参加人员和会议结果等的描述；
e) 应检查信息安全领导小组或者管理委员会定期例会会议文件或会议记录，查看是否有会议内容、会议时间、参加人员、会议结果等的描述；

f) 应检查外联单位联系列表，查看外联单位是否包含公安机关、电信公司、兄弟单位、供应商、业界专家、专业的安全公司和安全组织等，是否说明外联单位的名称、合作内容、联系人和联系方式等内容；
g) 应检查是否具有安全顾问名单或者聘请安全顾问的证明文件，查看是否有安全顾问指导信息安全建设、参与安全规划和安全评审的相关文档或记录。

8.2.2.4.3 结果判定

如果8.2.2.4.2中a)～g)均为肯定，则信息系统符合本单元测评指标要求，否则，信息系统不符合或部分符合本单元测评指标要求。

8.2.2.5 审核和检查

8.2.2.5.1 测评指标

见GB/T 22239—2008中8.2.2.5。

8.2.2.5.2 测评实施

本项要求包括：

a) 应访谈安全主管，询问是否组织人员定期对信息系统安全技术措施和安全管理制度落实情况进行全面安全检查；
b) 应访谈安全管理员，询问是否定期检查系统日常运行、系统漏洞和数据备份等情况，是否对检查结果进行通报；
c) 应检查安全检查管理制度文档，查看文档是否规定定期进行全面安全检查，是否规定检查内容、检查程序和检查周期等，检查内容是否包括现有安全技术措施的有效性、安全配置与安全策略的一致性、安全管理制度的执行情况等；
d) 应检查全面安全检查报告，查看**报告日期间隔与检查周期是否一致**，报告中是否有检查内容、检查人员、检查数据汇总表、检查结果等的描述，检查内容是否包括现有安全技术措施的有效性、安全配置与安全策略的一致性、安全管理制度的执行情况等；
e) 应检查安全管理员定期实施安全检查的报告，查看**报告日期间隔与检查周期是否一致**，检查内容是否包括系统日常运行、系统漏洞和数据备份等情况；
f) 应检查是否具有执行安全检查时的安全检查表、安全检查记录和结果通告记录，查看**安全检查记录中记录的检查程序与制度要求是否一致**。

8.2.2.5.3 结果判定

如果8.2.2.5.2中a)～f)均为肯定，则信息系统符合本单元测评指标要求，否则，信息系统不符合或部分符合本单元测评指标要求。

8.2.3 人员安全管理

8.2.3.1 人员录用

8.2.3.1.1 测评指标

见GB/T 22239—2008中8.2.3.1。

8.2.3.1.2 测评实施

本项要求包括：

a) 应访谈人事负责人，询问是否由专门的部门或人员负责人员的录用工作；
b) 应访谈人事负责人，询问在人员录用时是否对被录用人的身份、背景、专业资格和资质进行审查，对技术人员的技术技能进行考核；
c) 应访谈人事负责人，询问是否与被录用人员签署保密协议；
d) 应访谈人事负责人，询问对从事关键岗位的人员是否从内部人员中选拔，是否要求其签署岗位安全协议；
e) 应检查人员录用管理文档，查看是否说明录用人员应具备的条件(如学历、学位要求，技术人员应具备的专业技术水平，管理人员应具备的安全管理知识等)；
f) 应检查是否具有人员录用时对录用人身份、背景、专业资格和资质等进行审查的相关文档或记录，查看是否记录审查内容和审查结果等；
g) 应检查人员录用时的技能考核文档或记录，查看是否记录考核内容和考核结果等；
h) 应检查保密协议，查看是否有保密范围、保密责任、违约责任、协议的有效期限和责任人的签字等内容；
i) 应检查岗位安全协议，查看是否有岗位安全责任定义、协议的有效期限和责任人签字等内容。

8.2.3.1.3 结果判定

如果 8.2.3.1.2 中 a)～i)均为肯定，则信息系统符合本单元测评指标要求，否则，信息系统不符合或部分符合本单元测评指标要求。

8.2.3.2 人员离岗

8.2.3.2.1 测评指标

见 GB/T 22239—2008 中 8.2.3.2。

8.2.3.2.2 测评实施

本项要求包括：

a) 应访谈安全主管，询问对即将离岗人员是否及时终止离岗人员的所有访问权限，是否取回各种身份证件、钥匙、徽章以及机构提供的软硬件设备等；
b) 应访谈人事负责人，询问人员离岗是否遵循严格的调离手续，是否要求人员调离时须承诺相关保密义务后方可离开；
c) 应检查人员离岗的管理制度文档，查看是否说明人员离岗要求、人员调离手续等相关内容；
d) 应检查是否具有离岗人员交还身份证件、设备等的登记记录；
e) 应检查是否具有按照离职程序办理调离手续的记录，**查看调离手续与文件规定是否一致；**
f) 应检查保密承诺文档，查看是否有调离人员的签字。

8.2.3.2.3 结果判定

如果 8.2.3.2.2 中 a)～f)均为肯定，则信息系统符合本单元测评指标要求，否则，信息系统不符合或部分符合本单元测评指标要求。

8.2.3.3 人员考核

8.2.3.3.1 测评指标

见 GB/T 22239—2008 中 8.2.3.3。

8.2.3.3.2 测评实施

本项要求包括：

a) 应访谈安全主管，询问是否定期对各个岗位人员进行安全技能及安全知识的考核，是否对关键岗位人员定期进行安全审查和技能考核；
b) **应访谈安全主管，询问是否对安全保密制度执行情况进行检查或考核；**
c) **应检查保密制度文档，查看是否包括保密内容、保密责任和义务等内容；**
d) 应检查考核记录，查看记录的考核人员是否包括各个岗位的人员，考核内容是否包含**保密知识**、安全知识、安全技能等；**查看记录日期与考核周期是否一致；**
e) 应检查是否具有对关键岗位人员的安全审查记录。

8.2.3.3.3 结果判定

如果8.2.3.3.2中a)～e)均为肯定，则信息系统符合本单元测评指标要求，否则，信息系统不符合或部分符合本单元测评指标要求。

8.2.3.4 安全意识教育和培训

8.2.3.4.1 测评指标

见GB/T 22239—2008中8.2.3.4。

8.2.3.4.2 测评实施

本项要求包括：

a) 应访谈安全主管，询问是否制定培训计划并按计划对各个岗位人员进行安全教育和培训；是否对违反安全策略和规定的人员进行惩戒；
b) **应访谈安全管理员、系统管理员、网络管理员，考查其是否了解其工作相关的信息安全基础知识、安全责任和惩戒措施等；**
c) 应检查安全责任和惩戒措施管理文档，查看是否包含具体的安全责任和惩戒措施；
d) 应检查信息安全教育及技能培训和考核管理文档，查看是否明确培训周期、培训方式、培训内容和考核方式等相关内容；
e) 应检查安全教育和培训计划文档，查看是否具有不同岗位的培训计划；查看计划是否明确了培训方式、培训对象、培训内容、培训时间和地点等，培训内容是否包含信息安全基础知识、岗位操作规程等；
f) 应检查安全教育和培训记录，查看记录是否有培训人员、培训内容、培训结果等的描述；**查看记录与培训计划是否一致。**

8.2.3.4.3 结果判定

如果8.2.3.4.2中a)～f)均为肯定，则信息系统符合本单元测评指标要求，否则，信息系统不符合或部分符合本单元测评指标要求。

8.2.3.5 外部人员访问管理

8.2.3.5.1 测评指标

见GB/T 22239—2008中8.2.3.5。

8.2.3.5.2 测评实施

本项要求包括：

a) 应访谈安全主管，询问外部人员访问重要区域(如访问机房、重要服务器或设备区等)是否需经有关部门或负责人书面批准，是否由专人全程陪同或监督，是否进行记录并备案管理；

b) 应检查外部人员访问管理文档，查看是否明确允许外部人员访问的范围(区域、系统、设备、信息等内容，**对哪些关键区域不允许外部人员访问**)，外部人员进入的条件(对哪些重要区域的访问须提出书面申请批准后方可进入)，外部人员进入的访问控制措施(由专人全程陪同或监督等)等；

c) 应检查外部人员访问重要区域的书面申请文档，是否具有批准人允许访问的批准签字等；

d) 应检查外部人员访问重要区域的登记记录，查看是否记录了外部人员访问重要区域的进入时间、离开时间、访问区域及陪同人等信息。

8.2.3.5.3 结果判定

如果 8.2.3.5.2 中 a)～d)均为肯定，则该测评指标符合要求，否则，信息系统不符合或部分符合本单元测评指标要求。

8.2.4 系统建设管理

8.2.4.1 系统定级

8.2.4.1.1 测评指标

见 GB/T 22239—2008 中 8.2.4.1。

8.2.4.1.2 测评实施

本项要求包括：

a) 应访谈系统建设负责人，询问是否参照定级指南确定信息系统安全保护等级，是否组织相关部门和有关安全技术专家对定级结果进行论证和审定；

b) 应检查系统定级文档，查看文档是否明确信息系统的边界和信息系统的安全保护等级，是否说明定级的方法和理由，是否有相关部门或主管领导的盖章或签名；

c) 应检查定级结果的论证评审会议文档，查看是否有相关部门和有关安全技术专家对定级结果的论证意见。

8.2.4.1.3 结果判定

如果 8.2.4.1.2 中 a)～c)均为肯定，则信息系统符合本单元测评指标要求，否则，信息系统不符合或部分符合本单元测评指标要求。

8.2.4.2 安全方案设计

8.2.4.2.1 测评指标

见 GB/T 22239—2008 中 8.2.4.2。

8.2.4.2.2 测评实施

本项要求包括：

a) 应访谈系统建设负责人，询问是否授权专门的部门对信息系统的安全建设进行总体规划，由何部门负责；
b) 应访谈系统建设负责人，询问是否根据信息系统的等级划分情况统一考虑总体安全策略、安全技术框架、安全管理策略、总体建设规划和详细设计方案等；
c) 应访谈系统建设负责人，询问是否对安全建设的配套文件进行论证和审定，是否根据等级测评、安全评估的结果定期调整和修订安全建设的配套文件；
d) 应检查是否有系统安全建设的工作计划，查看文件是否明确了系统的近期安全建设计划和远期安全建设计划；
e) 应检查是否有系统总体安全策略、安全技术框架、安全管理策略、总体建设规划、详细设计方案等配套文件，查看各个文件是否有机构管理层的批准；
f) 应检查配套文件的论证评审记录或文档，查看是否有相关部门和有关安全技术专家对总体安全策略、安全技术框架、安全管理策略、总体建设规划、详细设计方案等相关配套文件的论证意见；
g) 应检查是否具有总体安全策略、安全技术框架、安全管理策略、总体建设规划、详细设计方案等相关配套文件的维护记录或修订版本。

8.2.4.2.3 结果判定

如果 8.2.4.2.2 中 a)～g)均为肯定，则信息系统符合本单元测评指标要求，否则，信息系统不符合或部分符合本单元测评指标要求。

8.2.4.3 产品采购和使用

8.2.4.3.1 测评指标

见 GB/T 22239—2008 中 8.2.4.3。

8.2.4.3.2 测评实施

本项要求包括：
a) 应访谈系统建设负责人，询问是否有专门的部门负责产品的采购，由何部门负责；
b) 应访谈系统建设负责人，询问系统是否采用了密码产品，密码产品的采购和使用是否符合国家密码主管部门的要求；
c) 应访谈系统建设负责人，询问系统使用的有关信息安全产品是否符合国家的有关规定，如安全产品获得了销售许可证等。
d) 应访谈系统建设负责人，询问采购产品前是否预先对产品进行选型测试确定产品的候选范围，是否有产品采购清单指导产品采购，是否定期审定和更新候选产品采购清单，审定周期多长；
e) **应访谈系统建设负责人，询问是否对重要部位的产品委托专业测评单位进行专项测试，是否有专项测试报告；**
f) 应抽样检查安全产品和密码产品的相关凭证，如销售许可等，查看是否使用了符合国家有关规定产品；
g) 应检查是否具有产品选型测试结果文档、候选产品采购清单及审定或更新的记录，**是否有重要部位的产品的专项测试报告**。

8.2.4.3.3 结果判定

如果 8.2.4.3.2 中 a)～g)均为肯定，则信息系统符合本单元测评指标要求，否则，信息系统不符合或部分符合本单元测评指标要求。

8.2.4.4 自行软件开发

8.2.4.4.1 测评指标

见GB/T 22239—2008中8.2.4.4。

8.2.4.4.2 测评实施

本项要求包括：

a) 应访谈系统建设负责人，询问是否进行自主开发软件，是否对程序资源库的修改、更新、发布进行授权和批准，授权部门是何部门，批准人是何人，是否要求开发人员不能做测试人员(即二者分离)，自主开发软件是否在独立的模拟环境中完成编码和调试，如相对独立的网络区域；
b) 应访谈系统建设负责人，询问软件设计相关文档是否由专人负责保管，负责人是何人，如何控制使用，测试数据和测试结果是否受到控制；
c) **应访谈系统建设负责人，询问开发人员有哪些人，是否是专职人员，询问对开发人员的开发活动采取哪些控制措施，是否有专门的监控、审查措施；**
d) 应访谈软件开发人员，询问其是否了解软件开发管理制度，是否了解代码编写安全规范，是否按照代码编写安全规范进行软件开发；
e) 应检查软件开发管理制度，查看文件是否明确软件设计、开发、测试、验收过程的控制方法和人员行为准则，是否明确哪些开发活动应经过授权、审批；
f) 应检查代码编写安全规范，查看规范中是否明确代码编写规则，应抽样部分源代码，检查是否按照代码编写安全规范开发；
g) 应检查对程序资源库的修改、更新、发布进行授权和审批的文档或记录，查看是否有批准人的签字；
h) 应检查是否具有软件开发相关文档(源代码、测试数据、测试结果等)的使用控制记录；
i) 应检查是否具有软件使用指南或操作手册等；
j) 应检查网络拓扑图和实际开发环境，查看是否实际运行环境和开发环境有效隔离；
k) **应检查是否具有对开发人员的审查记录，查看审查记录是否记录审查结果等。**

8.2.4.4.3 结果判定

如果8.2.4.4.2中a)～k)均为肯定，则信息系统符合本单元测评指标要求，否则，信息系统不符合或部分符合本单元测评指标要求。

8.2.4.5 外包软件开发

8.2.4.5.1 测评指标

见GB/T 22239—2008中8.2.4.5。

8.2.4.5.2 测评实施

本项要求包括：

a) 应访谈系统建设负责人，询问软件交付前是否依据开发要求的技术指标对软件功能和性能等进行验收测试，软件安装之前是否检测软件中的恶意代码；
b) 应访谈系统建设负责人，是否要求开发单位提供源代码，是否根据源代码对软件中可能存在的后门和**隐蔽信道**进行审查；

c) 应检查是否具有软件开发的相关文档，如需求分析说明书、软件设计说明书等，是否具有软件操作手册或使用指南；
d) 应检查部分软件源代码，查看是否具有源代码，应检查软件源代码审查记录，查看是否包括对可能存在后门和**隐蔽信道**的审查结果。

8.2.4.5.3 结果判定

如果 8.2.4.5.2 中 a)～d)均为肯定，则信息系统符合本单元测评指标要求，否则，信息系统不符合或部分符合本单元测评指标要求。

8.2.4.6 工程实施

8.2.4.6.1 测评指标

见 GB/T 22239—2008 中 8.2.4.6。

8.2.4.6.2 测评实施

本项要求包括：
a) 应访谈系统建设负责人，询问是否指定专门部门或人员对工程实施过程进行进度和质量控制，由何部门/何人负责；
b) 应访谈系统建设负责人，询问是否要求工程实施单位提供其能够实施安全工程的资质证明和能力保证；
c) **应访谈系统建设负责人，询问是否由第三方工程监理单位对工程实施过程进行进度和质量控制；**
d) 应检查系统建设方面的管理制度，查看其是否包括工程实施过程的控制方法、实施参与人员的行为准则等方面内容。
e) 应检查工程实施方案，查看其是否包括工程时间限制、进度控制和质量控制等方面内容，是否按照工程实施方面的管理制度进行各类控制、产生阶段性文档等；
f) **应检查是否具有第三方工程监理单位出具的工程监理报告**。

8.2.4.6.3 结果判定

如果 8.2.4.6.2 中 a)～e)均为肯定，则信息系统符合本单元测评指标要求，否则，信息系统不符合或部分符合本单元测评指标要求。

8.2.4.7 测试验收

8.2.4.7.1 测评指标

见 GB/T 22239—2008 中 8.2.4.7。

8.2.4.7.2 测评实施

本项要求包括：
a) 应访谈系统建设负责人，询问是否有专门的部门负责测试验收工作，由何部门负责；是否委托第三方测试机构对信息系统进行独立的安全性测试；
b) 应访谈系统建设负责人，询问是否根据设计方案或合同要求组织相关部门和人员制定工程测试验收方案，并对系统测试验收报告进行审定；
c) 应检查系统建设方面的管理制度，查看其是否包括对系统测试验收的控制方法和人员行为准则规定；

d) 应检查是否具有工程测试验收方案，查看其是否明确说明参与测试的部门、人员、测试验收内容、现场操作过程等内容，过程控制是否符合管理规定的要求；

e) 应检查是否具有系统测试验收报告，是否有相关部门和人员对系统测试验收报告进行审定的意见，是否有第三方测试机构的签字或盖章。

8.2.4.7.3 **结果判定**

如果8.2.4.7.2中a)～e)均为肯定，则信息系统符合本单元测评指标要求，否则，信息系统不符合或部分符合本单元测评指标要求。

8.2.4.8 **系统交付**

8.2.4.8.1 **测评指标**

见GB/T 22239—2008中8.2.4.8。

8.2.4.8.2 **测评实施**

本项要求包括：

a) 应访谈系统建设负责人，询问是否有专门的部门负责系统交接工作，系统交接工作是否根据交付清单对所交接的设备、文档、软件等进行清点；

b) 应访谈系统建设负责人，询问系统正式运行前是否对运行维护人员进行过培训，针对哪些方面进行过培训；

c) 应检查系统建设方面的管理制度，查看其是否包括系统交付的控制方法和人员行为准则的规定；

d) 应检查是否具有系统交付清单，查看交付清单是否说明系统交付的各类设备、软件、文档等；

e) 应检查系统交付提交的文档，查看是否有指导用户进行系统运维的文档等，提交的文档是否符合管理规定的要求；

f) 应检查是否有系统交付技术培训记录，查看是否包括培训内容、培训时间和参与人员等。

8.2.4.8.3 **结果判定**

如果8.2.4.8.2中a)～f)均为肯定，则信息系统符合本单元测评指标要求，否则，信息系统不符合或部分符合本单元测评指标要求。

8.2.4.9 **系统备案**

8.2.4.9.1 **测评指标**

见GB/T 22239—2008中8.2.4.9。

8.2.4.9.2 **测评实施**

本项要求包括：

a) 应访谈系统建设负责人，询问是否有专门的部门或人员负责管理系统定级的相关文档，由何部门/何人负责；询问对系统定级相关备案文档使用的控制方式；

b) 应检查是否具有将系统等级及相关材料报主管部门备案的记录或备案文档；

c) 应检查是否具有将系统等级及相关备案材料报相应公安机关备案的记录或证明。

8.2.4.9.3 结果判定

如果8.2.4.9.2中a)～c)均为肯定，则信息系统符合本单元测评指标要求，否则，信息系统不符合或部分符合本单元测评指标要求。

8.2.4.10 等级测评

略。

8.2.4.11 安全服务商选择

8.2.4.11.1 测评指标

见GB/T 22239—2008中8.2.4.11。

8.2.4.11.2 测评实施

本项要求包括：

a) 应访谈系统建设负责人，询问信息系统选择的安全服务商有哪些，是否符合国家有关规定；
b) 应检查是否具有与安全服务商签订的安全责任合同书或保密协议等文档，查看其内容是否包含保密范围、安全责任、违约责任、协议的有效期限和责任人的签字等；
c) 应检查是否具有与安全服务商签订的服务合同或安全责任合同书，查看是否明确了后期的技术支持和服务承诺等内容。

8.2.4.11.3 结果判定

如果8.2.4.11.2中a)～c)均为肯定，则信息系统符合本单元测评指标要求，否则，信息系统不符合或部分符合本单元测评指标要求。

8.2.5 系统运维管理

8.2.5.1 环境管理

8.2.5.1.1 测评指标

见GB/T 22239—2008中8.2.5.1。

8.2.5.1.2 测评实施

本项要求包括：

a) 应访谈系统运维负责人，询问是否有专门的部门或人员对机房供配电、空调、温湿度控制等设施进行定期维护，由何部门/何人负责，维护周期多长；
b) 应访谈系统运维负责人，询问是否有专门的部门或人员对机房的出入、服务器开机/关机等日常工作进行管理，由何部门/何人负责；
c) 应访谈系统运维负责人，询问为保证办公环境的保密性采取了哪些控制措施，在哪个区域接待来访人员，工作人员调离时是否收回办公室钥匙等；
d) 应检查是否有机房安全管理制度，查看其内容是否覆盖机房物理访问、物品带进/带出机房和机房环境安全等方面。
e) 应检查是否具有空调、温湿度控制等机房设施的维护保养记录，表明定期对这些设施进行了维护保养；

f) 应检查办公环境，查看其是否包括工作人员离开座位时退出登陆状态、桌面没有敏感信息文件等；

g) **应检查办公环境是否有与机房相同的物理安全措施，如门禁控制、摄像监控系统等，出入办公环境和机房不同区域是否要经过相应级别的授权。**

8.2.5.1.3 **结果判定**

如果 8.2.5.1.2 中 a)～g)均为肯定，则信息系统符合本单元测评指标要求，否则，信息系统不符合或部分符合本单元测评指标要求。

8.2.5.2 **资产管理**

8.2.5.2.1 **测评指标**

见 GB/T 22239—2008 中 8.2.5.2。

8.2.5.2.2 **测评实施**

本项要求包括：

a) 应访谈系统运维负责人，询问是否有资产管理的责任人员或部门，由何部门/何人负责；

b) 应检查是否有资产清单，查看其内容是否覆盖资产责任部门、责任人、所处位置和重要程度等方面；

c) 应检查是否有资产安全管理方面的制度，查看是否明确信息资产管理的责任部门、责任人，查看其内容是否覆盖资产使用、借用、维护等方面；

d) 应检查是否有资产安全管理方面的制度，查看是否明确了依据资产的重要程度对资产进行分类和标识管理的方法，是否明确了信息分类标识的原则和方法，是否说明了不同类别的资产采取的不同管理措施。

8.2.5.2.3 **结果判定**

如果 8.2.5.2.2 中 a)～d)均为肯定，则信息系统符合本单元测评指标要求，否则，信息系统不符合或部分符合本单元测评指标要求。

8.2.5.3 **介质管理**

8.2.5.3.1 **测评指标**

见 GB/T 22239—2008 中 8.2.5.3。

8.2.5.3.2 **测评实施**

本项要求包括：

a) 应访谈资产管理员，询问介质的存放环境是否采取保护措施防止介质被盗、被毁等；

b) 应访谈资产管理员，询问是否根据介质的目录清单对介质的使用现状进行定期检查；

c) 应访谈资产管理员，询问是否将介质保管在一个特定环境里，有专人负责，并根据重要性对介质进行分类和标识；

d) 应访谈资产管理员，询问是否对某些重要介质实行异地存储，异地存储环境是否与本地环境相同；

e) 应访谈资产管理员，询问是否定期对存储介质的完整性（数据是否损坏或丢失）和可用性（介质是否受到物理破坏）进行检查，是否对重要数据进行加密存储；

f) 应访谈资产管理员，询问对送出维修或销毁的介质在送出之前是否对介质内存储数据进行净化处理，对介质带出工作环境和重要介质中的数据和软件是否进行保密性处理；对保密性较高的介质销毁前是否有领导批准；
g) 应访谈资产管理员，询问对介质的物理传输过程是否要求选择可靠传输人员、严格介质的打包、选择安全的物理传输途径、双方在场交付等环节的控制；
h) 应检查是否有介质安全管理制度，查看是否对介质的存放环境、使用、维护和销毁等方面作出规定，**是否明确了保密性较高的信息存储介质应获得批准并在双人监控下才能销毁的要求；**
i) 应检查介质使用管理记录，查看其是否记录介质归档和使用等情况；
j) 应检查介质存储环境，查看是否对其进行了分类，并具有不同标识；
k) 应抽样检查重要介质，查看是否可以使用，查看需要加密存储的数据是否加密；
l) **应模拟保密性介质销毁过程，查看其销毁过程是否符合管理规定要求。**

8.2.5.3.3 结果判定

如果8.2.5.3.2中a)～l)均为肯定，则信息系统符合本单元测评指标要求，否则，信息系统不符合或部分符合本单元测评指标要求。

8.2.5.4 设备管理

8.2.5.4.1 测评指标

见GB/T 22239—2008中8.2.5.4。

8.2.5.4.2 测评实施

本项要求包括：

a) 应访谈系统运维负责人，询问是否有专门的部门或人员对各种设备、线路进行定期维护，由何部门/何人负责，维护周期多长；
b) 应检查是否有设备安全管理制度，查看其内容是否对各种软硬件设备的选型、采购、发放和领用等环节进行规定；
c) 应检查设备安全管理制度中是否有对终端计算机、便携机和网络设备等使用方式、操作原则、注意事项等方面的规定，是否有信息处理设备必须经过审批才能带离机房或办公地点的要求；
d) 应检查设备安全管理制度中是否有对涉外维修和服务的审批、维修过程的监督控制管理等要求；
e) 应检查是否有关键设备的操作规程。

8.2.5.4.3 结果判定

如果8.2.5.4.2中a)～e)均为肯定，则信息系统符合本单元测评指标要求，否则，信息系统不符合或部分符合本单元测评指标要求。

8.2.5.5 监控管理和安全管理中心

8.2.5.5.1 测评指标

见GB/T 22239—2008中8.2.5.5。

8.2.5.5.2 测评实施

本项要求包括：

a) 应访谈系统运维负责人，询问是否对通信线路、主机、网络设备和应用软件的运行状况，对设备状态、恶意代码、网络流量、补丁升级、安全审计等安全相关事项进行集中管理，是否形成监测记录文档，是否组织人员对监测记录进行整理并保管；
b) 应访谈系统运维负责人，询问其是否组织人员定期对监测记录进行分析、评审，是否发现可疑行为并对其采取必要的措施，是否形成分析报告；
c) 应检查是否具有安全集中管理的相关工具，可以实施对设备状态、恶意代码、补丁升级、安全审计等安全相关事项的集中监控和管理；
d) 应检查监测记录，查看是否记录监控对象、监控内容、监控的异常现象处理等方面，查看是否对异常现象及处理措施形成分析报告。

8.2.5.5.3 结果判定

如果 8.2.5.5.2 中 a)～d)均为肯定，则信息系统符合本单元测评指标要求，否则，信息系统不符合或部分符合本单元测评指标要求。

8.2.5.6 网络安全管理

8.2.5.6.1 测评指标

见 GB/T 22239—2008 中 8.2.5.6。

8.2.5.6.2 测评实施

本项要求包括：

a) 应访谈系统运维负责人，询问是否指定专门的部门或人员负责网络管理，维护网络运行日志、监控记录，分析处理报警信息等；
b) 应访谈网络管理员，询问是否定期对网络进行漏洞扫描，扫描周期多长，发现漏洞是否及时修补；
c) 应访谈网络管理员，询问是否根据厂家提供的软件升级版本对网络设备进行过升级，目前的版本号为多少，升级前是否对重要文件进行备份，采取什么方式备份；
d) 应访谈网络管理员，网络的外联种类有哪些，是否都得到授权与批准，由何部门或何人批准，申请和批准的过程；
e) 应检查是否有网络安全管理制度，查看其是否覆盖网络安全配置、安全策略、升级与打补丁、授权访问、日志保存时间、口令更新周期等方面内容；
f) 应检查是否有网络安全管理制度，查看其是否明确了**禁止便携式和移动式设备网络接入的规定，是否明确了网络账户权限审批、权限分配、账户注销等方面的规定**；
g) 应检查是否有网络漏洞扫描报告，检查扫描时间间隔与扫描周期是否一致，检查网络设备是否实现了最小服务配置；
h) 应检查是否具有网络设备配置文件的备份文件，是否离线备份；
i) 应检查是否具有内部网络外联的授权批准书，检查是否有网络违规行为(如拨号上网等)的检查手段和工具。

8.2.5.6.3 结果判定

如果 8.2.5.6.2 中 a)～i)均为肯定，则信息系统符合本单元测评指标要求，否则，信息系统不符合或部分符合本单元测评指标要求。

8.2.5.7 系统安全管理

8.2.5.7.1 测评指标

见 GB/T 22239—2008 中 8.2.5.7。

8.2.5.7.2 测评实施

本项要求包括：

a) 应访谈系统运维负责人，询问是否指定专门的部门或人员负责系统管理，如根据业务需求和系统安全分析制定系统的访问控制策略，控制分配文件及服务的访问权限；

b) 应访谈系统运维负责人，询问是否对系统管理员用户进行分类，明确各个角色的权限、责任和风险，权限设定是否遵循最小授权原则；

c) 应访谈系统管理员，询问系统日常管理的主要内容，是否有操作规程指导日常管理工作，包括重要的日常操作、参数的设置和修改等；

d) 应访谈系统管理员，询问是否定期对系统进行漏洞扫描，扫描周期多长，发现漏洞是否及时修补，在安装系统补丁前是否对重要文件进行备份，是否先在测试环境中测试通过再安装；

e) 应检查是否有系统安全管理制度，查看其内容是否覆盖系统安全策略、安全配置、日志管理和日常操作流程等方面，**是否明确了系统账户权限审批、权限分配、账户注销等方面的规定；**

f) 应检查是否有系统漏洞扫描报告，检查扫描时间间隔与扫描周期是否一致，检查系统服务是否实现了最小服务配置；

g) 应检查是否有详细日常运行维护操作日志，是否详细记录系统资源使用情况，如处理速度、存储容量等。

8.2.5.7.3 结果判定

如果 8.2.5.7.2 中 a)～g)均为肯定，则信息系统符合本单元测评指标要求，否则，信息系统不符合或部分符合本单元测评指标要求。

8.2.5.8 恶意代码防范管理

8.2.5.8.1 测评指标

见 GB/T 22239—2008 中 8.2.5.8。

8.2.5.8.2 测评实施

本项要求包括：

a) 应访谈系统运维负责人，询问是否对员工进行基本恶意代码防范意识的教育，是否告知应及时升级软件版本，使用外来设备、网络上接收文件和外来计算机或存储设备接入网络系统之前进行病毒检查等；

b) 应访谈系统运维负责人，询问是否指定专人对恶意代码进行检测，发现病毒后是否及时处理；

c) 应访谈安全管理员，询问是否定期检查恶意代码库的升级情况，对截获的危险病毒或恶意代码是否及时进行分析处理，并形成书面的报表和总结汇报；

d) 应检查是否有恶意代码防范方面的管理制度，查看其内容是否覆盖防恶意代码软件的授权使用、恶意代码库升级、定期汇报等方面；

e) 应检查是否具有恶意代码检测记录、恶意代码库升级记录和分析报告，查看升级记录是否记录升级时间、升级版本等内容；查看分析报告是否描述恶意代码的特征、修补措施等内容。

8.2.5.8.3 结果判定

如果 8.2.5.8.2 中 a)～e)均为肯定，则信息系统符合本单元测评指标要求，否则，信息系统不符合或部分符合本单元测评指标要求。

8.2.5.9 密码管理

8.2.5.9.1 测评指标

见 GB/T 22239—2008 中 8.2.5.9。

8.2.5.9.2 测评实施

本项要求包括：

a) 应访谈系统运维负责人，询问系统中是否使用密码技术和产品，密码技术和产品的使用是否遵照国家密码管理规定；

b) 应检查是否具有密码使用方面的管理制度。

8.2.5.9.3 结果判定

如果 8.2.5.9.2 中 a)和 b)均为肯定，则信息系统符合本单元测评指标要求，否则，信息系统不符合或部分符合本单元测评指标要求。

8.2.5.10 变更管理

8.2.5.10.1 测评指标

见 GB/T 22239—2008 中 8.2.5.10。

8.2.5.10.2 测评实施

本项要求包括：

a) 应访谈系统运维负责人，询问是否针对系统的重大变更制定变更方案指导系统变更工作的开展；

b) 应访谈系统运维负责人，询问变更方案是否经过评审，重要系统变更前是否得到有关领导的批准，由何人批准，对发生的变更情况是否通知了所有相关人员，以何种方式通知；

c) 应检查是否有变更管理制度，查看其是否覆盖变更前审批、变更过程记录、变更后通报等方面内容，是否包括变更申报、审批程序，是否规定需要申报的变更类型、申报流程、审批部门、批准人等方面内容；

d) 应检查系统变更方案，查看其是否覆盖变更类型、变更原因、变更过程、变更前评估、变更失败恢复程序等方面内容，查看其是否有主管领导的批准签字。

8.2.5.10.3 结果判定

如果 8.2.5.10.2 中 a)～d)均为肯定，则信息系统符合本单元测评指标要求，否则，信息系统不符合或部分符合本单元测评指标要求。

8.2.5.11 备份与恢复管理

8.2.5.11.1 测评指标

见 GB/T 22239—2008 中 8.2.5.11。

8.2.5.11.2 测评实施

本项要求包括：

a) 应访谈系统运维负责人，询问是否识别出需要定期备份的业务信息、系统数据和软件系统，主要有哪些；

b) **应访谈系统运维负责人，询问是否根据信息系统的备份技术要求制定相应的灾难恢复计划，是否对灾难恢复计划进行测试并根据测试结果进行修订，目前的灾难恢复计划文档为第几版；**

c) 应检查是否有备份与恢复方面的管理制度，查看其是否明确了备份方式、备份频度、存储介质和保存期等方面内容，是否明确了数据的存放场所、文件命名规则、介质替换频率、数据离站传输方法等方面内容，**是否明确了保密数据的备份和恢复过程**；

d) 应访谈系统管理员、数据库管理员和网络管理员，询问是否定期执行恢复程序，周期多长，系统是否按照恢复程序完成恢复，如有问题，是否针对问题改进恢复程序或调整其他因素；

e) 应检查备份和恢复记录，查看其是否包含备份内容、备份操作、备份介质存放等内容，记录内容与备份和恢复策略是否一致，**检查是否具有保密数据的备份过程记录**；

f) **应检查对灾难恢复计划的测试文档或记录，查看测试内容是否包括运行系统恢复、人员协调、备用系统性能测试、通信连接等方面，如果做过修订，查看是否有修订后的版本。**

8.2.5.11.3 结果判定

如果8.2.5.11.2中a)～f)均为肯定，则信息系统符合本单元测评指标要求，否则，信息系统不符合或部分符合本单元测评指标要求。

8.2.5.12 安全事件处置

8.2.5.12.1 测评指标

见GB/T 22239—2008中8.2.5.12。

8.2.5.12.2 测评实施

本项要求包括：

a) 应访谈系统运维负责人，询问是否告知用户在发现安全弱点和可疑事件时应及时报告；

b) 应检查是否有安全事件报告和处置管理制度，查看其是否明确安全事件的级别，明确不同级别安全事件的报告和处置方式等内容；

c) 应检查是否有安全事件报告和处置管理制度，查看其是否细化了不同安全事件的处理和报告程序，是否明确具体报告方式、报告内容、报告人等方面内容，造成系统中断和造成信息泄密的重大安全事件是否采用了不同于其他的处理程序和报告程序；

d) 应检查安全事件处理记录，查看其是否记录引发安全事件的原因，是否记录事件处理过程，是否与管理规定的处理要求一致等。

8.2.5.12.3 结果判定

如果8.2.5.12.2中a)～d)均为肯定，则信息系统符合本单元测评指标要求，否则，信息系统不符合或部分符合本单元测评指标要求。

8.2.5.13 应急预案管理

8.2.5.13.1 测评指标

见GB/T 22239—2008中8.2.5.13。

8.2.5.13.2 测评实施

本项要求包括：

a) 应访谈系统运维负责人，询问是否具有应急预案小组，询问是否制定不同事件的应急预案，应急预案执行所需资金是否做过预算并能够落实；

b) 应访谈系统运维负责人，是否对系统相关人员进行应急预案培训，多长时间举办一次，是否定期对应急预案进行演练，演练周期多长，是否对应急预案定期进行审查；

c) 应检查是否具有定期审查应急预案的管理规定，查看是否明确应急预案中需要定期审查和根据实际情况更新的内容；

d) 应检查应急预案框架，查看其内容是否覆盖启动应急预案的条件、应急处理流程、系统恢复流程、事后教育和培训等方面；

e) 应检查是否具有根据应急预案框架制定的不同事件的应急预案，是否具有应急预案培训记录、演练记录和审查记录，**是否有对应急预案定期修订的纪录**。

8.2.5.13.3 结果判定

如果 8.2.5.13.2 中 a)～e)均为肯定，则信息系统符合本单元测评指标要求，否则，信息系统不符合或部分符合本单元测评指标要求。

9 第五级信息系统单元测评

略。

10 信息系统整体测评

10.1 概述

GB/T 22239—2008 中的要求项，是为了对抗相应等级的威胁或具备相应等级的恢复能力而设计的，但由于安全措施的实现方式多种多样，安全技术也在不断发展，信息系统的运行使用单位所采用的安全措施和技术并不一定和 GB/T 22239—2008 的要求项完全一致。因此，需要从信息系统整体上是否能够对抗相应等级威胁的角度，对单元测评中的不符合项和部分符合项进行综合分析，分析这些不符合项或部分符合项是否会影响到信息系统整体安全保护能力的缺失。信息系统的整体测评，就是在单元测评的基础上，评价信息系统的整体安全保护能力有没有缺失，是否能够对抗相应等级的安全威胁。

信息系统整体测评应从安全控制点间、层面间和区域间等方面进行安全分析和测评，并最后从系统结构安全方面进行综合分析，对系统结构进行安全测评。关于整体测评的进一步说明可参见附录 B。

安全控制点间安全测评是指对同一区域同一层面内的两个或者两个以上不同安全控制点间的关联进行测评分析，其目的是确定这些关联对信息系统整体安全保护能力的影响。

层面间安全测评是指对同一区域内的两个或者两个以上不同层面安全控制点间的关联进行测评分析，其目的是确定这些关联对信息系统整体安全保护能力的影响。

区域间安全测评是指对两个或者两个以上不同物理或逻辑区域间安全控制点间的关联进行测评分析，其目的是确定这些关联对信息系统整体安全保护能力的影响。

10.2 安全控制点间测评

在单元测评完成后，如果信息系统的某个安全控制点中的要求项存在不符合或部分符合，应进行安全控制点间测评，应分析在同一功能区域同一层面内，是否存在其他安全控制点对该安全控制点具有补充作用(如物理访问控制和防盗窃、安全审计和抗抵赖等)。同时,分析是否存在其他的安全措施或技术与该要求项具有相似的安全功能。

根据测评分析结果,综合判断该安全控制点所对应的系统安全保护能力是否缺失,如果经过综合分析单元测评中的不符合项或部分符合项不造成系统整体安全保护能力的缺失,则该安全控制点对应的单元测评结论应调整为符合。

10.3 层面间测评

在单元测评完成后,如果信息系统的某个安全控制点中的要求项存在不符合或部分符合,应进行层面间安全测评,重点分析其他层面上功能相同或相似的安全控制点是否对该安全控制点存在补充作用(如应用层加密与网络层加密、主机层与应用层上的身份鉴别等),以及技术与管理上各层面的关联关系(如主机安全与系统运维管理、应用安全与系统运维管理等)。

根据测评分析结果,综合判断该安全控制点所对应的系统安全保护能力是否缺失,如果经过综合分析单元测评中的不符合项或部分符合项不造成系统整体安全保护能力的缺失,则该安全控制点对应的单元测评结论应调整为符合。

10.4 区域间测评

在单元测评完成后,如果信息系统的某个安全控制点中的要求项存在不符合或部分符合,应进行区域间安全测评,重点分析系统中访问控制路径(如不同功能区域间的数据流流向和控制方式),是否存在区域间安全功能的相互补充。

根据测评分析结果,综合判断该安全控制点所对应的系统安全保护能力是否缺失,如果经过综合分析单元测评中的不符合项或部分符合项不造成系统整体安全保护能力的缺失,则该安全控制点对应的单元测评结论应调整为符合。

11 等级测评结论

11.1 各层面的测评结论

等级测评报告可以给出信息系统在安全技术和安全管理各个层面的测评结论。

汇总单元测评结果,可以给出安全技术和安全管理上各个层面的等级测评结论。在安全技术五个层面的等级测评结论中,通常物理安全测评结论应重点给出信息系统在防范各种自然灾害和人为物理破坏方面安全控制措施的落实情况;网络安全测评结论应重点给出信息系统在网络结构安全、网络访问控制和入侵检测、防范等方面安全控制措施的落实情况;主机安全测评结论应重点给出身份鉴别、访问控制、安全审计和恶意代码防范等方面安全控制措施的落实情况;应用安全测评结论应重点给出身份鉴别、访问控制、安全审计和通信保密等方面的安全控制措施的落实情况;数据安全及备份恢复测评结论应重点给出数据保密性、数据完整性和备份恢复功能安全控制措施的落实情况等。在安全管理五个方面的等级测评结论中,通常安全管理制度应重点给出管理制度体系的完备性和制修订的及时性等方面的测评结论;安全管理机构应重点给出机构、岗位设置和人员配备等方面的测评结论;人员安全管理应重点给出人员录用、离岗和培训等方面的测评结论;系统建设管理可重点给出安全方案设计、产品采购、系统的测试验收和交付等方面的测评结论;系统运维管理可重点给出系统监控管理、网络和系统安全管理、恶意代码防范管理、密码管理以及应急预案管理等方面的测评结论。

不同等级信息系统在不同层面上会有不同的关注点,应反映到相应层面的等级测评结论中。

11.2 风险分析和评价

等级测评报告中应对整体测评之后单元测评结果中的不符合项或部分符合项进行风险分析和

评价。

采用风险分析的方法对单元测评结果中存在的不符合项或部分符合项，分析所产生的安全问题被威胁利用的可能性，判断其被威胁利用后对业务信息安全和系统服务安全造成影响的程度，综合评价这些不符合项或部分符合项对信息系统造成的安全风险。

11.3 测评结论

等级测评报告应给出信息系统安全等级保护测评结论，确认信息系统达到相应等级保护要求的程度。

应结合各层面的测评结论和对单元测评结果的风险分析给出等级测评结论：

a) 如果单元测评结果中没有不符合项或部分符合项，则测评结论为“符合”；

b) 如果单元测评结果存在不符合项或部分符合项，但所产生的安全问题不会导致信息系统存在高等级安全风险，则测评结论为“基本符合”；

c) 如果单元测评结果存在不符合项或部分符合项，且所产生的安全问题导致信息系统存在高等级安全风险，则测评结论为“不符合”。

附　录　A
（资料性附录）
测 评 力 度

A.1　概述

本标准在第5章到第8章描述了第一级到第四级信息系统的单元测评的具体测评实施过程要求。为了便于理解、对比不同测评方法的测评力度以及不同级别信息系统单元测评的测评力度增强情况，分别编制表A.1测评方法的测评力度描述和表A.2不同安全保护等级信息系统的测评力度要求表。

A.2　测评方法的测评力度描述

测评方法是测评人员依据测评内容选取的、实施特定测评操作的具体方法。本标准涉及访谈、检查和测试等三种基本测评方法。访谈、检查和测试等三种基本测评方法的测评力度可以通过其测评的深度和广度来描述，如表A.1所示。

表A.1　测评方法的测评力度

测评方法	深度	广度
访谈	访谈的深度体现在访谈过程的严格和详细程度，可以分为四种：简要的、充分的、较全面的和全面的。简要访谈只包含通用和高级的问题；充分访谈包含通用和高级的问题以及一些较为详细的问题；较全面访谈包含通用和高级的问题以及一些有难度和探索性的问题；全面访谈包含通用和高级的问题以及较多有难度和探索性的问题	访谈的广度体现在访谈人员的构成和数量上。访谈覆盖不同类型的人员和同一类人的数量多少，体现出访谈的广度不同
检查	检查的深度体现在检查过程的严格和详细程度，可以分为四种：简要的、充分的、较全面的和全面的。简要检查主要是对功能级上的文档、机制和活动，使用简要的评审、观察或检查以及检查列表和其他相似手段的简短测评；充分检查有详细的分析、观察和研究，除了功能级上的文档、机制和活动外，还适当需要一些总体/概要设计信息；较全面检查有详细、彻底分析、观察和研究，除了功能级上的文档、机制和活动外，还需要总体/概要和一些详细设计以及实现上的相关信息；全面检查有详细、彻底分析、观察和研究，除了功能级上的文档、机制和活动外，还需要总体/概要和详细设计以及实现上的相关信息	检查的广度体现在检查对象的种类（文档、机制等）和数量上。检查覆盖不同类型的对象和同一类对象的数量多少，体现出对象的广度不同
测试	测试的深度体现在执行的测试类型上：功能/性能测试和渗透测试。功能/性能测试只涉及机制的功能规范、高级设计和操作规程；渗透测试涉及机制的所有可用文档，并试图智取进入信息系统	测试的广度体现在被测试的机制种类和数量上。测试覆盖不同类型的机制以及同一类型机制的数量多少，体现出对象的广度不同

A.3 信息系统测评力度

为了进一步理解不同等级信息系统在测评力度上的不同，表A.2在表A.1的基础上，从测评对象数量和种类以及测评深度等方面详细分析了不同测评方法的测评力度在不同安全保护等级信息系统安全测评中的具体体现。

表A.2 不同安全保护等级信息系统的测评力度要求

测评力度		信息系统安全保护等级			
		第一级	第二级	第三级	第四级
访谈	广度	测评对象在种类和数量上抽样，种类和数量都较少	测评对象在种类和数量上抽样，种类和数量都较多	测评对象在数量上抽样，在种类上基本覆盖	测评对象在数量上抽样，在种类上全部覆盖
	深度	简要	充分	较全面	全面
检查	广度	测评对象在种类和数量上抽样，种类和数量都较少	测评对象在种类和数量上抽样，种类和数量都较多	测评对象在数量上抽样，在种类上基本覆盖	测评对象在数量上抽样，在种类上全部覆盖
	深度	简要	充分	较全面	全面
测试	广度	测评对象在种类和数量、范围上抽样，种类和数量都较少，范围小	测评对象在种类和数量、范围上抽样，种类和数量都较多，范围大	测评对象在数量和范围上抽样，在种类上基本覆盖	测评对象在数量、范围上抽样，在种类上基本覆盖
	深度	功能测试/性能测试	功能测试/性能测试	功能测试/性能测试，渗透测试	功能测试/性能测试，渗透测试

从表A.2可以看到，对不同等级的信息系统进行等级测评时，选择的测评对象的种类和数量是不同的，随着信息系统安全保护等级的增高，抽查的测评对象的种类和数量也随之增加。

对不同安全保护等级信息系统进行等级测评时，实际抽查测评对象的种类和数量，应当达到表A.2的要求，以满足相应等级的测评力度要求。在具体测评对象选择工作过程中，可参照遵循以下原则：

a) 完整性原则，选择的设备、措施等应能满足相应等级的测评力度要求；
b) 重要性原则，应抽查重要的服务器、数据库和网络设备等；
c) 安全性原则，应抽查对外暴露的网络边界；
d) 共享性原则，应抽查共享设备和数据交换平台/设备；
e) 代表性原则，抽查应尽量覆盖系统各种设备类型、操作系统类型、数据库系统类型和应用系统的类型。

附　录　B
（资料性附录）
关于整体测评的进一步说明

B.1　概述

信息系统的安全功能综合集成到信息系统不同层面后，会在层面内、层面间和区域间产生连接、交互、依赖、协调、协同等相互关联关系，共同作用于信息系统，使信息系统的整体安全功能与信息系统的结构以及安全控制点间、层面间和区域间的相互关联关系密切相关。整体测评就是通过分析安全控制点间，以及层面间和区域间的安全控制点间可能产生的功能增强、补充等关联作用，找出其他安全控制点对单项测评结果为不符合或部分符合的安全控制点进行补充或增强。

信息系统在安全控制点部署、层面整合和区域互连等系统集成后呈现出的安全集成特性，在单元测评中是没有体现的。因此，在单元测评的基础上，有必要对集成系统和运行环境进行整体测评分析和判断，以确定安全控制部署、层面整合、区域互连乃至整体系统结构等是否会增强或者削弱信息系统的整体安全保护能力；缺失或者低等级的安全控制是否会影响到系统的整体安全功能，在高等级的信息系统中使用低等级的安全控制是否能够达到相应等级的安全要求等。

在测评内容方面，在单元测评的基础上，信息系统整体安全性测评应重点测评分析不同安全控制的部署、层面的整合和区域的互连后其安全功能的相互作用和对信息系统整体安全功能的影响，具体应包括安全控制点间安全测评、层面间安全测评、区域间安全测评和系统结构安全测评等。

B.2　区域和层面

B.2.1　区域

根据在信息系统保护中所提供的安全功能，可以把信息系统划分为一个或者多个不同的区域。每个区域内的安全功能即可以为本区域提供服务，也可以为其他区域提供服务，使信息系统在整体安全性上表现出分区域的集成特性。

例如，可以把信息系统分为内部计算环境、区域边界和外部通信网络三大类。内部计算环境一般位于信息系统运营使用单位的物理控制范围内的局域网内，是信息系统进行信息存储和处理的主体。区域边界通常是处在内部计算环境和外部通信网络之间。外部通信网络区通常是信息系统提供通信的公共网络（如 Internet、PSTN、ISDN、公共无线网络等）或专用网络（如 DDN 等）。而基于统一的安全策略对计算环境、区域边界和通信网络的安全机制实施统一管理的设备可以在内部计算环境内，也可以独立构成一个功能区，即安全管理区。

不同区域之间可能需要进行信息交换，特别是有业务交互、数据通信的两个区域。为了进行信息交换，保证信息交换的安全，区域之间会产生连接、交互、依赖、协调、协同等相互关联关系，使得区域之间安全功能发生相互作用，进而相互影响。

不同区域之间相互作用会影响到区域的安全功能，可能使一个区域的安全功能得到增强、补充或依赖。发生增强作用说明两个区域发生关联关系后，一个区域已有的安全功能得到进一步增强，发挥更好的安全保护功能，具有更好的安全保护能力。发生补充作用说明两个区域发生关联关系后，一个区域原本没有的一部分安全功能，通过另一个区域的相互作用，得到补充，使其具备这些安全功能。出现依赖说明一个区域的安全功能依赖于另一个区域配合，才能发挥应有的作用。

B.2.2 层面

安全控制措施需要作用在信息系统的不同层面上，这些层面主要包括物理安全、网络安全、主机系统安全、应用安全和数据安全等技术上的五个层面以及安全管理机构、安全管理制度、人员安全管理、系统建设管理和系统运维管理等管理上的五个方面。

a) 物理安全。

物理安全是支持信息系统运行的设施环境以及构成信息系统的计算机、设备和介质等物理层面的安全。一般来说，物理层面构成组件位于被测单位(被测系统的运营使用单位)的物理控制范围内，主要分布在机房、介质存放地和终端运行场地等空间范围内。两个或者多个物理空间相连相通区域的物理安全控制措施，因为有空间上的连接连通，可能会发生关联关系，使其安全功能相互作用。

b) 网络安全。

网络层面构成组件负责支撑信息系统进行网络互联，为信息系统各个构成组件进行通信提供安全传输服务，一般包括计算机、网络设备(包括网络安全设备)、连接线路以及它们构成的网络拓扑等。两个不同区域面临不同的威胁，通过网络互联互通后，这些安全威胁可能会从一个区域影响到另一个区域，而安全功能的作用，也可以通过网络的互联互通，从一个区域影响到另一个区域。

c) 主机系统安全。

主机系统层面构成的组件主要有服务器、终端/工作站等所有计算机设备上的操作系统、数据库管理系统及其相关环境等，它们直接为信息系统对信息进行采集、加工、存储、传输、检索等处理提供环境，包括为信息系统用户提供人机交互的环境。

分布在同一服务器和终端/工作站等主机系统上的身份鉴别、访问控制、安全审计、系统资源控制等安全功能，需要相互协作，共同发挥作用，才能保证系统的安全。同时，为了进一步加强操作系统环境的安全，还可以在服务器和终端/工作站上安装主机入侵防范和主机恶意代码防范软件等。这使得操作系统的安全环境变得更为复杂，因此，有必要分析这些安全控制的引入对其他安全控制的影响。

d) 应用安全。

从功能上看，大多数应用系统主要是完成三种任务：获取用户输入，将输入存储为数据，按预定的操作规则处理这些数据。在应用系统中，用户一般需要和系统中的数据进行交互。因此，可以根据用户与数据之间所具有的层次把信息系统划分为三种：单层应用体系结构、两层应用体系结构和多层(三层以上)应用体系结构。

在单层应用体系结构中，用户界面、商业规则和数据管理等都在单一的应用层内实现。对数据本身来说，它可以是物理上位于一个远端位置，但是存取数据的逻辑却是应用系统的一部分。在这样的体系结构中，数据处理主要不是通过数据库，而是文件来存取数据，应用程序提供身份鉴别、访问控制及安全审计等安全功能。

在两层应用体系结构模型中，商业规则和用户界面仍然结合在一起构成应用系统的客户端。但是数据的存取和管理独立出来由单独的通常是运行在不同的系统上的程序来完成，这样的数据存取和管理程序通常是数据库管理系统，如 MS SQL Server、Sybase 和 Oracle 等。安全功能由客户端程序和数据库共同提供。

在多层应用体系结构模型中，商业规则被进一步从客户端独立出来，运行在一个介于用户界面和数据存储的单独的系统之上。客户端程序提供应用系统的用户界面，用户输入数据，查看反馈回来的请求结果，商业中间层由封装了商业逻辑的组件构成，这些商业逻辑组件模拟日常的商业任务，数据库管理系统离前端应用较远，中间有业务逻辑的隔离。三个部分均可以提供安全功能服务。

e) 数据安全。

数据安全构成组件主要为信息系统安全功能数据和用户数据提供安全保护。这些数据可能处于传输和处理过程中，也可能处于存储状态。对于传输和处理过程中的数据，一般有机密性和完整性的安全要求，而对于存储中的数据，还需要有备份恢复的安全要求。

安全功能数据主要用于控制和管理信息系统的安全配置设置，使信息系统的安全功能能得到正确有效的执行。传输中的安全功能数据最常见的是用户鉴别信息，一般来说，它需要通过网络从客户端传输到服务器来进行鉴别。存储中的安全功能数据常见的有 ACL 列表、安全检测策略、审计配置等信息。用户数据主要是用于完成应用系统的使命，由应用系统按照应用目标和规则对其进行采集、加工、存储、传输、检索等处理的数据信息。

f) 安全管理机构。

安全管理机构包括安全管理的岗位设置、人员配备、授权和审批、沟通和合作等方面内容，严格的安全管理应该由相对独立的职能部门和岗位来完成。安全管理机构从组织上保证了信息系统的安全。

g) 安全管理制度。

在被测系统中，安全管理制度一般是文档化的，被正式制定、评审、发布和修订，内容包括策略、制度、规程、表格和记录等，构成一个塔字结构的文档体系，如图 B.1 所示。

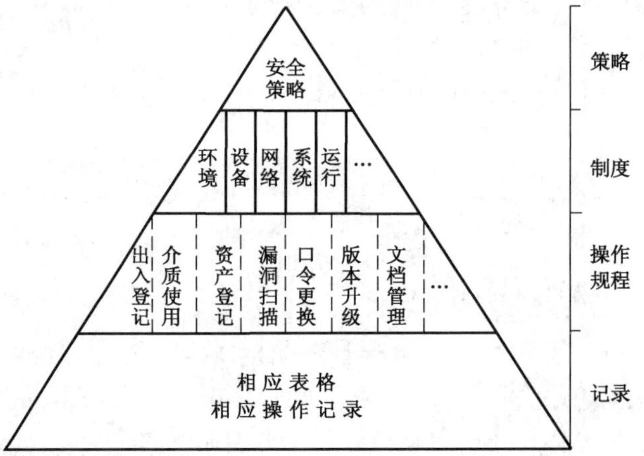

图 B.1 文档结构图

安全管理制度规范了各种安全管理制度的制修订和发布行为。安全管理制度直接关系到各种安全控制技术的正确部署、安全配置和合理使用。因此，安全管理制度的制修订和发布行为也将间接影响到信息系统的整体安全。

h) 人员安全管理。

人员安全管理包括信息系统用户、安全管理人员和第三方人员的管理，覆盖人员录用、人员离岗、人员考核、安全意识教育和培训、第三方人员管理等方面内容。工作人员直接运行、管理和维护信息系统的各种设备、设施和相关技术手段，与他们直接发生关联关系。因此，他们的知识结构和工作能力直接影响到信息系统其他层面的安全。

i) 系统建设管理。

系统建设管理包括系统定级、安全方案设计、产品采购、自行软件开发、外包软件开发、工程实施、测试验收、系统交付、安全测评、系统备案等信息系统安全等级建设的各个方面。信息系统的安全是一个过程，是一项工程，它不但涉及到当前的运行状态，而且还关系到信息系统安全建设的各个阶段。只有在信息系统安全建设的各个阶段确保安全，才能使得运行中的信息系统有安全保证。

j) 系统运维管理。

系统运维管理包括运行环境管理、资产管理、介质管理、设备管理、监控管理和安全管理中心、恶意代码防范管理、网络安全管理、系统安全管理、密码管理、变更管理、备份与恢复管理、安全事件处置和应急预案管理等方面内容。系统运维各个方面都直接关系到相关安全控制技术的正确、安全配置和合理使用。对信息系统运维各个方面提出具体的安全要求，可以为工作人员进行正确管理和运行提供工作准绳,直接影响到整个信息系统的安全。

B.3 信息系统整体测评实例

B.3.1 安全控制点间安全测评实例

实例:物理访问控制与防盗窃防破坏间的测评分析。

某信息中心机房没有安装防盗报警设备,不符合物理安全-防盗窃和防破坏控制点的二级要求,但该机房只有一个出入口,并安排了专人24小时值守中心机房的出入口(物理访问控制符合要求)。通过专人值守可以发现并阻止设备被盗窃,有助于补充防盗窃防破坏安全控制点的安全保护缺失,但不能使该控制点完全符合要求。

B.3.2 层面间安全测评实例

实例:物理安全与主机系统安全的测评分析。

某单位屏蔽机房允许进入该机房的人员极为有限,所有外来人员进入机房必须由内部人员陪同,且行动授限,使得机房内的AIX主机在物理访问方面较为安全可控。尽管AIX主机上的本地登录用户的身份鉴别强度低于相应安全等级的要求,但考虑物理安全的加强(严格限制进入的人员)可以增强主机系统身份鉴别较弱的安全功能不足,使主机系统在总体的安全功能上不会受到影响,仍能基本满足相应等级的安全要求。

B.3.3 区域间安全测评实例

实例:计算环境与安全管理区的测评分析。

某定级信息系统的计算环境中包括三种业务,分别由三个独立的应用程序进行业务数据处理,三个应用程序都不提供身份鉴别功能,而由安全管理区的统一认证服务器提供统一的用户登录和身份认证。安全管理区提供的身份认证功能可以替代三个应用程序应用层面身份鉴别控制点的功能缺失。

参考文献

[1] GB/T 20269—2006 信息安全技术 信息系统安全管理要求

[2] GB/T 20270—2006 信息安全技术 网络基础安全技术要求

[3] GB/T 20271—2006 信息安全技术 信息系统通用安全技术要求

[4] GB/T 20272—2006 信息安全技术 操作系统安全技术要求

[5] GB/T 20273—2006 信息安全技术 数据库管理系统安全技术要求

[6] GB/T 20282—2006 信息安全技术 信息系统安全工程管理要求

[7] GB/T 18336—2008(所有部分) 信息安全技术 信息技术安全性评估准则

[8] ISO/IEC 27001:2005 Information technology—Security techniques—Information security management systems—Requirements

[9] ISO/IEC 17799:2005 Information technology—Security techniques—Code of practice forinformation security management

ICS 35.020
L 80

中华人民共和国国家标准

GB/T 28449—2012

信息安全技术 信息系统安全等级保护测评过程指南

Information security technology—Testing and evaluation process guide for classified protection of information system security

2012-06-29 发布 2012-10-01 实施

中华人民共和国国家质量监督检验检疫总局
中国国家标准化管理委员会 发布

前　言

本标准按照 GB/T 1.1—2009 给出的规则起草。

请注意本文件的某些内容可能涉及专利。本文件的发布机构不承担识别这些专利的责任。

本标准由全国信息安全标准化技术委员会(SAC/TC 260)提出并归口。

本标准起草单位:公安部信息安全等级保护评估中心。

本标准主要起草人:袁静、任卫红、陈雪秀、曲洁、刘静、毕马宁、朱建平、马力、李明、李升、黄洪。

引　言

依据《中华人民共和国计算机信息系统安全保护条例》(国务院147号令)、《国家信息化领导小组关于加强信息安全保障工作的意见》(中办发[2003]27号)、《关于信息安全等级保护工作的实施意见》(公通字[2004]66号)和《信息安全等级保护管理办法》(公通字[2007]43号),制定本标准。

本标准是信息安全等级保护相关系列标准之一。

与本标准相关的系列标准包括:

——GB/T 22239—2008　信息安全技术　信息系统安全等级保护基本要求;

——GB/T 22240—2008　信息安全技术　信息系统安全等级保护定级指南;

——GB/T 28448—2012　信息安全技术　信息系统安全等级保护测评要求。

信息安全技术
信息系统安全等级保护测评过程指南

1 范围

本标准规定了信息系统安全等级保护测评(以下简称"等级测评")工作的测评过程,对等级测评的活动、工作任务以及每项任务的输入/输出产品等提出指导性建议。

本标准适用于测评机构、信息系统的主管部门及运营使用单位对信息系统安全等级保护状况进行的安全测试评价。

2 规范性引用文件

下列文件对于本文件的应用是必不可少的。凡是注日期的引用文件,仅注日期的版本适用于本文件。凡是不注日期的引用文件,其最新版本(包括所有的修改单)适用于本文件。

GB/T 5271.8 信息技术 词汇 第8部分:安全

GB 17859—1999 计算机信息系统 安全保护等级划分准则

GB/T 22239—2008 信息安全技术 信息系统安全等级保护基本要求

GB/T 22240—2008 信息安全技术 信息系统安全等级保护定级指南

GB/T 28448—2012 信息安全技术 信息系统安全等级保护测评要求

《信息安全等级保护管理办法》(公通字[2007]43号)

3 术语和定义

GB/T 5271.8、GB 17859—1999 和 GB/T 28448—2012 界定的以及下列的术语和定义适用于本文件。

3.1

优势证据 superior evidence

测评结果显现的凭据强于其他测评结果的那个/些测评结果视为优势证据。它可用于平衡实施等级测评过程中获得的多个测评结果之间的矛盾。

4 符号和缩略语

DDN:数字数据网(Digital Data Network)

PSTN:公共交换电话网络(Public Switched Telephone Network)

SDH:同步数字体系(Synchronous Digital Hierarchy)

5 等级测评概述

5.1 等级测评的作用

依据《信息安全等级保护管理办法》(公通字[2007]43号),信息系统运营、使用单位在进行信息系统备案后，都应当选择测评机构进行等级测评。等级测评是测评机构依据 GB/T 22239—2008、GB/T 28448—2012 等技术标准，检测评估信息系统安全等级保护状况是否符合相应等级基本要求的过程，是落实信息安全等级保护制度的重要环节。

在信息系统建设、整改时，信息系统运营、使用单位通过等级测评进行现状分析，确定系统的安全保护现状和存在的安全问题，并在此基础上确定系统的整改安全需求。

在信息系统运维过程中，信息系统运营、使用单位定期对信息系统安全等级保护状况进行自查或委托测评机构开展等级测评，对信息安全管控能力进行考察和评价，从而判定信息系统是否具备 GB/T 22239—2008 中相应等级安全保护能力。而且，等级测评报告是信息系统开展整改加固的重要指导性文件，也是信息系统备案的重要附件材料，是判断系统是否可批准开通运行的依据。等级测评结论为不符合的信息系统，其运营、使用单位应当根据等级测评报告，制定方案进行整改。

5.2 等级测评风险

5.2.1 可能影响系统正常运行

在现场测评时，需要对设备和系统进行一定的验证测试工作，部分测试内容需要上机验证并查看一些信息，这就可能对系统的运行造成一定的影响，甚至存在误操作的可能。

另外，还会使用一些技术测试工具进行漏洞扫描测试、性能测试甚至抗渗透能力测试。测试可能会对网络和系统的负载造成一定的影响，渗透测试还可能影响到服务器和系统正常运行，如出现重启、服务中断、渗透过程中植入的代码未完全清理等现象。

5.2.2 可能泄漏敏感信息

泄漏被测信息系统状态信息，如网络拓扑、IP 地址、业务流程、安全机制、安全隐患和有关文档信息。

5.3 等级测评风险的规避

在等级测评过程中可以通过采取以下措施规避风险：

a) 签署委托测评协议。在测评工作正式开始之前，测评方和被测评单位需要以委托协议的方式明确测评工作的目标、范围、人员组成、计划安排、执行步骤和要求、双方的责任和义务等。使得测评双方对测评过程中的基本问题达成共识，后续的工作以此为基础，避免以后的工作出现大的分歧。

b) 签署保密协议。测评双方应签署完善的、合乎法律规范的保密协议，以约束测评双方现在及将来的行为。保密协议规定了测评双方保密方面的权利与义务。测评工作的成果属被测评单位所有，测评方对其的引用与公开应得到被测评单位的授权，否则被测评单位将按照保密协议的要求追究测评单位的法律责任。

c) 现场测评工作风险的规避。进行验证测试和工具测试之前，测评机构要求运营、使用单位对系统及数据进行备份，并对可能出现的事件制定处理方案。

   进行验证测试和工具测试时，避开业务高峰期，在系统资源处于空闲状态时进行；上机验证测试由测评人员提出需要验证的内容，系统运营、使用单位的技术人员进行实际操作。整个现场测评过程要求系统运营、使用单位全程监督。

d) 测评现场还原。测评工作完成后，测评人员应将测评过程中获取的所有特权交回，把测评过程中借阅的相关资料文档归还，并将在测评过程中植入被测信息系统中的相关代码/程序等进行严格清理。

5.4 等级测评过程概述

本标准中的测评工作过程及任务基于受委托测评机构对信息系统的初次等级测评给出。运营、使用单位的自查或受委托测评机构已经实施过一次以上等级测评的，测评机构和测评人员根据实际情况调整部分工作任务，具体原则见附录A。

等级测评过程分为4个基本测评活动：测评准备活动、方案编制活动、现场测评活动、报告编制活动。而测评双方之间的沟通与洽谈应贯穿整个等级测评过程。每一测评活动有一组确定的工作任务。具体如表1所示。

表1　等级测评过程

测评活动	主要工作任务
测评准备活动	项目启动
	信息收集和分析
	工具和表单准备
方案编制活动	测评对象确定
	测评指标确定
	测评内容确定
	工具测试方法确定
	测评指导书开发
	测评方案编制
现场测评活动	现场测评准备
	现场测评和结果记录
	结果确认和资料归还
报告编制活动	单项测评结果判定
	单元测评结果判定
	整体测评
	风险分析
	等级测评结论形成
	测评报告编制

其中每项活动均有相应的工作流程、主要任务、输出文档及活动中双方的职责，每项工作任务均有相应的输入、任务描述和输出产品。

6 测评准备活动

6.1 测评准备活动的工作流程

测评准备活动的目标是顺利启动测评项目，准备测评所需的相关资料，为编制测评方案打下良好的基础。

测评准备活动包括项目启动、信息收集和分析、工具和表单准备3项主要任务。这3项任务的基本工作流程见图1。

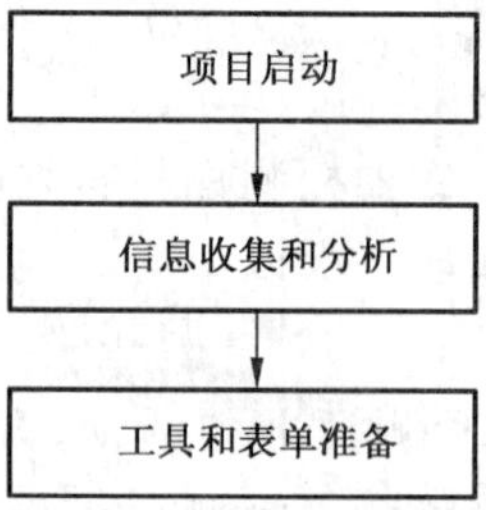

图 1 测评准备活动的基本工作流程

6.2 测评准备活动的主要任务

6.2.1 项目启动

在项目启动任务中，测评机构组建等级测评项目组，获取测评委托单位及被测信息系统的基本情况，从基本资料、人员、计划安排等方面为整个等级测评项目的实施做好充分准备。

输入：委托测评协议书。

任务描述：

a) 根据测评双方签订的委托测评协议书和系统规模，测评机构组建测评项目组，从人员方面做好准备，并编制项目计划书。项目计划书应包含项目概述、工作依据、技术思路、工作内容和项目组织等。

b) 测评机构要求测评委托单位提供基本资料，例如被测信息系统总体描述文件、详细描述文件、定级报告、系统验收报告、安全需求分析报告、安全总体方案、自查或上次的等级测评报告、信息化建设状况等相关资料，便于对系统有一个较为全面地了解。

输出/产品：项目计划书。

6.2.2 信息收集和分析

测评机构通过查阅被测信息系统已有资料或使用系统调查表格的方式，了解整个系统的构成和保护情况，为编写测评方案和开展现场测评工作奠定基础。

输入：项目计划书、系统调查表格、被测信息系统总体描述文件、详细描述文件、定级报告、系统验收报告、安全需求分析报告、安全总体方案、自查或上次的等级测评报告等相关资料。

任务描述：

a) 测评机构收集等级测评需要的相关资料，包括测评委托单位的方针文件、规章制度及相关过程管理记录、被测信息系统总体描述文件、详细描述文件、定级报告、安全需求分析报告、安全总体方案、安全现状评价报告、安全详细设计方案、用户指南、运行步骤、网络图表、配置管理文档等。

b) 测评机构将系统调查表格提交给测评委托单位，督促被测信息系统相关人员准确填写调查表格。

c) 测评机构收回填写完成的调查表格，并分析调查结果，了解和熟悉被测信息系统的实际情况。分析的内容包括被测信息系统的基本信息、物理位置、行业特征、管理框架、管理策略、网络及设备部署、软硬件重要性及部署情况、范围及边界、业务种类及重要性、业务流程、业务数据及重要性、业务安全保护等级、用户范围、用户类型、被测信息系统所处的运行环境及面临的威胁等。这些信息可以重用自查报告或上次等级测评报告中的可信结果。

d) 如果调查表格信息填写存在不准确、不完善或有相互矛盾的地方，测评机构应与填表人进行沟通和确认，必要时安排一次现场调查，与相关人员进行面对面的沟通和确认，确保系统信息调查的准确性和完整性。

输出/产品：填好的调查表格，各种与被测信息系统相关的技术资料。

6.2.3 工具和表单准备

测评项目组成员在进行现场测评之前，应熟悉与被测信息系统相关的各种组件、调试测评工具、准备各种表单等。

输入：填好的调查表格，各种与被测信息系统相关的技术资料。

任务描述：

a) 测评人员调试本次测评过程中将用到的测评工具，包括漏洞扫描工具、渗透性测试工具、性能测试工具和协议分析工具等。

b) 测评人员模拟被测信息系统搭建测评环境。

c) 准备和打印表单，主要包括风险告知书、文档交接单、会议记录表单、会议签到表单等。

输出/产品：选用的测评工具清单，打印的各类表单。

6.3 测评准备活动的输出文档

测评准备活动的输出文档及其内容如表 2 所示。

表 2 测评准备活动的输出文档及其内容

任　务	输出文档	文档内容
项目启动	项目计划书	项目概述、工作依据、技术思路、工作内容和项目组织等
信息收集和分析	填好的调查表格，各种与被测信息系统相关的技术资料	被测信息系统的安全保护等级、业务情况、数据情况、软硬件情况、管理模式和相关部门及角色等
工具和表单准备	选用的测评工具清单 打印的各类表单：风险告知书、文档交接单、会议记录表单、会议签到表单	风险告知、交接的文档名称、会议记录项目、会议签到项目

6.4 测评准备活动中双方的职责

测评机构职责：

a) 组建等级测评项目组。

b) 指出测评委托单位应提供的基本资料。

c) 准备被测信息系统基本情况调查表格，并提交给测评委托单位。

d) 向测评委托单位介绍安全测评工作流程和方法。

e) 向测评委托单位说明测评工作可能带来的风险和规避方法。

f) 了解测评委托单位的信息化建设以及被测信息系统的基本情况。

g) 初步分析系统的安全状况。

h) 准备测评工具和文档。

测评委托单位职责：

a) 向测评机构介绍本单位的信息化建设及发展情况。

b) 提供测评机构需要的相关资料。

c) 为测评人员的信息收集工作提供支持和协调。
d) 准确填写调查表格。
e) 根据被测信息系统的具体情况，如业务运行高峰期、网络布置情况等，为测评时间安排提供适宜的建议。
f) 制定应急预案。

7 方案编制活动

7.1 方案编制活动的工作流程

方案编制活动的目标是整理测评准备活动中获取的信息系统相关资料，为现场测评活动提供最基本的文档和指导方案。

方案编制活动包括测评对象确定、测评指标确定、测评内容确定、工具测试方法确定、测评指导书开发及测评方案编制6项主要任务。这6项任务的基本工作流程见图2。

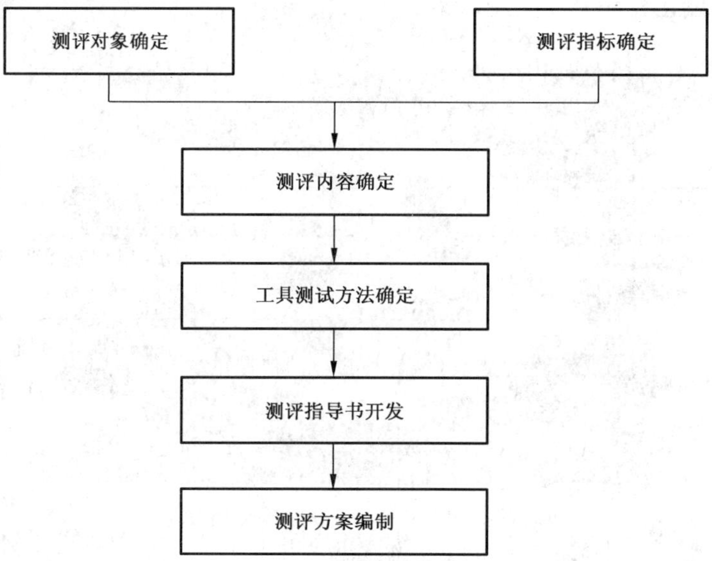

图2 方案编制活动的基本工作流程

7.2 方案编制活动的主要任务

7.2.1 测评对象确定

根据系统调查结果，分析整个被测信息系统业务流程、范围、特点及各个设备的主要功能，确定出本次测评的测评对象。

输入：填好的调查表格，各种与被测信息系统相关的技术资料。

任务描述：

a) 识别并描述被测信息系统的整体结构。根据调查表格获得的被测信息系统基本情况，识别出被测信息系统的整体结构并加以描述。描述内容应包括被测信息系统的名称、物理环境、主要设备、网络结构和外部边界连接情况等，并画出完整的网络拓扑图。
b) 识别并描述被测信息系统的边界。根据填好的调查表格，识别出被测信息系统边界并加以描述。描述内容应包括被测信息系统与其他系统或网络的边界连接方式，如DDN、SDH等；描述各边界主要设备，如防火墙、路由器或服务器等。

c) 识别并描述被测信息系统的网络区域。一般信息系统都会根据业务类型及其重要程度将信息系统划分为不同的区域。根据区域划分情况描述每个区域内的主要业务应用、业务流程、区域的边界以及它们之间的连接情况等。
d) 识别并描述被测信息系统的主要设备。描述系统中的设备时以区域为线索,具体描述各个区域内部署的服务器、客户端、网络设备(包括交换机、路由器、各种适配器等)和安全设备等,并说明各个设备主要承载的业务、软件安装情况以及各个设备之间的主要连接情况等。
e) 描述被测信息系统。对上述描述内容进行整理,确定被测信息系统并加以描述。描述被测信息系统时,一般以被测信息系统的网络拓扑结构为基础,先说明整体结构、网络区域组成,描述外部边界连接情况和边界设备,然后介绍各网络区域的主要业务功能及部署的主要设备等。
f) 确定测评对象。参阅标准 GB/T 28448—2012 中关于测评对象的选取原则,结合被测信息系统的安全级别和重要程度,分析系统中各个设备的功能、特点,确定出各测评对象。
g) 描述测评对象。描述测评对象时,根据类别加以描述,包括机房、业务应用软件、主机操作系统、数据库管理系统、网络互联设备、安全设备、访谈人员及其安全管理文档等。在对每类测评对象进行描述时采用列表的方式,包括测评对象所属区域、设备名称、用途、设备信息等内容。

输出/产品:测评方案的测评对象部分。

7.2.2 测评指标确定

根据被测信息系统定级结果,确定出本次测评的测评指标。

输入:填好的调查表格,GB/T 22239—2008。

任务描述:

a) 根据被测信息系统的定级结果,包括业务信息安全保护等级和系统服务安全保护等级,从而得出被测信息系统的系统服务保证类(A 类)基本安全要求、业务信息安全类(S 类)基本安全要求以及通用安全保护类(G 类)基本安全要求的组合情况。
b) 根据被测信息系统的 A 类、S 类及 G 类基本安全要求的组合情况,从 GB/T 22239—2008 中选择相应等级的基本安全要求作为测评指标,分别对 A、S 和 G 三类基本安全要求进行选择。举例来说,假设某信息系统的定级结果:安全保护等级为 3 级,业务信息安全保护等级为 2 级,系统服务安全保护等级为 3 级;则该系统的测评指标将包括 GB/T 22239—2008“技术要求”中的 3 级通用安全保护类要求(G3),2 级业务信息安全类要求(S2),3 级系统服务保证类要求(A3),以及第 3 级“管理要求”中的所有要求。
c) 对确定的测评指标加以描述,指标说明列表的形式给出。例如,一个安全保护等级和系统服务安全保护等级均为 3 级、业务信息安全保护等级为 2 级的定级对象,测评指标如表 3 所示。

表 3 测评指标

技术/管理	层面	数量			
		S 类(2 级)	A 类(3 级)	G 类(3 级)	小计
技术安全	物理安全	1	1	8	10
	网络安全	1	0	6	7
	主机安全	2	1	3	6
	应用安全	4	2	2	8
	数据安全	2	1	0	3

表 3 (续)

技术/管理	层面	数　量			
		S类(2级)	A类(3级)	G类(3级)	小计
管理安全	安全管理制度	0	0	3	3
	安全管理机构	0	0	5	5
	人员安全管理	0	0	5	5
	系统建设管理	0	0	11	11
	系统运维管理	0	0	13	13
合计					71类

输出/产品:测评方案的测评指标部分。

7.2.3　测评内容确定

本部分确定现场测评的具体实施内容,即单元测评内容。

输入:填好的系统调查表格,测评方案的测评对象部分,测评方案的测评指标部分。

任务描述:

依据 GB/T 28448—2012,将前面已经得到的测评指标和测评对象结合起来,将测评指标映射到各测评对象上,然后结合测评对象的特点,说明各测评对象所采取的测评方法。如此构成一个个可以具体实施测评的单元。参照 GB/T 28448—2012,结合已选定的测评指标和测评对象,概要说明现场单元测评实施的工作内容。

在测评方案中,现场单元测评实施内容通常以表格的形式给出,表格包括测评指标、测评内容描述等内容。现场测评实施内容是项目组每个成员开发测评指导书的基础。

现场单元测评实施内容表格如表 4 所示。

表 4　单元测评实施内容

序号	测评指标	测评内容描述
1	测评指标 1	测评对象、测评方法、测评实施概述
2	测评指标 2	
……	……	……

输出/产品:测评方案的单元测评实施部分。

7.2.4　工具测试方法确定

在等级测评中,需要使用测试工具进行测试,测试工具可能用到漏洞扫描器、渗透测试工具集、协议分析仪等。

输入:测评方案的单元测评实施部分,GB/T 28448—2012,选用的测评工具清单。

任务描述:

a)　确定需要进行测试的测评对象。

b） 选择测试路径。一般来说，测试工具的接入采取从外到内，从其他网络到本地网段的逐步逐点接入，即：测试工具从被测信息系统边界外接入、在被测信息系统内部与测评对象不同网段及同一网段内接入等几种方式。

c） 根据测试路径，确定测试工具的接入点。

从被测信息系统边界外接入时，测试工具一般接在系统边界设备(通常为交换设备)上。在该点接入漏洞扫描器，扫描探测被测信息系统的主机、网络设备对外暴露的安全漏洞情况。在该接入点接入协议分析仪，捕获应用程序的网络数据包，查看其安全加密和完整性保护情况。在该接入点使用渗透测试工具集，试图利用被测试系统的主机或网络设备的安全漏洞，跨过系统边界，侵入被测信息系统主机或网络设备。

从系统内部与测评对象不同网段接入时，测试工具一般接在与被测对象不在同一网段的内部核心交换设备上。在该点接入扫描器，直接扫描测试内部各主机和网络设备对本单位其他不同网络所暴露的安全漏洞情况。在该接入点接入网络拓扑发现工具，探测信息系统的网络拓扑情况。

在系统内部与测评对象同一网段内接入时，测试工具一般接在与被测对象在同一网段的交换设备上。在该点接入扫描器，在本地直接测试各被测主机、网络设备对本地网络暴露的安全漏洞情况。一般来说，该点扫描探测出的漏洞数应该是最多的，它说明主机、网络设备在没有网络安全保护措施下的安全状况。

d） 结合网络拓扑图，采用图示的方式描述测试工具的接入点、测试目的、测试途径和测试对象等相关内容。

输出/产品：测评方案的工具测试方法及内容部分。

7.2.5 测评指导书开发

测评指导书是具体指导测评人员如何进行测评活动的文档，是现场测评的工具、方法和操作步骤等的详细描述，是保证测评活动规范的根本。因此，测评指导书应当尽可能详尽、充分。

输入：测评方案的单元测评实施部分、工具测试内容及方法部分。

任务描述：

a） 描述单个测评对象，包括测评对象的名称、IP 地址、用途、管理人员等信息。

b） 根据 GB/T 28448—2012 的单元测评实施确定测评活动，包括测评项、测评方法、操作步骤和预期结果等四部分。

测评项是指 GB/T 22239—2008 中对该测评对象在该用例中的要求，在 GB/T 28448—2012 中对应每个测评单元中的“测评指标”的具体要求项。测评方法是指访谈、检查和测试三种方法，检查具体到测评对象上可细化为文档审查、配置检查和实地察看，每个测评项可能对应多个测评方法。操作步骤是指在现场测评活动中应执行的命令或步骤，是按照 GB/T 28448—2012 中的每个“测评实施”项目开发的操作步骤，涉及到工具测试时，应描述工具测试路径及接入点等；预期结果是指按照操作步骤在正常的情况下应得到的结果和获取的证据。

c） 单元测评一般以表格形式设计和描述测评项、测评方法、操作步骤和预期结果等内容。整体测评则一般以文字描述的方式表述，以测评用例的方式进行组织。

单元测评的测评指导书描述的基本格式如表 5 所示。

表 5　单元测评指导书

<table>
<tr><th>序号</th><th colspan="2">测评指标</th><th>操作步骤</th><th>预期结果</th></tr>
<tr><td>1</td><td rowspan="4">测评指标 1</td><td>测评项 a)</td><td>1. ……
2. ……</td><td>1. ……
2. ……</td></tr>
<tr><td>2</td><td>测评项 b)</td><td>……</td><td>……</td></tr>
<tr><td>3</td><td>测评项 c)</td><td>……</td><td>……</td></tr>
<tr><td>4</td><td>……</td><td>……</td><td>……</td></tr>
<tr><td>5</td><td rowspan="2">测评指标 2</td><td>测评项 a)</td><td>……</td><td>……</td></tr>
<tr><td>6</td><td>……</td><td>……</td><td>……</td></tr>
<tr><td>……</td><td>……</td><td>……</td><td>……</td><td>……</td></tr>
</table>

d）　根据测评指导书，形成测评结果记录表格。

输出/产品：测评指导书，测评结果记录表格。

7.2.6　测评方案编制

测评方案是等级测评工作实施的基础，指导等级测评工作的现场实施活动。测评方案应包括但不局限于以下内容：项目概述、测评对象、测评指标、测评内容、测评方法等等。

输入：委托测评协议书，填好的调研表格，各种与被测信息系统相关的技术资料，选用的测评工具清单，GB/T 22239—2008 中相应等级的基本要求，测评方案的测评对象、测评指标、单元测评实施部分、工具测试方法及内容部分等。

任务描述：

a）　根据委托测评协议书和填好的调研表格，提取项目来源、测评委托单位整体信息化建设情况及被测信息系统与单位其他系统之间的连接情况等。

b）　根据等级保护过程中的等级测评实施要求，将测评活动所依据的标准罗列出来。

c）　参阅委托测评协议书和被测信息系统情况，估算现场测评工作量。工作量根据测评对象的数量和工具测试的接入点及测试内容等情况进行估算。

d）　根据测评项目组成员安排，编制工作安排情况。

e）　根据以往测评经验以及被测信息系统规模，编制具体测评计划，包括现场工作人员的分工和时间安排。在进行时间计划安排时，应尽量避开被测信息系统的业务高峰期，避免给被测信息系统带来影响。同时，在测评计划中应将具体测评所需条件以及测评需要的配合人员也一并给出，便于测评实施之前双方沟通协调、合理安排。

f）　汇总上述内容及方案编制活动的其他任务获取的内容形成测评方案文稿。

g）　评审和提交测评方案。测评方案初稿应通过测评项目组全体成员评审，修改完成后形成提交稿。然后，测评机构将测评方案提交给测评委托单位签字认可。

h）　根据测评方案制定风险规避实施方案。

输出/产品：经过评审和确认的测评方案文本，风险规避实施方案文本。

7.3 方案编制活动的输出文档

方案编制活动的输出文档及其内容如表6所示。

表6 方案编制活动的输出文档及其内容

任务	输出文档	文档内容
测评对象确定	测评方案的测评对象部分	被测信息系统的整体结构、边界、网络区域、重要节点、测评对象等
测评指标确定	测评方案的测评指标部分	被测信息系统定级结果、测评指标
测评内容确定	测评方案的单元测评实施部分	单元测评实施内容
工具测试方法	测评方案的工具测试方法及内容部分	工具测试接入点及测试方法
测评指导书开发	测评指导书、测评结果记录表格	各测评对象的测评内容及方法 测评结果记录表格表头
测评方案编制	经过评审和确认的测评方案文本 风险规避实施方案文本	项目概述、测评对象、测评指标、测试工具接入点、单元测评实施内容等 风险规避措施等

7.4 方案编制活动中双方的职责

测评机构职责：

a) 详细分析被测信息系统的整体结构、边界、网络区域、设备部署情况等。

b) 初步判断被测信息系统的安全薄弱点。

c) 分析确定测评对象、测评指标、确定测评内容和工具测试方法。

d) 编制测评方案文本，并对其进行内部评审。

e) 制定风险规避实施方案。

测评委托单位职责：

a) 为测评机构完成测评方案提供有关信息和资料。

b) 认可测评方案文本。

c) 认可测评机构提供的风险规避实施方案。

8 现场测评活动

8.1 现场测评活动的工作流程

现场测评活动通过与测评委托单位进行沟通和协调，为现场测评的顺利开展打下良好基础，依据测评方案实施现场测评工作，将测评方案和测评方法等内容具体落实到现场测评活动中。现场测评工作应取得报告编制活动所需的、足够的证据和资料。

现场测评活动包括现场测评准备、现场测评和结果记录、结果确认和资料归还3项主要任务。这3项任务的基本工作流程见图3。

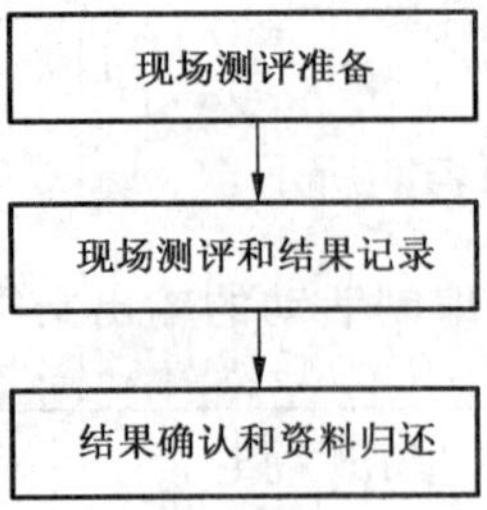

图 3　现场测评活动的基本工作流程

8.2　现场测评活动的主要任务

8.2.1　现场测评准备

本任务启动现场测评，是保证测评机构能够顺利实施测评的前提。

输入：经过评审和确认的测评方案文本，风险规避实施方案文本，风险告知书，现场测评工作计划。

任务描述：

a）测评委托单位对风险告知书签字确认，了解测评过程中存在的安全风险，做好相应的应急和备份工作。

b）召开测评现场首次会，测评机构介绍现场测评工作安排，双方对测评计划和测评方案中的测评内容和方法等进行沟通，委托单位对测评方案认可后，签字确认。

c）测评双方确认现场测评需要的各种资源，包括测评委托单位的配合人员和需要提供的测评环境等。

输出/产品：会议记录，测评方案、现场测评工作计划和风险告知书等。

8.2.2　现场测评和结果记录

本任务主要是测评人员按照测评指导书实施测评，并将测评过程中获取的证据源进行详细、准确记录。

输入：现场测评工作计划，测评指导书，测评结果记录表格。

任务描述：

a）测评人员与测评委托单位的配合人员确认测评对象中的关键数据已经进行了备份。

b）测评人员确认具备测评工作开展的条件，测评对象工作正常，系统处于一个相对良好的状况。

c）测评人员根据测评指导书实施现场测评，获取相关证据和信息。

d）测评结束后，测评人员与测评委托单位配合人员及时确认测评工作是否对测评对象造成不良影响，测评对象及系统是否工作正常。

输出/产品：各类测评结果记录。

其中，测评人员根据测评指导书实施现场测评时一般包括访谈、检查和测试 3 种测评方式。

8.2.2.1　访谈

输入：现场测评工作计划，测评指导书，技术和管理安全测评的测评结果记录表格。

任务描述：

测评人员与被测信息系统有关人员（个人/群体）进行交流、讨论等活动，获取相关证据，了解有关信息。在访谈范围上，不同等级信息系统在测评时有不同的要求，一般应基本覆盖所有的安全相关人员类型，在数量上抽样。具体可参照 GB/T 28448—2012 中的各级要求。

输出/产品：技术和管理安全测评的测评结果记录。

8.2.2.2 检查

检查可细分为文档审查、配置检查和实地查看等几种具体方法：

a) 文档审查

输入：现场测评工作计划，安全方针文件，安全管理制度，安全管理的执行过程文档，系统设计方案，网络设备的技术资料，系统和产品的实际配置说明，系统的各种运行记录文档，机房建设相关资料，机房出入记录等过程记录文档，测评指导书，管理安全测评的测评结果记录表格。

任务描述：

1) 检查 GB/T 22239—2008 中规定的必须具有的制度、策略、操作规程等文档是否齐备。
2) 检查是否有完整的制度执行情况记录，如机房出入登记记录、电子记录、高等级系统的关键设备的使用登记记录等。
3) 对上述文档进行审核与分析，检查他们的完整性和这些文件之间的内部一致性。

下面列出对不同等级信息系统在测评实施时的不同强度要求。

一级：符合 GB/T 22239—2008 中的一级要求。

二级：符合 GB/T 22239—2008 中的二级要求，并且所有文档之间应保持一致性，要求有执行过程记录的，过程记录文档的记录内容应与相应的管理制度和文档保持一致，与实际情况保持一致。

三级：符合 GB/T 22239—2008 中的三级要求，所有文档应具备且完整，并且所有文档之间应保持一致性，要求有执行过程记录的，过程记录文档的记录内容应与相应的管理制度和文档保持一致，与实际情况保持一致，安全管理过程应与系统设计方案保持一致且能够有效地对系统进行管理。

四级：符合 GB/T 22239—2008 中的四级要求，所有文档应具备且完整，并且所有文档之间应保持一致性，要求有执行过程记录的，过程记录文档的记录内容应与相应的管理制度和文档保持一致，与实际情况保持一致，安全管理过程应与系统设计方案保持一致且能够有效地对系统进行管理。

输出/产品：管理安全测评的测评结果记录。

b) 配置检查

输入：测评指导书，技术安全测评的网络、主机、应用测评结果记录表格。

任务描述：

1) 根据测评结果记录表格内容，利用上机验证的方式检查应用系统、主机系统、数据库系统以及网络设备的配置是否正确，是否与文档、相关设备和部件保持一致，对文档审核的内容进行核实(包括日志审计等)。
2) 如果系统在输入无效命令时不能完成其功能，应测试其是否对无效命令进行错误处理。
3) 针对网络连接，应对连接规则进行验证。

下面列出对不同等级信息系统在测评实施时的不同强度要求。

一级：符合 GB/T 22239—2008 中的一级要求。

二级：符合 GB/T 22239—2008 中的二级要求，测评其实施的正确性和有效性，检查配置的完整性，测试网络连接规则的一致性。

三级：符合 GB/T 22239—2008 中的三级要求，测评其实施的正确性和有效性，检查配置的完整性，测试网络连接规则的一致性，测试系统是否符合可用性和可靠性的要求。

四级：符合 GB/T 22239—2008 中的四级要求，测评其实施的正确性和有效性，检查配置的完整性，测试网络连接规则的一致性，测试系统是否符合可用性和可靠性的要求。

输出/产品：技术安全测评的网络、主机、应用测评结果记录。

c) 实地察看

输入：测评指导书，物理安全和管理安全测评结果记录表格。

任务描述：

根据被测信息系统的实际情况，测评人员到系统运行现场通过实地的观察人员行为、技术设施和物理环境状况判断人员的安全意识、业务操作、管理程序和系统物理环境等方面的安全情况，测评其是否符合相应等级的安全要求。

下面列出对不同等级信息系统在测评实施时的不同强度要求。

一级：符合 GB/T 22239—2008 中的一级要求。

二级：符合 GB/T 22239—2008 中的二级要求。

三级：符合 GB/T 22239—2008 中的三级要求，判断实地观察到的情况与制度和文档中说明的情况是否一致，检查相关设备、设施的有效性和位置的正确性，与系统设计方案的一致性。

四级：符合 GB/T 22239—2008 中的四级要求，判断实地观察到的情况与制度和文档中说明的情况是否一致，检查相关设备、设施的有效性和位置的正确性，与系统设计方案的一致性。

输出/产品：技术安全测评的物理安全和管理安全测评结果记录。

8.2.2.3 测试

输入：现场测评工作计划，测评指导书，技术安全测评的网络、主机、应用测评结果记录表格。

任务描述：

a) 根据测评指导书，利用技术工具对系统进行测试，包括基于网络探测和基于主机审计的漏洞扫描、渗透性测试、功能测试、性能测试、入侵检测和协议分析等。

b) 备份测试结果。

下面列出对不同等级信息系统在测评实施时的不同强度要求。

一级：符合 GB/T 22239—2008 中的一级要求。

二级：符合 GB/T 22239—2008 中的二级要求，针对主机、服务器、关键网络设备、安全设备等设备进行漏洞扫描等。

三级：符合 GB/T 22239—2008 中的三级要求，针对主机、服务器、网络设备、安全设备等设备进行漏洞扫描，针对应用系统完整性和保密性要求进行协议分析，渗透测试应包括基于一般脆弱性的内部和外部渗透攻击。

四级：符合 GB/T 22239—2008 中的四级要求，针对主机、服务器、网络设备、安全设备等设备进行漏洞扫描，针对应用系统完整性和保密性要求进行协议分析，渗透测试应包括基于一般脆弱性的内部和外部渗透攻击。

输出/产品：技术安全测评的网络、主机、应用测评结果记录，测试完成后的电子输出记录，备份的测试结果文件。

8.2.3 结果确认和资料归还

本任务主要是将测评过程中得到的证据源记录进行确认，并将测评过程中借阅的文档归还。

输入：各类测评结果记录，工具测试完成后的电子输出记录。

任务描述：

a) 测评人员在现场测评完成之后，应首先汇总现场测评的测评记录，对漏掉和需要进一步验证的内容实施补充测评。

b) 召开测评现场结束会，测评双方对测评过程中得到的证据源记录进行现场沟通和确认。

c) 测评机构归还测评过程中借阅的所有文档资料，并由测评委托单位文档资料提供者签字确认。

输出/产品：经过测评委托单位确认的测评证据和证据源记录。

8.3 现场测评活动的输出文档

现场测评活动的输出文档及其内容如表 7 所示。

表 7　现场测评活动的输出文档及其内容

任务	输出文档	文档内容
现场测评准备	会议记录，确认的风险告知书、测评方案和现场测评工作计划	工作计划和内容安排，双方人员的协调，测评委托单位应提供的配合
访谈	技术和管理安全测评的测评结果记录	访谈记录
文档审查	管理安全测评的测评结果记录	管理制度和管理执行过程文档的记录
配置检查	技术安全测评的网络、主机、应用测评结果记录	检查内容的记录
工具测试	技术安全测评的网络、主机、应用测评结果记录，工具测试完成后的电子输出记录，备份的测试结果文件	漏洞扫描、渗透性测试、性能测试、入侵检测和协议分析等内容的技术测试结果
实地察看	物理安全和管理安全测评结果记录	检查内容的记录
测评结果确认	经过测评委托单位确认的测评证据和证据源记录	测评中获取的证据和证据源

8.4　现场测评活动中双方的职责

测评机构职责：

a）测评人员测评开展前确认被测信息系统具备测评工作开展的条件，测评对象工作正常，系统处于一个相对良好的状况。

b）测评人员利用访谈、文档审查、配置检查、工具测试和实地察看的方法开展现场测评工作，并获取相关证据。

测评委托单位职责：

a）测评前备份系统和数据，并了解测评工作基本情况。

b）安排测评配合人员，配合测评工作的开展。

c）对风险告知书进行签字确认。

d）配合人员如实回答测评人员的问询，对某些需要验证的内容上机进行操作。

e）配合人员协助测评人员实施工具测试并提供有效建议，降低安全测评对系统运行的影响。

f）配合人员协助测评人员完成业务相关内容的问询、验证和测试。

g）配合人员对测评证据和证据源进行确认。

h）配合人员确认测试后被测设备状态完好。

9　报告编制活动

9.1　报告编制活动的工作流程

在现场测评工作结束后，测评机构应对现场测评获得的测评结果（或称测评证据）进行汇总分析，形成等级测评结论，并编制测评报告。

测评人员在初步判定单元测评结果后，还需进行整体测评，经过整体测评后，有的单元测评结果可能会有所变化，需进一步修订单元测评结果，而后进行风险分析和评价，形成等级测评结论。分析与报告编制活动包括单项测评结果判定、单元测评结果判定、整体测评、风险分析、等级测评结论形成及测评报告编制 6 项主要任务。这 6 项任务的基本工作流程见图 4。

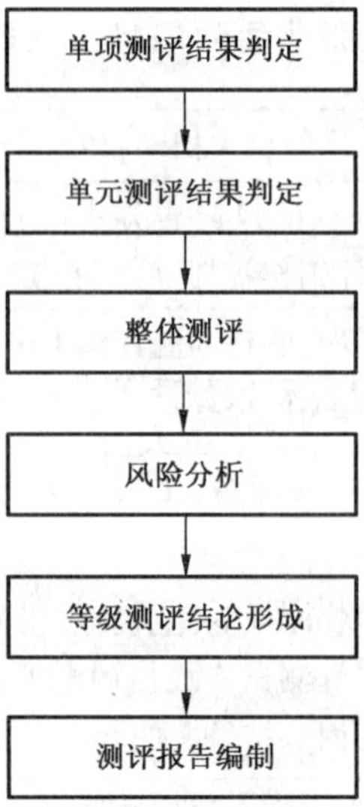

图 4　报告编制活动的基本工作流程

9.2　报告编制活动的主要任务

9.2.1　单项测评结果判定

本任务主要是针对测评指标中的单个测评项，结合具体测评对象，客观、准确地分析测评证据，形成初步单项测评结果，单项测评结果是形成等级测评结论的基础。

输入：经过测评委托单位确认的测评证据和证据源记录，测评指导书。

任务描述：

a）针对每个测评项，分析该测评项所对抗的威胁在被测信息系统中是否存在，如果不存在，则该测评项应标为不适用项。

b）分析单个测评项是否有多方面的要求内容，针对每一方面的要求内容，从一个或多个测评证据中选择出"优势证据"，并将"优势证据"与要求内容的预期测评结果相比较。

c）如果测评证据表明所有要求内容与预期测评结果一致，则判定该测评项的单项测评结果为符合；如果测评证据表明所有要求内容与预期测评结果不一致，判定该测评项的单项测评结果为不符合；否则判定该测评项的单项测评结果为部分符合。

根据"优势证据"的定义，具体从测评方式上来看，针对物理安全测评，实地察看证据相比文档审查证据为优势证据，文档审查证据相比访谈证据为优势证据；针对技术安全的其他方面测评，配置检查证据相比访谈证据为优势证据；针对管理安全测评，优势证据不确定，需根据实际情况分析确定优势证据。

输出/产品：测评报告的单元测评的结果记录部分。

9.2.2　单元测评结果判定

本任务主要是将单项测评结果进行汇总，分别统计不同测评对象的单项测评结果，从而判定单元测评结果，并以表格的形式逐一列出。

输入：测评报告的单元测评的结果记录部分。

任务描述：

按层面分别汇总不同测评对象对应测评指标的单项测评结果情况，包括测评多少项，符合要求的多少项等内容，一般以表格形式列出。

汇总统计分析的基本表格形式如表 8 所示。

表 8　单元测评结果汇总表

序号	测评对象	测评指标			
		测评指标 1	测评指标 2	测评指标 3	……
1	对象 1	符合(或部分符合或不符合或 N/A)部分符合和不符合的测评项的项数 / 在对象 1 上测评的测评指标 1 包含的测评项总数	\		
2	对象 2				
3	对象 3				
……	……				
小计		符合项数 / 在上述对象上测评的测评指标 1 包含的测评项总数			

注："N/A"表示不适用；"\"表示该级别系统无此要求；分母表示该测评指标中的测评项数；分子表示该测评指标中的部分符合和不符合的测评项的项数。

上表中的"符合(或部分符合或不符合或 N/A)"即为测评对象对应的单元测评结果。测评对象在某个测评指标的单元测评结果判别原则如下：

a) 测评指标包含的所有适用测评项的单项测评结果均为符合，则该测评对象对应该测评指标的单元测评结果为符合；
b) 测评指标包含的所有适用测评项的单项测评结果均为不符合，则该测评对象对应该测评指标的单元测评结果为不符合；
c) 测评指标包含的所有测评项均为不适用项，则该测评对象对应该测评指标的单元测评结果为不适用；
d) 测评指标包含的所有适用测评项的单项测评结果不全为符合或不符合，则该测评对象对应该测评指标的单元测评结果为部分符合。

输出/产品：测评报告的单元测评的结果汇总和问题分析部分。

9.2.3　整体测评

针对单项测评结果的不符合项，采取逐条判定的方法，从安全控制间、层面间和区域间出发考虑，给出整体测评的具体结果。

输入：测评报告的单元测评的结果记录部分、结果汇总部分和问题分析部分。

任务描述：

a) 针对测评对象"部分符合"及"不符合"要求的单个测评项，分析与该测评项相关的其他测评项能否和它发生关联关系，发生什么样的关联关系，这些关联关系产生的作用是否可以"弥补"该测评项的不足，以及该测评项的不足是否会影响与其有关联关系的其他测评项的测评结果。
b) 针对测评对象"部分符合"及"不符合"要求的单个测评项，分析与该测评项相关的其他层面的测评对象能否和它发生关联关系，发生什么样的关联关系，这些关联关系产生的作用是否可以"弥补"该测评项的不足，以及该测评项的不足是否会影响与其有关联关系的其他测评项的测评结果。
c) 针对测评对象"部分符合"及"不符合"要求的单个测评项，分析与该测评项相关的其他区域的测评对象能否和它发生关联关系，发生什么样的关联关系，这些关联关系产生的作用是否可以

“弥补”该测评项的不足，以及该测评项的不足是否会影响与其有关联关系的其他测评项的测评结果。

d） 根据上述3方面的整体测评分析情况，调整单元测评结果，并将调整后的单元测评结果再次汇总，统计符合情况。一般以表格的形式描述。

表格的基本形式如表9所示。

表9 单元测评结果汇总表（整体测评后）

序号	层面(类)	测评指标	符合情况			
			符合	部分符合	不符合	不适用
1	网络安全	测评指标1				
……		……				
……	……	……				
小计						

输出/产品：测评报告的整体测评部分。

9.2.4 风险分析

测评人员依据等级保护的相关规范和标准，采用风险分析的方法分析等级测评结果中存在的安全问题可能对被测信息系统安全造成的影响。

输入：填好的调查表格，测评报告的单元测评的结果汇总部分和问题分析部分，测评报告的整体测评部分、测评结果汇总部分。

任务描述：

a） 判断整体测评后的单元测评结果汇总中部分符合项或不符合项所产生的安全问题被威胁利用的可能性，可能性的取值范围为高、中和低。

b） 判断整体测评后的单元测评结果汇总中部分符合项或不符合项所产生的安全问题被威胁利用后，对被测信息系统的业务信息安全和系统服务安全造成的影响程度，影响程度取值范围为高、中和低。

c） 综合a)和b)的结果，对被测信息系统面临的安全风险进行赋值，风险值的取值范围为高、中和低。

d） 结合被测信息系统的安全保护等级对风险分析结果进行评价，即对国家安全、社会秩序、公共利益以及公民、法人和其他组织的合法权益造成的风险。

输出：测评报告的风险分析和评价部分。

9.2.5 等级测评结论形成

测评人员在整体测评后的单元测评结果汇总、风险分析和评价的基础上，找出系统保护现状与等级保护基本要求之间的差距，并形成等级测评结论。

输入：测评报告的测评结果汇总部分，测评报告的风险分析和评价部分。

任务描述：

根据表9测评结果汇总表格和风险分析评价结果，得出等级测评结论。

等级测评结论分为3种情况：

a） 符合：部分符合和不符合项的统计结果全为0；

b） 基本符合：部分符合和不符合项的统计结果不全为0，但不会导致信息系统面临高等级安全风险；

c) 不符合：部分符合项和不符合项的统计结果不全为0，导致信息系统面临高等级安全风险。

输出/产品：测评报告的等级测评结论部分。

9.2.6 测评报告编制

测评报告应包括以下内容：测评项目概述、被测信息系统情况、等级测评范围与方法、单元测评、整体测评、测评结果汇总、风险分析和评价、等级测评结论、安全建设整改建议等。

其中，测评项目概述部分描述本次测评的测评目的、依据及测评过程等；被测信息系统情况、等级测评范围与方法等部分内容编制时参考测评方案相关部分内容。

输入：测评方案，《信息系统安全等级测评报告模版》，测评报告的单元测评的结果记录部分、结果汇总和问题分析部分、测评结果汇总部分、整体测评部分、风险分析和评价部分、等级测评结论部分。

任务描述：

a) 测评人员整理前面几项任务的输出/产品，按照《信息系统安全等级测评报告模版》编制测评报告相应部分。每个被测信息系统应单独出具测评报告。

b) 针对被测信息系统存在的安全隐患，从系统安全角度提出相应的改进建议，编制测评报告的安全建设整改建议部分。

c) 列表给出现场测评的文档清单和单项测评记录，以及对各个测评项的单项测评结果判定情况，编制测评报告的单元测评的结果记录和问题分析部分。

d) 测评报告编制完成后，测评机构应根据测评协议书、测评委托单位提交的相关文档、测评原始记录和其他辅助信息，对测评报告进行评审。

e) 评审通过后，由项目负责人签字确认并提交给测评委托单位。

输出/产品：经过评审和确认的被测信息系统等级测评报告。

9.3 报告编制活动的输出文档

报告编制活动的输出文档及其内容如表10所示。

表10 报告编制活动的输出文档及其内容

任务	输出文档	文档内容
单项测评结果判定	等级测评报告的单元测评的结果记录部分	分析被测信息系统的安全现状（各个层面的基本安全状况）与标准中相应等级的基本要求的符合情况，给出单项测评结果
单项测评结果汇总分析	等级测评报告的单元测评的结果汇总部分和问题分析部分	汇总统计单项测评结果，给出针对每个对象的单元测评结果及问题
整体测评	等级测评报告的整体测评部分	分析被测信息系统整体安全状况及对单元测评结果的修订情况
风险分析	等级测评报告的风险分析和评价部分	分析被测信息系统存在的风险情况
等级测评结论形成	等级测评报告的等级测评结论部分	对测评结果进行分析，形成等级测评结论
测评报告编制	等级测评报告	单项测评记录和结果，单项测评结果汇总，整体测评过程及结果，测评结果汇总，风险分析过程及结果，等级测评结论，安全建设整改建议等

9.4 报告编制活动中双方的职责

测评机构职责：

a） 分析并判定单项测评结果和整体测评结果。

b） 分析评价被测信息系统存在的风险情况。

c） 根据测评结果形成等级测评结论。

d） 编制等级测评报告，说明系统存在的安全隐患和缺陷，并给出改进建议。

e） 评审等级测评报告，并将评审过的等级测评报告按照分发范围进行分发。

f） 将生成的过程文档(包括电子文档)归档保存，并将测评过程中在测评用电脑和测试工具中生成或存放的所有电子文档清除。

测评委托单位职责：

a） 签收测评报告。

附　录　A
（资料性附录）
等级测评工作流程

受委托测评机构实施的等级测评工作活动及流程与运营、使用单位的自查活动及流程会有所差异，初次等级测评和再次等级测评的工作活动及流程也不完全相同，而且针对不同等级信息系统实施的等级测评工作活动及流程也不相同。

受委托测评机构对信息系统的初次等级测评分为4项活动：测评准备活动、方案编制活动、现场测评活动、报告编制活动。具体如图A.1所示。

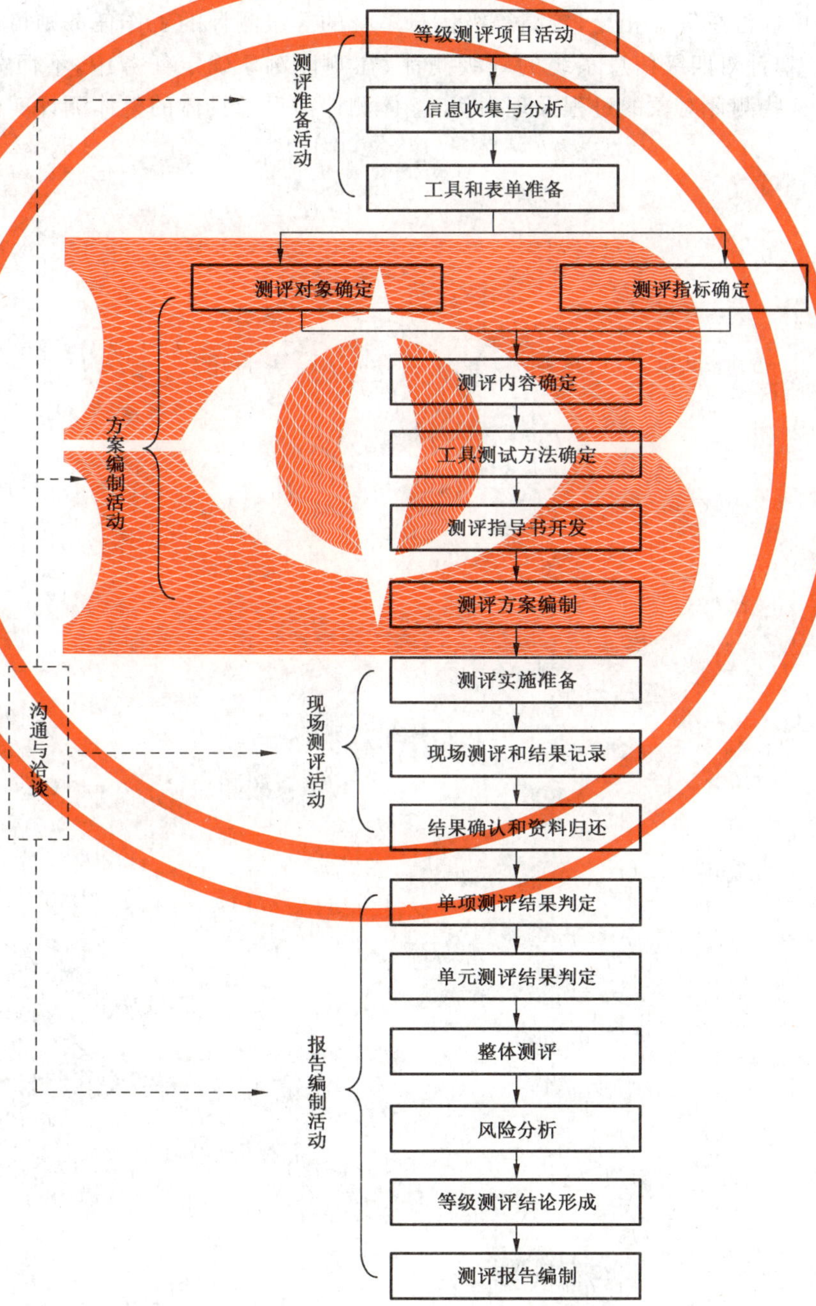

图A.1　等级测评基本工作流程

图 A.1 是对受委托测评机构对信息系统实施初次等级测评的基本工作流程。如果被测信息系统已经实施过一次(或多次)等级测评,图 A.1 中的 4 个活动保持不变,但是具体任务内容会有所变化。测评机构和测评人员根据上一次等级测评中存在的问题和被测信息系统的实际情况调整部分工作任务内容。例如,信息收集和分析任务中,着重收集那些自上次等级测评后有所变更的信息,其他信息重用上次等级测评结果;测评对象尽量选择上次等级测评中未测过或存在问题的作为测评对象;测评内容也应关注上次等级测评中发现的问题。

不同等级信息系统的等级测评的基本工作活动与图 A.1 中信息系统的等级测评活动应完全一致,即:测评准备、方案编制、现场测评、报告编制 4 项活动。由于图 A.1 给出的是较为全面的工作流程和任务,因此,较低等级信息系统的等级测评的各个活动的具体工作任务应在图 A.1 基础上删除或简化部分内容。如针对二级信息系统的等级测评,测评人员在报告编制活动中可以不进行单项测评结果汇总分析,仅进行简单的汇总等。相反,较高等级信息系统的等级测评的工作任务则可以在此基础上增加或细化部分内容。如针对四级信息系统的等级测评,在测评对象确定任务中,不但需要确定出测评对象,还需给出选择这些测评对象的过程及理由等;整体测评需设计具体的整体测评实例等。

附　录　B
（资料性附录）
测评对象确定准则和样例

B.1　测评对象确定准则

测评对象是等级测评的直接工作对象，也是在被测信息系统中实现特定测评指标所对应的安全功能的具体系统组件，因此，选择测评对象是编制测评方案的必要步骤，也是整个测评工作的重要环节。恰当选择测评对象的种类和数量是整个等级测评工作能够获取足够证据、了解到被测信息系统的真实安全保护状况的重要保证。

测评对象的确定一般采用抽查的方法，即：抽查信息系统中具有代表性的组件作为测评对象。并且，在测评对象确定任务中应兼顾工作投入与结果产出两者的平衡关系。

在确定测评对象时，需遵循以下原则：

——重要性，应抽查对被测信息系统来说重要的服务器、数据库和网络设备等；

——安全性，应抽查对外暴露的网络边界；

——共享性，应抽查共享设备和数据交换平台/设备；

——全面性，抽查应尽量覆盖系统各种设备类型、操作系统类型、数据库系统类型和应用系统类型；

——恰当性，选择的设备、软件系统等应能符合相应等级的测评强度要求。

B.2　测评对象确定样例

B.2.1　第一级信息系统

第一级信息系统的等级测评，测评对象的种类和数量比较少，重点抽查关键的设备、设施、人员和文档等。抽查的测评对象种类主要考虑以下几个方面：

——主机房（包括其环境、设备和设施等），如果某一辅机房中放置了服务于整个信息系统或对信息系统的安全性起决定作用的设备、设施，那么也应该作为测评对象；

——整个系统的网络拓扑结构；

——安全设备，包括防火墙、入侵检测设备、防病毒网关等；

——边界网络设备（可能会包含安全设备），包括路由器、防火墙和认证网关等；

——对整个信息系统的安全性起决定作用的网络互联设备，如核心交换机、路由器等；

——承载最能够代表被测信息系统使命的业务或数据的核心服务器（包括其操作系统和数据库）；

——最能够代表被测信息系统使命的重要业务应用系统；

——信息安全主管人员；

——涉及到信息系统安全的主要管理制度和记录，包括进出机房的登记记录、信息系统相关设计验收文档等。

在本级信息系统测评时，信息系统中配置相同的安全设备、边界网络设备、网络互联设备以及服务器应至少抽查一台作为测评对象。

B.2.2　第二级信息系统

第二级信息系统的等级测评，测评对象的种类和数量都较多，重点抽查重要的设备、设施、人员和文档等。抽查的测评对象种类主要考虑以下几个方面：

——主机房(包括其环境、设备和设施等)，如果某一辅机房中放置了服务于整个信息系统或对信息系统的安全性起决定作用的设备、设施，那么也应该作为测评对象；
——存储被测信息系统重要数据的介质的存放环境；
——整个系统的网络拓扑结构；
——安全设备，包括防火墙、入侵检测设备、防病毒网关等；
——边界网络设备(可能会包含安全设备)，包括路由器、防火墙和认证网关等；
——对整个信息系统或其局部的安全性起决定作用的网络互联设备，如核心交换机、汇聚层交换机、核心路由器等；
——承载被测信息系统核心或重要业务、数据的服务器(包括其操作系统和数据库)；
——重要管理终端；
——能够代表被测信息系统主要使命的业务应用系统；
——信息安全主管人员、各方面的负责人员；
——涉及到信息系统安全的所有管理制度和记录。

在本级信息系统测评时，信息系统中配置相同的安全设备、边界网络设备、网络互联设备以及服务器应至少抽查两台作为测评对象。

B.2.3　第三级信息系统

第三级信息系统的等级测评，测评对象种类上基本覆盖、数量进行抽样，重点抽查主要的设备、设施、人员和文档等。抽查的测评对象种类主要考虑以下几个方面：

——主机房(包括其环境、设备和设施等)和部分辅机房，应将放置了服务于信息系统的局部(包括整体)或对信息系统的局部(包括整体)安全性起重要作用的设备、设施的辅机房选取作为测评对象；
——存储被测信息系统重要数据的介质的存放环境；
——办公场地；
——整个系统的网络拓扑结构；
——安全设备，包括防火墙、入侵检测设备和防病毒网关等；
——边界网络设备(可能会包含安全设备)，包括路由器、防火墙、认证网关和边界接入设备(如楼层交换机)等；
——对整个信息系统或其局部的安全性起作用的网络互联设备，如核心交换机、汇聚层交换机、路由器等；
——承载被测信息系统主要业务或数据的服务器(包括其操作系统和数据库)；
——管理终端和主要业务应用系统终端；
——能够完成被测信息系统不同业务使命的业务应用系统；
——业务备份系统；
——信息安全主管人员、各方面的负责人员、具体负责安全管理的当事人、业务负责人；
——涉及到信息系统安全的所有管理制度和记录。

在本级信息系统测评时，信息系统中配置相同的安全设备、边界网络设备、网络互联设备、服务器、终端以及备份设备，每类应至少抽查两台作为测评对象。

B.2.4 第四级信息系统

第四级信息系统的等级测评，测评对象种类上完全覆盖、数量进行抽样，重点抽查不同种类的设备、设施、人员和文档等。抽查的测评对象种类主要考虑以下几个方面：

——主机房和全部辅机房(包括其环境、设备和设施等)；

——介质的存放环境；

——办公场地；

——整个系统的网络拓扑结构；

——安全设备，包括防火墙、入侵检测设备和防病毒网关等；

——边界网络设备(可能会包含安全设备)，包括路由器、防火墙、认证网关和边界接入设备(如楼层交换机)等；

——主要网络互联设备，包括核心和汇聚层交换机；

——主要服务器(包括其操作系统和数据库)；

——管理终端和主要业务应用系统终端；

——全部应用系统；

——业务备份系统；

——信息安全主管人员、各方面的负责人员、具体负责安全管理的当事人、业务负责人；

——涉及到信息系统安全的所有管理制度和记录。

在本级信息系统测评时，信息系统中配置相同的安全设备、边界网络设备、网络互联设备、服务器、终端以及备份设备，每类应至少抽查3台作为测评对象。

附 录 C
（资料性附录）
等级测评工作要求

C.1 依据标准，遵循原则

等级测评实施应依据等级保护的相关技术标准进行。相关技术标准主要包括 GB/T 22239—2008 和 GB/T 28448—2012，其中等级测评目标和内容应依据 GB/T 22239—2008，对具体测评项的测评实施方法则依据 GB/T 28448—2012。

在等级测评实施活动中，应遵循 GB/T 28448—2012 中规定的测评原则，保证测评工作公正、科学、合理和完善。

C.2 恰当选取，保证强度

恰当选取是指对具体测评对象的选择要恰当，既要避免重要的对象、可能存在安全隐患的对象没有被选择，也要避免过多选择，使得工作量增大。

保证强度是指对被测信息系统应实施与其等级相适应的测评强度。

C.3 规范行为，规避风险

测评机构实施等级测评的过程应规范，包括制定内部保密制度、制定过程控制制度、规定相关文档评审流程、指定专人负责保管等级测评的归档文件等。

测评人员的行为应规范，包括测评人员进入现场佩戴工作牌、使用测评专用的电脑和工具、严格按照测评指导书使用规范的测评技术进行测评、准确记录测评证据、不擅自评价测评结果、不将测评结果复制给非测评人员、涉及测评委托单位的工作秘密或敏感信息的相关资料，只在指定场所查看，查看完成后立即归还等。

规避风险是指要充分估计测评可能给被测信息系统带来的影响，向被测信息系统运营/使用单位揭示风险，要求其提前采取预防措施进行规避。同时，测评机构也应采取与测评委托单位签署委托测评协议、保密协议、现场测评授权书、要求测评委托单位进行系统备份、规范测评活动、及时与测评委托单位沟通等措施规避风险，尽量避免给被测信息系统和单位带来影响。

附　录　D
（资料性附录）
测评方案与测评报告编制示例

某公司（简称“AAA”）用电信息系统承载着该公司的电力营销业务，由数据存储、业务处理、接入、对外服务和外联等5个功能区域组成，是一个安全等级为三级的信息系统。

现场测评时间为×年×月×日至×年×月×日，现场测评小组分为管理组和技术组两组，分别完成安全管理和安全技术方面的测评。

D.1　测评方案编制示例

针对AAA用电信息系统的实际情况，下面从被测信息系统描述、测评对象、测评指标、测评工具和接入点、测评内容以及配套的测评指导书等方面说明测评方案的编制方法。

D.1.1　系统描述

被测信息系统为承载着AAA公司电力营销业务，是AAA公司的重要信息系统，其安全等级定为三级，其中业务信息安全保护等级为三级，系统服务安全保护等级为二级。

被测信息系统由数据存储、业务处理、接入、对外服务和外联等5个功能区域组成，对内有业务扩充管理、电量计量管理、电费结算、收费、统计分析等业务功能模块；对外有为互联网、大客户单位、拨号用户等提供电费数据查询、交纳、业务扩充、投诉等服务的功能模块。数据存储功能区位于屏蔽机房，其他功能区域位于中心机房。

与被测信息系统相连的外部连接有互联网、外联单位（包括DDN单位和PSTN用户）和控制网3处。在互联网、外联单位的边界连接处设置了防火墙；与控制网连接是通过交换机2以共用服务器方式进行的。整个网络拓扑结构示意图如图D.1所示。

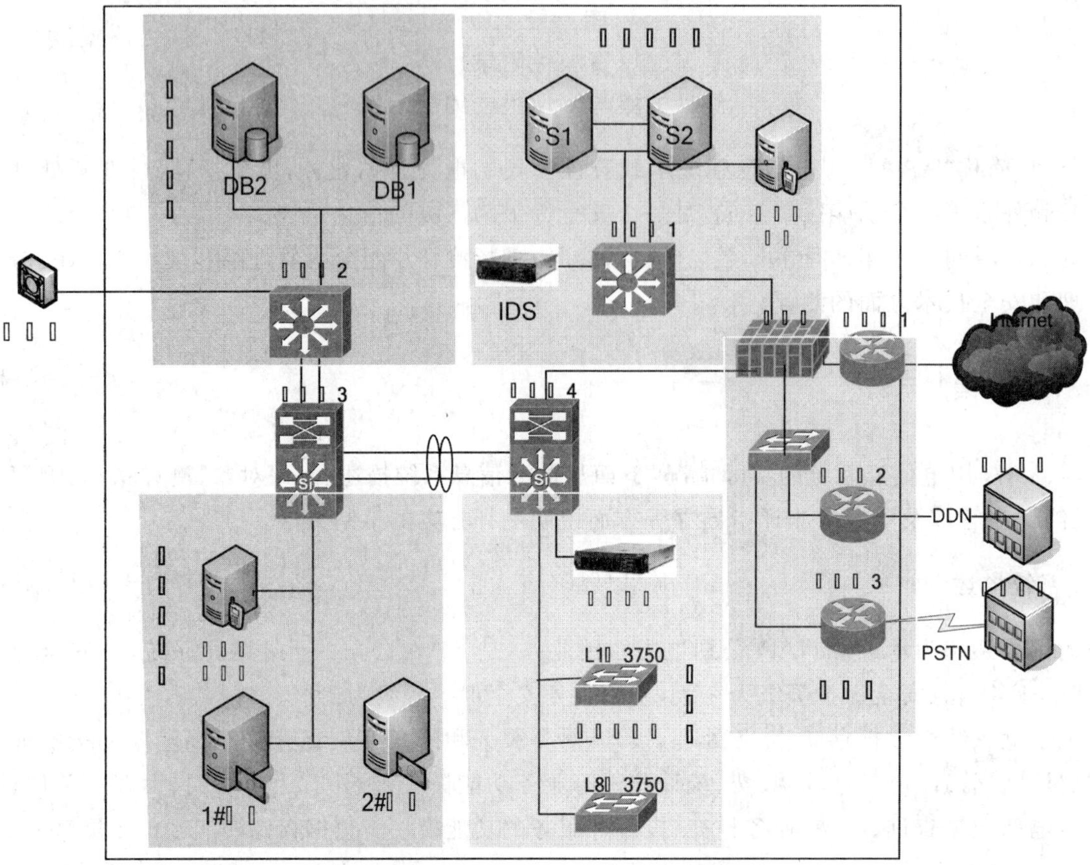

图 D.1 被测信息系统网络拓扑结构示意图

D.1.2 测评对象

根据用电信息系统的实际情况，分别确定物理安全、网络安全、主机安全、应用安全等各层面的测评对象。

a) 物理方面主要是测评屏蔽机房和主机房。

b) 网络方面主要测评的设备有路由器、交换机、防火墙、入侵检测系统、外联检测、防病毒等，如表 D.1 所示。

表 D.1 网络设备测评列表

序号	功能区域	设备名称	用途	设备信息	抽查说明
1	外联区	路由器 1(互联网)	外部接入路由器(互联网)	型号： IP：	查 1 台
2		路由器 2(DDN)	外部接入路由器(DDN)	型号： IP：	查 1 台
3		路由器 3(PSTN)	外部接入路由器(PSTN 拨号接入)	型号： IP：	查 1 台

表 D.1（续）

序号	功能区域	设备名称	用途	设备信息	抽查说明
4	对外服务区	防火墙	防火墙，系统内外隔离	型号： IP：192.168.32-33/24	查1台
5		交换机1	对外服务区交换机	型号： IP：	查1台
6		入侵检测系统	入侵检测设备	型号： IP：	查1台
7		防病毒网关	邮件防病毒网关	型号： IP：	查1台
8	接入区	交换机4	核心交换机	型号： IP：192.168.100.24-25/24	查1台
9		L1-3750到 L8—3750	接入交换机	型号： IP：	查2台
10		外联检测	非法外联监测设备	型号： IP：	查1台
11	业务处理区	交换机3	核心交换机	型号： IP：192.168.100.1-3/24	查1台
12	数据存储区	交换机2	接入交换机	型号： IP：192.168.100.7-8/24	查1台

c） 主机方面主要测评的主机服务器(包括数据库服务器)如表D.2所示。

表 D.2　主机设备测评列表(示例)

序号	设备名称	用途	设备信息	抽查说明
1	S1	对外服务业务逻辑处理	型号:PC服务器 OS： IP：	查1台
2	S2	对外服务网站	型号:PC服务器 OS： IP：	查1台
3	1#业务	用电业务处理中间件	型号:PC服务器 OS： IP:192.168.1.70	查1台
4	DB1(数据库服务器1)	用电数据存储服务器	型号:PC服务器 OS： DB： IP：192.168.1.10	查1台
5	用电业务客户机	运行用电业务客户端程序	型号:PC服务器 OS： IP：192.168.10.10	查2台
……	……	……	……	……

d) 应用方面主要测评的应用系统如表 D.3 所示。

表 D.3 应用系统测评列表(示例)

序号	系统名称	系统描述	抽查说明
1	用电应用系统	主要完成的功能包括业务扩充、电量计量、电费计算、查询、统计等业务。涉及到的业务信息包括用户登录权限认证信息、用电业务数据等与电力公司服务业务相关的信息	抽查
2	对外服务网站系统	……	
……	……	……	

e) 安全管理,主要测评对象为与信息安全管理有关的策略、制度、操作规程、运行记录、管理人员、技术人员和相关设备设施等。

D.1.3 测评指标

被测信息系统的定级结果:安全保护等级为三级,业务信息安全等级为 S3,系统服务安全等级为 A2;则该系统的测评指标应包括 GB/T 22239—2008“技术要求”中的三级通用指标类(G3),三级业务信息安全指标类(S3),二级系统服务安全指标类(A2),以及第三级“管理要求”中的所有指标类。本次测评的测评指标情况具体如表 D.4 所示。

表 D.4 测评指标

技术/管理	层面	类数量			
		S类(三级)	A类(二级)	G类(三级)	小计
技术安全	物理安全	1	1	8	10
	网络安全	1	0	6	7
	主机安全	3	1	3	7
	应用安全	5	2	2	9
	数据安全	2	1	0	3
管理安全	安全管理机构	0	0	3	3
	安全管理制度	0	0	5	5
	人员安全管理	0	0	5	5
	系统建设管理	0	0	11	11
	系统运维管理	0	0	13	13
合计					73 类

D.1.4 测评工具和接入点

本次测评的信息系统为三级信息系统,根据三级信息系统的测评强度要求,在测试的广度上,应基本覆盖不同类型的机制,在数量、范围上抽样;在测试的深度上,应执行功能测试和渗透测试,功能测试可能涉及机制的功能规范、高级设计和操作规程等文档，渗透测试可能涉及机制的所有可用文档，并试图智取进入信息系统等。因此，对其进行测评，应涉及到漏洞扫描工具、渗透测评工具集等多种测试工具。

针对被测信息系统的网络边界和测评设备、主机和业务应用系统的情况，需要在被测信息系统及其互联网络中设置6个测试工具接入点——接入点JA到JF，如图D.2所示，“接入点”标注表示进行工具测试时，需要从该接入点接入，对应的箭头路线表示工具测试数据的主要流向示意。

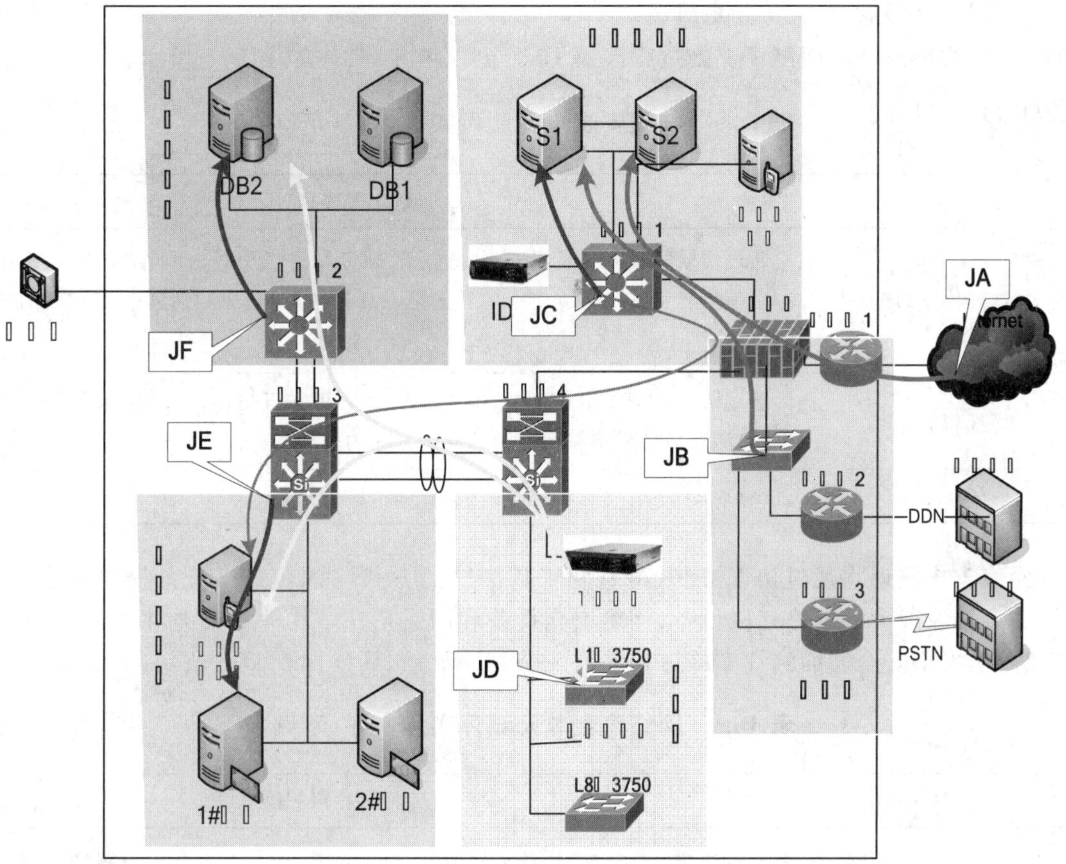

图 D.2　工具接入示意图

a)　在接入点JA接入扫描器，模拟Internet用户，探测对外服务功能区上各服务器对Internet暴露的安全漏洞情况。并根据漏洞扫描的结果接入渗透测试工具集，试图利用服务器的安全漏洞入侵服务器。

b)　在接入点JB接入扫描器，模拟外联单位，探测对外服务功能区上各服务器对外联单位暴露的安全漏洞情况。并根据漏洞扫描的结果接入渗透测试工具集，试图利用服务器的安全漏洞入侵服务器。

c)　在接入点JC接入扫描器，直接测试对外服务功能区上各服务器对网络暴露的安全漏洞情况。同时，试图穿过防火墙，探测业务处理功能区上各服务器对外暴露的安全漏洞情况。并根据漏洞扫描的结果接入渗透测试工具集，试图利用业务处理功能区上各服务器的安全漏洞入侵服务器。

d)　……

D.1.5 测评内容

本次测评的单项测评从技术上的物理安全、网络安全、主机系统安全、应用安全和数据安全5个层面和管理上的安全管理机构、安全管理制度、人员安全管理、系统建设管理和系统运维管理等5个方面分别进行。

a) 物理安全测评将通过访谈、文档审查和实地察看的方式测评信息系统的物理安全保障情况，主要涉及对象为屏蔽机房和主机房。

在内容上，物理安全层面测评实施过程涉及10个测评单元，具体如表D.5所示。

表 D.5 物理安全单元测评实施内容(示例)

序号	测评指标	测评内容描述
1	物理位置的选择	通过访谈物理安全负责人，检查屏蔽机房和主机房等过程，测评屏蔽机房和主机房等信息系统物理场所在位置上是否具有防震、防风和防雨等多方面的安全防范能力
2	物理访问控制	通过访谈物理安全负责人，检查屏蔽机房和主机房出入口、机房分区域情况等过程，测评信息系统在物理访问控制方面的安全防范能力
……	……	……

b) 网络安全测评将通过访谈、配置检查和工具测试的方式测评信息系统的网络安全保障情况，主要涉及对象为网络互联设备、网络安全设备和网络拓扑结构等3大类对象。

在内容上，网络安全层面测评实施过程涉及7个测评单元，具体如表D.6所示。

表 D.6 网络安全单元测评实施内容(示例)

序号	测评指标	测评内容描述
1	网络结构安全与网段划分	通过访谈网络管理员，检查网络拓扑情况、测评交换机4、路由器2等网络互联设备，测试系统访问路径和网络带宽分配情况等过程，测评分析网络架构与网段划分、隔离等情况的合理性和有效性
2	网络访问控制	通过访谈安全员，检查防火墙、路由器2、交换机3、交换机4等访问控制设备，测试系统对外暴露安全漏洞情况等过程，测评分析信息系统对网络区域边界相关的网络隔离与访问控制能力
……	……	……

c) 主机系统安全测评将通过访谈、配置检查和工具测试的方式测评信息系统的主机安全保障情况。本次重点测评的操作系统包括各网站服务器、应用服务器和数据库服务器等的操作系统和数据库管理系统。

在内容上，主机系统安全层面测评实施过程涉及7个测评单元，具体如表D.7所示。

表 D.7 主机系统安全单元测评实施内容(示例)

序号	测评指标	测评内容描述
1	身份鉴别	对各主机服务器和终端设备相应操作系统或数据库的身份鉴别情况进行配置检查,测评分析被测信息系统主机的身份鉴别能力
2	访问控制	检查各主机服务器和终端设备相应操作系统或数据库的访问控制设置情况,包括安全策略覆盖、控制粒度以及权限设置情况等,测评分析被测信息系统主机的访问控制能力
……	……	……

d) 应用安全测评将通过访谈、配置检查和工具测试的方式测评信息系统的应用安全保障情况,主要涉及对象为用电信息系统、对外服务网站系统和远程客户服务系统。

在内容上,应用安全层面测评实施过程涉及 9 个测评单元,具体如表 D.8 所示。

表 D.8 应用安全单元测评实施内容(示例)

序号	测评指标	测评内容描述
1	身份鉴别	检查业务应用系统的身份标识与鉴别功能设置和使用配置情况; 检查业务应用系统对用户登录各种情况的处理,如登录失败处理、登录连接超时等
2	访问控制	检查业务应用系统的访问控制功能设置情况,如访问控制的策略、访问控制粒度、权限设置情况等
……	……	……

e) 数据安全测评将通过访谈、配置检查的方式测评信息系统的数据安全保障情况,主要涉及对象为信息系统的管理数据及业务数据等。

在内容上,数据安全层面测评实施过程涉及 3 个测评单元,具体如表 D.9 所示。

表 D.9 数据安全单元测评实施内容(示例)

序号	测评指标	测评内容描述
1	数据完整性	检查信息系统的数据完整性保护情况,包括传输完整性、存储完整性保护措施等
2	数据保密性	检查信息系统的数据保密性保护情况,包括传输保密性和存储保密性保护措施等
……	……	……

f) 安全管理制度测评将通过访谈和检查的形式评测安全管理制度的制定、发布、评审和修订等情况,主要涉及安全主管人员、安全管理人员、各类其他人员、各类管理制度、各类操作规程文件等对象。

在内容上,安全管理制度测评实施过程涉及 3 个测评单元,具体如表 D.10 所示。

表 D.10　安全管理制度单元测评实施内容(示例)

序号	测评指标	测评内容描述
1	管理制度	通过访谈安全主管,检查有关管理制度体系文档等过程,测评管理制度体系在内容覆盖上是否全面、完善
2	制定和发布	通过访谈安全主管,检查有关制度制定要求文档等过程,测评管理制度的制定和发布过程是否遵循一定的流程
3	评审和修订	通过访谈安全主管,检查管理制度评审记录等过程,测评管理制度定期评审和修订情况

g) 安全管理机构测评将通过访谈和检查的形式评测安全管理机构的组成情况和机构工作组织情况,主要涉及安全主管人员、安全管理人员、相关的文件资料和工作记录等对象。

在内容上,安全管理机构测评实施过程涉及5个测评单元,具体如表D.11所示。

表 D.11　安全管理机构单元测评实施内容(示例)

序号	测评指标	测评内容描述
1	岗位设置	通过访谈安全主管,检查部门/岗位职责文件,测评信息系统安全主管部门设置情况以及各岗位设置和岗位职责情况
2	人员配备	通过访谈安全主管,检查人员名单等文档,测评信息系统各个岗位人员配备情况
……	……	……

h) 人员安全管理测评将通过访谈和检查的形式评测机构人员安全控制方面的情况,主要涉及安全主管人员、人事管理人员、相关管理制度、相关工作记录等对象。

在内容上,人员安全管理测评实施过程涉及5个工作单元,具体如表D.12所示。

表 D.12　人员安全管理单元测评实施内容(示例)

序号	测评指标	测评内容描述
1	人员录用	通过访谈人事负责人,检查人员录用文档等过程,测评信息系统录用人员时是否对人员提出要求以及是否对其进行各种审查和考核
2	人员离岗	通过访谈人事负责人,检查人员离岗安全处理记录等过程,测评信息系统人员离岗时是否按照一定的手续办理
……	……	……

i) 系统建设管理测评将通过访谈和检查的形式评测系统建设管理过程中的安全控制情况,主要涉及安全主管人员、系统建设负责人、各类管理制度、操作规程文件、执行过程记录等对象。

在内容上,系统建设管理测评实施过程涉及11个工作单元,具体如表D.13所示。

表 D.13 系统建设管理单元测评实施内容(示例)

序号	测评指标	测评内容描述
1	系统定级	通过访谈安全主管,检查系统定级相关文档等过程,测评是否按照一定要求确定系统的安全等级
2	安全方案设计	通过访谈系统建设负责人,检查系统安全建设方案等文档,测评系统整体的安全规划设计是否按照一定流程进行
……	……	……

j) 系统运维管理测评将通过访谈和检查的形式评测系统运维管理过程中的安全控制情况,主要涉及安全主管人员、安全管理人员、各类运维人员、各类管理制度、操作规程文件、执行过程记录等对象。

在内容上,系统运维管理测评实施过程涉及 13 个工作单元,具体如表 D.14 所示。

表 D.14 系统运维管理单元测评实施内容(示例)

序号	测评指标	测评内容描述
1	环境管理	通过访谈物理安全负责人,检查机房安全管理制度,机房和办公环境等过程,测评是否采取必要的措施对机房的出入控制以及办公环境的人员行为等方面进行安全管理
2	资产管理	通过访谈资产管理员,检查资产清单,检查系统、网络设备等过程,测评是否采取必要的措施对系统的资产进行分类标识管理
……	……	……

D.1.6 测评指导书

下面从被测信息系统的物理安全、网络安全、主机安全、应用安全等技术部分和安全管理部分分别举例说明测评指导书的格式和开发方法。

a) 物理安全。按照方案的要求,应测评物理位置选择(G3)、物理访问控制(G3)、防盗窃和防破坏(G3)、防雷击(G3)、防水和防潮(G3)、防静电(G3)、温湿度控制(G3)、电力供应(A2)和电磁防护(S3)等。在 GB/T 22239—2008 中找到对应等级项目的要求,然后在 GB/T 28448—2012 中找到相应的测评方法。如:对于温湿度控制(G3),在 GB/T 22239—2008 中的描述为“机房应设置温、湿度自动调节设施,使机房温、湿度的变化在设备运行所允许的范围之内。”,按照该要求在 GB/T 28448—2012 的第三级中找到对应测评方法,然后按照该方法开发出对应的预期结果。

按照上述思路,对于“温湿度控制(G3)”可以开发出如下的测评指导书。

【测评项】

机房应设置温、湿度自动调节设施,使机房温、湿度的变化在设备运行所允许的范围之内。

【测评实施过程】

1) 应访谈物理安全负责人,询问机房是否配备了温、湿度自动调节设施,保证温、湿度能够满足计算机设备运行的要求,是否在机房管理制度中规定了温、湿度控制的要求,是否有人负责此项工作;

2) 应访谈机房维护人员,询问是否定期检查和维护机房的温、湿度自动调节设施,询问是否出现过温、湿度影响系统运行的事件；

3） 应检查机房是否有温、湿度控制设计/验收文档，是否能够满足系统运行需要，是否与当前实际情况相符合；

4） 应检查温、湿度自动调节设施是否能够正常运行，查看温、湿度记录、运行记录和维护记录；查看机房温、湿度是否满足 GB/T 2887—2011《计算机场地通用规范》的要求。

【预期结果】

- 执行步骤 1)，机房配备了温、湿度自动调节设施，在机房管理制度中规定了温、湿度控制的要求，有人负责此项工作；
- 执行步骤 2)，定期检查和维护机房的温、湿度自动调节设施，没有出现过温、湿度影响系统运行的事件；
- 执行步骤 3)，有温、湿度控制设计/验收文档，能够满足系统运行需要，与当前实际情况相符合；
- 温、湿度自动调节设施能够正常运行，机房温、湿度满足 GB/T 2887—2011《计算机场地通用规范》的要求。

b） 网络安全。按照测评方案的要求，交换机 3 应测评网络访问控制(G3)、网络安全审计(G3)、网络设备防护(G3)等部分的内容。在 GB/T 22239—2008 中找到对应等级项目的要求，然后在 GB/T 28448—2012 中找到相应的测评方法。如：对于网络设备防护(G3)，在 GB/T 22239—2008 中的描述之一为“应对网络设备的管理员登录地址进行限制”，按照该项要求找到对应测评实施(方法)，然后开发出对应的操作步骤和预期结果即可。

按照上述思路，对于“网络设备防护(G3)” 的一个测评项可以开发如下的测评指导书。

【测评项】

应对网络设备的管理员登录地址进行限制。

【测评实施过程】

1） 应检查边界和主要网络设备上的安全设置，查看是否对边界和主要网络设备的管理员登录地址进行限制；

2） 应测试边界和主要网络设备的安全设置，对网络设备的管理员登录地址进行限制(如使用任意地址登录，观察网络设备的动作等)等功能是否有效。

【操作步骤】

1） 执行查看 IP 地址限定情况的命令，查看 IP 地址限定情况；

2） 在业务处理功能区中，用主机 192.168.1.3(限制的 IP 地址)试图登录交换机 3 的管理界面，查看是否成功。

【预期结果】

- 执行步骤 1)，系统对管理 IP 地址进行了限定；
- 执行步骤 2)，192.168.1.3 登录交换机 3 的管理界面失败。

c） 主机安全。按照方案的要求，DB2 主机上安装的数据库管理系统应测评身份鉴别(S3)、自主访问控制(S3)、强制访问控制(S3)、安全审计(G3)、资源控制(A2)、数据备份与恢复(A2)、数据完整性(S3)、数据保密性(S3)等部分的内容。在 GB/T 22239—2008 中找到对应等级项目的要求，然后在 GB/T 28448—2012 中找到相应的测评方法。如：对于身份鉴别(S3)，在测评项中的描述之一为“应采用两种或两种以上组合的鉴别技术对管理用户进行身份鉴别”，按照该项要求找到对应测评实施方法，然后开发对应操作步骤和预期结果。

按照上述思路，对于“身份鉴别(S3)”的一个测评项可以开发如下的测评指导书。

【测评项】

应采用两种或两种以上组合的鉴别技术对管理用户进行身份鉴别。

【测评实施过程】

应检查主要数据库管理系统，查看对管理用户的身份鉴别是否采用两个及两个以上鉴别技术的组合来进行身份鉴别（如采用用户名/口令、挑战应答、动态口令、物理设备、生物识别技术和数字证书方式的身份鉴别技术中的任意两个组合）。

【操作步骤】

1) 在DB2主机上安装的数据库管理系统中执行查看用户登录信息的命令，查看是否有用户存在空口令；

2) 询问数据库管理员，除使用口令鉴别外是否采用其他的鉴别方式，如果有，则检查其是否有效。

【预期结果】

- 执行步骤1)，数据库没有空口令用户，从而说明数据库管理系统采用口令鉴别方式；
- 执行步骤2)，数据库管理系统还采取有其他的鉴别方式，并且有效。

d) 应用安全和数据安全。按照方案的要求，业务应用程序（用户自主开发）应测评身份鉴别（S3）、访问控制（S3）、安全审计（G3）、剩余信息保护（G3）、通信完整性（S3）、通信保密性（S3）、抗抵赖（S3）、软件容错（A3）、资源控制（A3）、数据备份与恢复（A3）、数据完整性（S3）、数据保密性（S3）等部分的内容。在GB/T 22239—2008中找到对应等级项目的要求，然后在GB/T 28448—2012中找到相应的测评方法。如：对于通信保密性（S3），在测评项中的描述之一为“应对通信过程中的整个报文或会话过程进行加密。”，按照该项要求找到对应测评实施方法，然后开发出对应操作步骤和预期结果。

按照上述思路，对于“通信保密性（S3）”的一个测评项可以开发如下的测试用例。

【测评项】

应对通信过程中的整个报文或会话过程进行加密。

【测评实施过程】

1) 应访谈安全管理员，询问业务系统数据在通信过程中是否采取保密措施，具体措施有哪些；

2) 应测试主要应用系统，通过查看通信双方数据包的内容，查看系统在通信过程中，对整个报文或会话过程进行加密的功能是否有效。

【操作步骤】

1) 应访谈安全管理员，询问业务系统数据在通信过程中是否采取保密措施，具体措施有哪些；

2) 应采用协议分析工具测试应用系统，通过查看通信双方数据包的内容，查看系统在通信过程中，是否对整个报文或会话过程进行加密，加密功能是否有效。

【预期结果】

- 执行步骤1)，业务系统采用了保密措施，且能具体说明保密措施；
- 执行步骤2)，协议分析工具看到的数据包进行了加密，且加密方法符合国家规定，时有效的。

e) 安全管理制度。按照方案的要求，应测评管理制度（G3）、制定和发布（G3）、评审和修订（G3）等部分内容。在GB/T 22239—2008中找到对应等级项目的要求，然后在GB/T 28448—2012中找到相应的测评方法。如：对于管理制度（G3），在测评项中的描述之一为“应对安全管理活动中的各类管理内容建立安全管理制度。”，按照该项要求找到对应测评实施方法，然后开发出对应操作步骤和预期结果。

按照上述思路，对于“管理制度（G3）”的一个测评项可以开发如下的测试用例。

【测评项】

应对安全管理活动中的各类管理内容建立安全管理制度。

【测评实施过程】

应检查各项安全管理制度，查看是否覆盖物理环境、网络和系统、人员、系统建设和运维等方面。

【预期结果】

安全管理制度覆盖物理环境、网络和系统、人员、系统建设和运维等多方面。

f) 安全管理机构。按照方案的要求,应测评岗位设置(G3)、人员配备(G3)、授权和审批(G3)等部分内容。在 GB/T 22239—2008 中找到对应等级项目的要求,然后在 GB/T 28448—2012 中找到相应的测评方法。如:对于岗位设置(G3),在测评项中的描述之一为“应设立信息安全管理工作的职能部门,设立安全主管、安全管理各个方面的负责人岗位,定义各负责人的职责;”,按照该项要求找到对应测评实施方法,然后开发出对应操作步骤和预期结果。

按照上述思路,对于“岗位设置(G3)”的一个测评项可以开发如下的测试用例。

【测评项】

应设立信息安全管理工作的职能部门,设立安全主管、安全管理各个方面的负责人岗位,定义各负责人的职责。

【测评实施过程】

1) 应访谈安全主管,询问是否设立安全管理机构;机构内部门设置情况如何,是否设立安全主管及安全管理各个方面的负责人,是否明确各部门和各负责人的职责;
2) 应检查部门、岗位职责文件,查看文件是否明确安全管理机构的职责,是否明确机构内各部门和各负责人的职责和分工。

【预期结果】

- 执行步骤 1),已经设立了安全管理机构负责信息安全管理,机构内各部门分工明确,明确了各部门和各负责人的职责;
- 执行步骤 2),有部门、岗位职责文件,而且文件明确了安全管理机构的职责、机构内各部门和各负责人的职责和分工。

g) 人员安全管理。按照方案的要求,应测评人员录用(G3)、人员离岗(G3)、人员考核(G3)、安全意识教育和培训(G3)、外部人员访问管理(G3)等部分内容。在 GB/T 22239—2008 中找到对应等级项目的要求,然后在 GB/T 28448—2012 中找到相应的测评方法。如:对于人员录用(G3),在测评项中的描述之一为“应指定或授权专门的部门或人员负责人员录用;”,按照该项要求找到对应测评实施方法,然后开发出对应操作步骤和预期结果。

按照上述思路,对于“人员录用(G3)”的一个测评项可以开发如下的测试用例。

【测评项】

应指定或授权专门的部门或人员负责人员录用。

【测评实施过程】

应访谈安全主管,询问是由何部门/何人负责安全管理和技术人员的录用工作。

【预期结果】

明确了负责安全管理和技术人员的录用工作的部门和人员。

h) 系统建设管理。按照方案的要求,应测评系统定级(G3)、安全方案设计(G3)、产品采购和使用(G3)、自行软件开发(G3)、外包软件开发(G3)、工程实施(G3)、测试验收(G3)、系统交付(G3)、系统备案(G3)、等级测评(G3)、安全服务商选择(G3)等部分内容。在 GB/T 22239—2008 中找到对应等级项目的要求,然后在 GB/T 28448—2012 中找到相应的测评方法。如:对于系统定级(G3),在测评项中的描述之一为“应明确信息系统的边界和安全保护等级;”,按照该项要求找到对应测评实施方法,然后开发出对应操作步骤和预期结果。

按照上述思路,对于“系统定级(G3)”的一个测评项可以开发如下的测试用例。

【测评项】

应明确信息系统的边界和安全保护等级。

【测评实施过程】

1) 应访谈安全主管,询问是否明确信息系统的边界和安全保护等级;
2) 应检查系统边界说明文档,查看文档是否明确信息系统边界和确定边界的理由。

【预期结果】

- 执行步骤 1),已经明确了信息系统的边界和安全保护等级;
- 执行步骤 2),有系统边界说明文档,而且文档明确了信息系统边界和确定边界的理由。

i) 系统运维管理。按照方案的要求,应测评环境管理(G3)、资产管理(G3)、介质管理(G3)、设备管理(G3)、监控管理和安全管理中心(G3)、网络安全管理(G3)、系统安全管理(G3)、恶意代码防范管理(G3)、密码管理(G3)、变更管理(G3)、备份与恢复管理(G3)、安全事件处置(G3)、应急预案管理(G3)等部分内容。在 GB/T 22239—2008 中找到对应等级项目的要求,然后在 GB/T 28448—2012 中找到相应的测评方法。如:对于密码管理(G3),在测评项中的描述之一为“应建立密码使用管理制度,使用符合国家密码管理规定的密码技术和产品。”,按照该项要求找到对应测评实施方法,然后开发出对应操作步骤和预期结果。

按照上述思路,对于“密码管理(G3)”的一个测评项可以开发如下的测试用例。

【测评项】

应建立密码使用管理制度,使用符合国家密码管理规定的密码技术和产品。

【测评实施过程】

1) 应访谈安全员,询问密码技术和产品的使用是否遵照国家密码管理规定;

2) 应检查是否具有密码使用管理制度。

【预期结果】

- 执行步骤 1),密码技术和产品的使用遵照国家密码管理规定;
- 执行步骤 2),有密码使用管理制度。

D.2 测评报告编制示例

等级测评报告按照附录 F《信息系统安全等级测评报告模版(试行)》编制,具体包括以下内容:测评项目概述、被测信息系统情况、等级测评范围与方法、单元测评、整体测评、测评结果汇总、风险分析和评价、等级测评结论、安全建设整改建议等。下面主要举例说明整体测评和安全建设整改建议这两部分内容。

D.2.1 整体测评

a) 物理安全

  1) 由于屏蔽机房位于主机房内部,其唯一出口也在主机房内,因此,对其物理层面的安全要求中的物理访问控制、防盗窃和防破坏的测评项可以通过关联互补关系得到补充。

……

综合以上测评分析过程,可以得到如表 D.15 物理安全的整体测评结果(安全控制间、层面间和区域间)。

表 D.15 物理安全整体测评结果

序号	安全控制	测评对象	单项判定不符合项	能否进行关联互补	说明
1	物理位置的选择	屏蔽机房	—		
		主机房	—		
2	物理访问控制	屏蔽机房	a)、b)、c)	能	屏蔽机房位于主机房内部
		主机房	—		

表 D.15（续）

序号	安全控制	测评对象	单项判定不符合项	能否进行关联互补	说明
3	防盗窃和防破坏	屏蔽机房	a)、f)、g)	能	屏蔽机房位于主机房内部
		主机房	—		
……	……	……	……	……	……
项目小计					

b) 网络安全

1) 外联功能区路由器 3 上基本没有直接采取较好的拨号访问控制措施，只是对用户进行了固定 IP 地址分配。但是，由于在防火墙上，严格限定了拨号接入 IP 地址的用户的访问范围，从而可以弥补这部分功能。

2) 外联功能区的 6 台路由器在网络设备防护的用户身份认证方面，存在口令不强、未限制管理员登录地址等方面问题，但是，由于这些设备都没有开放网络管理（TELNET/HTTP 等），全部采取通过本地串口方式来管理，而其又是存放在主机房中，因此，其网络设备防护安全控制可以通过物理的相关措施（物理访问控制、防盗窃和防破坏等）得到增强。

3) 对外服务功能区的网络安全审计功能没有采取单独的设备来完成，其网络流量、用户行为等的监测、记录功能是通过网络入侵防范安全控制的 IDS 来协助完成的。

4) 网络安全审计设备 IDS 具有对部分病毒、蠕虫攻击的检测识别能力，可以部分弥补恶意代码防范功能，因为，防病毒网关只对邮件数据进行病毒过滤。

……

综合以上测评分析过程，可以得到如表 D.16 的测评结果。

表 D.16 网络安全整体测评结果

序号	安全控制	测评对象	单项判定不符合项	能否进行关联互补	说明
1	网络结构安全与网段划分	网络拓扑图	—		
2	网络访问控制	防火墙	—		
		交换机 4	—		
3	拨号访问控制	路由器 3	a)、c)	能	
4	网络安全审计				
……	……	……	……	……	……
8	网络设备防护	路由器	e)、f)、g)	能	
项目小计					

D.2.2 安全建设整改建议

a) 安全建设整改建议（网络安全部分）

1) 主要问题

- 没有绘制与实际网络相一致的网络拓扑结构图。有一份与实际网络相一致的网络拓扑结构图对网络管理相当重要，可以方便工作人员掌握网络的整体情况，便于网络故障的排除，便于网络安全设备的策略配置等。

- 没有对重要网段采取网络层地址与数据链路层地址绑定措施。进行 MAC 地址和 IP 地址的绑定，有助于防止地址欺骗。

2） 立即整改

- 应根据当前运行的网络拓扑情况，绘制与实际网络相一致的网络拓扑结构图，以便于工作人员掌握网络结构的整体情况。

3） 持续改进

- 对重要网段采取网络层地址与数据链路层地址绑定措施，防止地址欺骗。
- 购置并在适当网段部署防病毒网关。

b） 安全管理方面

1） 主要问题

- 与安全管理制度相配套的总体信息安全策略还没有正式制定，且有部分管理制度没有制定，如工程实施安全管理制度等。总体性安全策略文件是整个机构开展信息安全工作的纲领，对机构近期和远期的安全规划起着重要的指导作用。没有方针性文件的指引和统一规划，机构的信息安全工作则会有工作方向不明确的问题。
- 对信息安全关键岗位的人员管理缺乏更细粒度的要求。没有明确对这些岗位的人员是否有区别于其他岗位的更严格的录用要求、日常信用审查等管理要求。关键岗位所从事的工作是信息安全工作的重中之重，加强对这些岗位人员的管理，对做好信息安全工作起到了关键的作用。

2） 改进建议

- 进一步完善安全管理文件体系，尽快制定信息安全总体政策、方针文件，并进一步补充、完善、细化各类管理制度，如工程安全实施管理制度、系统交付管理制度等，从而形成高层策略文件、各类管理制度、具体操作规程和各类操作记录等四层塔式管理文件体系。
- 加强对关键岗位人员（如系统管理员、网络管理员、安全管理员）的管理，定期对其进行信用审查，并要求其签署岗位安全协议，使其承诺在岗位上的具体安全责任、工作职责以及保密义务，从而保证对关键岗位进行关键管理。

附　录　E
（资料性附录）
信息系统基本情况调查表模版

E.1　说明

a）请提供信息系统的最新网络结构图（拓扑图）。

网络结构图要求：

——应该标识出网络设备、服务器设备和主要终端设备及其名称；

——应该标识出服务器设备的 IP 地址；

——应该标识网络区域划分等情况；

——应该标识网络与外部的连接等情况；

——应该能够对照网络结构图说明所有业务流程和系统组成；

——如果一张图无法表示，可以将核心部分和接入部分分别划出，或以多张图表示。

b）请根据信息系统的网络结构图填写各类调查表格（见表 E.1～表 E.21）。

E.2　单位基本情况

表 E.1　单位基本情况

填表人：　　　　　　　　日期：

单位全称					简称		
单位情况简介							
单位所属类型	□党政机关　□国家重要行业　□重要领域或重要企事业单位　□一般企事业单位　□其他类型						
单位地址							
邮政编码							
负责人姓名		电话		传真		电子邮件地址	
联系人		电话		传真		电子邮件地址	
上级主管部门							
注：情况简介一栏，请填写与被测信息系统有关的机构的内容。							

E.3 参与人员名单

表 E.2 参与人员名单

填表人： 日期：

序号	人员名称	所属部门	职务/职称	负责范围	联系方法
1					
2					

E.4 物理环境情况

表 E.3 物理环境情况

填表人： 日期：

序号	物理环境名称	物理位置	涉及信息系统
1			
2			
注：物理环境包括主机房、辅机房、办公环境等等。			

E.5 信息系统基本情况

表 E.4 信息系统基本情况

填表人： 日期：

序号	信息系统名称	安全保护等级	业务信息安全保护等级	系统服务安全保护等级	承载业务应用
1					
2					

E.6 信息系统承载业务(服务)情况

表 E.5 信息系统承载业务(服务)情况

填表人： 日期：

序号	业务(服务)名称	业务描述	业务处理信息类别	用户数量	用户分布范围	涉及的应用系统软件	是否24小时运行	是否可以脱离系统完成	重要程度	责任部门
1										
2										

注1：用户分布范围栏填写全国、全省、本地区、本单位。

注2：业务信息类别一栏填写：a)国家秘密信息；b)非密敏感信息(机构或公民的专有信息)；c)可公开信息。

注3：重要程度栏填写非常重要、重要、一般。

E.7 信息系统网络结构(环境)情况

表 E.6 信息系统网络结构(环境)情况

填表人： 日期：

序号	网络区域名称	主要业务和信息描述	IP网段地址	服务器数量	终端数量	与其连接的其他网络区域	网络区域边界设备	重要程度	责任部门	备注
1										
2										

注：重要程度填写非常重要、重要、一般。

E.8 外联线路及设备端口(网络边界)情况

表 E.7 外联线路及设备端口(网络边界)情况

填表人：　　　　　　日期：

序号	外联线路名称(边界名称)	所属网络区域	连接对象名称	接入线路种类	传输速率(带宽)	线路接入设备	承载主要业务应用	备注
1								
2								

E.9 网络设备情况

表 E.8 网络设备情况

填表人：　　　　　　日期：

序号	网络设备名称	型号	物理位置	所属网络区域	IP地址/掩码/网关	系统软件及版本	端口类型及数量	主要用途	是否热备	重要程度	备注
1											
2											
注：重要程度填写非常重要、重要、一般。											

E.10 安全设备情况

表 E.9 安全设备情况

填表人： 日期：

序号	网络安全设备名称	型号(软件/硬件)	物理位置	所属网络区域	IP 地址/掩码/网关	系统及运行平台	端口类型及数量	是否热备	备注
1									
2									

E.11 服务器设备情况

表 E.10 服务器设备情况

填表人： 日期：

序号	服务器设备名称	型号	物理位置	所属网络区域	IP 地址/掩码/网关	操作系统版本/补丁	安装应用系统软件名称	主要业务应用	涉及数据	是否设备	重要程度
1											
2											
注 1：重要程度填写非常重要、重要、一般。 注 2：服务器设备情况包括数据存储设备情况。											

E.12 终端设备情况

表 E.11 终端设备情况

填表人：　　　　　　日期：

序号	终端设备名称	型号	物理位置	所属网络区域	设备数量	IP 地址/掩码/网关	操作系统	安装应用系统软件名称	涉及数据	主要用途	重要程度
1											
2											

注 1：重要程度填写非常重要、重要、一般。

注 2：包括专用终端设备以及网管终端、安全设备控制台等

E.13 系统软件情况

表 E.12 系统软件情况

填表人：　　　　　　日期：

序号	系统软件名称	版本	软件厂商	硬件平台	涉及应用系统
1					
2					

注：包括操作系统、数据库系统等软件。

E.14 应用系统软件情况

表 E.13 应用系统软件情况

填表人：　　　　　　日期：

序号	应用系统软件名称	开发商	硬件/软件平台	C/S 或 B/S 模式	涉及数据	现有用户数量	主要用户角色
1							
2							

E.15 业务数据情况

表 E.14 业务数据情况

填表人：　　　　　　日期：

序号	数据名称	数据使用者或管理者及其访问权限	数据安全性要求			数据总量及日增量	涉及业务应用	涉及存储系统与处理设备
			保密	完整	可用			
1								
2								
注：数据安全性要求每项填写高、中、低。								

E.16 数据备份情况

表 E.15 数据备份情况

填表人：　　　　　　日期：

序号	备份数据名	介质类型	备份周期	保存期	是否异地保存	过期处理方法	所属备份系统
1							
2							
注：备份数据名与表 E.12 对应的数据名称一致。							

E.17 应用系统软件处理流程(多表)

表 E.16 应用系统软件处理流程

填表人：　　　　　　日期：

应用系统软件处理流程图 (应用软件名称：　　　　　　　　)	应用系统软件处理流程图 (应用软件名称：　　　　　　　　)
注：重要应用系统软件应该描绘处理流程图，说明主要处理步骤、过程、流向、涉及设备和用户。	

E.18 业务数据流程(多表)

表 E.17 业务数据流程

填表人：　　　　　　日期：

数据流程图(数据名称：　　　　　　　　)	数据流程图(数据名称：　　　　　　　　)
注：重要数据应该描绘数据流程图，从数据产生到传输经过的主要设备，再到存储设备等流程。	

E.19 管理文档情况

表 E.18 制度类文档

填表人：　　　　　日期：

序号	文档要求	相关文档名称	备注
1	机构总体安全方针和政策方面的管理制度		
2	部门设置、岗位设置及工作职责定义方面的管理制度		
3	授权审批、审批流程等方面的管理制度		
4	安全审核和安全检查方面的管理制度		
5	管理制度、操作规程修订、维护方面的管理制度		
6	人员录用、离岗、考核等方面的管理制度		
7	人员安全教育和培训方面的管理制度		
8	第三方人员访问控制方面的管理制度		
9	工程实施过程管理方面的管理制度		
10	产品选型、采购方面的管理制度		
11	软件外包开发或自我开发方面的管理制度		
12	测试、验收方面的管理制度		
13	机房安全管理方面的管理制度		
14	办公环境安全管理方面的管理制度		
15	资产、设备、介质安全管理方面的管理制度		
16	信息分类、标识、发布、使用方面的管理制度		
17	配套设施、软硬件维护方面的管理制度		
18	网络安全管理(网络配置、账号管理等)方面的管理制度		
19	系统安全管理(系统配置、账号管理等)方面的管理制度		
20	系统监控、风险评估、漏洞扫描方面的管理制度		
21	病毒防范方面的管理制度		
22	系统变更控制方面的管理制度		
23	密码管理方面的管理制度		
24	备份和恢复方面的管理制度		
25	安全事件报告和处置方面的管理制度		
26	应急响应方法、应急响应计划等方面的文件		
27	其他文档		
注：请在相关文档名称栏填写对应的文档名称，如果相关内容在多个文档中涉及，填写多个文档名称。			

表 E.19 记录类文档

填表人：　　　　　　　日期：

序号	记录类文档要求	备注
1	机房出入登记记录(包括第三方人员)	
2	机房基础设施维护记录	
3	各类会议纪要或记录(部门内、部门间协调会、领导小组)	
4	各类评审和修订记录(安全管理制度评审和修订记录、体系评审记录等)	
5	人员考核、审查、培训记录(人员录用、人员定期考核)、离岗手续	
6	各项审批和批准执行记录(来访人员进入机房审批、介质/设备外带审批、系统外联审批等)	
7	安全管理制度收发登记记录	
8	产品的选型测试结果记录	
9	系统验收测试记录、报告	
10	介质归档、查询等的登记记录	
11	主机系统、网络、安全设备等的操作日志和维护记录	
12	机房日常巡检记录	
13	对主机、网络设备和应用软件等的监控记录和分析报告	
14	恶意代码检测、升级记录和分析报告	
15	备份过程记录	
16	变更方案评审记录和变更过程记录	
17	安全事件处理过程记录	
18	应急预案培训、演练、审查记录	
19	其他记录文档	

表 E.20 证据类文档

填表人：　　　　　　　日期：

序号	证据类文档要求	备注
1	资产清单	
2	机构安全管理人员岗位名单	
3	外联单位联系列表	
4	人员保密协议	
5	关键岗位安全协议	
6	候选产品名单	
7	信息系统定级报告或定级建议书	
8	系统备案材料	
9	近期和远期安全建设工作计划、总体建设规划书	

表 E.20（续）

序号	证据类文档要求		备注
10	详细设计方案		
11	系统建设项目	工程实施方案	
12		系统验收测试方案	
13		系统测试、验收报告	
14		系统交付清单	
15	变更方案		
16	变更申请书		
17	信息系统定期安全检查的检查表和安全检查报告		
18	主要设备漏洞扫描报告		
19	系统异常行为审计分析报告		
20	机房安全设计和验收方面的文档		
21	总体安全策略等配套文件的专家论证文档		
22	与安全服务商或外包开发商签订的服务合同和安全协议		
23	软件开发设计和用户指南等相关文档(目录体系框架或交换原形系统)、软件测试报告		

E.20 安全威胁情况

表 E.21 安全威胁情况

填表人：　　　　　　日期：

序号	安全事件调查	调查结果
1	是否发生过网络安全事件	□没有 □1 次/年 □2 次/年 □3 次以上/年 □不清楚 安全事件说明：(时间、影响)
2	发生的网络安全事件类型(多选)	□感染病毒/蠕虫/特洛伊木马程序 □拒绝服务攻击 □端口扫描攻击 □数据窃取 □破坏数据或网络 □篡改网页 □垃圾邮件 □内部人员有意破坏 □内部人员滥用网络端口、系统资源 □被利用发送和传播有害信息 □网络诈骗和盗窃 □其他 其他说明：
3	如何发现网络安全事件(多选)	□网络(系统)管理员工作监测发现 □通过事后分析发现 □通过安全产品发现 □有关部门通知或意外发现 □他人告知 □其他 其他说明：

表 E.21（续）

序号	安全事件调查	调查结果
4	网络安全事件造成损失评估	□非常严重　□严重　□一般　□比较轻微　□轻微 □无法评估
5	可能的攻击来源	□内部　□外部　□都有　□病毒　□其他原因　□不清楚 攻击来源说明：
6	导致发生网络安全事件的可能原因	□未修补或防范软件漏洞　□网络或软件配置错误 □登录密码过于简单或未修改　□缺少访问控制 □攻击者使用拒绝服务攻击　□攻击者利用软件默认设置 □利用内部用户安全管理漏洞或内部人员作案 □内部网络违规连接互联网　□攻击者使用欺诈方法 □不知原因　□其他 其他说明：
7	是否发生过硬件故障	□有　（注明时间、频率）　□无 造成的影响是
8	是否发生过软件故障	□有　（注明时间、频率）　□无 造成的影响是
9	是否发生过维护失误	□有　（注明时间、频率）　□无 造成的影响是
10	是否发生过因用户操作失误引起的安全事件	□有　（注明时间、频率）　□无 造成的影响是
11	是否发生过物理设施/设备被物理破坏	□有　（注明时间、频率）　□无 造成的影响是
12	有无遭受自然性破坏(如雷击等)	□有　（注明时间、频率）　□无 有请注明时间、事件后果
13	有无发生过莫名其妙的故障	□有　（注明时间、频率）　□无 有请注明时间、事件后果

附　录　F
（资料性附录）
信息系统安全等级测评报告模版（试行）

报告编号：(××××××××××××-××-××××-××)

信息系统安全等级测评报告
模版(试行)

系统名称：________________

被测单位：________________

测评单位：________________

报告时间：　　　　年　　月　　日

说明：

一、每个备案信息系统单独出具测评报告。

二、测评报告编号为四组数据。各组含义和编码规则如下：

第一组为信息系统备案表编号，由 11 位数字组成，可以从公安机关颁发的信息系统备案证明（或备案回执）上获得，即证书编号的前 11 位（前 6 位为受理备案公安机关代码，后 5 位为受理备案的公安机关给出的备案单位的顺序编号）。

第二组为年份，由 2 位数字组成。例如 09 代表 2009 年。

第三组为测评机构代码，由四位数字组成。前两位为省级行政区划数字代码的前两位或行业主管部门编号：00 为公安部，11 为北京，12 为天津，13 为河北，14 为山西，15 为内蒙古，21 为辽宁，22 为吉林，23 为黑龙江，31 为上海，32 为江苏，33 为浙江，34 为安徽，35 为福建，36 为江西，37 为山东，41 为河南，42 为湖北，43 为湖南，44 为广东，45 为广西，46 为海南，50 为重庆，51 为四川，52 为贵州，53 为云南，54 为西藏，61 为陕西，62 为甘肃，63 为青海，64 为宁夏，65 为新疆，66 为新疆兵团。90 为国防科工局，91 为电监会，92 为教育部。后两位为公安机关或行业主管部门推荐的测评机构顺序号。

第四组为本年度信息系统测评次数，由两位构成。例如 02 表示该信息系统本年度测评 2 次。

信息系统等级测评基本信息表

<table>
<tr><th colspan="5">信息系统</th></tr>
<tr><td colspan="2">系统名称</td><td></td><td>安全保护等级</td><td></td></tr>
<tr><td colspan="2">备案证明编号</td><td></td><td>测评结论</td><td></td></tr>
<tr><th colspan="5">被测单位</th></tr>
<tr><td>单位名称</td><td colspan="4"></td></tr>
<tr><td>单位地址</td><td colspan="2"></td><td>邮政编码</td><td></td></tr>
<tr><td rowspan="3">联 系 人</td><td>姓　　名</td><td></td><td>职务/职称</td><td></td></tr>
<tr><td>所属部门</td><td></td><td>办公电话</td><td></td></tr>
<tr><td>移动电话</td><td></td><td>电子邮件</td><td></td></tr>
<tr><th colspan="5">测评单位</th></tr>
<tr><td>单位名称</td><td colspan="2"></td><td>单位代码</td><td></td></tr>
<tr><td>通信地址</td><td colspan="2"></td><td>邮政编码</td><td></td></tr>
<tr><td rowspan="3">联 系 人</td><td>姓　　名</td><td></td><td colspan="2">职务/职称</td></tr>
<tr><td>所属部门</td><td></td><td colspan="2">办公电话</td></tr>
<tr><td>移动电话</td><td></td><td colspan="2">电子邮件</td></tr>
<tr><td rowspan="3">审核批准</td><td>编 制 人</td><td>（签名）</td><td colspan="2">编制日期</td></tr>
<tr><td>审 核 人</td><td>（签名）</td><td colspan="2">审核日期</td></tr>
<tr><td>批 准 人</td><td>（签名）</td><td colspan="2">批准日期</td></tr>
<tr><td colspan="5">**注**：单位代码由受理测评机构备案的公安机关给出。</td></tr>
</table>

声　明

（声明是测评机构对测评报告的有效性前提、测评结论的适用范围以及使用方式等有关事项的陈述。针对特殊情况下的测评工作，测评机构可在以下建议内容的基础上增加特殊声明。）

本报告是×××信息系统的等级测评报告。

本报告测评结论的有效性建立在被测评单位提供相关证据的真实性基础之上。

本报告中给出的测评结论仅对被测信息系统当时的安全状态有效。当测评工作完成后，由于信息系统发生变更而涉及到的系统构成组件（或子系统）都应重新进行等级测评，本报告不再适用。

本报告中给出的测评结论不能作为对信息系统内部署的相关系统构成组件（或产品）的测评结论。

在任何情况下，若需引用本报告中的测评结果或结论都应保持其原有的意义，不得对相关内容擅自进行增加、修改和伪造或掩盖事实。

目　　录

4.3 主机安全

4.3.1 结果记录

4.3.2 结果汇总

4.3.3 问题分析

4.4 应用安全

4.4.1 结果记录

4.4.2 结果汇总

4.4.3 问题分析

4.5 数据安全及备份恢复

4.5.1 结果记录

4.5.2 结果汇总

4.5.3 问题分析

4.6 安全管理制度

4.6.1 结果记录

4.6.2 结果汇总

4.6.3 问题分析

4.7 安全管理机构

4.7.1 结果记录

4.7.2 结果汇总

4.7.3 问题分析

4.8 人员安全管理

4.8.1 结果记录

4.8.2 结果汇总

4.8.3 问题分析

4.9 系统建设管理

4.9.1 结果记录

4.9.2 结果汇总

4.9.3 问题分析

4.10 系统运维管理

4.10.1 结果记录

4.10.2 结果汇总

4.10.3 问题分析

5 整体测评

5.1 安全控制间安全测评

5.2 层面间安全测评

5.3 区域间安全测评

6 测评结果汇总

7 风险分析和评价

8 等级测评结论

9 安全建设整改建议

报 告 摘 要

（建议不超过800字）

简要描述被测信息系统的名称、安全等级、承载的业务等基本情况。

简要描述测评范围和主要内容。

简要描述测评指标的符合性情况，给出测评结论（包括符合、基本符合和不符合）。

简要描述测评中发现的主要问题和危害，并提出安全建设整改建议。

1 测评项目概述

1.1 测评目的

1.2 测评依据

列出开展测评活动所依据的文件、标准和合同等。

1.3 测评过程

描述等级测评工作流程,包括测评工作流程图、各阶段完成的关键任务和工作的时间节点等内容。

1.4 报告分发范围

说明等级测评报告正本的份数与分发范围。

2 被测信息系统情况

参照备案信息简要描述信息系统。

2.1 承载的业务情况

描述信息系统承载的业务、应用等情况。

2.2 网络结构

给出被测信息系统的拓扑结构示意图,并基于示意图说明被测信息系统的网络结构基本情况,包括功能/安全区域划分、隔离与防护情况、关键网络和主机设备的部署情况和功能简介、与其他信息系统的互联情况和边界设备以及本地备份和灾备中心的情况。

2.3 系统构成

2.3.1 业务应用软件

以列表的形式给出被测信息系统中的业务应用软件(包括含中间件等应用平台软件),描述项目包括软件名称、主要功能简介。

序号	软件名称	主要功能	重要程度[1]
…	…	…	…

[1] 依据《信息系统安全等级测评过程指南》判定。

2.3.2 关键数据类别

以列表形式描述具有相近业务属性和安全需求的数据集合。

序号	数据类别	所属业务应用	主机/存储设备	重要程度
…	…	…		…

2.3.3 主机/存储设备

以列表形式给出被测信息系统中的主机设备，描述主机设备的项目包括设备名称、操作系统、数据库管理系统以及承载的业务应用软件系统。

序号	设备名称	操作系统/数据库管理系统	业务应用软件
…	…		…

2.3.4 网络互联设备

以列表形式给出被测信息系统中的网络互联设备。

序号	设备名称	用　　途	重要程度
…	…	…	…

2.3.5 安全设备

以列表形式给出被测信息系统中的安全设备。

序号	设备名称	用　　途	重要程度
…	…	…	…

2.3.6 安全相关人员

以列表形式给出与被测信息系统安全相关的人员情况。相关人员包括(但不限于)安全主管、系统建设负责人、系统运维负责人、网络(安全)管理员、主机(安全)管理员、数据库(安全)管理员、应用(安全)管理员、机房管理人员、资产管理员、业务操作员、安全审计人员等。

序号	姓名	岗位/角色	联系方式
…	…	…	…

2.3.7 安全管理文档

以列表形式给出与信息系统安全相关的文档,包括管理类文档、记录类文档和其他文档。

序号	文档名称	主要内容
…	…	…

2.4 安全环境

描述被测信息系统的运行环境中与安全相关的部分,并以列表形式给出被测信息系统的威胁列表并赋值。威胁赋值是基于历史统计或者行业判断进行的,具体内容可参考《风险评估规范》。

序号	威胁分(子)类	描述	威胁赋值
…	…	…	…

2.5 前次测评情况

简要描述前次等级测评发现的主要问题和测评结论。

3 等级测评范围与方法

3.1 测评指标

测评指标包括基本指标和特殊指标两部分。

3.1.1 基本指标

依据信息系统确定的业务信息安全保护等级和系统服务安全保护等级,选择《基本要求》中对应级别的安全要求作为等级测评的基本指标。

鉴于信息系统的复杂性和特殊性(如某些信息系统未部署数据库服务器),基本指标中可能存在部分不适用项,可以在单元测评时进行识别。

安全分类[1]	安全子类[2]	测评项数	备注
…	…	…	

3.1.2 特殊指标

结合行业和系统的实际，以列表形式给出《基本要求》未覆盖或者高于《基本要求》的安全要求。

安全分类	安全子类	特殊要求描述	测评项数
…	…		…

3.2 测评对象

3.2.1 测评对象选择方法

描述测评对象的选择规则和方法。

3.2.2 测评对象选择结果

1） 机房

序号	机房名称	物理位置

2） 业务应用软件

序号	软件名称	主要功能
…	…	…

1 安全分类对应基本要求中的物理安全、网络安全、主机安全、应用安全、数据安全与备份恢复、安全管理制度、安全管理机构、人员安全管理、系统建设管理和系统运维管理等10个安全要求类别。

2 安全子类是对安全分类的进一步细化，在《基本要求》目录级别中对应安全分类的下一级目录。

3）主机(存储)操作系统

序号	设备名称	操作系统/数据库管理系统
…	…	…

4）数据库管理系统

序号	设备名称	操作系统/数据库管理系统
…	…	…

5）网络互联设备操作系统

序号	操作系统名称	设备名称
…	…	…

6）安全设备

序号	安全设备类型	设备名称
…	…	…

7）访谈人员

序号	姓名	岗位/职责
…	…	…

8）安全管理文档

序号	文档名称	主要内容
…	…	…

3.3 测评方法

描述等级测评工作中采用的访谈、检查、测试和风险分析等方法。

4 单元测评

等级测评内容包括“3.1 测评指标”中涉及的物理安全、网络安全、主机安全等10个安全分类，具体内容由结果记录、问题分析和结果汇总等三部分构成。

4.1 物理安全

4.1.1 结果记录

以表格形式给出物理安全的现场测评结果。

安全子类	测评指标	结果记录	符合情况
物理位置的选择	…	…	…
	…	…	…
物理访问控制	…	…	…
…	…	…	…

4.1.2 结果汇总

针对不同测评指标子类对物理安全的单项测评结果进行汇总和统计。

4.1.3 问题分析

针对物理安全测评结果中存在的部分符合项或不符合项加以汇总和分析，形成安全问题描述。

4.2 网络安全

4.2.1 结果记录

4.2.2 结果汇总

4.2.3 问题分析

4.3 主机安全

4.3.1 结果记录

4.3.2 结果汇总

4.3.3 问题分析

4.4 应用安全

4.4.1 结果记录

4.4.2 结果汇总

4.4.3 问题分析

4.5 数据安全及备份恢复

4.5.1 结果记录

4.5.2 结果汇总

4.5.3 问题分析

4.6 安全管理制度

4.6.1 结果记录

4.6.2 结果汇总

4.6.3 问题分析

4.7 安全管理机构

4.7.1 结果记录

4.7.2 结果汇总

4.7.3 问题分析

4.8 人员安全管理

4.8.1 结果记录

4.8.2 结果汇总

4.8.3 问题分析

4.9 系统建设管理

4.9.1 结果记录

4.9.2 结果汇总

4.9.3 问题分析

4.10 系统运维管理

4.10.1 结果记录

4.10.2 结果汇总

4.10.3 问题分析

5 整体测评

从安全控制间、层面间和区域间等方面对单元测评的结果进行验证、分析和整体评价。具体内容参见《信息安全技术　信息系统安全等级保护测评要求》。

5.1 安全控制间安全测评

5.2 层面间安全测评

5.3 区域间安全测评

6 测评结果汇总

一是以表格形式汇总测评结果。表格以不同颜色对测评结果进行区分，部分符合的安全子类采用黄色标识，不符合的安全子类采用红色标识。

序号	安全分类	安全子类	符合情况		
			符合	部分符合	不符合
1	物理安全	物理位置的选择			
2		物理访问控制			
3		防盗窃和防破坏			
4		防雷击			
5		防火			
6		防水和防潮			
7		防静电			
8		温湿度控制			
9		电力供应			
10		电磁防护			
…	…	…	…	…	…
统计			7	2	1

二是以柱状图形式统计不同设备和安全子类的测评结果。

三是以表格形式汇总信息系统中存在的安全问题。

7 风险分析和评价

依据等级保护的相关规范和标准，采用风险分析的方法分析信息系统等级测评结果中存在的安全问题（等级测评结果中部分符合项或不符合项的汇总结果）可能对信息系统安全造成的影响。

分析过程包括：

1) 判断安全问题被威胁利用的可能性，可能性的取值范围为高、中和低；
2) 判断安全问题被威胁利用后，对信息系统安全（业务信息安全和系统服务安全）造成的影响程度，影响程度取值范围为高、中和低；
3) 综合 1)和 2)的结果对信息系统面临的安全风险进行赋值，风险值的取值范围为高、中和低；
4) 结合信息系统的安全保护等级对风险分析结果进行评价，即对国家安全、社会秩序、公共利益以及公民、法人和其他组织的合法权益造成的风险。

以列表形式给出等级测评发现安全问题以及风险分析和评价情况。

系统安全问题风险分析和评价表

序号	问题描述	关联资产[1]	关联威胁[2]	风险值	风险评价
一					
二					
三					
…					

8 等级测评结论

综合第 5、6、7 章的测评与分析结果，对信息系统基本安全保护状态进行综合判断，并给出等级测评结论，应表述为“符合、“基本符合”或者“不符合”。

测评结论的判别依据如下：

测评结论	判别依据
符合	等级测评结果中不存在部分符合项或不符合项
基本符合	等级测评结果中存在部分符合项或不符合项，但不会导致信息系统面临高等级安全风险
不符合	等级测评结果中存在部分符合项或不符合项，导致信息系统面临高等级安全风险

9 安全建设整改建议

针对系统存在的主要安全问题提出安全建设整改建议。

[1] 如风险值和评价相同，可填写多个关联资产。

[2] 对于多个关联的情况，应分别填写。

参考文献

[1] NIST Special Publication 800-30:Risk Management Guide for Information Technology Systems

[2] NIST Special Publication 800-37:Guide for the Security Certification and Accreditation of Federal Information Systems

[3] NIST Special Publication 800-53:Recommended Security Controls for Federal Information Systems Revision 1

[4] NIST Special Publication 800-53A:Guide for Assessing the Security Controls in Federal Information Systems

[5] Department of Defense Information Technology Security Certification and Accreditation Process (DITSCAP) Application Manual (DoD 8510.1-M)

[6] OCTAVE Method Implementation Guide v2.0

ICS 35.040
L 80

中华人民共和国国家标准

GB/T 28450—2012

信息安全技术 信息安全管理体系审核指南

Information security technology—
Guidelines for information security management system auditing

2012-06-29 发布 2012-10-01 实施

中华人民共和国国家质量监督检验检疫总局
中国国家标准化管理委员会 发布

前　　言

本标准按照 GB/T 1.1—2009 给出的规则起草。

本文件的某些内容可能涉及专利，本文件的发布机构不承担识别这些专利的责任。

本标准由全国信息安全标准化技术委员会(SAC/TC 260)提出并归口。

本标准起草单位：中国信息安全认证中心、中国电子技术标准化研究所、北京知识安全工程中心。

本标准主要起草人：张剑、上官晓丽、许玉娜、王新杰、闵京华、陈珍成。

引　言

本标准旨在为信息安全管理体系(简称ISMS)审核员(包括内部审核员和外部审核员)执行ISMS审核提供指导,以确保ISMS审核:

——既符合GB/T 22080—2008的要求,又与GB/T 19011—2003《质量和(或)环境管理体系审核指南》(ISO 19011:2002,IDT)和ISO/IEC 27006:2007《信息技术　安全技术　信息安全管理体系审核认证机构要求》标准保持一致;

——成为帮助受审核的组织持续改进的一项有效活动。

本标准在GB/T 19011—2003的基础上为信息安全管理体系的审核原则、审核方案管理和审核实施提供了指导,并对审核员的能力及其评价提供了指导。本标准旨在适用于广泛的潜在使用者,包括审核员、实施ISMS的组织,因合同原因需要对ISMS实施审核的组织以及合格评定领域中与审核员注册或培训、管理体系认证注册、认可或标准化有关的组织。

当ISMS与其他管理体系一起实施时,由本标准使用者决定这些管理体系审核是分别进行还是一起进行。

本标准采纳GB/T 19011—2003《质量和(或)环境管理体系审核指南》(ISO 19011:2002,IDT)的标准正文的格式与内容,在此基础上针对ISMS的特点增加了相关内容,用"IS"加以标识。另外,第7章针对ISMS提出了专门要求,还增加了5个资料性附录(见附录D)。

此外,在监视与要求(如产品规范或法律法规)的符合性方面感兴趣的任何其他个人或组织,可以发现本标准中的指南是有用的。

信息安全技术
信息安全管理体系审核指南

1 范围

本标准在GB/T 19011—2003的基础上为信息安全管理体系(简称ISMS)的审核原则、审核方案管理和审核实施提供了指导,并对审核员的能力及其评价提供了指导。

本标准适用于需要实施ISMS内部审核、外部审核或对审核进行管理的所有组织。

2 规范性引用文件

下列文件对于本文件的应用是必不可少的。凡是注日期的引用文件,仅注日期的版本适用于本文件。凡是不注日期的引用文件,其最新版本(包括所有的修改单)适用于本文件。

GB/T 19000—2008 质量管理体系 基础和术语(ISO 9000:2005,IDT)

GB/T 19011—2003 质量和(或)环境管理体系审核指南(ISO 19011:2002,IDT)

GB/T 22080—2008 信息技术 安全技术 信息安全管理体系 要求(ISO/IEC 27001:2005,IDT)

GB/T 22081—2008 信息技术 安全技术 信息安全管理实用规则(ISO/IEC 27002:2005,IDT)

3 术语和定义

GB/T 19000—2008、GB/T 19011—2003、GB/T 22080—2008和GB/T 22081—2008界定的术语和定义适用于本文件。

4 审核原则

4.1 通用的审核原则

GB/T 19011—2003的第4章中的原则适用。并且,以下ISMS特定的指南适用。

4.2 IS 4.1 审核原则

ISMS的审核还应遵循如下原则:

a) 保密性:ISMS的审核由于其特殊性,审核员应对保密性给予充分的重视,如注意受审核方的保密管理规程,关注受审核方对保密的特殊要求。

b) 基于风险:ISMS本身是基于业务风险管理的体系,需要审核员专注受审核方的业务风险,特别是实际残余风险;同时,对一些特殊的组织的审核会有特殊的风险,需要充分认识认证带来的风险。

5 审核方案的管理

5.1 总则

GB/T 19011—2003的5.1中的指南适用。并且,以下ISMS特定的指南适用。图1所示为审核方案的管理流程。

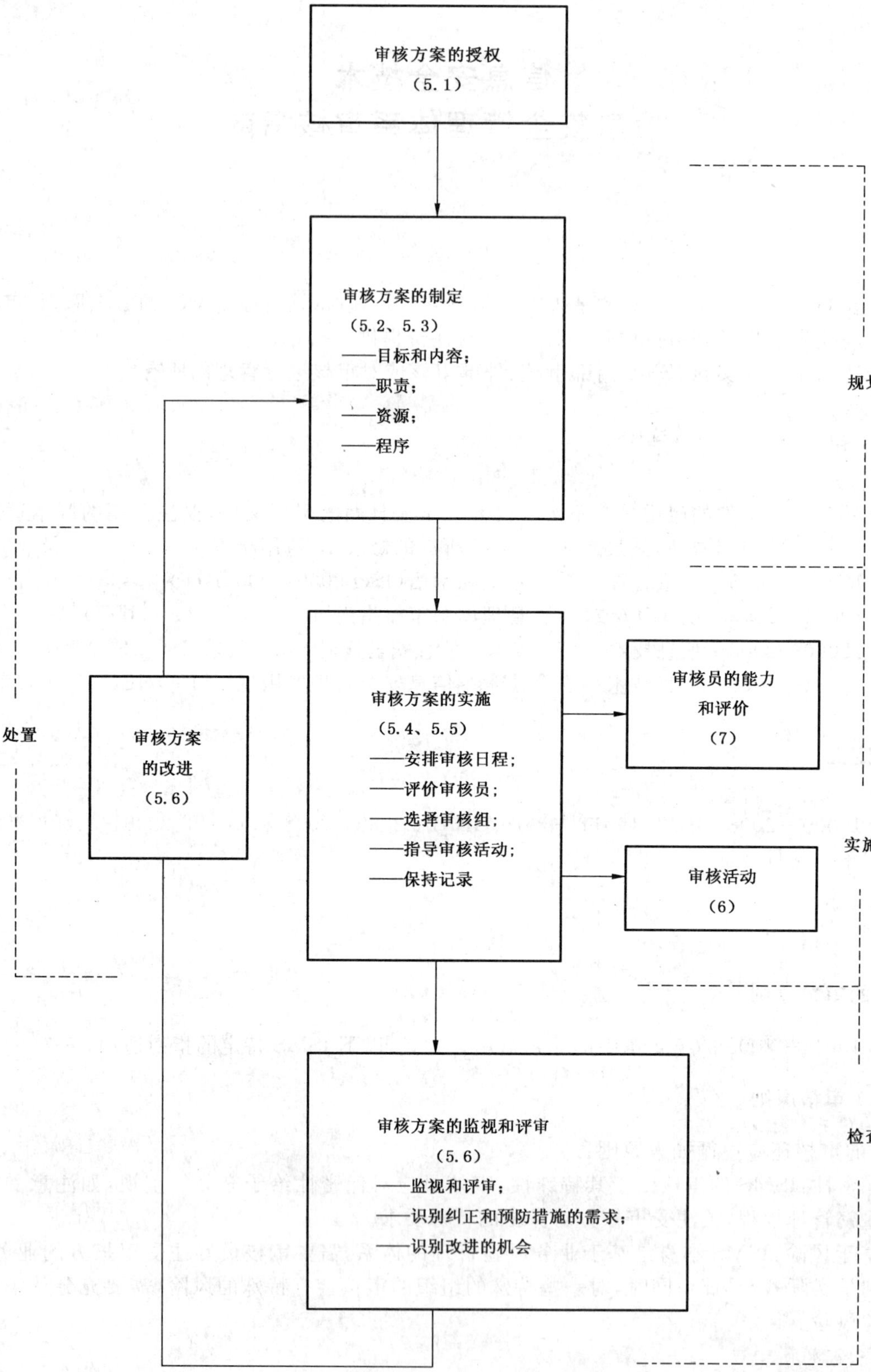

图 1　审核方案管理流程图

注 1：图 1 说明了规划—实施—检查—处置(PDCA)方法在本标准的应用。

注 2：图中及下文图表中的数字指的是本标准的相关条款。

5.1.1 **IS 5.1 总则**

ISMS 审核需要考虑受审核方的基于业务的信息安全风险和该类组织的审核风险级别(见附录 A)。

5.2 审核方案的目的和内容

5.2.1 审核方案的目的

GB/T 19011—2003 的 5.2.1 中的指南适用。并且,以下 ISMS 特定的指南适用。

5.2.1.1 **IS 5.2.1 审核方案的目的**

确定 ISMS 审核方案的目的还需考虑:

a) 信息安全的要求:
   1) 来自组织业务风险评估结果的要求;
   2) 来自法律法规和合同的要求;
   3) 来自新技术、新措施的应用的要求;
b) 信息安全有效性测量;
c) ISMS 监视与评审活动;
d) 以往的 ISMS 审核结果;
e) 组织的宗旨、目标和过程。

5.2.2 审核方案的内容

GB/T 19011—2003 的 5.2.2 中的指南适用。并且,以下 ISMS 特定的指南适用。

5.2.3 IS 5.2.2 审核方案的内容

ISMS 审核方案的内容还需考虑:

a) ISMS 的规模:
   1) 体系所覆盖的人数,包括组织员工、相关方人员等;
   2) 使用的信息系统的数量;
   3) 处理的信息量;
   4) 用户的数量;
   5) 特权用户的数;
   6) IT 平台的数量;
   7) 网络的数量及它们的规模;
   8) 体系所覆盖的场所。
b) ISMS 的复杂性:
   1) 所操作和处理的敏感和关键信息的多少及类型;
   2) 电子交易的数量及类型;
   3) 远程工作的范围;
   4) ISMS 文件化的程度。
c) 信息系统复杂程度及其应用的信息技术程度与复杂性。
d) 信息安全风险管理的要求。
   1) 所识别的信息安全风险;
   2) 风险处理的优先秩序;

3） 风险的潜在原因。

e） 信息安全相关法律、法规的要求，例如：密码管理、保密管理、等级保护、知识产权保护和行业管理等要求。

f） 是否存在相似的场所。

g） 在体系覆盖范围的不同场所之间是否存在 ISMS 复杂性上的差异。

h） 组织 ISMS 认证的风险级别。

i） 经证实的以往 ISMS 绩效。

5.3 审核方案的职责、资源和程序

5.3.1 审核方案的职责

GB/T 19011—2003 的 5.3.1 中的指南适用。并且，以下 ISMS 特定的指南适用。

5.3.1.1 IS 5.3.1 审核方案的职责

承担 ISMS 审核方案职责的人员还需具有必要的信息安全相关知识，特别是信息安全风险管理相关知识。

负责管理 ISMS 审核方案的人员还需考虑：

a） 受审核方 ISMS 的特点；

b） 受审核方的业务持续性要求。

5.3.2 审核方案的资源

GB/T 19011—2003 的 5.3.2 中的指南适用。并且，以下 ISMS 特定的指南适用。

5.3.2.1 IS 5.3.2 审核方案的资源

识别 ISMS 审核方案的资源还需考虑：

a） 具有所需的信息安全相关知识的审核员；

b） 具有所需专业领域背景知识的审核组成员；

c） 必要的信息安全审核专用工具。

5.3.3 审核方案的程序

GB/T 19011—2003 的 5.3.3 中的指南适用。

5.4 审核方案的实施

GB/T 19011—2003 的 5.4 中的指南适用。并且，以下 ISMS 特定的指南适用。

5.4.1 IS 5.4 审核方案的实施

ISMS 审核方案的实施还需考虑：

a） 满足受审核方和相关方的保密要求；

b） 信息安全风险评估的结果及变化。

5.5 审核方案的记录

GB/T 19011—2003 的 5.5 中的指南适用。并且，以下 ISMS 特定的指南适用。

5.5.1 IS 5.5 审核方案的记录

审核方案的记录还需考虑在保存、使用与传递过程中的保密性。

5.6 审核方案的监视和评审

GB/T 19011—2003 的 5.6 中的指南适用。

6 审核活动

6.1 总则

GB/T 19011—2003 的 6.1 中的指南适用。

6.2 审核的启动

6.2.1 指定审核组长

GB/T 19011—2003 的 6.2.1 中的指南适用。同时参考附录 E。

6.2.2 确定审核目的、范围和准则

GB/T 19011—2003 的 6.2.2 中的指南适用。并且，以下 ISMS 特定的指南适用。

6.2.2.1 IS 6.2.2 确定审核目的、范围和准则

ISMS 审核目的的确定还需考虑：

a) 受审核方适用性声明的符合性；

b) 受审核方控制措施的有效性。

ISMS 审核范围的确定还需考虑：

a) 业务范围和边界；

b) 组织的范围和边界；

c) 物理范围和边界；

d) 资产范围和边界；

e) 技术范围和边界。

6.2.3 确定审核的可行性

GB/T 19011—2003 的 6.2.3 中的指南适用。

6.2.4 选择审核组

GB/T 19011—2003 的 6.2.4 中的指南适用。同时参考附录 E。

6.2.5 与受审核方的初始接触

GB/T 19011—2003 的 6.2.5 中的指南适用。

6.3 文件评审的实施

GB/T 19011—2003 的 6.3 中的指南适用。并且，以下 ISMS 特定的指南适用。

6.3.1 IS 6.3 文件评审的实施

ISMS 文件评审还需考虑：

a) 适用性声明的完备性和合理性；

b) 受审核方风险评估报告的合理性；

c) 受审核方风险处置计划的完备性。

6.4 现场审核的准备

6.4.1 编制审核计划

GB/T 19011—2003 的 6.4.1 中的指南适用。并且，以下 ISMS 特定的指南适用。

6.4.1.1 IS 6.4.1 编制审核计划

编制 ISMS 审核计划需充分理解审核方案，计划还需考虑：

a) 人员派遣要求；

b) 组织资源保障程度；

c) 需要的技术与工具准备；

d) 前期抽样情况和本期抽样原则；

e) 受审核方的业务性质和涉及的标准、法律法规资质的要求；

f) 受审核方业务的复杂度分析；

g) 本次审核的风险分析。

注：在编制审核计划过程中，可以参考附件 B、附件 C。

6.4.2 审核组工作分配

GB/T 19011—2003 的 6.4.2 中的指南适用。

6.4.3 准备工作文件

GB/T 19011—2003 的 6.4.3 中的指南适用。

6.5 现场审核的实施

注：在现场审核的实施过程中，可以参考附件 B、附件 C。

6.5.1 举行首次会议

GB/T 19011—2003 的 6.5.1 中的指南适用。

6.5.2 审核中的沟通

GB/T 19011—2003 的 6.5.2 中的指南适用。

6.5.3 向导和观察员的作用和职责

GB/T 19011—2003 的 6.5.3 中的指南适用。

6.5.4 信息的收集和验证

GB/T 19011—2003 的 6.5.4 中的指南适用。并且，以下 ISMS 特定的指南适用。

6.5.4.1 IS 6.5.4 信息的收集和验证

ISMS 审核中信息的收集和验证还需考虑：

a) 受审核方控制措施的实施结果；

b) 通过对控制措施的测试获得控制措施有效性的信息和证据。

实用帮助——信息收集注意事项 信息来源根据审核的范围和复杂程度而不同，在信息来源选择上应注意抽样要求，特别对部门和关键岗位需要覆盖，需考虑： a) 了解信息系统及支撑环境； b) 了解业务流程； c) 分析风险评估的情况； d) 验证风险处理计划； e) 分析适用性声明； f) 检查控制措施。

6.5.5 形成审核发现

GB/T 19011—2003 的 6.5.5 中的指南适用。并且，以下 ISMS 特定的指南适用。

6.5.5.1 IS 6.5.5 形成审核发现

形成 ISMS 审核发现还需考虑：

a) 适用性声明的完备性和合理性；

b) 所实施的控制措施与适用性声明的符合性；

c) 所实施的控制措施的有效性。

6.5.6 准备审核结论

GB/T 19011—2003 的 6.5.6 中的指南适用。

6.5.7 举行末次会议

GB/T 19011—2003 的 6.5.7 中的指南适用。

6.6 审核报告的编制、批准和分发

6.6.1 审核报告的编制

GB/T 19011—2003 的 6.6.1 中的指南适用。并且，以下 ISMS 特定的指南适用。

6.6.1.1 IS 6.6.1 审核报告的编制

ISMS 审核报告的编制还应包括：

a) 所引用的适用性声明的版本；

b) 对受审核方信息安全风险分析进行的认证审核的说明；

c) 适用性声明中控制措施的合理性和有效性；

d) 法律法规符合性。

6.6.2 审核报告的批准和分发

GB/T 19011—2003 的 6.6.2 中的指南适用。

6.7 审核的完成

GB/T 19011—2003 的 6.7 中的指南适用。

6.8 审核后续活动的实施

GB/T 19011—2003 的 6.8 中的指南适用。

7 审核员的能力与评价

7.1 总则

GB/T 19011—2003 的 7.1 中的指南适用。并且,以下 ISMS 特定的指南适用。

7.1.1 IS 7.1 总则

审核员的能力主要由个人素质、教育和培训经历、工作和审核经历、知识和技能等部分构成,具体情况参见图 2。

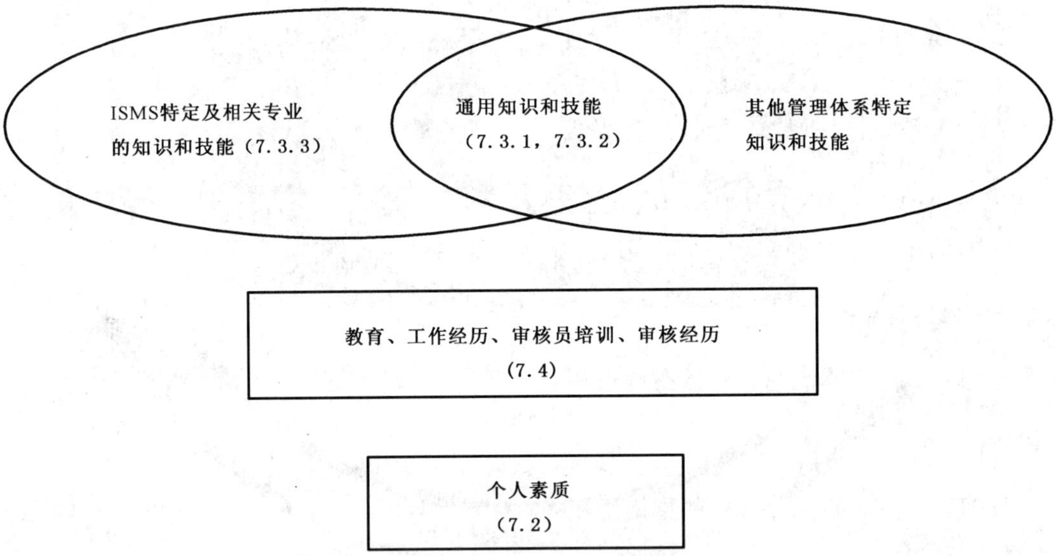

图 2 能力的概念

7.2 个人素质

GB/T 19011—2003 的 7.2 中的指南适用。并且,以下 ISMS 特定的指南适用。

7.2.1 IS 7.2 个人素质

ISMS 审核员还需具备如下个人素质:

a) 保密意识:注意到 ISMS 的特殊性,保守受审核方的秘密;

b) 风险意识:关注被审核方的风险处置原则和认证风险。

7.3 知识和技能

7.3.1 审核员通用的知识和技能

GB/T 19011—2003 的 7.3.1 中的指南适用。

7.3.2 审核组长的通用知识和技能

GB/T 19011—2003 的 7.3.2 中的指南适用。

7.3.3 ISMS 特定及相关专业知识和技能

7.3.3.1 ISMS 审核员基础知识和技能

ISMS 审核员需具有以下基础知识和技能：

a) ISMS 审核原则、程序和技术：使审核员能恰当地将其应用于不同的审核并保证审核实施的一致性和系统性。审核员能够：
   1) 优先关注风险评估及控制措施；
   2) 有效地收集各类信息系统和安全设备的配置信息和日志信息；
   3) 理解审核抽样对信息技术依赖程度的适宜性；
   4) 维护受审核方的各类信息和审核记录的保密性；
   5) 必要时，通过工具收集信息。
b) ISMS 和引用文件：使审核员能理解审核范围并运用审核准则。这方面的知识和技能包括：
   1) ISMS 在不同规模和业务类型组织中的应用；
   2) 认识 ISMS 引用其他要求所制定的文件。
c) 组织状况：使审核员能理解组织的运作情况。这方面的知识和技能包括：
   1) 组织的信息安全对业务的影响；
   2) 信息安全相关的术语；
   3) 受审核方的保密要求。
d) 适用的法律、法规和相关领域的其他要求：使审核员能了解并在适用于受审核方的这些要求的范围内开展工作。这方面的知识和技能包括国家的、地方的和行业的信息安全法律、法规和规章。

7.3.3.2 ISMS 审核组长基础知识和技能

审核组组长还需具有关于领导审核方面的知识和技能，以便审核能有效地和高效地进行。审核组长能够：

a) 对审核过程的风险的控制；
b) 对证据收集与客户保密要求的协调与控制。

7.3.3.3 ISMS 审核组信息技术相关知识

组成 ISMS 审核组时，应综合考虑在信息技术方面，能够理解如下方面知识，以确保胜任所承担的审核工作：

a) 通信技术基础（网络通信/传统通信技术）；
b) 计算机技术基础；
c) 系统集成；
d) 软件工程；

e) 通用支撑平台(操作系统、数据库、中间件)典型大众化应用;
f) 主流软件开发平台;
g) IT服务管理;
h) 典型大众化应用。

7.3.3.4 ISMS审核组信息安全相关知识

组成ISMS审核组时,应综合考虑在信息安全方面,能够理解如下方面知识,以确保信任所承担的审核工作:

a) 信息安全风险评估;
b) 信息安全风险处置;
c) 脆弱性管理;
d) 业务连续性管理;
e) 备份与恢复;
f) 区域安全;
g) 支持性设施与设备安全;
h) 边界防护;
i) 主机安全;
j) 防范恶意和移动代码;
k) 用户访问控制;
l) 移动计算和远程工作;
m) 软件(含应用、操作系统、工具)安全开发;
n) 软件安全测试(检测、评估);
o) 软件获取与分发管理;
p) 软件安全审计;
q) 密码原理、密钥管理;
r) PKI(公钥体系);
s) 信息技术产品安全性(含安全配置);
t) 信息安全工程;
u) 信息安全产品。

7.3.3.5 ISMS审核组应用领域的知识

a) 组成ISMS审核组时,应综合考虑在组织的业务方面,能够理解审核范围内的IT应用技术内容。这方面的知识和技能应当包括:
   1) 行业特定的术语;
   2) 典型的关键业务流程;
   3) 主要信息资产;
   4) 典型的信息安全特性及控制措施(如SCADA:数据采集与监视控制系(Supervisory Control And Data Acquisition);PDM:产品数据管理(Product Data Management)等);
   5) 相应的法律法规和客户的要求;
   6) 行业的惯例。
b) 组成ISMS审核组时,应综合考虑在与组织的业务密切相关的关键信息系统方面,能够充分理解对应行业领域分类中的特定信息系统,正确把握这些关键信息系统常用的信息安全技术控制措施。这些系统包括但不仅限于附录A。

7.4 教育、工作经历、审核员培训和审核经历

7.4.1 ISMS审核员初始资格条件

a) 教育

ISMS审核员应：

1) 具有大学本科以上学历；
2) 满足审核员管理机构对ISMS审核员的专业要求；
3) 参考认可机构对认证机构的人员能力管理要求。

b) 工作经历

ISMS审核员应：

1) 具有一定的信息技术领域的工作经历；
2) 具有一定的信息安全技术领域的工作经历；
3) 具有一定的与应用领域相关的工作经历。

c) 培训

ISMS审核员应：

1) 参加正式的ISMS审核员课程培训；
2) 满足审核员管理机构对ISMS审核员的参加培训时间的要求；
3) 参加ISMS审核员知识考试，且成绩合格。

d) 审核经历

ISMS审核员应：

1) 在独立审核前，以实习身份(或观察员身份)参加ISMS审核实习工作，以满足认证机构认可时要求；
2) 全面参与实习工作，如参与文件评审、风险分析的评审、现场审核和审核报告等。

7.4.2 审核组长

GB/T 19011—2003的7.4.2中的指南适用。

7.5 能力的保持和提高

7.5.1 持续的专业发展

GB/T 19011—2003的7.5.1中的指南适用。

7.5.2 审核能力的保持

GB/T 19011—2003的7.5.2中的指南适用。

7.6 审核员的评价

7.6.1 总则

GB/T 19011—2003的7.6.1中的指南适用。

7.6.2 评价过程

GB/T 19011—2003的7.6.2中的指南适用。

附 录 A
（资料性附录）
各应用领域的典型应用系统示例

能够充分理解行业领域分类及各领域的风险级别，正确把握各领域的主要关键信息系统及其常用的信息安全技术控制措施是实施有针对性审核，提高审核有效性的关键。本附录列举的是目前典型的应用系统示例，仅供参考，且审核员应不断关注这些系统的发展及新系统的出现。

表 A.1 典型 IT 应用系统举例

大类	中类	风险级别	内容	典型系统
01 政务	01.01	Ⅰ	国家机构	电子投票、电子签章、庭审监控
	01.02	Ⅰ	税务机关	网上报税、税务监管
	01.03	Ⅰ	海关	电子报关与通关、海关税务关联退税
	01.04	Ⅱ	其他	
02 公共	02.01	Ⅰ	通信与广播电视	播报监控、用户管理与计费、通讯网络监管、客户关系管理
	02.03	Ⅰ	新闻出版（含互联网）	电子出版、新闻发布管理、门户网站、社区论坛、博客、电子游戏
	02.05	Ⅱ	科研	
	02.06	Ⅱ	社会保障与医疗保障	社会保障、医疗保障
	02.07	Ⅱ	医疗服务	医院综合管理（含电子病历）
	02.08	Ⅲ	教育	网上教育、学籍管理
	02.09	Ⅲ	其他	
03 商务	03.01	Ⅰ	金融	银行核心业务、银行服务前端、证券交易、网上银行、银联清算、个人经信、企业经信、客户关系管理
	03.02	Ⅰ	电子商务	电子商务、网上支付、支付清算、客户服务
	03.03	Ⅲ	咨询中介	
	03.04	Ⅲ	物流	物流管理
	03.05	Ⅲ	旅游、宾馆、饭店	宾馆、饭店管理、信息上报
	03.06	Ⅲ	其他	
04 产品的生产	04.01	Ⅰ	电力	电力实时监控与调度、电费管理
	04.02	Ⅰ	铁路与民航	铁路实时监控与调度、铁路售票系统、民航机场综合管理、机场进出港管理、民航电子客票管理
	04.03	Ⅰ	化工	化工生产过程控制
	04.04	Ⅰ	航空航天	
	04.05	Ⅱ	交通运输	
	04.06	Ⅱ	信息与通信技术	
	04.07	Ⅱ	冶金	生产过程控制
	04.08	Ⅱ	采矿	作业安全监控

表 A.1（续）

大类	中类	风险级别	内容	典型系统
04 产品 的生产	04.09	Ⅱ	水利	汛情监控
	04.10	Ⅱ	食品、药品、烟草	食品安全跟踪
	04.11	Ⅲ	农、林、牧、副、渔业	
	04.12	Ⅲ	其他	

附 录 B
（资料性附录）
ISMS的过程审核示例

本附录中给出了建立、实施、运行、监视、评审、保持和改进ISMS的典型过程的审核示例。包括体系文件建立、发布与宣贯过程审核（如表B.1所示）、风险评估与处理过程审核（如表B.2所示）、业务连续性的信息安全方面管理过程审核（如表B.3所示）、法律法规符合性判定过程审核（如表B.4所示）。

表B.1 体系文件建立、发布与宣贯过程审核示例

<table>
<tr><td>审核过程名称</td><td colspan="2">体系文件建立、发布与宣贯过程</td></tr>
<tr><td>审核目的</td><td colspan="2">——组织是否建立了文件化的体系；
——组织体系建立是否充分；
——组织体系建立是否适宜；
——组织体系发布是否规范；
——组织体系宣贯是否到位</td></tr>
<tr><td>审核步骤</td><td>审核内容</td><td>备注</td></tr>
<tr><td>1. 文件化检查</td><td>a） 3层或4层文件；
b） 体系要求的文件完整性；
c） 记录控制执行</td><td rowspan="7">针对每项审核内容要合理抽样审核对象，记录合格的审核证据，做出准确判断</td></tr>
<tr><td>2. 方针检查</td><td>a） 方针；
b） 策略</td></tr>
<tr><td>3. 范围检查</td><td>a） 范围定义；
b） 范围定义与主营业务；
c） 物理范围</td></tr>
<tr><td>4. 适用性声明检查</td><td>a） 采纳/删除；
b） 采纳的措施文件化；
c） 增加其他措施</td></tr>
<tr><td>5. 安全职责检查</td><td>a） 安全职责定义；
b） 安全角色定义；
c） 安全职责分配；
d） 安全职责与业务职责关联</td></tr>
<tr><td>6. 文件规范检查</td><td>a） 文件控制程序；
b） 文件版本控制；
c） 文件要素；
d） 文件定义职责与安全职责定义一致性；
e） 记录规范，特别是列表、表单记录完整性，文件型记录控制</td></tr>
<tr><td>7. 文件发布检查</td><td>a） 文件发布可视化承诺；
b） 文件发布管理与控制，与文件形式一致性；
c） 文件发布控制清单完整性，并与实际发布情况一致性；
d） 文件分发控制，控制合理性（应该获得的容易得到，不应获得的不能得到）；
e） 文件分发记录；
f） 文件清晰标识</td></tr>
</table>

表 B.1（续）

审核过程名称	体系文件建立、发布与宣贯过程	
审核步骤	审核内容	备注
8. 文件宣贯检查	a) 文件宣贯记录； b) 个人自身的安全职责	针对每项审核内容要合理抽样审核对象，记录合格的审核证据，做出准确判断
9. 关键文件检查	a) 内审控制程序的执行； b) 管理评审控制程序执行； c) 预防与纠正控制程序执行	

表 B.2 风险评估与处理过程审核示例

审核过程名称	风险评估与处理过程	
审核目的	——组织风险评估是否依据体系要求的流程进行； ——组织风险评估方法是否是组织确定并符合标准要求； ——组织风险评估报告是否与组织确定的方法一致； ——组织信息资产的收集是否完整； ——组织信息资产的重要度识别是否与组织体系认证范围的业务密切相关； ——组织信息资产脆弱性识别是否完整； ——组织信息资产面临的威胁识别是否完整； ——组织的风险接受准则是否明确； ——组织所确定的风险接受准则是否与组织的认证风险相适应； ——组织是否对需要进行风险处置的风险制定了可行的风险处置计划； ——组织的风险处置计划是否得到执行； ——组织的风险处置是否得到监视； ——组织的实际残余风险是否进行了评估； ——组织所评估的残余风险是否与组织确定的方法一致； ——组织的实际参与风险是否符合组织的风险接受准则	
审核步骤	审核内容	备注
1. 程序检查	a) 风险管理程序完整性； b) 风险评估方法的可用性； c) 风险接受准则的准确性与组织认证风险的适应程度； d) 风险评估报告的发布与控制； e) 风险处理计划的完整性	针对每项审核内容要合理抽样审核对象，记录合格的审核证据，做出准确判断
2. 业务梳理	a) 体系覆盖的主营业务流程； b) 主要涉及的信息系统； c) 主要涉及的支撑环境； d) 所涉及的关键人员或岗位	
3. 资产收集	a) 资产收集的完整性； b) 资产是否落实责任人； c) 资产属性描述是否合适； d) 资产重要度评定依据与业务的关联；	

表 B.2（续）

审核过程名称	风险评估与处理过程	
审核步骤	审核内容	备注
3. 资产收集	e) 资产重要度评定； f) 重要资产清单	针对每项审核内容要合理抽样审核对象，记录合格的审核证据，做出准确判断
4. 风险评估报告检查	a) 报告完整性； b) 风险评定与方法描述一致性； c) 脆弱性评定手段； d) 威胁评定手段； e) 损失评定原则； f) 风险分析情况； g) 风险评价情况； h) 风险定级情况	
5. 风险处理计划检查	a) 风险处理计划落实到人； b) 风险处理资源落实； c) 风险处理计划落实记录； d) 风险处理计划完成情况； e) 风险处理计划效果检测与评估； f) 风险处理计划中的残余风险； g) 残余风险验证	

表 B.3　业务连续性的信息安全管理方面过程审核示例

审核过程名称	业务连续性的信息安全管理方面过程
审核目的	——组织是否进行了关键业务分析； ——组织是否分析了关键业务对信息资产的依赖程度； ——组织是否建立了业务连续性框架； ——组织确定的业务连续性信息安全管理方面的管理流程是否完整； ——组织是否针对关键业务分别制定了业务连续性计划； ——组织是否针对与关键业务密切相关的高风险信息资产制定了完整的信息安全业务连续性计划； ——组织是否针对业务连续性计划制定了演练计划； ——组织是否针对信息安全业务连续性计划制定了演练计划； ——组织是否组织了业务连续性演练； ——组织是否组织了信息安全业务连续性演练； ——组织进行的信息安全业务连续性演练是否满足三年全覆盖要求； ——组织是否进行了业务连续性演练分析； ——组织是否进行了信息安全业务连续性分析； ——组织是否依据信息安全业务连续性分析结果，对信息安全业务连续性演练计划、信息安全业务连续性计划、业务连续性信息安全管理方面的管理流程进行适当的调整； ——组织是否出现过引起关键业务中断的信息安全事件；如出现，是否依据信息安全业务连续性计划实现了关键业务的恢复目标，特别是有没有关联信息资产影响恢复目标实现

表 B.3（续）

审核过程名称	业务连续性的信息安全管理方面过程	
审核步骤	审核内容	备注
1. 程序检查	a) 业务连续性管理程序完整性； b) 关键业务分析报告、业务连续性计划、业务连续性演练计划等的发布与控制	针对每项审核内容要合理抽样审核对象，记录合格的审核证据，做出准确判断
2. 报告检查	a) 关键业务进行了分析； b) 关键业务对信息与信息系统的依赖程度分析； c) 信息安全对关键业务的连续性影响因素分析； d) 对所有影响因素制定了可操作的具体业务连续性保证计划； e) 各种演练记录完整性； f) 各种演练分析报告完整性	
3. 演练检查	a) 演练计划； b) 演练方式； c) 演练内容； d) 演练记录； e) 演练分析	
4. 事件检查	a) 事件记录； b) 事件处理方式； c) 事件影响分析； d) 业务连续性恢复记录	

表 B.4 法律法规符合性判定过程审核示例

审核过程名称	法律法规符合性判定过程	
审核目的	——组织进行法律法规符合性判定是否遵循了体系文件的要求； ——组织是否对适用的法律法规进行了全面识别； ——组织识别的法律法规是否到具体条款； ——组织是否判定了法律法规的实际执行情况； ——组织是否超范围经营； ——组织的保密规程是否得到遵循(包括审核过程)； ——组织是否识别了组织需要保护的知识产权； ——组织是否对需要保护的知识产权落实了保护措施； ——组织是否识别了组织的正版化状态； ——组织是否落实了正版化策略	
审核步骤	审核内容	备注
1. 程序检查	a) 法律法规程序完整性	针对每项审核内容要合理抽样审核对象，记录合格的审核证据，做出准确判断
2. 资格审核	a) 工商执照； b) 特许经营； c) 体系范围再确认	
3. 法律法规符合性检查	a) 法律法规清单； b) 清单的形成过程	

表 B.4（续）

审核过程名称	法律法规符合性判定过程	
审核步骤	审核内容	备注
4. 保密检查	a) 保密规程； b) 标识； c) 控制	针对每项审核内容要合理抽样审核对象，记录合格的审核证据，做出准确判断
5. 版权检查	a) 管理规程； b) 自主产权保护； c) 涉及版权要求； d) 使用正版记录	

附 录 C
（资料性附录）
控制措施的审核示例

本附录选取了 GB/T 22080—2008 附录 A 中 3 个控制措施作为审核示例，包括 A.6.1.4 信息处理设施的授权过程（如表 C.1 所示）、A.6.2.3 处理第三方协议中的安全问题（如表 C.2 所示）和 A.7.2.2 信息的标记与处理（如表 C.3 所示）。

表 C.1 信息处理设施的授权过程审核示例

关键控制措施名称	A.6.1.4 信息处理设施的授权过程	
审核目的	——组织是否建立新的信息处理设施的授权过程； ——组织新添设施是否有授权过程要求的授权记录； ——组织新建立体系所有设施是否有授权过程要求的授权记录； ——组织临时添加的设施（如个人设施临时使用）是否有授权过程要求的授权记录； ——组织对这些设施的授权是否考虑了兼容性； ——组织对这些设施的授权是否分析了设施应用环境对其提出的安全要求； ——组织对这些设施的授权是否分析了设施引入对其应用环境的安全影响	
审核步骤	审核内容	备注
1. 程序检查	a) 信息安全处理设施管理规范完整性； b) 记录完整性	针对每项审核内容要合理抽样审核对象，记录合格的审核证据，做出准确判断
2. 授权检查	a) 资产清单中的新设施； b) 新设施责任人； c) 新设施使用控制方式； d) 新设施兼容性； e) 临时设施使用记录与控制	

表 C.2 处理第三方协议中的安全问题审核示例

关键控制措施名称	A.6.2.3 处理第三方协议中的安全问题	
审核目的	——组织是否与第三方签订了相关协议； ——组织与第三方签订的协议是否满足组织的安全要求； ——组织与第三方签订的协议是否会增加组织的信息安全风险； ——组织与第三方签订的协议是否明确和落实安全责任要求； ——组织与第三方签订的协议是否得到落实	
审核步骤	审核内容	备注
1. 第三方识别检查	a) 与组织相关第三方； b) 第三方安全责任分析； c) 第三方带来风险分析	针对每项审核内容要合理抽样审核对象，记录合格的审核证据，做出准确判断
2. 安全控制检查	a) 第三方风险控制； b) 第三方协议签订； c) 第三方协议落实	

表 C.3　信息的标记与处理审核示例

关键控制措施名称	A.7.2.2　信息的标记与处理	
审核目的	——组织是否制定了信息的标记与处理相关规程； ——组织所制定的规定是否涵盖了组织现有和认证周期内要使用的信息类型； ——组织是否按规程要求实施了信息的标记； ——组织是否按规程要求处理了信息的各个阶段，并留有记录	
审核步骤	审核内容	备注
1. 程序检查	a)　信息标记与处理程序完整性； b)　涉密处理程序； c)　处理记录完整性	针对每项审核内容要合理抽样审核对象，记录合格的审核证据，做出准确判断
2. 标记检查	a)　信息标记，特别是电子形式的信息； b)　密级控制合规性	
3. 处理检查	a)　产生控制； b)　存储控制； c)　传输控制； d)　访问控制，特别应用系统访问信息控制； e)　过期控制； f)　销毁控制	

附 录 D
（资料性附录）
本标准与 GB/T 19011—2003 的对照

本附录给出的是本标准与 GB/T 19011—2003 的对应关系，特别是说明本标准的扩展。

表 D.1 本标准与 GB/T 19011—2003 对照表

本标准条款	GB/T 19011—2003 条款
1 范围	1 范围
2 规范性引用文件	2 规范性引用文件
3 术语和定义	3 术语和定义
4 审核原则	4 审核原则
4.1 审核原则	4.1 审核原则
4.2 IS 4.1 审核原则	
5 审核方案的管理	5 审核方案的管理
5.1 总则	5.1 总则
5.1.1 IS 5.1 总则	
5.2 审核方案的目的和内容	5.2 审核方案的目的和审核方案的范围与程度
5.2.1 审核方案的目的	5.2.1 审核方案的目的
5.2.1.1 IS 5.2.1 审核方案的目的	
5.2.2 审核方案的内容	5.2.2 审核方案的范围与程度
5.2.3 IS 5.2.2 审核方案的内容	
5.3 审核方案的职责、资源和程序	5.3 审核方案的职责、资源和程序
5.3.1 审核方案的职责	5.3.1 审核方案的职责
5.3.1.1 IS 5.3.1 审核方案的职责	
5.3.2 审核方案的资源	5.3.2 审核方案的资源
5.3.2.1 IS 5.3.2 审核方案的资源	
5.3.3 审核方案的程序	5.3.3 审核方案的程序
5.4 审核方案的实施	5.4 审核方案的实施
5.4.1 IS 5.4 审核方案的实施	
5.5 审核方案的记录	5.5 审核方案的记录
5.5.1 IS 5.5 审核方案的记录	
5.6 审核方案的监视和评审	5.6 审核方案的监视和评审
6 审核活动	6 审核活动
6.1 总则	6.1 总则
6.2 审核的启动	6.2 审核的启动
6.2.1 指定审核组长	6.2.1 指定审核组长

表 D.1（续）

本标准条款	GB/T 19011—2003 条款
6.2.2　确定审核目的、范围和准则	6.2.2　确定审核目的、范围和准则
6.2.2.1　IS 6.2.2 确定审核目的、范围和准则	
6.2.3　确定审核的可行性	6.2.3　确定审核的可行性
6.2.4　选择审核组	6.2.4　选择审核组
6.2.5　与受审核方的初始接触	6.2.5　与受审核方建立初步联系
6.3　文件评审的实施	6.3　文件评审的实施
6.3.1　IS 6.3 文件评审的实施	
6.4　现场审核的准备	6.4　现场审核活动的准备
6.4.1　编制审核计划	6.4.1　编制审核计划
6.4.1.1　IS 6.4.1 编制审核计划	
6.4.2　审核组工作分配	6.4.2　审核组工作分配
6.4.3　准备工作文件	6.4.3　准备工作文件
6.5　现场审核的实施	6.5　现场审核的实施
6.5.1　举行首次会议	6.5.1　举行首次会议
6.5.2　审核中的沟通	6.5.2　审核中的沟通
6.5.3　向导和观察员的作用和职责	6.5.3　向导和观察员的作用和职责
6.5.4　信息的收集和验证	6.5.4　信息的收集和验证
6.5.4.1　IS 6.5.4 信息的收集和验证	
6.5.5　形成审核发现	6.5.5　形成审核发现
6.5.5.1　IS 6.5.5 形成审核发现	
6.5.6　准备审核结论	6.5.6　准备审核结论
6.5.7　举行末次会议	6.5.7　举行末次会议
6.6　审核报告的编制、批准和分发	6.6　审核报告的编制、批准和分发
6.6.1　审核报告的编制	6.6.1　审核报告的编制
6.6.1.1　IS 6.6.1 审核报告的编制	
6.6.2　审核报告的批准和分发	6.6.2　审核报告的批准和分发
6.7　审核的完成	6.7　审核的完成
6.8　审核后续活动的实施	6.8　审核后续活动的实施
7　审核员的能力与评价	7　审核员的能力与评价
7.1　总则	7.1　总则
7.1.1　IS 7.1 总则	
7.2　个人素质	7.2　个人素质
7.2.1　IS 7.2 个人素质	
7.3　知识和技能	7.3　知识和技能

表 D.1（续）

本标准条款	GB/T 19011—2003 条款
7.3.1　审核员通用的知识和技能	7.3.1　质量和环境管理体系审核员通用的知识和技能
7.3.2　审核组长的通用知识和技能	7.3.2　审核组长的通用知识和技能
7.3.3　ISMS 特定及相关专业知识和技能	7.3.3　质量管理体系审核员特定的知识和技能
7.3.3.1　ISMS 审核员基础知识和技能	
7.3.3.2　ISMS 审核组长基础知识和技能	
7.3.3.3　ISMS 审核组信息技术相关知识	
7.3.3.4　ISMS 审核组信息安全相关知识	
7.3.3.5　ISMS 审核组应用领域的知识	
	7.3.4　环境管理体系审核员特定的知识和技能
7.4　教育、工作经历、审核员培训和审核经历	7.4　教育、工作经历、审核员培训和审核经历
7.4.1　ISMS 审核员初始资格条件	7.4.1　审核员
7.4.2　审核组长	7.4.2　审核组长
	7.4.3　审核质量和环境管理体系的审核员
	7.4.4　教育、工作经历、审核员培训和审核经历的水平
7.5　能力的保持和提高	7.5　能力的保持和提高
7.5.1　持续的专业发展	7.5.1　持续的专业发展
7.5.2　审核能力的保持	7.5.2　审核能力的保持
7.6　审核员的评价	7.6　审核员的评价
7.6.1　总则	7.6.1　总则
7.6.2　评价过程	7.6.2　评价过程
附录 A(资料性附录)　各应用领域的典型应用系统示例	
附录 B(资料性附录)　ISMS 的过程审核示例	
附录 C(资料性附录)　控制措施的审核示例	
附录 D(资料性附录)　本标准与 GB/T 19011—2003 的对照	
附录 E(资料性附录)　审核组审核员的选择	

附 录 E
（资料性附录）
审核组审核员的选择

审核组审核员的选择是项目管理中的关键环节，在选择合适的信息安全管理体系专业审核员时，应关注审核组成员的整体知识构成和能力水平，表 E.1 给出的是选择审核员时考虑的知识能力点示例，机构应结合自身的人员能力管理系统，组成保证审核有效的审核组。

表 E.1 审核组审核员的选择知识能力考虑点示例

审核组能力			审核员评价		审核组成员候选人		
核心能力	此次审核的特殊能力	能力指标	方法	应用	审核员 A	审核员 B	审核员 C
一般的审核技巧	理解在电信行业中，在复杂的网络环境和大型信息系统环境中应用 ISMS 的能力	完成外部承认的审核员培训课程	考核	评审外审培训课程的结果	完成了国家承认的 ISMS 审核员培训课程	完成了国家承认的 ISMS 审核员培训课程	完成了国家承认的 ISMS 审核员培训课程
	按 GB/T 22080 领导/实施第三方质量体系审核的能力	作为第三方审核的审核组成员在电信行业至少已进行了 10 次完整体系审核并做审核组长进行了 5 次审核，所有这些审核至少有两次接受见证评定	演示	两次完整的审核有独立的见证评定，其余的由审核组中经验更丰富的审核员进行监控	作为审核组长在电信行业完成了5次第三方审核，其中 2次见证	作为审核组成员在电信行业的审核中完成了 10 次第三审核任务，其中 3 次见证	在电信行业完成了 5次第三方审核，并在金融行业完成了至少 10 次审核，其中 2 次见证
	应用电信件行业应用指南于第三方审核的能力	作为审核组成员至少在 5 次审核中使用 ISO/IEC 27011	记录	检查注册证书或与注册机构联络进行验证	注册高级审核员	注册审核员	注册审核员
		审核员注册					
专业审核的基本知识和技能	在电信行业实践的行业知识、骨干网络管理知识及典型应用系统	成功地完成 ISO/IEC 27011的培训课程	考核	评审培训课程的结果	完成了此课程	完成了此课程	完成了此课程
		实施和/或保持过一个质量管理体系，最好是在电信行业（通常指工作经历）	记录	面谈，检查能力证明文件和证书，用以确认所获得的工作经历		在某电信公司实施过 ISMS 认证咨询	

表 E.1（续）

<table>
<tr><th colspan="3">审核组能力</th><th colspan="2">审核员评价</th><th colspan="3">审核组成员候选人</th></tr>
<tr><th>核心能力</th><th>此次审核的特殊能力</th><th>能力指标</th><th>方法</th><th>应用</th><th>审核员 A</th><th>审核员 B</th><th>审核员 C</th></tr>
<tr><td rowspan="3">了解组织的情况</td><td>对电信行业的业务、管理、技术有很好的了解</td><td>审核组中至少有一名成员以前在电信行业或类似行业工作过或学习的专业是电信行业</td><td rowspan="3">记录</td><td rowspan="3">面谈，检查证明文件和证书用以确认工作、学习经历满足要求</td><td rowspan="2">5 年以上在电信行业工作的经历</td><td rowspan="2">在为电信服务的公司工作3年</td><td>通讯工程专业研究生毕业</td></tr>
<tr><td>熟悉现在电信行业特有的部门的/划区的小组工作模式</td><td>可通过在企业内逐级培训或从最近的有关工作或审核经历中获得</td><td>在某电信企业实习1年</td></tr>
<tr><td>了解电信行业特有的工作实践和工作环境特征问题</td><td>可通过企业内培养或从最近在电信行业内的有关工作和审核经历中获得</td><td>审核经历同上</td><td>审核经历同上</td><td>审核经历同上</td></tr>
<tr><td>相关法律和标准的要求</td><td>熟悉电信行业的业务管理的法律法规要求，信息安全管理的法律法规要求，相关标准(如 GB/T 22239—2008)的要求</td><td>完成相应课程培训或从事相关工作或对此有一定的研究</td><td>考核和记录</td><td>评审培训课程的成果，面谈，检查证明文件和证书用于确认经历</td><td>通过相关培训；5 年工作经历中有 2 年在法律部门工作</td><td>通过相关培训</td><td>通过相关培训；收集整理形成了电信行业法律法规汇编</td></tr>
<tr><td rowspan="3">信息技术知识与能力</td><td rowspan="3">熟悉通讯技术；
熟悉系统集成；
熟悉通用支持平台；
熟悉 IT 服务管理</td><td>审核组成员以前应在电信行业或类似行业工作过或学习的专业是电信行业</td><td>考核和记录</td><td>评审培训课程的成果，面谈，检查证明文件和证书用于确认经历</td><td>软件工程专业本科毕业；工作经历同上</td><td rowspan="2">信息安全专业本科毕业</td><td>学历同上</td></tr>
<tr><td>可通过在企业内逐级培训或从最近的有关工作或审核经历中获得</td><td>考核</td><td>评审培训课程的成果</td><td>参加 30 小时的相关培训</td><td>参加 30 小时的相关培训</td></tr>
<tr><td>可通过企业内培养或从最近在电信行业内的有关工作和审核经历中获得</td><td>考核和记录</td><td>评审审核记录</td><td>审核记录同上</td><td>审核记录同上</td><td>审核记录同上</td></tr>
</table>

表 E.1（续）

审核组能力			审核员评价		审核组成员候选人		
核心能力	此次审核的特殊能力	能力指标	方法	应用	审核员 A	审核员 B	审核员 C
信息安全技术知识与能力	熟悉信息安全风险管理； 熟悉信息安全事件管理； 熟悉物理与环境安全； 熟悉网络安全； 熟悉访问控制； 熟悉信息安全建设	审核组成员以前应在电信行业或类似行业从事相关工作或学习的专业是信息安全相关专业	考核和记录	评审培训课程的成果，面谈，检查证明文件和证书用于确认经历	信息技术相关专业； 信息安全工作 2 年	学历同上	在信息安全公司工作 3 年
		可通过参加培训或从最近的有关工作或审核经历中获得	考核	评审培训课程的成果	参加 CISAW 风险评估方向培训	参加 CISSP 课程培训	参加 CISAW 安全集成方向培训
		可通过企业内培养或从最近在信息安全行业内的有关工作和审核经历中获得	考核和记录	评审审核记录	审核记录同上； 在电信行业工作期间主持了骨干网络建设项目	审核记录同上； 在公司期间作为电信集成项目组成员工作 1 年	审核记录同上； 在公司工作期间参与风险评估项目和网络安全运维项目各 2 个

注：此示例以及表格的提供仅意在提供一种思路，不是“范本”，仅供参考。

参 考 文 献

[1] ISO/IEC FCD 27007 Information technology—Security techniques—Guidelines for information security management systems auditing

ICS 35.020
L 80

中华人民共和国国家标准

GB/T 28451—2012

信息安全技术　网络型入侵防御产品技术要求和测试评价方法

Information security technology—Technical requirements and testing and evaluation approaches for network-based intrusion prevention system products

2012-06-29 发布　　2012-10-01 实施

中华人民共和国国家质量监督检验检疫总局
中国国家标准化管理委员会　发布

前　言

本标准按照GB/T 1.1—2009给出的规则起草。

请注意本文件的某些内容可能涉及专利。本文件的发布机构不承担识别这些专利的责任。

本标准由全国信息安全标准化技术委员会(SAC/TC 260)提出并归口。

本标准起草单位:公安部计算机信息系统安全产品质量监督检验中心、北京启明星辰信息安全技术有限公司、北京神州绿盟科技有限公司、福建省海峡信息技术有限公司、沈阳东软系统集成工程有限公司、北京安氏领信科技发展有限公司、网御神州科技(北京)有限公司。

本标准主要起草人:沈亮、顾建新、俞优、顾健、袁智辉、韩鹏、张章学、于江、杜永峰、段继平。

信息安全技术　网络型入侵防御产品技术要求和测试评价方法

1　范围

本标准规定了网络型入侵防御产品的功能要求、产品自身安全要求和产品保证要求，并提出了入侵防御产品的分级要求。

本标准适用于网络型入侵防御产品的设计、开发、测试和评价。

2　规范性引用文件

下列文件对于本文件的应用是必不可少的。凡是注日期的引用文件，仅注日期的版本适用于本文件。凡是不注日期的引用文件，其最新版本(包括所有的修改单)适用于本文件。

GB 17859—1999　计算机信息系统　安全保护等级划分准则

GB/T 25069—2010　信息安全技术　术语

3　术语和定义

GB/T 25069—2010 和 GB 17859—1999 界定的以及下列术语和定义适用于本文件。

3.1

网络型入侵防御产品　network-based intrusion prevention system products

以网桥或网关形式部署在网络通路上，通过分析网络流量发现具有入侵特征的网络行为，在其传入被保护网络前进行拦截的产品。

3.2

TCP 流重组　TCP reassembly

攻击者将发送的攻击数据分别在一个会话连接中的多个数据包发出，用来躲避入侵防御系统的检测行为。

3.3

SHELL 代码变形　SHELL deformation

针对缓冲区溢出攻击，攻击者用其他方式替代原有程序指令并以一种伪随机的方式结合到一起，用来躲避入侵防御系统的检测行为。

3.4

管理员　administrator

对使用入侵防御产品的授权操作员、安全员、审计员等的统称。

3.5

告警　alert

当入侵防御产品发现有入侵行为时，向用户发出的紧急通知。

3.6

误截　false blocking

入侵防御产品在未发生攻击时对会话进行拦截的情况。对于在出现攻击时未发出或者发出错误的告警信息并进行拦截的情况，因不影响到实际入侵拦截效果，故本标准的此项定义不包含这种情况。

3.7

漏截　miss blocking

当出现产品支持的攻击行为时，入侵防御产品未实现拦截攻击的情况。

4　缩略语

ARP：地址解析协议(Address Resolution Protocol)

DNS：域名系统(Domain Name System)

FTP：文件传输协议(File Transfer Protocol)

HTTP：超文本传输协议(Hyper Text Transfer Protocol)

ICMP：网间控制报文协议(Internet Control Message Protocol)

IP：网际协议(Internet Protocol)

MSN：微软网络服务(Microsoft Service Network)

NFS：网络文件系统(Network File System)

POP3：邮局协议3(Post Office Protocol 3)

P2P：点对点(Point to Point)

RPC：远程过程调用(Remote Procedure Call)

SMB：服务器信息块(Server Message Block)

SMTP：简单邮件传输协议(Simple Mail Transfer Protocol)

SNMP：简单网络管理协议(Simple Network Management Protocol)

TCP：传输控制协议(Transmission Control Protocol)

TFTP：简单文件传输协议(Trivial File Transfer Protocol)

UDP：用户数据报协议(User Datagram Protocol)

URL：统一资源定位器(Universal Resource Locator)

5　入侵防御产品技术要求组成

5.1　组成说明

5.1.1　第一级

本级规定了入侵防御产品的最低安全要求。产品具备基本的协议分析、入侵发现和拦截能力，并对入侵事件生成记录，通过简单的用户标识和鉴别来限制对产品的功能配置和数据访问的控制，使用户具备自主安全保护的能力，阻止非法用户危害入侵防御产品，保护入侵防御产品的正常运行。

5.1.2　第二级

本级要求划分安全管理角色，以细化对入侵防御产品的管理。加入审计功能，使得授权管理员的行为是可追踪的。产品在实现入侵发现、拦截的同时，更要求具备及时告警的功能，对于事件记录还要求能生成、输出报表，以及要求具备硬件失效处理机制。

5.1.3　第三级

本级要求入侵防御产品提供对外的通用接口，报表结果具备模板定制等功能，还要求具备多鉴别机制、升级安全、自我隐藏、负载均衡等功能，对产品的自身安全提出更高的要求，对产品的正常运行提供更强的保护。

5.1.4 性能

本项对入侵防御产品的性能要求进行了规定，覆盖所有等级。

5.2 功能和安全要求等级划分

入侵防御产品的安全等级划分如表1、表2所示。对入侵防御产品的等级评定是依据表1和表2，结合产品保证要求的综合评定得出的，符合第一级的入侵防御产品应满足表1、表2中所标明的一级产品应满足的所有项目，以及对第一级产品的相关保证要求；符合第二级的入侵防御产品应满足表1、表2中所标明的二级产品应满足的所有项目，以及对第二级产品的相关保证要求；符合第三级的入侵防御产品应满足表1、表2中所标明的三级产品应满足的所有项目，以及对第三级产品的相关保证要求。

表1 入侵防御产品功能要求等级划分表

产品功能和性能要求	功能组件	一级	二级	三级
入侵事件分析要求	数据收集	*	*	*
	协议分析	*	*	*
	入侵发现	*	*	*
	入侵逃避发现		*	*
	流量监测	*	*	*
入侵响应功能要求	拦截能力	*	*	*
	安全告警		*	*
	告警方式		*	*
	事件合并		*	*
入侵事件审计功能	事件生成	*	*	*
	事件记录	*	*	*
	报表生成		*	*
	报表查阅		*	*
	报表输出		*	*
	报表模板的定制			*
管理控制功能要求	管理界面	*	*	*
	入侵事件库	*	*	*
	事件分级	*	*	*
	事件定义		*	*
	协议定义		*	*
	流量控制		*	*
	通用接口			*
	硬件失效处理	*	*	* *
	策略配置	*	*	*
	产品升级	*	* *	* *
	管理接口独立	*	*	*

注："*"表示具有该要求。

表 2 入侵防御产品自身安全要求等级划分表

安全功能要求	功能组件	一级	二级	三级
标识和鉴别	用户鉴别	*	*	*
	鉴别失败的处理	*	* *	* *
	鉴别数据保护	*	*	*
	超时锁定		*	*
	多鉴别机制			*
用户管理	标识唯一性	*	*	*
	用户属性定义	*	*	*
	角色分级		*	*
安全功能保护	安全数据管理	*	*	*
	数据存储告警		*	* *
	升级安全			*
	自我隐藏			*
安全审计	审计数据生成		*	*
	审计查阅		*	*
	受限的审计查阅		*	*
注："*"表示具有该要求。				

6 入侵防御产品的组成

6.1 入侵事件分析单元

采用相关的分析检测技术，对流入目标网络内的所有数据进行提取并分析。

6.2 入侵响应单元

根据定义的策略对入侵行为进行拦截响应。

6.3 入侵事件审计单元

在违反安全策略的入侵事件发生时，对事件发生的时间、主体和客体等信息进行记录和统计。

6.4 管理控制单元

负责入侵防御产品定制策略、审阅日志、产品状态管理，并以可视化形式提交授权用户进行管理。

7 入侵防御产品技术要求

7.1 第一级

7.1.1 产品功能要求

7.1.1.1 入侵事件分析功能要求

7.1.1.1.1 数据收集

入侵防御产品应具有实时收集流入目标网络内所有数据包的能力。

7.1.1.1.2 协议分析

入侵防御产品应对收集的数据包进行协议分析。

7.1.1.1.3 入侵发现

入侵防御产品应能发现协议中的入侵行为。

7.1.1.1.4 流量监测

入侵防御产品应对目标环境中的异常流量进行监测。

7.1.1.2 入侵响应功能要求

入侵防御产品应对发现的入侵行为进行预先拦截,防止入侵行为进入目标网络。

7.1.1.3 入侵事件审计功能要求

7.1.1.3.1 事件生成

入侵防御产品应能对拦截行为及时生成审计记录。

7.1.1.3.2 事件记录

入侵防御产品应记录并保存拦截到的入侵事件。入侵事件信息应至少包含事件名称、事件发生日期和时间、源 IP 地址、源端口、目的 IP 地址、目的端口、危害等级等内容。

7.1.1.4 管理控制功能要求

7.1.1.4.1 管理界面

入侵防御产品应提供用户界面用于管理、配置入侵防御产品。管理配置界面应包含配置和管理产品所需的所有功能。

7.1.1.4.2 入侵事件库

入侵防御产品应提供入侵事件库。事件库应包括事件名称、详细描述定义等。

7.1.1.4.3 事件分级

入侵防御产品应按照事件的严重程度对事件进行分级,以使授权管理员能从大量的信息中捕捉到危险的事件。

7.1.1.4.4 硬件失效处理

入侵防御产品应提供硬件失效处理机制。

7.1.1.4.5 策略配置

入侵防御产品应提供对入侵防御策略、响应措施进行配置的功能。

7.1.1.4.6 产品升级

入侵防御产品应具备更新、升级产品事件库的能力。

7.1.1.4.7 管理接口独立

入侵防御产品应具备独立的管理接口。

7.1.2 产品自身安全要求

7.1.2.1 标识和鉴别

7.1.2.1.1 用户鉴别

入侵防御产品应在用户执行任何与安全功能相关的操作之前对用户进行鉴别。

7.1.2.1.2 鉴别失败的处理

入侵防御产品应在用户鉴别尝试失败连续达到指定次数后，阻止用户进一步进行尝试。

7.1.2.1.3 鉴别数据保护

入侵防御产品应保护鉴别数据不被未授权查阅和修改。

7.1.2.2 用户管理

7.1.2.2.1 标识唯一性

入侵防御产品应保证所设置的用户标识全局唯一。

7.1.2.2.2 用户属性定义

入侵防御产品应为每一个用户保存安全属性表，属性应包括用户标识、鉴别数据、授权信息或用户组信息、其他安全属性等。

7.1.2.3 安全功能保护

入侵防御产品应仅限于指定的授权用户访问事件数据，禁止其他用户对事件数据的操作。

7.1.3 产品保证要求

7.1.3.1 配置管理

开发者应为入侵防御产品的不同版本提供唯一的标识。

入侵防御产品的每个版本应当使用它们的唯一标识作为标签。

7.1.3.2 交付与运行

开发者应提供文档说明入侵防御产品的安装、生成和启动。

7.1.3.3 安全功能开发

7.1.3.3.1 功能设计

开发者应提供文档说明入侵防御产品的安全功能设计。

功能设计应以非形式方法来描述安全功能与其外部接口,并描述使用外部安全功能接口的目的与方法,在需要的时候,还要提供例外情况和出错信息的细节。

7.1.3.3.2 表示对应性

开发者应在入侵防御产品安全功能表示的所有相邻对之间提供对应性分析。

7.1.3.4 指导性文档

7.1.3.4.1 管理员指南

开发者应给授权管理员提供包括以下内容的管理员指南:

a) 入侵防御产品可以使用的管理功能和接口;
b) 怎样安全地管理入侵防御产品;
c) 在安全处理环境中应进行控制的功能和权限;
d) 所有对与入侵防御产品的安全操作有关的用户行为的假设;
e) 所有受管理员控制的安全参数,如果可能,应指明安全值;
f) 每一种与管理功能有关的安全相关事件,包括对安全功能所控制的实体的安全特性进行的改变;
g) 所有与授权管理员有关的 IT 环境的安全要求。

管理员指南应与为评价而提供的其他所有文件保持一致。

7.1.3.4.2 用户指南

开发者应提供包括以下内容的用户指南:

a) 入侵防御产品的非管理用户可使用的安全功能和接口;
b) 入侵防御产品提供给用户的安全功能和接口的用法;
c) 用户可获取但应受安全处理环境控制的所有功能和权限;
d) 入侵防御产品安全操作中用户所应承担的职责;
e) 与用户有关的 IT 环境的所有安全要求。

用户指南应与为评价而提供的其他所有文件保持一致。

7.1.3.5 开发安全要求

开发者应提供包括以下内容的开发安全文件:

a) 开发安全文件应描述在入侵防御产品的开发环境中,为保护入侵防御产品设计和实现的机密性和完整性,而在物理上、程序上、人员上以及其他方面所采取的必要的安全措施;
b) 开发安全文件还应提供在入侵防御产品的开发和维护过程中执行安全措施的证据。

7.1.3.6 测试

7.1.3.6.1 范围

开发者应提供测试覆盖的分析结果。

测试覆盖的分析结果应表明测试文档中所标识的测试与安全功能设计中所描述的安全功能是对应的。

7.1.3.6.2 功能测试

开发者应测试安全功能,并提供以下测试文档:

a) 测试文档应包括测试计划、测试规程、预期的测试结果和实际测试结果。

b) 测试计划应标识要测试的安全功能,并描述测试的目标。测试规程应标识要执行的测试,并描述每个安全功能的测试概况,这些概况包括对其他测试结果的顺序依赖性。

c) 期望的测试结果应表明测试成功后的预期输出。

d) 实际测试结果应表明每个被测试的安全功能能按照规定进行运作。

7.2 第二级

7.2.1 产品功能要求

7.2.1.1 入侵事件分析功能要求

7.2.1.1.1 数据收集

入侵防御产品应具有实时收集流入目标网络内所有数据包的能力。

7.2.1.1.2 协议分析

入侵防御产品应对收集的数据包进行协议分析。

7.2.1.1.3 入侵发现

入侵防御产品应能发现协议中的入侵行为。

7.2.1.1.4 入侵逃避发现

入侵防御产品应能发现躲避或欺骗检测的行为,如 IP 碎片重组、TCP 流重组、协议端口重定位、URL 字符串变形、SHELL 代码变形等。

7.2.1.1.5 流量监测

入侵防御产品应对目标环境中的异常流量进行监测。

7.2.1.2 入侵响应功能要求

7.2.1.2.1 拦截能力

入侵防御产品应对发现的入侵行为进行预先拦截,防止入侵行为进入目标网络。

7.2.1.2.2 安全告警

入侵防御产品应在发现并拦截入侵行为时,采取相应动作发出安全警告。

7.2.1.2.3 告警方式

入侵防御产品的告警方式宜采取屏幕实时提示、E-mail 告警、声音告警等一种或多种方式。

7.2.1.2.4 事件合并

入侵防御产品应具有对高频度发生的相同安全事件进行合并告警,避免出现告警风暴的能力。

7.2.1.3 入侵事件审计功能要求

7.2.1.3.1 事件生成

入侵防御产品应能对拦截行为及时生成审计记录。

7.2.1.3.2 事件记录

入侵防御产品应记录并保存拦截到的入侵事件。入侵事件信息应至少包含事件名称、事件发生日期和时间、源 IP 地址、源端口、目的 IP 地址、目的端口、危害等级等内容。

7.2.1.3.3 报表生成

入侵防御产品应能生成详尽的结果报表。

7.2.1.3.4 报表查阅

入侵防御产品应具有浏览结果报表的功能。

7.2.1.3.5 报表输出

入侵防御产品应支持管理员按照自己的要求修改和定制报表内容，并输出成方便阅读的文件格式，至少支持以下报表文件格式中的一种或多种：DOC、PDF、HTML、XLS 等。

7.2.1.4 管理控制功能要求

7.2.1.4.1 管理界面

入侵防御产品应提供用户界面用于管理、配置入侵防御产品。管理配置界面应包含配置和管理产品所需的所有功能。

7.2.1.4.2 入侵事件库

入侵防御产品应提供入侵事件库。事件库应包括事件名称、详细描述定义等。

7.2.1.4.3 事件分级

入侵防御产品应按照事件的严重程度对事件进行分级，以使授权管理员能从大量的信息中捕捉到危险的事件。

7.2.1.4.4 事件定义

入侵防御产品应允许授权管理员自定义策略事件。

7.2.1.4.5 协议定义

入侵防御产品除支持默认的网络协议集外，还应允许授权管理员定义新的协议，或对协议的端口进行重新定位。

7.2.1.4.6 流量控制

入侵防御产品具备对异常流量进行控制的功能。

7.2.1.4.7 硬件失效处理

入侵防御产品应提供硬件失效处理机制。

7.2.1.4.8 策略配置

入侵防御产品应提供对入侵防御策略、响应措施进行配置的功能。

7.2.1.4.9 产品升级

入侵防御产品应具备更新、升级产品版本和事件库的能力。

7.2.1.4.10 管理接口独立

入侵防御产品应具备独立的管理接口。

7.2.2 产品自身安全要求

7.2.2.1 标识和鉴别

7.2.2.1.1 用户鉴别

入侵防御产品应在用户执行任何与安全功能相关的操作之前对用户进行鉴别。

7.2.2.1.2 鉴别失败的处理

入侵防御产品应在用户鉴别尝试失败连续达到指定次数后，阻止用户进一步进行尝试，并将有关信息生成审计事件。最多失败次数仅由授权管理员设定。

7.2.2.1.3 鉴别数据保护

入侵防御产品应保护鉴别数据不被未授权查阅和修改。

7.2.2.1.4 超时锁定

入侵防御产品应具有管理员登录超时重新鉴别功能。在设定的时间段内没有任何操作的情况下，中止或者锁定会话，需要再次进行身份鉴别才能够重新管理产品。最大超时时间仅由授权管理员设定。

7.2.2.2 用户管理

7.2.2.2.1 标识唯一性

入侵防御产品应保证所设置的用户标识全局唯一。

7.2.2.2.2 用户属性定义

入侵防御产品应为每一个用户保存安全属性表，属性应包括用户标识、鉴别数据、授权信息或用户组信息、其他安全属性等。

7.2.2.2.3 角色分级

入侵防御产品应为管理角色进行分级，不同级别的管理角色具有不同的管理权限，以增加入侵防御产品管理的安全性。

7.2.2.3 安全功能保护

7.2.2.3.1 安全数据管理

入侵防御产品应仅限于指定的授权用户访问事件数据，禁止其他用户对事件数据的操作。

7.2.2.3.2 数据存储告警

入侵防御产品应在发生事件数据存储空间将耗尽等情况时，自动产生告警，并采取措施避免事件数据丢失。

7.2.2.4 安全审计

7.2.2.4.1 审计数据生成

入侵防御产品应至少为下述可审计事件产生审计记录：

a) 试图登录入侵防御产品管理端口和管理身份鉴别请求；

b) 所有对安全策略更改的操作；

c) 修改安全属性的所有尝试。

应在每个审计记录中至少记录事件的日期和时间、事件类型、主体身份、事件的结果(成功或失败)等信息。

7.2.2.4.2 审计查阅

入侵防御产品应为授权管理员提供从审计记录中读取全部审计信息的功能，并可对审计记录进行排序。

7.2.2.4.3 受限的审计查阅

除了具有明确的读访问权限的授权管理员之外，入侵防御产品应禁止非授权用户对审计记录的读访问。

7.2.3 产品保证要求

7.2.3.1 配置管理

7.2.3.1.1 配置管理能力

开发者应使用配置管理系统并提供配置管理文档，以及为入侵防御产品的不同版本提供唯一的标识。

配置管理系统应对所有的配置项作出唯一的标识，并保证只有经过授权才能修改配置项。

配置管理文档应包括配置清单和配置管理计划。在配置清单中，应对每一配置项给出相应的描述；在配置管理计划中，应描述配置管理系统是如何使用的。实施的配置管理应与配置管理计划相一致。

配置管理文档还应描述对配置项给出唯一标识的方法，并提供所有的配置项得到有效的维护的证据。

7.2.3.1.2 配置管理范围

开发者应提供配置管理文档。

配置管理文档应说明配置管理系统至少能跟踪：入侵防御产品实现表示、设计文档、测试文档、用户文档、管理员文档和配置管理文档，并描述配置管理系统是如何跟踪配置项的。

7.2.3.2 交付与运行

7.2.3.2.1 交付

开发者应使用一定的交付程序交付入侵防御产品，并将交付过程文档化。

交付文档应描述在给用户方交付入侵防御产品的各版本时，为维护安全所必需的所有程序。

7.2.3.2.2 安装生成

开发者应提供文档说明入侵防御产品的安装、生成和启动。

7.2.3.3 安全功能开发

7.2.3.3.1 功能设计

开发者应提供文档说明入侵防御产品的安全功能设计。

功能设计应以非形式方法来描述安全功能与其外部接口，并描述使用外部安全功能接口的目的与方法，在需要的时候，还要提供例外情况和出错信息的细节。

7.2.3.3.2 高层设计

开发者应提供文档说明入侵防御产品安全功能的高层设计。

高层设计应以非形式方法表述并且是内在一致的。为说明安全功能的结构，高层设计应将安全功能分解为各个安全功能子系统进行描述，并阐明如何将有助于加强入侵防御产品安全功能的子系统和其他子系统分开。对于每一个安全功能子系统，高层设计应描述其提供的安全功能，标识其所有接口以及哪些接口是外部可见的，描述其所有接口的使用目的与方法，并提供安全功能子系统的作用、例外情况和出错信息的细节。高层设计还应标识入侵防御产品安全要求的所有基础性的硬件、固件和软件，并且支持由这些硬件、固件或软件所实现的保护机制。

7.2.3.3.3 表示对应性

开发者应在入侵防御产品安全功能表示的所有相邻对之间提供对应性分析。

7.2.3.4 指导性文档

7.2.3.4.1 管理员指南

开发者应给授权管理员提供包括以下内容的管理员指南：

a) 入侵防御产品管理员可以使用的管理功能和接口；
b) 怎样安全地管理入侵防御产品；
c) 在安全处理环境中应进行控制的功能和权限；
d) 所有对与入侵防御产品的安全操作有关的用户行为的假设；
e) 所有受管理员控制的安全参数，如果可能，应指明安全值；
f) 每一种与管理功能有关的安全相关事件，包括对安全功能所控制的实体的安全特性进行的改变；
g) 所有与授权管理员有关的 IT 环境的安全要求。

管理员指南应与为评价而提供的其他所有文件保持一致。

7.2.3.4.2 用户指南

开发者应提供包括以下内容的用户指南：

a) 入侵防御产品的非管理用户可使用的安全功能和接口；
b) 入侵防御产品提供给用户的安全功能和接口的用法；
c) 用户可获取但应受安全处理环境控制的所有功能和权限；
d) 入侵防御产品安全操作中用户所应承担的职责；

e） 与用户有关的IT环境的所有安全要求。

用户指南应与为评价而提供的其他所有文件保持一致。

7.2.3.5 开发安全要求

开发者应提供包括以下内容的开发安全文件：

a） 开发安全文件应描述在入侵防御产品的开发环境中，为保护入侵防御产品设计和实现的机密性和完整性，而在物理上、程序上、人员上以及其他方面所采取的必要的安全措施；
b） 开发安全文件还应提供在入侵防御产品的开发和维护过程中执行安全措施的证据。

7.2.3.6 测试

7.2.3.6.1 范围

开发者应提供测试覆盖的分析结果。

测试覆盖的分析结果应表明测试文档中所标识的测试与安全功能设计中所描述的安全功能是对应的，且该对应是完整的。

7.2.3.6.2 测试深度

开发者应提供测试深度的分析。

在深度分析中，应说明测试文档中所标识的对安全功能的测试，足以表明该安全功能和高层设计是一致的。

7.2.3.6.3 功能测试

开发者应测试安全功能，并提供以下测试文档：

a） 测试文档应包括测试计划、测试规程、预期的测试结果和实际测试结果；
b） 测试计划应标识要测试的安全功能，并描述测试的目标。测试规程应标识要执行的测试，并描述每个安全功能的测试概况，这些概况包括对其他测试结果的顺序依赖性；
c） 期望的测试结果应表明测试成功后的预期输出；
d） 实际测试结果应表明每个被测试的安全功能能按照规定进行运作。

7.2.3.6.4 独立性测试

开发者应提供证据证明，开发者提供的入侵防御产品经过独立的第三方测试并通过。

7.2.3.7 脆弱性评定

7.2.3.7.1 指南检查

开发者应提供文档。

在文档中，应确定对入侵防御产品的所有可能的操作方式（包括失败和操作失误后的操作）、它们的后果以及对于保持安全操作的意义。文档中还应列出所有目标环境的假设以及所有外部安全措施（包括外部程序的、物理的或人员的控制）的要求。文档应是完整的、清晰的、一致的、合理的。

7.2.3.7.2 脆弱性分析

开发者应从用户可能破坏安全策略的明显途径出发，对入侵防御产品的各种功能进行分析并形成文档。对被确定的脆弱性，开发者应明确记录采取的措施。

对每一条脆弱性，应能够显示在使用入侵防御产品的环境中该脆弱性不能被利用。

7.3 第三级

7.3.1 产品功能要求

7.3.1.1 入侵事件分析功能要求

7.3.1.1.1 数据收集

入侵防御产品应具有实时收集流入目标网络内所有数据包的能力。

7.3.1.1.2 协议分析

入侵防御产品应对收集的数据包进行协议分析。

7.3.1.1.3 入侵发现

入侵防御产品应能发现协议中的入侵行为。

7.3.1.1.4 入侵逃避发现

入侵防御产品应能发现躲避或欺骗检测的行为，如 IP 碎片重组、TCP 流重组、协议端口重定位、URL 字符串变形、SHELL 代码变形等。

7.3.1.1.5 流量监测

入侵防御产品应对目标环境中的异常流量进行监测。

7.3.1.2 入侵响应功能要求

7.3.1.2.1 拦截能力

入侵防御产品应对发现的入侵行为进行预先拦截，防止入侵行为进入目标网络。

7.3.1.2.2 安全告警

入侵防御产品应在发现并拦截入侵行为时，采取相应动作发出安全警告。

7.3.1.2.3 告警方式

入侵防御产品的告警方式宜采取屏幕实时提示、E-mail 告警、声音告警等一种或多种方式。

7.3.1.2.4 事件合并

入侵防御产品应具有对高频度发生的相同安全事件进行合并告警，避免出现告警风暴的能力。

7.3.1.3 入侵事件审计功能要求

7.3.1.3.1 事件生成

入侵防御产品应能对拦截行为及时生成审计记录。

7.3.1.3.2 事件记录

入侵防御产品应记录并保存拦截到的入侵事件。入侵事件信息应至少包含事件名称、事件发生日期和时间、源 IP 地址、源端口、目的 IP 地址、目的端口、危害等级等内容。

7.3.1.3.3 报表生成

入侵防御产品应能生成详尽的结果报表。

7.3.1.3.4 报表查阅

入侵防御产品应具有浏览结果报表的功能。

7.3.1.3.5 报表输出

入侵防御产品应支持管理员按照自己的要求修改和定制报表内容，并输出成方便阅读的文件格式，至少支持以下报表文件格式中的一种或多种：DOC、PDF、HTML、XLS 等。

7.3.1.3.6 报表模板的定制

入侵防御产品应提供结果报表模板的定制功能。

7.3.1.4 管理控制功能要求

7.3.1.4.1 管理界面

入侵防御产品应提供用户界面用于管理、配置入侵防御产品。管理配置界面应包含配置和管理产品所需的所有功能。

7.3.1.4.2 入侵事件库

入侵防御产品应提供入侵事件库。事件库应包括事件名称、详细描述定义等。

7.3.1.4.3 事件分级

入侵防御产品应按照事件的严重程度对事件进行分级，以使授权管理员能从大量的信息中捕捉到危险的事件。

7.3.1.4.4 事件定义

入侵防御产品应允许授权管理员自定义策略事件。

7.3.1.4.5 协议定义

入侵防御产品除支持默认的网络协议集外，还应允许授权管理员定义新的协议，或对协议的端口进行重新定位。

7.3.1.4.6 流量控制

入侵防御产品具备对异常流量进行控制的功能。

7.3.1.4.7 通用接口

入侵防御产品应提供对外的通用接口，以便与其他安全设备共享信息或规范化管理。

7.3.1.4.8 硬件失效处理

入侵防御产品应在提供硬件失效处理机制的同时，还应具备双机热备的能力。

7.3.1.4.9 负载均衡

入侵防御产品应具备负载均衡功能，能够根据安全策略将网络流量均衡到多台服务器上。

7.3.1.4.10 策略配置

入侵防御产品应提供对入侵防御策略、响应措施进行配置的功能。

7.3.1.4.11 产品升级

入侵防御产品应具备更新、升级产品版本和事件库的能力。

7.3.1.4.12 管理接口独立

入侵防御产品应具备独立的管理接口。

7.3.2 产品自身安全要求

7.3.2.1 标识和鉴别

7.3.2.1.1 用户鉴别

入侵防御产品应在用户执行任何与安全功能相关的操作之前对用户进行鉴别。

7.3.2.1.2 鉴别失败的处理

入侵防御产品应在用户鉴别尝试失败连续达到指定次数后，阻止用户进一步进行尝试，并将有关信息生成审计事件。最多失败次数仅由授权管理员设定。

7.3.2.1.3 鉴别数据保护

入侵防御产品应保护鉴别数据不被未授权查阅和修改。

7.3.2.1.4 超时锁定

入侵防御产品应具有管理员登录超时重新鉴别功能。在设定的时间段内没有任何操作的情况下，中止或者锁定会话，需要再次进行身份鉴别才能够重新管理产品。最大超时时间仅由授权管理员设定。

7.3.2.1.5 多鉴别机制

入侵防御产品应提供多种鉴别方式，或者允许授权管理员执行自定义的鉴别措施，以实现多重身份鉴别措施。多鉴别机制应同时使用。

7.3.2.2 用户管理

7.3.2.2.1 标识唯一性

入侵防御产品应保证所设置的用户标识全局唯一。

7.3.2.2.2 用户属性定义

入侵防御产品应为每一个用户保存安全属性表，属性应包括用户标识、鉴别数据、授权信息或用户组信息、其他安全属性等。

7.3.2.2.3 角色分级

入侵防御产品应为管理角色进行分级，不同级别的管理角色具有不同的管理权限，以增加入侵防御产品管理的安全性。

7.3.2.3 安全功能保护

7.3.2.3.1 安全数据管理

入侵防御产品应仅限于指定的授权用户访问事件数据，禁止其他用户对事件数据的操作。

7.3.2.3.2 数据存储告警

入侵防御产品应在发生事件数据存储器空间将耗尽等情况时，自动产生告警，并采取措施避免事件数据丢失。产生告警的剩余存储空间大小应由管理员自主设定。

7.3.2.3.3 升级安全

入侵防御产品应确保事件库和版本升级时的安全，保证升级包是由开发商提供的。

7.3.2.3.4 自我隐藏

入侵防御产品应至少提供网桥方式的接入方式，采取隐藏 IP 地址等措施使自身在网络上不可见，以降低被攻击的可能性。

7.3.2.4 安全审计

7.3.2.4.1 审计数据生成

入侵防御产品应至少为下述可审计事件产生审计记录：

a) 试图登录入侵防御产品管理端口和管理身份鉴别请求；

b) 所有对安全策略更改的操作；

c) 修改安全属性的所有尝试。

应在每个审计记录中至少记录事件的日期和时间、事件类型、主体身份、事件的结果（成功或失败）等信息。

7.3.2.4.2 审计查阅

入侵防御产品应为授权管理员提供从审计记录中读取全部审计信息的功能，并可对审计记录进行排序。

7.3.2.4.3 受限的审计查阅

除了具有明确的读访问权限的授权管理员之外，入侵防御产品应禁止非授权用户对审计记录的读访问。

7.3.3 产品保证要求

7.3.3.1 配置管理

7.3.3.1.1 配置管理能力

开发者应使用配置管理系统并提供配置管理文档，以及为入侵防御产品的不同版本提供唯一的标识。

配置管理系统应对所有的配置项作出唯一的标识，并保证只有经过授权才能修改配置项，还应支持入侵防御产品基本配置项的生成。

配置管理文档应包括配置清单、配置管理计划以及接受计划。配置清单用来描述组成入侵防御产品的配置项。在配置管理计划中，应描述配置管理系统是如何使用的。实施的配置管理应与配置管理计划相一致。在接受计划中，应描述对修改过或新建的配置项进行接受的程序。

配置管理文档还应描述对配置项给出唯一标识的方法，并提供所有的配置项得到有效的维护的证据。

7.3.3.1.2 配置管理范围

开发者应提供配置管理文档。

配置管理文档应说明配置管理系统至少能跟踪：入侵防御产品实现表示、设计文档、测试文档、用户文档、管理员文档、配置管理文档和安全缺陷，并描述配置管理系统是如何跟踪配置项的。

7.3.3.2 交付与运行

7.3.3.2.1 交付

开发者应使用一定的交付程序交付入侵防御产品，并将交付过程文档化。

交付文档应包括以下内容：

a) 在给用户方交付入侵防御产品的各版本时，为维护安全所必需的所有程序；

b) 开发者向用户提供的产品版本和用户收到的版本之间的差异以及如何监测对产品的修改；

c) 如何发现他人伪装成开发者修改用户的产品。

7.3.3.2.2 安装生成

开发者应提供文档说明入侵防御产品的安装、生成和启动。

7.3.3.3 安全功能开发

7.3.3.3.1 功能设计

开发者应提供文档说明入侵防御产品的安全功能设计。

安全功能设计应以非形式方法来描述安全功能与其外部接口，并描述使用外部安全功能接口的目的与方法，在需要的时候，还要提供例外情况和出错信息的细节。

7.3.3.3.2 高层设计

开发者应提供文档说明入侵防御产品安全功能的高层设计。

高层设计应以非形式方法表述并且是内在一致的。为说明安全功能的结构，高层设计应将安全功能分解为各个安全功能子系统进行描述，并阐明如何将有助于加强产品安全功能的子系统和其他子系统分开。对于每一个安全功能子系统，高层设计应描述其提供的安全功能，标识其所有接口以及哪些接口是外部可见的，描述其所有接口的使用目的与方法，并提供安全功能子系统的作用、例外情况和出错信息的细节。高层设计还应标识入侵防御产品安全要求的所有基础性的硬件、固件和软件，并且支持由这些硬件、固件或软件所实现的保护机制。

7.3.3.3.3 安全功能的实现

开发者应为选定的产品安全功能子集提供实现表示。

实现表示应无歧义而且详细地定义产品安全功能，使得不需要进一步的设计就能生成该安全功能的子集。实现表示应是内在一致的。

7.3.3.3.4 低层设计

开发者应提供文档说明入侵防御产品安全功能的低层设计。

低层设计应是非形式化、内在一致的。在描述产品安全功能时，低层设计应采用模块术语，说明每一个安全功能模块的目的，并标识安全功能模块的所有接口和安全功能模块可为外部所见的接口，以及安全功能模块所有接口的目的与方法，适当时，还应提供接口的作用、例外情况和出错信息的细节。

低层设计还应包括以下内容：

a) 以安全功能性术语及模块的依赖性术语，定义模块间的相互关系；

b) 说明如何提供每一个安全策略的强化功能；

c) 说明如何将入侵防御产品加强安全策略的模块和其他模块分离开。

7.3.3.3.5 表示对应性

开发者应在入侵防御产品安全功能表示的所有相邻对之间提供对应性分析。

7.3.3.4 指导性文档

7.3.3.4.1 管理员指南

开发者应给授权管理员提供包括以下内容的管理员指南：

a) 产品管理员可以使用的管理功能和接口；

b) 怎样安全地管理入侵防御产品；

c) 在安全处理环境中应进行控制的功能和权限；

d) 所有对与入侵防御产品的安全操作有关的用户行为的假设；

e) 所有受管理员控制的安全参数，如果可能，应指明安全值；

f) 每一种与管理功能有关的安全相关事件，包括对安全功能所控制的实体的安全特性进行的改变；

g) 所有与授权管理员有关的 IT 环境的安全要求。

管理员指南应与为评价而提供的其他所有文件保持一致。

7.3.3.4.2 用户指南

开发者应提供包括以下内容的用户指南：

a) 入侵防御产品的非管理用户可使用的安全功能和接口；

b) 入侵防御产品提供给用户的安全功能和接口的用法；

c) 用户可获取但应受安全处理环境控制的所有功能和权限；

d) 入侵防御产品安全操作中用户所应承担的职责；

e) 与用户有关的 IT 环境的所有安全要求。

用户指南应与为评价而提供的其他所有文件保持一致。

7.3.3.5 开发安全要求

开发者应提供包括以下内容的开发安全文件：

a) 开发安全文件应描述在入侵防御产品的开发环境中，为保护入侵防御产品设计和实现的机密性和完整性，而在物理上、程序上、人员上以及其他方面所采取的必要的安全措施；

b） 开发安全文件还应提供在入侵防御产品的开发和维护过程中执行安全措施的证据。

7.3.3.6 测试

7.3.3.6.1 范围

开发者应提供测试覆盖的分析结果。

测试覆盖的分析结果应表明测试文档中所标识的测试与安全功能设计中所描述的安全功能是对应的，且该对应是完整的。

7.3.3.6.2 测试深度

开发者应提供测试深度的分析。

在深度分析中，应说明测试文档中所标识的对安全功能的测试，足以表明该安全功能和高层设计是一致的。

7.3.3.6.3 功能测试

开发者应测试安全功能，并提供以下测试文档：

a） 测试文档应包括测试计划、测试规程、预期的测试结果和实际测试结果。

b） 测试计划应标识要测试的安全功能，并描述测试的目标。测试规程应标识要执行的测试，并描述每个安全功能的测试概况，这些概况包括对其他测试结果的顺序依赖性。

c） 期望的测试结果应表明测试成功后的预期输出。

d） 实际测试结果应表明每个被测试的安全功能能按照规定进行运作。

7.3.3.6.4 独立性测试

开发者应提供证据证明，开发者提供的入侵防御产品经过独立的第三方测试并通过。

7.3.3.7 脆弱性评定

7.3.3.7.1 指南检查

开发者应提供文档。

在文档中，应确定对入侵防御产品的所有可能的操作方式（包括失败和操作失误后的操作）、它们的后果以及对于保持安全操作的意义。文档中还应列出所有目标环境的假设以及所有外部安全措施（包括外部程序的、物理的或人员的控制）的要求。文档应是完整的、清晰的、一致的、合理的。在分析文档中，应阐明文档是完整的。

7.3.3.7.2 脆弱性分析

开发者应从用户可能破坏安全策略的明显途径出发，对入侵防御产品的各种功能进行分析并形成文档。对被确定的脆弱性，开发者应明确记录采取的措施。

对每一条脆弱性，应能够显示在使用入侵防御产品的环境中该脆弱性不能被利用。

7.4 性能要求

7.4.1 吞吐量

入侵防御产品的吞吐量视不同速率的产品有所不同，在开启产品最大策略集和不丢包的情况下，选择不同长度的数据包对入侵防御产品的吞吐量进行测试。

7.4.2 误截和漏截

7.4.2.1 误截

应在正常背景流量条件下，对入侵防御产品的误截情况进行测试。

7.4.2.2 漏截

应在正常和入侵背景混合流量条件下，对入侵防御产品的漏截情况进行测试。

8 入侵防御产品测评方法

8.1 测试环境

入侵防御产品测试的典型网络环境示意图如图1所示。

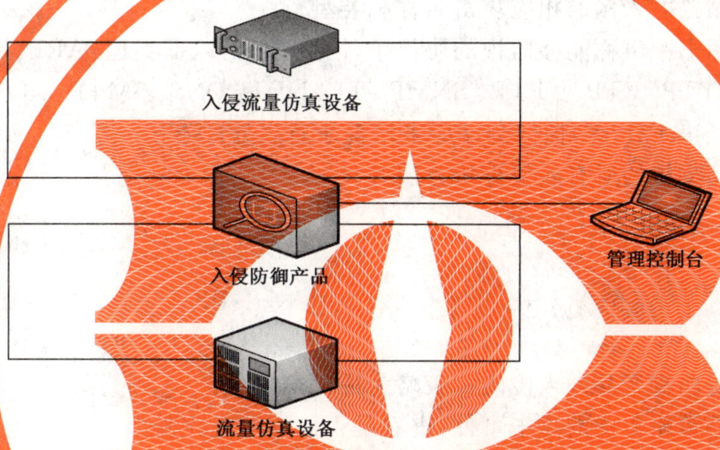

图1 入侵防御产品测试环境示意图

测试设备包括测试所需的交换机、入侵流量仿真设备、流量仿真设备以及入侵防御产品控制台等。其中，入侵流量仿真设备、流量仿真设备可为多台模拟正常流量计算机、模拟攻击源计算机和被攻击计算机，也可以是专用测试设备。

8.2 测试工具

可用的测试工具包括但不限于：专用的网络性能分析仪生成网络背景流量；网络数据包获取软件进行包回放；扫描工具和攻击工具包。

8.3 第一级

8.3.1 产品功能测试

8.3.1.1 入侵事件分析功能测试

8.3.1.1.1 数据收集

数据收集测试：

a) 测试评价方法

检测入侵防御产品是否能够以网桥或网关方式正确接入网络，具备实时收集流入受保护网段内的数据包的能力。

b) 测试评价结果

1) 入侵防御产品应能够以网桥或网关方式接入网络；

2) 入侵防御产品应能够获取足够的网络数据包以分析入侵事件。

8.3.1.1.2 协议分析

协议分析测试：

a) 测试评价方法

1) 查看入侵防御产品的安全策略配置文档，检查安全事件的描述是否具有协议类型等属性；

2) 检查产品说明书，查找关于协议分析方法的说明，按照产品所声明的协议分析类型，抽样生成协议事件，组成攻击事件测试集；

3) 配置产品的入侵防御策略为最大策略集；

4) 发送攻击事件测试集中的所有事件，记录产品的检测结果。

b) 测试评价结果

1) 记录产品拦截入侵的相应攻击名称和类型；

2) 产品说明书中声称能够监视的协议事件主要包括以下类型：ARP、ICMP、IP、TCP、UDP、RPC、HTTP、FTP、TFTP、SNMP、TELNET、DNS、SMTP、POP3、NETBIOS、NFS、SMB、MSN、P2P 等，抽样测试应未发现矛盾之处；

3) 列举产品支持的所有入侵分析方法。

8.3.1.1.3 入侵发现

入侵发现测试

a) 测试评价方法

1) 配置入侵防御产品的入侵防御策略为最大策略集；

2) 发送产品策略集中的攻击事件，查看是否能够发现攻击事件。

b) 测试评价结果

入侵防御产品应能发现所测入侵行为。

8.3.1.1.4 流量监测

流量监测测试：

a) 测试评价方法

1) 开启入侵防御产品的流量监测功能，定义流量事件，查看流量显示界面；

2) 对某一服务器发起大流量的访问，如 FTP；

3) 对特定的端口(如 80 端口)发起大流量访问。

b) 测试评价结果

1) 可以显示出各种异常流量信息；

2) 可以显示出大流量的服务器(如 FTP 流量)；

3) 列举提供的异常流量监测内容。

8.3.1.2 入侵响应功能测试

拦截能力测试：

a) 测试评价方法

1) 选择具有不同特征的多个事件组成攻击事件测试集(不少于产品支持的攻击事件库的 30%)，测试入侵防御产品的防御能力。选取的事件应包括木马后门类事件、拒绝服务类事件、缓冲区溢出类事件以及其他具有代表性的网络攻击事件，模拟入侵攻击行为；

2） 配置入侵防御产品的入侵防御策略为最大策略集；

3） 发送攻击事件测试集中的所有事件，记录测试结果。

b） 测试评价结果

1） 能够对入侵行为进行成功拦截；

2） 应能记录所拦截入侵的相应攻击。

8.3.1.3 入侵事件审计功能测试

8.3.1.3.1 事件生成

事件生成测试：

a） 测试评价方法

1） 登录控制台界面；

2） 检查管理界面，是否可以实时、清晰地查看到入侵拦截情况。

b） 测试评价结果

1） 具有查看入侵拦截事件的显示界面；

2） 显示界面具备清晰的功能区域，可显示所拦截事件的详细信息。

8.3.1.3.2 事件记录

事件记录测试：

a） 测试评价方法

1） 登录控制台界面；

2） 在显示界面上查看所记录的拦截事件的详细信息。

b） 测试评价结果

显示界面上显示的拦截事件详细信息应包括事件名称、事件发生日期和时间、源 IP 地址、源端口、目的 IP 地址、目的端口、危害等级等。

8.3.1.4 管理控制功能测试

8.3.1.4.1 管理界面

管理界面测试：

a） 测试评价方法

1） 登录控制台管理界面；

2） 查看用户界面的功能，包括管理配置界面、告警显示界面等。

b） 测试评价结果

1） 具备独立的控制台；

2） 具有配置和管理产品所有功能的管理界面和划分清晰功能区域的告警显示界面。

8.3.1.4.2 入侵事件库

入侵事件库测试：

a） 测试评价方法

检查入侵防御产品是否对入侵事件进行系统陈述，对事件进行命名以及详细描述定义。

b） 测试评价结果

1） 入侵防御产品应对所有支持的入侵事件具有命名和详细的描述定义；

2） 详细描述为人理解，不产生歧义。

8.3.1.4.3 事件分级

事件分级测试：

a） 测试评价方法

检查入侵事件库中是否对每个事件都有分级信息。

b） 测试评价结果

事件库的所有事件都具有分级信息。

8.3.1.4.4 硬件失效处理

a） 测试评价方法

检查入侵防御产品具备何种硬件失效处理机制。

b） 测试评价结果

对于产品硬件失效时，应不影响网络的通畅。

8.3.1.4.5 策略配置

策略配置测试：

a） 测试评价方法

1） 登录产品管理界面，查看产品提供的默认策略；

2） 查看是否允许编辑或修改生成新的策略；

3） 查看是否可以编辑或修改各策略的响应措施。

b） 测试评价结果

1） 产品应提供默认的策略，并可以直接应用；

2） 应允许用户编辑策略；

3） 具有供用户编辑策略的向导功能；

4） 支持策略的导入、导出；

5） 应允许用户编辑策略的不同响应措施；

6） 记录产品提供的策略种类和名称。

8.3.1.4.6 产品升级

产品升级测试：

a） 测试评价方法

检查入侵特征库的升级方式。

b） 测试评价结果

1） 入侵特征库可以进行手动或自动的在线升级；

2） 升级的过程中入侵防御产品仍可以正常拦截事件。

8.3.1.4.7 管理接口独立

管理接口独立测试：

a） 测试评价方法

检查入侵防御产品是否配备进行产品管理和网络数据通讯拦截的物理接口。

b） 测试评价结果

产品的管理接口和网络数据通讯拦截接口是不同的接口，且均能正常工作。

8.3.2 产品自身安全测试

8.3.2.1 标识和鉴别

8.3.2.1.1 用户鉴别

用户鉴别测试：

a) 测试评价方法

登录入侵防御产品，检查是否在执行所有功能之前要求首先进行身份认证。

b) 测试评价结果

1) 在用户执行任何与安全功能相关的操作之前都应对用户进行鉴别；
2) 登录之前允许做的操作，应仅限于输入登录信息、查看登录帮助等操作；
3) 允许用户在登录后执行与其安全功能相关的各类操作时，不再重复认证。

8.3.2.1.2 鉴别失败的处理

鉴别失败的处理测试：

a) 测试评价方法

1) 检查入侵防御产品的安全功能是否可定义当用户鉴别尝试失败连续达到指定次数后，采取相应的措施；
2) 尝试多次失败的用户鉴别行为，检查到达指定的鉴别失败次数后，入侵防御产品是否采取了相应的措施。

b) 测试评价结果

1) 入侵防御产品应定义当用户鉴别尝试失败连续达到指定次数后，采取相应的措施；
2) 当用户鉴别尝试失败连续达到指定次数后，入侵防御产品应阻止用户进一步尝试(如锁定该用户或者登录 IP)。

8.3.2.1.3 鉴别数据保护

鉴别数据保护测试：

a) 测试评价方法

检查入侵防御产品是否仅允许指定的授权用户查阅或修改身份鉴别数据。

b) 测试评价结果

入侵防御产品应仅允许指定的授权用户查阅或修改身份鉴别数据。

8.3.2.2 用户管理

8.3.2.2.1 标识唯一性

标识唯一性测试：

a) 测试评价方法

检查入侵防御产品的安全功能是否保证所定义的用户标识全局唯一。

b) 测试评价结果

1) 入侵防御产品应允许定义多个用户；
2) 应保证每一个用户标识是全局唯一的，不允许一个用户标识用于多个用户。

8.3.2.2.2 用户属性定义

用户属性定义测试：

a） 测试评价方法

定义多个用户，检查输入的用户信息是否都能被保存。

b） 测试评价结果

入侵防御产品应为每一个用户保存其安全属性，包括用户标识、鉴别数据（如密码）、授权信息或用户组信息、其他安全属性等。输入的用户信息无丢失现象发生。

8.3.2.3 安全功能保护

8.3.2.3.1 安全数据管理

安全数据管理测试：

a） 测试评价方法

模拟授权与非授权用户访问事件数据，入侵防御产品安全功能是否仅允许授权用户访问事件数据。

b） 测试评价结果

入侵防御产品应限制对事件数据的访问。除了具有明确的访问权限的授权用户之外，入侵防御产品应禁止所有其他用户对事件数据的访问。

8.3.3 产品保证测试

8.3.3.1 配置管理

配置管理评价：

a） 测试评价方法

评价者应审查开发者提供的配置管理支持文件是否包含以下内容：

1） 版本号，要求开发者所使用的版本号与所应表示的产品样本应完全对应，没有歧义；

2） 配置项，要求配置项应有唯一的标识，从而对入侵防御产品的组成有更清楚的描述。

b） 测试评价结果

审查记录以及最后结果（符合/不符合），开发者应提供唯一版本号和配置项。

8.3.3.2 交付与运行

交付与运行评价：

a） 测试评价方法

评价者应审查开发者是否提供了文档说明入侵防御产品的安装、生成、启动和使用的过程。用户能够通过此文档了解安装、生成、启动和使用过程。

b） 测试评价结果

审查记录以及最后结果（符合/不符合）应符合测试评价方法要求。

8.3.3.3 安全功能开发

8.3.3.3.1 功能设计

功能设计评价：

a） 测试评价方法

评价者应审查开发者所提供的信息是否满足如下要求：

1） 功能设计应当使用非形式化风格来描述产品安全功能与其外部接口；

2） 功能设计应当是内在一致的；

3) 功能设计应当描述使用所有外部产品安全功能接口的目的与方法，适当的时候，要提供结果影响例外情况和出错信息的细节；

4) 功能设计应当完整地表示产品安全功能。

评价者应确认功能设计是否是入侵防御产品安全要求的精确和完整的示例。

b) 测试评价结果

审查记录以及最后结果（符合/不符合），评价者审查内容至少包括测试评价方法中的四个方面。开发者提供的内容应精确和完整。

8.3.3.3.2 表示对应性

表示对应性评价：

a) 测试评价方法

评价者应审查开发者是否在产品安全功能表示的所有相邻对之间提供对应性分析。其中，入侵防御产品各种安全功能表示（如入侵防御产品功能设计、高层设计、低层设计、实现表示）之间的对应性是所提供的抽象产品安全功能表示要求的精确而完整的示例。产品安全功能在功能设计中进行细化，并且较为抽象的产品安全功能表示的所有相关安全功能部分，在较具体的产品安全功能表示中进行细化。

b) 测试评价结果

审查记录以及最后结果（符合/不符合），评价者审查内容至少包括功能设计、高层设计、低层设计、实现表示这四项。开发者提供的内容应精确和完整，并互相对应。

8.3.3.4 指导性文档

8.3.3.4.1 管理员指南

管理员指南评价：

a) 测试评价方法

评价者应审查开发者是否提供了供授权管理员使用的管理员指南，并且此管理员指南是否包括如下内容：

1) 入侵防御产品可以使用的管理功能和接口；

2) 怎样安全地管理入侵防御产品；

3) 在安全处理环境中应进行控制的功能和权限；

4) 所有对与入侵防御产品的安全操作有关的用户行为的假设；

5) 所有受管理员控制的安全参数，如果可能，应指明安全值；

6) 每一种与管理功能有关的安全相关事件，包括对安全功能所控制的实体的安全特性进行的改变；

7) 所有与授权管理员有关的 IT 环境的安全要求。

b) 测试评价结果

审查记录以及最后结果（符合/不符合），评价者审查内容至少包括测试评价方法中的七方面。开发者提供的管理员指南应完整。

8.3.3.4.2 用户指南

用户指南评价：

a) 测试评价方法

评价者应审查开发者是否提供了供入侵防御产品用户使用的用户指南，并且此用户指南是否包括如下内容：

1） 入侵防御产品的非管理用户可使用的安全功能和接口；

2） 入侵防御产品提供给用户的安全功能和接口的用法；

3） 用户可获取但应受安全处理环境控制的所有功能和权限；

4） 入侵防御产品安全操作中用户所应承担的职责；

5） 与用户有关的 IT 环境的所有安全要求。

b） 测试评价结果

审查记录以及最后结果（符合/不符合），评价者审查内容至少包括测试评价方法中的五方面。开发者提供的用户指南应完整，并与为评价而提供的其他所有文件保持一致。

8.3.3.5 开发安全要求

开发安全要求评价：

a） 测试评价方法

评价者应审查开发者所提供的信息是否满足如下要求：

1） 开发人员的安全管理：开发人员的安全规章制度，开发人员的安全教育培训制度和记录；

2） 开发环境的安全管理：开发地点的出入口控制制度和记录，开发环境的温湿度要求和记录，开发环境的防火防盗措施和国家有关部门的许可文件，开发环境中所使用安全系统必须采用符合国家有关规定的系统并提供相应证明材料；

3） 开发设备的安全管理：开发设备的安全管理制度，包括开发主机使用管理和记录，设备的购置、修理、处置的制度和记录，上网管理，计算机病毒管理和记录等；

4） 开发过程和成果的安全管理：对入侵防御产品代码、文档、样机进行受控管理的制度和记录。

b） 测试评价结果

审查记录以及最后结果（符合/不符合），评价者审查内容至少包括测试评价方法中的四方面。开发者提供文档应完整。

8.3.3.6 测试

8.3.3.6.1 范围

范围评价：

a） 测试评价方法

评价者应审查开发者提供的测试覆盖分析结果，是否表明了测试文档中所标识的测试与安全功能设计中所描述的安全功能是对应的。

b） 测试评价结果

审查记录以及最后结果（符合/不符合），开发者提供的测试文档中所标识的测试与安全功能设计中所描述的安全功能应对应。

8.3.3.6.2 功能测试

功能测试评价：

a） 测试评价方法

1） 评价开发者提供的测试文档，是否包括测试计划、测试规程、预期的测试结果和实际测试结果；

2） 评价测试计划是否标识了要测试的安全功能，是否描述了测试的目标；

3) 评价测试规程是否标识了要执行的测试，是否描述了每个安全功能的测试概况(这些概况包括对其他测试结果的顺序依赖性)；
4) 评价期望的测试结果是否表明测试成功后的预期输出；
5) 评价实际测试结果是否表明每个被测试的安全功能能按照规定进行运作。

b) 测试评价结果

审查记录以及最后结果(符合/不符合)，评价者审查内容至少包括测试评价方法中的五方面。开发者提供的内容应完整。

8.4 第二级

8.4.1 产品功能测试

8.4.1.1 入侵事件分析功能测试

8.4.1.1.1 数据收集

数据收集测试：

a) 测试评价方法

检测入侵防御产品是否能够以网桥或网关方式正确接入网络，具备实时收集流入受保护网段内的数据包的能力。

b) 测试评价结果
1) 入侵防御产品应能够以网桥或网关方式接入网络；
2) 入侵防御产品应能够获取足够的网络数据包以分析入侵事件。

8.4.1.1.2 协议分析

协议分析测试：

a) 测试评价方法
1) 查看入侵防御产品的安全策略配置文档，检查安全事件的描述是否具有协议类型等属性；
2) 检查产品说明书，查找关于协议分析方法的说明，按照系统所声明的协议分析类型，抽样生成协议事件，组成攻击事件测试集；
3) 配置产品的入侵防御策略为最大策略集；
4) 发送攻击事件测试集中的所有事件，记录产品的检测结果。

b) 测试评价结果
1) 记录产品拦截入侵的相应攻击名称和类型；
2) 产品说明书中声称能够监视的协议事件主要包括以下类型：ARP、ICMP、IP、TCP、UDP、RPC、HTTP、FTP、TFTP、SNMP、TELNET、DNS、SMTP、POP3、NETBIOS、NFS、SMB、MSN、P2P等，抽样测试应未发现矛盾之处；
3) 列举产品支持的所有入侵分析方法。

8.4.1.1.3 入侵发现

入侵发现测试：

a) 测试评价方法
1) 配置入侵防御产品的入侵防御策略为最大策略集；
2) 发送产品策略集中的攻击事件，查看是否能够发现攻击事件。

b) 测试评价结果

入侵防御产品应能发现所测入侵行为。

8.4.1.1.4 入侵逃避发现

入侵逃避发现测试：

a) 测试评价方法
   1) 利用入侵检测躲避工具进行攻击，测试入侵防御产品是否对入侵事件进行拦截；
   2) 将入侵事件的协议端口进行重定位，检查入侵防御产品是否对入侵事件进行拦截。
b) 测试评价结果
   1) 入侵防御产品能够拦截经过分片、乱序之后的入侵事件；
   2) 入侵防御产品能够正确地拦截经过逃避处理的 HTTP 入侵事件；
   3) 入侵防御产品能够对重定位协议端口之后的入侵事件进行拦截。

8.4.1.1.5 流量监测

流量监测测试：

a) 测试评价方法
   1) 开启入侵防御产品的流量监测功能，定义流量事件，查看流量显示界面；
   2) 对某一服务器发起大流量的访问，如 FTP；
   3) 对特定的端口(如 80 端口)发起大流量访问。
b) 测试评价结果
   1) 可以显示出各种异常流量信息；
   2) 可以显示出大流量的服务器(如 FTP 流量)；
   3) 列举提供的异常流量监测内容。

8.4.1.2 入侵响应功能测试

8.4.1.2.1 拦截能力

拦截能力测试：

a) 测试评价方法
   1) 选择具有不同特征的多个事件组成攻击事件测试集(不少于产品支持的攻击事件库的 30%)，测试入侵防御产品的防御能力。选取的事件应包括：木马后门类事件、拒绝服务类事件、缓冲区溢出类事件以及其他具有代表性的网络攻击事件，模拟入侵攻击行为；
   2) 配置入侵防御产品的入侵防御策略为最大策略集；
   3) 发送攻击事件测试集中的所有事件，记录测试结果。
b) 测试评价结果
   1) 能够对入侵行为进行成功拦截；
   2) 应能记录所拦截入侵的相应攻击。

8.4.1.2.2 安全告警

安全警告测试：

a) 测试评价方法
   1) 从已有的事件库中选择具有不同特征的多个事件，组成攻击事件测试集，模拟入侵攻击行为；
   2) 触发产品的入侵防御策略中特定的安全事件，查看是否有拦截告警信息；

3） 查看告警事件的信息。

b） 测试评价结果

1） 可以显示告警信息；

2） 事件的详细解释应能便于理解。

8.4.1.2.3 告警方式

告警方式测试：

a） 测试评价方法

1） 登录产品管理界面，查看产品告警方式的选择；

2） 依次选择各种告警方式，测试是否能够按照指定的方式告警。

b） 测试评价结果

可以采取屏幕实时提示、声音告警、SNMP trap 消息、E-mail 告警、运行指定应用程序等告警方式中的一种或多种。记录并列出所有告警方式。

8.4.1.2.4 事件合并

事件合并测试：

a） 测试评价方法

1） 连续触发同一条事件，查看告警显示的情况，是否能将同一事件进行合并显示；

2） 检测产品是否具有事件合并的能力，如只显示告警信息的事件名称、发生的次数、源 IP（目的是查看某一事件在这个 IP 上发生了多少次）。

b） 测试评价结果

产品可以根据需要进行同类告警事件的合并。

8.4.1.3 入侵事件审计功能测试

8.4.1.3.1 事件生成

事件生成测试：

a） 测试评价方法

1） 登录控制台界面；

2） 检查管理界面，是否可以实时、清晰地查看到入侵拦截情况。

b） 测试评价结果

1） 具有查看入侵拦截事件的显示界面；

2） 显示界面具备清晰的功能区域，可显示所拦截事件的详细信息。

8.4.1.3.2 事件记录

事件记录测试：

a） 测试评价方法

1） 登录控制台界面；

2） 在显示界面上查看所记录的拦截事件的详细信息。

b） 测试评价结果

界面上显示的拦截事件详细信息应包括事件名称、事件发生日期和时间、源 IP 地址、源端口、目的 IP 地址、目的端口、危害等级等。

8.4.1.3.3 报表生成

报表生成测试：

a) 测试评价方法

1) 查看报表生成功能，查看报表的生成方式；

2) 查看生成报表的内容。

b) 测试评价结果

1) 具有生成报表的功能；

2) 提供默认的模板以供快速生成报表；

3) 生成的报表宜包含表格形式、柱状图、饼图等，并宜生成日报、周报等汇总报表。

8.4.1.3.4 报表查阅

报表查阅测试：

a) 测试评价方法

检查入侵防御产品提供的查阅、浏览检测结果报表的功能。

b) 测试评价结果

1) 提供查阅、浏览检测结果报表的功能；

2) 可以根据事件名称、IP 地址、时间等条件进行查询。

8.4.1.3.5 报表输出

报表输出测试：

a) 测试评价方法

1) 检查管理员是否能够按照自己的要求修改和定制报表内容；

2) 检查入侵防御产品支持的报表输出格式。

b) 测试评价结果

1) 入侵防御产品应支持管理员按照自己的要求修改和定制报表内容；

2) 报表应可输出成方便用户阅读的格式，如 DOC、PDF、HTML、XLS 等。

8.4.1.4 管理控制功能测试

8.4.1.4.1 管理界面

管理界面测试：

a) 测试评价方法

1) 登录控制台管理界面；

2) 查看用户界面的功能，包括管理配置界面、告警显示界面等。

b) 测试评价结果

1) 具备独立的控制台；

2) 具有配置和管理产品所有功能的管理界面和划分清晰功能区域的告警显示界面。

8.4.1.4.2 入侵事件库

入侵事件库测试：

a) 测试评价方法

检查入侵防御产品是否对入侵事件进行系统陈述，对事件进行命名以及详细描述定义。

b) 测试评价结果
   1) 入侵防御产品应对所有支持的入侵事件具有命名和详细的描述定义；
   2) 详细描述为人理解，不产生歧义。

8.4.1.4.3 事件分级

事件分级测试：

a) 测试评价方法
   检查入侵事件库中是否对每个事件都有分级信息。
b) 测试评价结果
   事件库的所有事件都具有分级信息。

8.4.1.4.4 事件定义

事件定义测试：

a) 测试评价方法
   1) 查看入侵防御产品设置，是否提供自定义事件界面，是否允许基于产品默认事件修改生成新的事件；
   2) 自定义生成新的入侵特征；
   3) 按照新生成的入侵特征发送相应的入侵事件，检查产品能否拦截。
b) 测试评价结果
   1) 入侵防御产品允许用户自定义事件，或者可基于产品默认事件修改生成新的入侵事件；
   2) 入侵防御产品能够检测到新定义的事件并拦截。

8.4.1.4.5 协议定义

协议定义测试：

a) 测试评价方法
   1) 查看入侵防御产品设置，是否提供自定义协议的界面，是否允许基于已有协议修改生成新的协议，是否允许对协议的端口进行重新定位拦截；
   2) 自定义生成新的协议；
   3) 按照新生成的协议类型发送相应的入侵事件，检查产品能否拦截。
b) 测试评价结果
   1) 入侵防御产品允许用户自定义协议，或者可基于产品提供的已有协议修改生成新的协议，或者允许对协议的端口进行重新定位；
   2) 入侵防御产品能够检测到新定义的协议事件并拦截。

8.4.1.4.6 流量控制

流量控制测试：

a) 测试评价方法
   1) 开启入侵防御产品的流量控制功能；
   2) 对某一服务器发起大流量的访问，如 P2P。
b) 测试评价结果
   入侵防御产品允许针对异常流量实现流量控制功能。

8.4.1.4.7 硬件失效处理

硬件失效处理测试：

a） 测试评价方法

检查入侵防御产品具备何种硬件失效处理机制。

b） 测试评价结果

对于产品硬件失效时，应不影响网络的通畅。

8.4.1.4.8 策略配置

策略配置测试：

a） 测试评价方法

1） 打开菜单，查看产品提供的默认策略；查看是否允许编辑或修改生成新的策略；

2） 查看是否可以编辑或修改各策略的响应措施。

b） 测试评价结果

1） 产品应提供默认的策略，并可以直接应用；

2） 应允许用户编辑策略；

3） 具有供用户编辑策略的向导功能；

4） 支持策略的导入、导出；

5） 应允许用户编辑策略的不同响应措施；

6） 记录产品提供的策略种类和名称。

8.4.1.4.9 产品升级

产品升级测试：

a） 测试评价方法

检查入侵防御产品的版本和入侵特征库的升级方式。

b） 测试评价结果

1） 入侵防御产品程序版本和入侵特征库可以进行手动或自动的在线升级；

2） 升级的过程中入侵防御产品仍可以正常拦截事件。

8.4.1.4.10 管理接口独立

管理接口独立测试：

a） 测试评价方法

检查入侵防御产品是否配备进行产品管理和网络数据通讯拦截的物理接口。

b） 测试评价结果

产品的管理接口和网络数据通讯拦截接口是不同的接口，且均能正常工作。

8.4.2 产品自身安全测试

8.4.2.1 标识和鉴别

8.4.2.1.1 用户鉴别

用户鉴别测试：

a） 测试评价方法

登录入侵防御产品，检查是否在执行所有功能之前要求首先进行身份认证。

b） 测试评价结果

1） 在用户执行任何与安全功能相关的操作之前都应对用户进行鉴别；

2） 登录之前允许做的操作，应仅限于输入登录信息、查看登录帮助等操作；

3）允许用户在登录后执行与其安全功能相关的各类操作时，不再重复认证。

8.4.2.1.2 鉴别失败的处理

鉴别失败的处理测试：

a）测试评价方法

1）检查入侵防御产品的安全功能是否可定义用户鉴别尝试的最大允许失败次数；

2）检查产品的安全功能是否可定义当用户鉴别尝试失败连续达到指定次数后，采取相应的措施；

3）尝试多次失败的用户鉴别行为，检查到达指定的鉴别失败次数后，入侵防御产品是否采取了相应的措施。

4）检查日志记录中是否包括用户或者登录 IP 被锁定等鉴别失败处理措施的审计信息。

b）测试评价结果

1）入侵防御产品应具备定义用户鉴别尝试的最大允许失败次数的功能；

2）入侵防御产品应定义当用户鉴别尝试失败连续达到指定次数后，采取相应的措施；

3）当用户鉴别尝试失败连续达到指定次数后，入侵防御产品应阻止用户进一步尝试（如锁定该用户或者登录 IP）。

4）最多失败次数仅由授权管理员设定，日志记录中应包括鉴别失败处理措施的审计信息。

8.4.2.1.3 鉴别数据保护

鉴别数据保护测试：

a）测试评价方法

检查入侵防御产品是否仅允许指定的授权用户查阅或修改身份鉴别数据。

b）测试评价结果

入侵防御产品应仅允许指定的授权用户查阅或修改身份鉴别数据。

8.4.2.1.4 超时锁定

超时锁定测试：

a）测试评价方法

1）检查入侵防御产品是否具有管理员登录超时重新鉴别功能；

2）设定管理员登录超时重新鉴别的时间段，检查登录用户在设定的时间段内没有任何操作的情况下，入侵防御产品是否终止了会话，用户是否需要再次进行身份鉴别才能够重新管理和使用产品。

b）测试评价结果

1）入侵防御产品应具有登录超时重新鉴别功能；

2）任何登录用户在设定的时间段内没有任何操作的情况下，应被终止了会话，用户需要再次进行身份鉴别才能够重新管理和使用入侵防御产品；

3）最大超时时间仅由授权管理员设定。

8.4.2.2 用户管理

8.4.2.2.1 标识唯一性

标识唯一性测试：

a）测试评价方法

检查入侵防御产品的安全功能是否保证所定义的用户标识全局唯一。

b) 测试评价结果

1) 入侵防御产品应允许定义多个用户；

2) 应保证每一个用户标识是全局唯一的，不允许一个用户标识用于多个用户。

8.4.2.2.2 用户属性定义

用户属性定义测试：

a) 测试评价方法

定义多个用户，检查输入的用户信息是否都能被保存。

b) 测试评价结果

入侵防御产品应为每一个用户保存其安全属性，包括用户标识、鉴别数据（如密码）、授权信息或用户组信息、其他安全属性等。输入的用户信息无丢失现象发生。

8.4.2.2.3 角色分级

角色分级测试：

a) 测试评价方法

1) 设置多个不同级别角色的用户，进行不同级别内容的操作请求；

2) 检查入侵防御产品的安全功能是否提供角色分级的用户。

b) 测试评价结果

入侵防御产品应提供分级角色的用户，分级角色覆盖范围互不相同。

8.4.2.3 安全功能保护

8.4.2.3.1 安全数据管理

安全数据管理测试：

a) 测试评价方法

模拟授权与非授权用户访问事件数据，入侵防御产品安全功能是否仅允许授权用户访问事件数据。

b) 测试评价结果

入侵防御产品应限制对事件数据的访问。除了具有明确的访问权限的授权用户之外，入侵防御产品应禁止所有其他用户对事件数据的访问。

8.4.2.3.2 数据存储告警

数据存储告警测试：

a) 测试评价方法

1) 检查入侵防御产品安全功能是否具有存储器剩余空间将耗尽的告警功能；

2) 人为地将存储产品的事件数据存储器空间耗至产品默认的告警值以下，查看入侵防御产品是否告警，查看入侵防御产品是否提供防止事件记录丢失的措施。

b) 测试评价结果

1) 入侵防御产品在发生事件数据存储器空间将耗尽的情况时，自动产生告警；

2) 在发现事件数据存储器空间将耗尽时，入侵防御产品还应提醒用户采取措施避免事件丢失，可选择例如转存已有事件数据、仅记录重要的事件数据、或者不记录新的事件数据等措施之一。

8.4.2.4 安全审计

8.4.2.4.1 审计数据生成

审计数据生成测试：

a) 测试评价方法

结合开发者文档，使用不同角色用户模拟对入侵防御产品不同模块进行访问、运行、修改、关闭以及重复失败尝试等相关操作，检查入侵防御产品提供了对哪些事件的审计。审查审计记录的正确性。

b) 测试评价结果

1) 入侵防御产品应至少为下述可审计事件产生审计记录：身份鉴别的尝试、安全策略更改的操作、修改安全属性的尝试；

2) 应在每个审计记录中至少记录如下信息：事件的日期和时间、事件类型、主体身份、事件的结果(成功或失败)等。

8.4.2.4.2 审计查阅

审计查阅测试：

a) 测试评价方法

审查产品安全功能是否为授权管理员提供从审计记录中读取全部审计信息的功能，是否能对审计记录进行排序。

b) 测试评价结果

入侵防御产品应为授权管理员提供从审计记录中读取全部审计信息的功能，并可以对审计记录进行排序。

8.4.2.4.3 受限的审计查阅

受限的审计查阅测试：

a) 测试评价方法

模拟授权与非授权管理员访问审计记录，入侵防御产品安全功能是否仅允许授权管理员访问审计记录。

b) 测试评价结果

入侵防御产品应限制审计记录的访问。除了具有明确的读访问权限的授权管理员之外，入侵防御产品应禁止所有其他用户对审计记录的读访问。

8.4.3 产品保证测试

8.4.3.1 配置管理

8.4.3.1.1 配置管理能力

配置管理能力评价：

a) 测试评价方法

评价者应审查开发者所提供的文档是否包含以下内容：

1) 开发者应使用配置管理系统并提供配置管理文档，以及为入侵防御产品的不同版本提供唯一的标识。

2) 配置管理系统应对所有的配置项作出唯一的标识，并保证只有经过授权才能修改配置项。

3） 配置管理文档应包括配置清单、配置管理计划。配置清单用来描述组成入侵防御产品的配置项。在配置管理计划中，应描述配置管理系统是如何使用的。实施的配置管理应与配置管理计划相一致。
4） 配置管理文档还应描述对配置项给出唯一标识的方法，并提供所有的配置项得到有效的维护的证据。

b） 测试评价结果

审查记录以及最后结果（符合/不符合），评价者审查内容至少包括测试评价方法中的四方面。开发者提供的配置管理内容应完整。

8.4.3.1.2 配置管理范围

配置管理范围评价：

a） 测试评价方法

评价者应审查开发者提供的配置管理支持文件是否包含配置管理范围，要求将入侵防御产品的实现表示、设计文档、测试文档、用户文档、管理员文档、配置管理文档等置于配置管理之下，从而确保它们的修改是在一个正确授权的可控方式下进行的。评价者应审查开发者交付的文档是否包含以下内容：

1） 开发者所提供的配置管理文档应展示配置管理系统至少能跟踪上述配置管理之下的内容；
2） 文档应描述配置管理系统是如何跟踪这些配置项的；
3） 文档还应提供足够的信息表明达到所有要求。

b） 测试评价结果

审查记录以及最后结果（符合/不符合）符合测试评价方法要求，评价者测试和审查内容至少包括测试评价方法中的三方面。

8.4.3.2 交付与运行

8.4.3.2.1 交付

交付评价：

a） 测试评价方法

评价者应审查开发者是否使用一定的交付程序交付入侵防御产品，并使用文档描述交付过程，并且评价者应审查开发者交付的文档是否包含在给用户方交付入侵防御产品的各版本时，为维护安全所必需的所有程序。

b） 测试评价结果

测试记录以及最后结果（符合/不符合）应符合测试评价方法要求，开发者应提供完整的文档描述所有交付的过程（文档和程序交付）。

8.4.3.2.2 安装生成

安装生成评价：

a） 测试评价方法

评价者应审查开发者是否提供了文档说明入侵防御产品的安装、生成、启动和使用的过程。用户能够通过此文档了解安装、生成、启动和使用过程。

b） 测试评价结果

审查记录以及最后结果（符合/不符合）应符合测试评价方法要求。

8.4.3.3 安全功能开发

8.4.3.3.1 功能设计

功能设计评价：

a) 测试评价方法

评价者应审查开发者所提供的信息是否满足如下要求：

1) 功能设计应当使用非形式化风格来描述产品安全功能与其外部接口；
2) 功能设计应当是内在一致的；
3) 功能设计应当描述使用所有外部产品安全功能接口的目的与方法，适当的时候，要提供结果影响例外情况和出错信息的细节；
4) 功能设计应当完整地表示产品安全功能。

评价者应确认功能设计是否是入侵防御产品安全要求的精确和完整的示例。

b) 测试评价结果

审查记录以及最后结果(符合/不符合)，评价者审查内容至少包括测试评价方法中的四个方面。开发者提供的内容应精确和完整。

8.4.3.3.2 高层设计

高层设计评价：

a) 测试评价方法

评价者应审查开发者所提供的信息是否满足如下要求：

1) 高层设计应采用非形式化的表示；
2) 高层设计应当是内在一致的；
3) 入侵防御产品高层设计应当描述每一个安全功能子系统所提供的安全功能，提供了适当的体系结构来实现入侵防御产品安全要求；
4) 入侵防御产品的高层设计应当以子系统的观点来描述产品安全功能的结构，定义所有子系统之间的相互关系，并把这些相互关系适当地作为数据流、控制流等的外部接口来表示；
5) 高层设计应当标识入侵防御产品安全要求的任何基础性的硬件、固件和/或软件，并且通过支持这些硬件、固件或软件所实现的保护机制，来提供产品安全功能表示。

b) 测试评价结果

审查记录以及最后结果(符合/不符合)，评价者审查内容至少包括测试评价方法中的五个方面。开发者提供的高层设计内容应精确和完整。

8.4.3.3.3 表示对应性

表示对应性评价：

a) 测试评价方法

评价者应审查开发者是否在产品安全功能表示的所有相邻对之间提供对应性分析。其中，入侵防御产品各种安全功能表示(如入侵防御产品功能设计、高层设计、低层设计、实现表示)之间的对应性是所提供的抽象产品安全功能表示要求的精确而完整的示例。产品安全功能在功能设计中进行细化，并且较为抽象的产品安全功能表示的所有相关安全功能部分，在较具体的产品安全功能表示中进行细化。

b) 测试评价结果

测试记录以及最后结果(符合/不符合),评价者审查内容至少包括功能设计、高层设计、低层设计、实现表示这四项。开发者提供的内容应精确和完整,并互相对应。

8.4.3.4 指导性文档

8.4.3.4.1 管理员指南

管理员指南评价:

a) 测试评价方法

评价者应审查开发者是否提供了供授权管理员使用的管理员指南,并且此管理员指南是否包括如下内容:

1) 入侵防御产品可以使用的管理功能和接口;
2) 怎样安全地管理入侵防御产品;
3) 在安全处理环境中应进行控制的功能和权限;
4) 所有对与入侵防御产品的安全操作有关的用户行为的假设;
5) 所有受管理员控制的安全参数,如果可能,应指明安全值;
6) 每一种与管理功能有关的安全相关事件,包括对安全功能所控制的实体的安全特性进行的改变;
7) 所有与授权管理员有关的 IT 环境的安全要求。

b) 测试评价结果

测试记录以及最后结果(符合/不符合),评价者审查内容至少包括测试评价方法中的七方面。开发者提供的管理员指南应完整。

8.4.3.4.2 用户指南

用户指南评价:

a) 测试评价方法

评价者应审查开发者是否提供了供入侵防御产品用户使用的用户指南,并且此用户指南是否包括如下内容:

1) 入侵防御产品的非管理用户可使用的安全功能和接口;
2) 入侵防御产品提供给用户的安全功能和接口的用法;
3) 用户可获取但应受安全处理环境控制的所有功能和权限;
4) 入侵防御产品安全操作中用户所应承担的职责;
5) 与用户有关的 IT 环境的所有安全要求。

b) 测试评价结果

测试记录以及最后结果(符合/不符合),评价者审查内容至少包括测试评价方法中的五方面。开发者提供的用户指南应完整,并与为评价而提供的其他所有文件保持一致。

8.4.3.5 开发安全要求

开发安全要求评价:

a) 测试评价方法

评价者应审查开发者所提供的信息是否满足如下要求:

1) 开发人员的安全管理:开发人员的安全规章制度,开发人员的安全教育培训制度和记录;
2) 开发环境的安全管理:开发地点的出入口控制制度和记录,开发环境的温湿度要求和记录,开发环境的防火防盗措施和国家有关部门的许可文件,开发环境中所使用安全系统必须采用符合国家有关规定的系统并提供相应证明材料；

3) 开发设备的安全管理：开发设备的安全管理制度，包括开发主机使用管理和记录，设备的购置、修理、处置的制度和记录，上网管理，计算机病毒管理和记录等；

4) 开发过程和成果的安全管理：对入侵防御产品代码、文档、样机进行受控管理的制度和记录。

b) 测试评价结果

测试记录以及最后结果(符合/不符合)，评价者审查内容至少包括测试评价方法中的四方面。开发者提供文档应完整。

8.4.3.6 测试

8.4.3.6.1 范围

范围评价：

a) 测试评价方法

1) 评价者应审查开发者提供的测试覆盖分析结果，是否表明了测试文档中所标识的测试与安全功能设计中所描述的安全功能是对应的；

2) 评价测试文档中所标识的测试，是否完整。

b) 测试评价结果

审查记录以及最后结果(符合/不符合)，开发者提供的测试文档中所标识的测试与安全功能设计中所描述的安全功能应对应，并且标识的测试应覆盖所有安全功能。

8.4.3.6.2 测试深度

测试深度评价：

a) 测试评价方法

评价开发者提供的测试深度分析，是否说明了测试文档中所标识的对安全功能的测试，足以表明该安全功能和高层设计是一致的。

b) 测试评价结果

测试记录以及最后结果(符合/不符合)，评价者测试和审查与安全功能相对应的测试，这些测试应能正确保证测试出的安全功能符合高层设计的要求。

8.4.3.6.3 功能测试

功能测试评价：

a) 测试评价方法

1) 评价开发者提供的测试文档，是否包括测试计划、测试规程、预期的测试结果和实际测试结果；

2) 评价测试计划是否标识了要测试的安全功能，是否描述了测试的目标；

3) 评价测试规程是否标识了要执行的测试，是否描述了每个安全功能的测试概况(这些概况包括对其他测试结果的顺序依赖性)；

4) 评价期望的测试结果是否表明测试成功后的预期输出；

5) 评价实际测试结果是否表明每个被测试的安全功能能按照规定进行运作。

b) 测试评价结果

测试记录以及最后结果(符合/不符合)，评价者审查内容至少包括测试评价方法中的五方面。开发者提供的内容应完整。

8.4.3.6.4 独立性测试

独立性测试评价：

a) 测试评价方法

评价者应审查开发者是否提供了用于测试的入侵防御产品，且提供的入侵防御产品是否适合测试。

b) 测试评价结果

测试记录以及最后结果(符合/不符合)，开发者应提供能适合第三方测试的入侵防御产品。

8.4.3.7 脆弱性评定

8.4.3.7.1 指南检查

指南检查评价：

a) 测试评价方法

评价者应审查开发者提供的文档，是否满足了以下要求：

1) 评价文档是否确定了对入侵防御产品的所有可能的操作方式(包括失败和操作失误后的操作)是否确定了它们的后果，以及是否确定了对于保持安全操作的意义；
2) 评价文档，是否列出了所有目标环境的假设以及所有外部安全措施(包括外部程序的、物理的或人员的控制)的要求；
3) 评价文档是否完整、清晰、一致、合理。

b) 测试评价结果

测试记录以及最后结果(符合/不符合)符合测试评价方法要求。开发者提供的评价文档应完整。

8.4.3.7.2 脆弱性分析

脆弱性分析评价：

a) 测试评价方法

1) 评价开发者提供的脆弱性分析文档，是否从用户可能破坏安全策略的明显途径出发，对入侵防御产品的各种功能进行了分析；
2) 对被确定的脆弱性，评价开发者是否明确记录了采取的措施；
3) 对每一条脆弱性，评价是否能够显示在使用入侵防御产品的环境中该脆弱性不能被利用。

b) 测试评价结果

测试记录以及最后结果(符合/不符合)符合测试评价方法要求。开发者提供的脆弱性分析文档应完整。

8.5 第三级

8.5.1 产品功能测试

8.5.1.1 入侵事件分析功能测试

8.5.1.1.1 数据收集

数据收集测试：

a) 测试评价方法

检测入侵防御产品是否能够以网桥或网关方式正确接入网络，具备实时收集流入受保护网段内的数据包的能力。

b) 测试评价结果

1) 入侵防御产品应能够以网桥或网关方式接入网络;

2) 入侵防御产品应能够获取足够的网络数据包以分析入侵事件。

8.5.1.1.2 协议分析

协议分析测试:

a) 测试评价方法

1) 查看入侵防御产品的安全策略配置文档,检查安全事件的描述是否具有协议类型等属性;

2) 检查产品说明书,查找关于协议分析方法的说明,按照产品所声明的协议分析类型,抽样生成协议事件,组成攻击事件测试集;

3) 配置产品的入侵防御策略为最大策略集;

4) 发送攻击事件测试集中的所有事件,记录产品的检测结果。

b) 测试评价结果

1) 记录产品拦截入侵的相应攻击名称和类型;

2) 产品说明书中声称能够监视的协议事件主要包括以下类型:ARP、ICMP、IP、TCP、UDP、RPC、HTTP、FTP、TFTP、SNMP、TELNET、DNS、SMTP、POP3、NETBIOS、NFS、SMB、MSN、P2P 等,抽样测试应未发现矛盾之处;

3) 列举产品支持的所有入侵分析方法。

8.5.1.1.3 入侵发现

入侵发现测试:

a) 测试评价方法

1) 配置入侵防御产品的入侵防御策略为最大策略集;

2) 发送产品策略集中的攻击事件,查看是否能够发现攻击事件。

b) 测试评价结果

入侵防御产品应能发现所测入侵行为。

8.5.1.1.4 入侵逃避发现

入侵逃避发现测试:

a) 测试评价方法

1) 利用入侵检测躲避工具进行攻击,测试入侵防御产品是否对入侵事件进行拦截;

2) 将入侵事件的协议端口进行重定位,检查入侵防御产品是否对入侵事件进行拦截。

b) 测试评价结果

1) 入侵防御产品能够拦截经过分片、乱序之后的入侵事件;

2) 入侵防御产品能够正确地拦截经过逃避处理的 HTTP 入侵事件;

3) 入侵防御产品能够对重定位协议端口之后的入侵事件进行拦截。

8.5.1.1.5 流量监测

流量监测测试:

a) 测试评价方法

1) 开启入侵防御产品的流量监测功能,定义流量事件,查看流量显示界面;

2) 对某一服务器发起大流量的访问,如 FTP;

3) 对特定的端口(如80端口)发起大流量访问。

b) 测试评价结果

1) 可以显示出各种异常流量信息;

2) 可以显示出大流量的服务器(如FTP流量);

3) 列举提供的异常流量监测内容。

8.5.1.2 入侵响应功能测试

8.5.1.2.1 拦截能力

拦截能力测试:

a) 测试评价方法

1) 选择具有不同特征的多个事件组成攻击事件测试集(不少于产品支持的攻击事件库的30%),测试入侵防御产品的防御能力。选取的事件应包括:木马后门类事件、拒绝服务类事件、缓冲区溢出类事件以及其他具有代表性的网络攻击事件,模拟入侵攻击行为;

2) 配置入侵防御产品的入侵防御策略为最大策略集;

3) 发送攻击事件测试集中的所有事件,记录测试结果。

b) 测试评价结果

1) 能够对入侵行为进行成功拦截;

2) 应能记录所拦截入侵的相应攻击。

8.5.1.2.2 安全告警

安全告警测试:

a) 测试评价方法

1) 从已有的事件库中选择具有不同特征的多个事件,组成攻击事件测试集。模拟入侵攻击行为;

2) 触发产品的入侵防御策略中特定的安全事件,查看是否有拦截告警信息;

3) 查看告警事件的信息。

b) 测试评价结果

1) 可以显示告警信息;

2) 事件的详细解释应能便于理解。

8.5.1.2.3 告警方式

告警方式测试:

a) 测试评价方法

1) 打开菜单,查看产品告警方式的选择;

2) 依次选择各种告警方式,测试是否能够按照指定的方法告警。

b) 测试评价结果

可以采取屏幕实时提示、声音告警、SNMP trap 消息、E-mail 告警、运行指定应用程序等告警方式中的一种或多种。记录并列出所有告警方式。

8.5.1.2.4 事件合并

事件合并测试:

a) 测试评价方法

1) 连续触发同一条事件,查看告警显示的情况,是否能将同一事件进行合并显示;
2) 设置事件合并的规则,将某些内容进行合并,如只显示告警信息的事件名称、发生的次数、源 IP(目的是查看某一事件在这个 IP 上发生了多少次)。

b) 测试评价结果

产品可以根据需要进行同类告警事件的合并。

8.5.1.3 入侵事件审计功能测试

8.5.1.3.1 事件生成

事件生成测试:

a) 测试评价方法
   1) 登录控制台界面;
   2) 检查管理界面,是否可以实时、清晰地查看到入侵拦截情况。
b) 测试评价结果
   1) 具有查看入侵拦截事件的显示界面;
   2) 显示界面具备清晰的功能区域,可显示所拦截事件的详细信息。

8.5.1.3.2 事件记录

事件记录测试:

a) 测试评价方法
   1) 登录控制台界面;
   2) 在显示界面上查看所记录的拦截事件的详细信息。
b) 测试评价结果

   显示界面上显示的拦截事件详细信息应包括事件名称、事件发生日期和时间、源 IP 地址、源端口、目的 IP 地址、目的端口、危害等级等。

8.5.1.3.3 报表生成

报表生成测试:

a) 测试评价方法
   1) 查看报表生成功能,查看报表的生成方式;
   2) 查看生成报表的内容。
b) 测试评价结果
   1) 具有生成报表的功能;
   2) 提供默认的模板以供快速生成报表;
   3) 生成的报表宜包含表格形式、柱状图、饼图等,并宜生成日报、周报等汇总报表。

8.5.1.3.4 报表查阅

报表查阅测试:

a) 测试评价方法

   检查入侵防御产品提供的查阅、浏览检测结果报表的功能。
b) 测试评价结果
   1) 提供查阅、浏览检测结果报表的功能;
   2) 可以根据事件名称、IP 地址、时间等条件进行查询。

8.5.1.3.5 报表输出

报表输出测试：

a） 测试评价方法

1） 检查管理员是否能够按照自己的要求修改和定制报表内容；

2） 检查入侵防御产品支持的报表输出格式。

b） 测试评价结果

1） 入侵防御产品应支持管理员按照自己的要求修改和定制报表内容；

2） 报表应可输出成方便用户阅读的格式，如DOC、PDF、HTML、XLS等。

8.5.1.3.6 报表模板的定制

报表模板的定制测试：

a） 测试评价方法

检查入侵防御产品是否提供报表模板的定制功能。

b） 测试评价结果

1） 入侵防御产品提供定制报表模板的功能；

2） 定制新的报表模板，按照新的报表模板生成结果报表。

8.5.1.4 管理控制功能测试

8.5.1.4.1 管理界面

管理界面测试：

a） 测试评价方法

1） 登录控制台管理界面；

2） 查看用户界面的功能，包括管理配置界面、告警显示界面等。

b） 测试评价结果

1） 具备独立的控制台；

2） 具有配置和管理产品所有功能的管理界面和划分清晰功能区域的告警显示界面。

8.5.1.4.2 入侵事件库

入侵事件库测试：

a） 测试评价方法

检查入侵防御产品是否对入侵事件进行系统陈述，对事件进行命名以及详细描述定义。

b） 测试评价结果

1） 入侵防御产品应对所有支持的入侵事件具有命名和详细的描述定义；

2） 详细描述为人理解，不产生歧义。

8.5.1.4.3 事件分级

事件分级测试：

a） 测试评价方法

检查入侵事件库中是否对每个事件都有分级信息。

b） 测试评价结果

事件库的所有事件都具有分级信息。

8.5.1.4.4 事件定义

事件定义测试：

a) 测试评价方法

1) 查看入侵防御产品设置，是否提供自定义事件界面，是否允许基于产品默认事件修改生成新的事件；

2) 自定义生成新的入侵特征；

3) 按照新生成的入侵特征发送相应的入侵事件，检查产品能否拦截。

b) 测试评价结果

1) 入侵防御产品允许用户自定义事件，或者可基于产品默认事件修改生成新的入侵事件；

2) 入侵防御产品能够检测到新定义的事件并拦截。

8.5.1.4.5 协议定义

协议定义测试：

a) 测试评价方法

1) 查看入侵防御产品设置，是否提供自定义协议的界面，是否允许基于已有协议修改生成新的协议，是否允许对协议的端口进行重新定位拦截；

2) 自定义生成新的协议；

3) 按照新生成的协议类型发送相应的入侵事件，检查产品能否拦截。

b) 测试评价结果

1) 入侵防御产品允许用户自定义协议，或者可基于产品提供的已有协议修改生成新的协议，或者允许对协议的端口进行重新定位；

2) 入侵防御产品能够检测到新定义的协议事件并拦截。

8.5.1.4.6 流量控制

流量控制测试：

a) 测试评价方法

1) 开启入侵防御产品的流量控制功能；

2) 对某一服务器发起大流量的访问，如 P2P。

b) 测试评价结果

入侵防御产品允许针对异常流量实现流量控制功能。

8.5.1.4.7 通用接口

通用接口测试：

a) 测试评价方法

1) 查看入侵防御产品，是否支持与其他安全设备的信息共享或者规范化管理；

2) 可提供产品自己定义的对外开放通用接口，以支持与其他安全设备的共享信息或规范化管理。

b) 测试评价结果

1) 入侵防御产品支持一个或多个信息共享或规范化管理接口协议，其中可包括产品自己定义的对外通用接口；

2) 入侵防御产品支持与其他安全设备的共享信息或规范化管理；

3) 列举入侵防御产品支持的所有通用接口。

8.5.1.4.8 硬件失效处理

硬件实效处理测试：

a) 测试评价方法

1) 检查入侵防御产品具备何种硬件失效处理机制；

2) 部署双机热备的环境，关闭其中一台设备，查看另一设备是否可以及时工作。

b) 测试评价结果

1) 对于产品硬件失效时，应不影响网络的通畅；

2) 对于双机热备进行部署的环境，当出现一台设备宕机的情况，应不影响网络的通畅和防御能力。

8.5.1.4.9 负载均衡

负载均衡测试：

a) 测试评价方法

1) 设置入侵防御产品负载均衡策略；

2) 使用协议分析仪，检查网络流量是否达到负载均衡效果。

b) 测试评价结果

入侵防御产品应能实现网络流量的负载均衡。

8.5.1.4.10 策略配置

策略配置测试：

a) 测试评价方法

1) 打开菜单，查看产品提供的默认策略；

2) 查看是否允许编辑或修改生成新的策略；

3) 查看是否可以编辑或修改各策略的响应措施。

b) 测试评价结果

1) 产品应提供默认的策略，并可以直接应用；

2) 应允许用户编辑策略；

3) 具有供用户编辑策略的向导功能；

4) 支持策略的导入、导出；

5) 应允许用户编辑策略的不同响应措施；

6) 记录产品提供的策略种类和名称。

8.5.1.4.11 产品升级

产品升级测试：

a) 测试评价方法

检查入侵防御产品的版本和入侵特征库的升级方式。

b) 测试评价结果

1) 入侵防御产品程序版本和入侵特征库可以进行手动或自动的在线升级；

2) 升级的过程中入侵防御产品仍可以正常拦截事件。

8.5.1.4.12 管理接口独立

管理接口独立测试：

a) 测试评价方法

检查入侵防御产品是否配备进行产品管理和网络数据通讯拦截的物理接口。

b) 测试评价结果

产品的管理接口和网络数据通讯拦截接口是不同的接口，且均能正常工作。

8.5.2 产品自身安全测试

8.5.2.1 标识和鉴别

8.5.2.1.1 用户鉴别

用户鉴别测试：

a) 测试评价方法

登录入侵防御产品，检查是否在执行所有功能之前要求首先进行身份认证。

b) 测试评价结果

1) 在用户执行任何与安全功能相关的操作之前都应对用户进行鉴别；
2) 登录之前允许做的操作，应仅限于输入登录信息、查看登录帮助等操作；
3) 允许用户在登录后执行与其安全功能相关的各类操作时，不再重复认证。

8.5.2.1.2 鉴别失败的处理

鉴别失败的处理测试：

a) 测试评价方法

1) 检查入侵防御产品的安全功能是否可定义用户鉴别尝试的最大允许失败次数；
2) 检查产品的安全功能是否可定义当用户鉴别尝试失败连续达到指定次数后，采取相应的措施；
3) 尝试多次失败的用户鉴别行为，检查到达指定的鉴别失败次数后，入侵防御产品是否采取了相应的措施；
4) 检查日志记录中是否包括用户或者登录 IP 被锁定等鉴别失败处理措施的审计信息。

b) 测试评价结果

1) 入侵防御产品应具备定义用户鉴别尝试的最大允许失败次数的功能；
2) 入侵防御产品应定义当用户鉴别尝试失败连续达到指定次数后，采取相应的措施；
3) 当用户鉴别尝试失败连续达到指定次数后，入侵防御产品应阻止用户进一步尝试(如锁定该用户或者登录 IP)；
4) 最多失败次数仅由授权管理员设定，日志记录中应包括鉴别失败处理措施的审计信息。

8.5.2.1.3 鉴别数据保护

鉴别数据保护测试：

a) 测试评价方法

检查入侵防御产品是否仅允许指定的授权用户查阅或修改身份鉴别数据。

b) 测试评价结果

入侵防御产品应仅允许指定的授权用户查阅或修改身份鉴别数据。

8.5.2.1.4 超时锁定

超时锁定测试：

a) 测试评价方法

1） 检查入侵防御产品是否具有管理员登录超时重新鉴别功能；

2） 设定管理员登录超时重新鉴别的时间段，检查登录用户在设定的时间段内没有任何操作的情况下，入侵防御产品是否终止了会话，用户是否需要再次进行身份鉴别才能够重新管理和使用产品。

b） 测试评价结果

1） 入侵防御产品应具有登录超时重新鉴别功能；

2） 任何登录用户在设定的时间段内没有任何操作的情况下，应被终止了会话，用户需要再次进行身份鉴别才能够重新管理和使用入侵防御产品；

3） 最大超时时间仅由授权管理员设定。

8.5.2.1.5 多鉴别机制

多鉴别机制测试：

a） 测试评价方法

1） 检查入侵防御产品的安全功能是否提供多种鉴别方式；

2） 检查入侵防御产品是否提供允许授权管理员执行自定义鉴别措施的功能；

3） 检查多鉴别机制是否可同时使用。

b） 测试评价结果

1） 入侵防御产品应提供至少2种鉴别方式，列举入侵防御产品提供或支持的所有鉴别方式；

2） 入侵防御产品应允许授权管理员执行自定义的鉴别措施，以实现多重身份鉴别措施；

3） 多鉴别机制应该能够同时使用。

8.5.2.2 用户管理

8.5.2.2.1 标识唯一性

标识唯一性测试：

a） 测试评价方法

检查入侵防御产品的安全功能是否保证所定义的用户标识全局唯一。

b） 测试评价结果

1） 入侵防御产品应允许定义多个用户；

2） 应保证每一个用户标识是全局唯一的，不允许一个用户标识用于多个用户。

8.5.2.2.2 用户属性定义

用户属性定义测试：

a） 测试评价方法

定义分属于不同角色的多个用户，检查输入的用户信息是否都能被保存。

b） 测试评价结果

入侵防御产品应为每一个用户保存其安全属性，包括用户标识、鉴别数据（如密码）、授权信息或用户组信息、其他安全属性等。输入的用户信息无丢失现象发生。

8.5.2.2.3 角色分级

角色分级测试：

a） 测试评价方法

1） 设置多个不同级别角色的用户，进行不同级别内容的操作请求；

2） 检查入侵防御产品的安全功能是否提供角色分级的用户。

b） 测试评价结果

入侵防御产品应提供分级角色的用户，分级角色覆盖范围互不相同。

8.5.2.3 安全功能保护

8.5.2.3.1 安全数据管理

安全数据管理测试：

a） 测试评价方法

模拟授权与非授权用户访问事件数据，入侵防御产品安全功能是否仅允许授权用户访问事件数据。

b） 测试评价结果

入侵防御产品应限制对事件数据的访问。除了具有明确的访问权限的授权用户之外，入侵防御产品应禁止所有其他用户对事件数据的访问。

8.5.2.3.2 数据存储告警

数据存储告警测试：

a） 测试评价方法

1） 检查入侵防御产品安全功能是否具有存储器剩余空间将耗尽的告警功能；

2） 检查入侵防御产品安全功能是否允许用户设定产生告警的剩余存储空间的大小；

3） 人为地将存储产品的事件数据存储器空间耗至设定的告警值以下，查看入侵防御产品是否告警。

b） 测试评价结果

1） 入侵防御产品在发生事件数据存储器空间将耗尽的情况时，自动产生告警；

2） 入侵防御产品允许用户设定产生告警的剩余存储空间的大小；

3） 在发现事件数据存储器空间将耗尽时，入侵防御产品还应提醒用户采取措施避免事件丢失，可选择例如转存已有事件数据、仅记录重要的事件数据、或者不记录新的事件数据等措施之一。

8.5.2.3.3 升级安全

升级安全测试：

a） 测试评价方法

1） 尝试用产品所允许的各种方法升级事件库和产品软件版本，检查升级过程是否正常；

2） 检查升级包是否具有开发商的签名提示，证明该升级包是由开发商提供的合法升级包；

3） 检查开发者文档中对保证升级安全的描述。

b） 测试评价结果

1） 入侵防御产品能够利用其提供的各种方法正常升级事件库和产品软件版本；

2） 升级包具有开发商的签名提示；

3） 开发者文档中提供了为事件库和版本升级安全所采取措施的详细描述；

4） 列举产品提供的事件库和版本升级手段。

8.5.2.3.4 自我隐藏

自我隐藏测试：

a) 测试评价方法
   1) 检查开发者文档中对入侵防御产品自身安全的描述；
   2) 将产品以网桥方式接入网络，检查 IP 隐藏情况。
b) 测试评价结果
   入侵防御产品应能采用网桥方式隐藏 IP 地址，使自身在网络上不可见。

8.5.2.4 安全审计

8.5.2.4.1 审计数据生成

审计数据生成测试：

a) 测试评价方法
   结合开发者文档，使用不同角色用户模拟对入侵防御产品不同模块进行访问、运行、修改、关闭以及重复失败尝试等相关操作，检查入侵防御产品提供了对哪些事件的审计。审查审计记录的正确性。
b) 测试评价结果
   1) 入侵防御产品应至少为下述可审计事件产生审计记录：身份鉴别的尝试、安全策略更改的操作、修改安全属性的尝试；
   2) 应在每个审计记录中至少记录如下信息：事件的日期和时间、事件类型、主体身份、事件的结果（成功或失败）等。

8.5.2.4.2 审计查阅

审计查阅测试：

a) 测试评价方法
   审查产品安全功能是否为授权管理员提供从审计记录中读取全部审计信息的功能，是否能对审计记录进行排序。
b) 测试评价结果
   入侵防御产品应为授权管理员提供从审计记录中读取全部审计信息的功能，并可以对审计记录进行排序。

8.5.2.4.3 受限的审计查阅

受限的审计查阅测试：

a) 测试评价方法
   模拟授权与非授权管理员访问审计记录，入侵防御产品安全功能是否仅允许授权管理员访问审计记录。
b) 测试评价结果
   入侵防御产品应限制审计记录的访问。除了具有明确的读访问权限的授权管理员之外，入侵防御产品应禁止所有其他用户对审计记录的读访问。

8.5.3 产品保证测试

8.5.3.1 配置管理

8.5.3.1.1 配置管理能力

配置管理能力评价：

a) 测试评价方法

评价者应审查开发者所提供的文档是否包含以下内容：

1) 开发者应使用配置管理系统并提供配置管理文档，以及为产品的不同版本提供唯一的标识；
2) 配置管理系统应对所有的配置项作出唯一的标识，并保证只有经过授权才能修改配置项，还应支持产品基本配置项的生成；
3) 配置管理文档应包括配置清单、配置管理计划以及接受计划。配置清单用来描述组成产品的配置项。在配置管理计划中，应描述配置管理系统是如何使用的。实施的配置管理应与配置管理计划相一致。在接受计划中，应描述对修改过或新建的配置项进行接受的程序；
4) 配置管理文档还应描述对配置项给出唯一标识的方法，并提供所有的配置项得到有效的维护的证据。

b) 测试评价结果

审查记录以及最后结果（符合/不符合），评价者审查内容至少包括测试评价方法中的四方面（内容还涉及到基本配置项生成以及接受计划控制能力）。开发者提供的配置管理内容应完整。

8.5.3.1.2 配置管理范围

配置管理范围评价：

a) 测试评价方法

评价者应审查开发者提供的配置管理支持文件是否包含配置管理范围，要求将入侵防御产品的实现表示、设计文档、测试文档、用户文档、管理员文档、配置管理文档等置于配置管理之下，从而确保它们的修改是在一个正确授权的可控方式下进行的。评价者应审查开发者交付的文档是否包含以下内容：

1) 开发者所提供的配置管理文档应展示配置管理系统至少能跟踪上述配置管理之下的内容；
2) 文档应描述配置管理系统是如何跟踪这些配置项的；
3) 文档还应提供足够的信息表明达到所有要求；
4) 问题跟踪配置管理范围，除产品配置管理范围描述的内容外，要求特别强调对安全缺陷的跟踪。

b) 测试评价结果

审查记录以及最后结果（符合/不符合）符合测试评价方法要求，评价者应审查产品受控于配置管理。

8.5.3.2 交付与运行

8.5.3.2.1 交付

交付评价：

a) 测试评价方法

评价者应审查开发者是否使用一定的交付程序交付产品，并使用文档描述交付过程，并且评价者应审查开发者交付的文档是否包含以下内容：

1) 在给用户方交付产品的各版本时，为维护安全所必需的所有程序；
2) 产品版本变更控制的版本和版次说明、实际产品版本变更控制的版本和版次说明、监测产品程序版本修改说明；

3） 检测试图伪装成开发者向用户发送产品的方法描述。

b） 测试评价结果

测试记录以及最后结果(符合/不符合)应符合测试评价方法要求，开发者应提供完整的文档描述所有交付的过程(文档和程序交付)，并包括产品详细版本、版次说明，以及发现非授权修改产品的方法，评测员进行审查确认。

8.5.3.2.2 安装生成

安装生成评价：

a） 测试评价方法

评价者应审查开发者是否提供了文档说明产品的安装、生成、启动和使用的过程。用户能够通过此文档了解安装、生成、启动和使用过程。

b） 测试评价结果

审查记录以及最后结果(符合/不符合)应符合测试评价方法要求。

8.5.3.3 安全功能开发

8.5.3.3.1 功能设计

功能设计评价：

a） 测试评价方法

评价者应审查开发者所提供的信息是否满足如下要求：

1） 功能设计应当使用非形式化风格来描述产品安全功能与其外部接口；

2） 功能设计应当是内在一致的；

3） 功能设计应当描述使用所有外部产品安全功能接口的目的与方法，适当的时候，要提供结果影响例外情况和出错信息的细节；

4） 功能设计应当完整地表示产品安全功能。

b） 测试评价结果

审查记录以及最后结果(符合/不符合)，评价者审查内容至少包括测试评价方法中的四个方面。开发者提供的内容应精确和完整。

8.5.3.3.2 高层设计

高层设计评价：

a） 测试评价方法

评价者应审查开发者所提供的信息是否满足如下要求：

1） 高层设计应采用非形式化的表示；

2） 高层设计应当是内在一致的；

3） 产品高层设计应当描述每一个产品安全功能子系统所提供的安全功能，提供了适当的体系结构来实现产品安全要求；

4） 产品的高层设计应当以子系统的观点来描述产品安全功能的结构，定义所有子系统之间的相互关系，并把这些相互关系适当地作为数据流、控制流等的外部接口来表示；

5） 高层设计应当标识产品安全要求的任何基础性的硬件、固件和/或软件，并且通过支持这些硬件、固件或软件所实现的保护机制，来提供产品安全功能表示。

b） 测试评价结果

审查记录以及最后结果(符合/不符合),评价者审查内容至少包括测试评价方法中的五个方面。开发者提供的高层设计内容应精确和完整。

8.5.3.3.3 安全功能的实现

安全功能的实现评价:

a) 测试评价方法

评价者应审查开发者所提供的信息是否满足如下要求:

1) 开发者应当为选定的产品安全功能子集提供实现表示;
2) 开发者应当为整个产品安全功能提供实现表示;
3) 实现表示应当无歧义地定义一个详细级别的产品安全功能,该产品安全功能的子集无须选择进一步的设计就能生成;
4) 实现表示应当是内在一致的。

b) 测试评价结果

审查记录以及最后结果(符合/不符合),评价者审查内容至少包括测试评价方法中的四个方面。开发者提供的安全功能实现内容应精确和完整。

8.5.3.3.4 低层设计

低层设计评价:

a) 测试评价方法

评价者应审查开发者所提供的产品安全功能的低层设计是否满足如下要求:

1) 低层设计的表示应当是非形式化的;
2) 低层设计应当是内在一致的;
3) 低层设计应当以模块术语描述产品安全功能;
4) 低层设计应当描述每一个模块的目的;
5) 低层设计应当以所提供的安全功能性和对其他模块的依赖性术语定义模块间的相互关系;
6) 低层设计应当描述如何提供每一个产品安全策略强化功能;
7) 低层设计应当标识产品安全功能模块的所有接口;
8) 低层设计应当标识产品安全功能模块的哪些接口是外部可见的;
9) 低层设计应当描述产品安全功能模块所有接口的目的与方法,适当时,应提供影响、例外情况和出错信息的细节;
10) 低层设计应当描述如何将产品分离成产品安全策略加强模块和其他模块。

b) 测试评价结果

审查记录以及最后结果(符合/不符合),评价者审查内容至少包括测试评价方法中的十个方面。开发者提供的低层设计内容应精确和完整。

8.5.3.3.5 表示对应性

表示对应性评价:

a) 测试评价方法

评价者应审查开发者是否在产品安全功能表示的所有相邻对之间提供对应性分析。其中,各种产品安全功能表示(如产品功能设计、高层设计、低层设计、实现表示)之间的对应性是所提供的抽象产品安全功能表示要求的精确而完整的示例。本元素仅仅要求产品安全功能在功能设计中进行细化,并且要求较为抽象的产品安全功能表示的所有相关安全功能部分,在较具体的产品安全功能表示中进行细化。

b) 测试评价结果

测试记录以及最后结果(符合/不符合),评价者审查内容至少包括功能设计、高层设计、低层设计、实现表示这四项。开发者提供的内容应精确和完整,并互相对应。

8.5.3.4 指导性文档

8.5.3.4.1 管理员指南

管理员指南评价:

a) 测试评价方法

评价者应审查开发者是否提供了供授权管理员使用的管理员指南,并且此管理员指南是否包括如下内容:

1) 产品可以使用的管理功能和接口;
2) 怎样安全地管理产品;
3) 在安全处理环境中应进行控制的功能和权限;
4) 所有对与产品的安全操作有关的用户行为的假设;
5) 所有受管理员控制的安全参数,如果可能,应指明安全值;
6) 每一种与管理功能有关的安全相关事件,包括对安全功能所控制的实体的安全特性进行的改变;
7) 所有与授权管理员有关的 IT 环境的安全要求。

b) 测试评价结果

测试记录以及最后结果(符合/不符合),评价者审查内容至少包括测试评价方法中的七方面。开发者提供的管理员指南应完整。

8.5.3.4.2 用户指南

用户指南评价:

a) 测试评价方法

评价者应审查开发者是否提供了供入侵防御产品用户使用的用户指南,并且此用户指南是否包括如下内容:

1) 产品的非管理用户可使用的安全功能和接口;
2) 产品提供给用户的安全功能和接口的用法;
3) 用户可获取但应受安全处理环境控制的所有功能和权限;
4) 产品安全操作中用户所应承担的职责;
5) 与用户有关的 IT 环境的所有安全要求。

b) 测试评价结果

测试记录以及最后结果(符合/不符合),评价者审查内容至少包括测试评价方法中的五方面。开发者提供的用户指南应完整。

8.5.3.5 开发安全要求

开发安全要求评价:

a) 测试评价方法

评价者应审查开发者所提供的信息是否满足如下要求:

1) 开发人员的安全管理:开发人员的安全规章制度,开发人员的安全教育培训制度和记录;

2） 开发环境的安全管理：开发地点的出入口控制制度和记录，开发环境的温湿度要求和记录，开发环境的防火防盗措施和国家有关部门的许可文件，开发环境中所使用安全产品必须采用符合国家有关规定的产品并提供相应证明材料；

3） 开发设备的安全管理：开发设备的安全管理制度，包括开发主机使用管理和记录，设备的购置、修理、处置的制度和记录，上网管理，计算机病毒管理和记录等；

4） 开发过程和成果的安全管理：对产品代码、文档、样机进行受控管理的制度和记录。

b） 测试评价结果

测试记录以及最后结果（符合/不符合），评价者审查内容至少包括测试评价方法中的四方面。开发者提供文档应完整。

8.5.3.6 测试

8.5.3.6.1 范围

范围评价：

a） 测试评价方法

1） 评价者应审查开发者提供的测试覆盖分析结果，是否表明了测试文档中所标识的测试与安全功能设计中所描述的安全功能是对应的；

2） 评价测试文档中所标识的测试，是否完整。

b） 测试评价结果

审查记录以及最后结果（符合/不符合），开发者提供的测试文档中所标识的测试与安全功能设计中所描述的安全功能应对应，并且标识的测试应覆盖所有安全功能。

8.5.3.6.2 测试深度

测试深度评价：

a） 测试评价方法

评价开发者提供的测试深度分析，是否说明了测试文档中所标识的对安全功能的测试，足以表明该安全功能和高层设计是一致的。

b） 测试评价结果

测试记录以及最后结果（符合/不符合），评价者测试和审查与安全功能相对应的测试，这些测试应能正确保证测试出的安全功能符合高层设计的要求。

8.5.3.6.3 功能测试

功能测试评价：

a） 测试评价方法

1） 评价开发者提供的测试文档，是否包含测试计划、测试规程、预期的测试结果和实际测试结果；

2） 评价测试计划是否标识了要测试的安全功能，是否描述了测试的目标；

3） 评价测试规程是否标识了要执行的测试，是否描述了每个安全功能的测试概况（这些概况包括对其他测试结果的顺序依赖性）；

4） 评价期望的测试结果是否表明测试成功后的预期输出；

5） 评价实际测试结果是否表明每个被测试的安全功能能按照规定进行运作。

b） 测试评价结果

测试记录以及最后结果（符合/不符合），评价者审查内容至少包括测试评价方法中的五方面。

开发者提供的内容应完整。

8.5.3.6.4 独立性测试

独立性测试评价：

a) 测试评价方法

评价者应审查开发者是否提供了用于测试的产品，且提供的产品是否适合测试。

b) 测试评价结果

测试记录以及最后结果(符合/不符合)，开发者应提供能适合第三方测试的产品。

8.5.3.7 脆弱性评定

8.5.3.7.1 指南检查

指南检查评价：

a) 测试评价方法

评价者应审查开发者提供的文档，是否满足了以下要求：

1) 评价文档是否确定了对产品的所有可能的操作方式(包括失败和操作失误后的操作)，是否确定了它们的后果，以及是否确定了对于保持安全操作的意义；
2) 评价文档是否列出了所有目标环境的假设以及所有外部安全措施(包括外部程序的、物理的或人员的控制)的要求；
3) 评价文档是否完整、清晰、一致、合理；
4) 评价开发者提供的分析文档，是否阐明文档是完整的。

b) 测试评价结果

测试记录以及最后结果(符合/不符合)符合测试评价方法要求。开发者提供的评价文档应完整，并且通过分析文档等方式阐明文档是完整的。

8.5.3.7.2 脆弱性分析

脆弱性分析评价：

a) 测试评价方法

1) 评价开发者提供的脆弱性分析文档，是否从用户可能破坏安全策略的明显途径出发，对产品的各种功能进行了分析；
2) 对被确定的脆弱性，评价开发者是否明确记录了采取的措施；
3) 对每一条脆弱性，评价是否有证据显示在使用产品的环境中该脆弱性不能被利用。

b) 测试评价结果

测试记录以及最后结果(符合/不符合)符合测试评价方法要求。开发者提供的脆弱性分析文档应完整。

8.6 性能测试

8.6.1 吞吐量

吞吐量测试：

a) 测试评价方法

1) 配置入侵防御产品的入侵防御策略集为最大；
2) 配置一条或者多条数据流，分别按照64字节、512字节、1518字节进行UDP双向吞吐量测试。

b) 测试评价结果

分别记录入侵防御产品在不丢包的情况下,各吞吐量性能值。

8.6.2 误截和漏截测试

8.6.2.1 误截测试

误截测试:

a) 测试评价方法

 1) 配置入侵防御产品的入侵防御策略集为最大;
 2) 以主流应用协议按照不同比例进行混合作为正常背景流量,流量比例如 Packets(HTTP 38%、HTTPs 35%、DNS 13%、SMTP 7%、other 7%)、Bytes(HTTP 51%、HTTPS 35%、SMTP 9%、DNS 4%、other 1%);
 3) 对入侵防御产品进行流量模拟,保持入侵防御产品持续运行一段时间(例如:72h),记录产品的误截情况。

b) 测试评价结果

 1) 分析记录与之对应的正常流量,确定误截情况。记录入侵防御产品拦截的入侵事件名称、发生时间、详细解释、个数等。
 2) 开发商提交的误截允许范围应符合误截测试情况。

8.6.2.2 漏截测试

漏截测试:

a) 测试评价方法

 1) 配置入侵防御产品的入侵防御策略集为最大;
 2) 对应于入侵防御产品入侵事件库,选取入侵防御产品能够正常防御的多个网络远程入侵完整行为(不同类型的且较为常见的攻击事件)组成入侵事件测试集;
 3) 按照吞吐量测试值的80%作为背景流量,混合攻击流量,测试入侵防御产品的漏截情况,记录入侵防御产品入侵拦截的结果。

b) 测试评价结果

 1) 记录入侵防御产品拦截的入侵事件名称、发生时间和数量,分析记录与之对应的模拟入侵事件;
 2) 记录测试中入侵事件的总数量和入侵防御产品拦截的总数量,确定漏截情况;
 3) 开发商提交的漏截允许范围应符合漏截测试情况。

ICS 35.020
L 80

中华人民共和国国家标准

GB/T 28452—2012

信息安全技术
应用软件系统通用安全技术要求

**Information security technology—
Common security technique requirement for application software system**

2012-06-29 发布　　　　2012-10-01 实施

中华人民共和国国家质量监督检验检疫总局
中国国家标准化管理委员会　发布

前　言

本标准按照 GB/T 1.1—2009 给出的规则起草。

请注意本文件的某些内容可能涉及专利。本文件的发布机构不承担识别这些专利的责任。

本标准由全国信息安全标准化技术委员会(SAC/TC 260)提出并归口。

本标准起草单位:北京江南天安科技有限公司、北京思源新创信息安全资讯有限公司。

本标准主要起草人:吉增瑞、陈冠直、王志强、景乾元。

引　言

本标准描述为实现 GB 17859—1999 所规定的每一个安全保护等级的应用软件系统应达到的安全技术要求，为按照信息系统安全等级保护的要求设计和实现所要求的安全等级的应用软件系统提供指导。

从广义角度，应用软件系统应该包括针对特定应用开发的业务处理软件，以及为这些业务处理软件的开发和运行提供支持的各种工具软件和中间件等。本标准仅对各个安全保护等级的业务处理软件的安全保护应采取的安全技术进行描述。

应用软件系统是信息系统的重要组成部分，是信息系统中对应用业务进行处理的软件的总和。业务应用的安全需求，是信息系统安全需求的出发点和归宿。信息系统安全所采取的一切技术和管理措施，最终都是为确保业务应用安全的。这些安全措施，有的可以在应用软件系统中实现，有的需要在信息系统的其他组成部分实现。

本标准主要是对各个应用领域的应用软件系统普遍适用的安全技术要素的安全技术要求的描述。不同应用领域的应用软件系统可选取不同的安全技术要素，以满足各自应用业务的具体安全需求。本标准同时对应用软件系统生存周期的各个阶段应遵循的安全技术要求进行了简要描述。

按照标准编写的规范性要求，本标准在第 1 章范围、第 2 章规范性引用文件及第 3 章术语和定义、缩略语之后，第 4 章应用软件生存周期安全技术要求，从应用软件生存周期的角度，分别对应用软件的开始阶段、获得或开发阶段、实现和评估阶段、运行和维护阶段以及结束和处置阶段的安全技术要求进行了简要描述。标准从第 5 章到第 9 章，以 GB 17859—1999 的五个安全等级的划分为基本依据，以 GB/T 20271—2006 关于信息系统通用安全技术要求的等级划分为基础，对每一个安全等级的应用软件系统的安全技术要求进行了描述，包括：安全功能技术要求和安全保证技术要求(含应用软件系统安全子系统自身保护要求、应用软件系统安全子系统设计和实现要求、应用软件系统安全子系统安全管理要求)。在第 5 章到第 9 章的分等级描述中，“加粗宋体”表示在较高等级中比较低一级增加或增强的内容。本标准附录 A(资料性附录)应用软件系统安全的有关概念说明，对应用软件系统在信息系统中的位置和应用软件系统安全在信息系统安全中的作用等进行了说明。附录 B(资料性附录)应用软件系统安全与信息系统安全的关系，对应用软件系统安全是信息系统安全的核心和应用软件系统安全需求就是信息系统安全需求进行了描述。附录 C(资料性附录)给出了应用软件系统安全要素与安全分等级要求之间的对应关系。表 C.1 是安全功能技术要素与安全功能技术分等级要求的对应关系；表 C.2 是安全保证技术要素与安全保证技术分等级要求的对应关系。

信息安全技术
应用软件系统通用安全技术要求

1 范围

本标准规定了按照 GB 17859—1999 的 5 个安全保护等级的划分对应用软件系统进行等级保护所涉及的通用技术要求。

本标准适用于按照 GB 17859—1999 的 5 个安全保护等级的划分对应用软件系统进行的安全等级保护的设计与实现。对于按照 GB 17859—1999 的 5 个安全保护等级的划分对应用软件系统进行的安全等级保护的测试、管理也可参照使用。

2 规范性引用文件

下列文件对于本文件的应用是必不可少的。凡是注日期的引用文件，仅注日期的版本适用于本文件。凡是不注日期的引用文件，其最新版本(包括所有的修改单)适用于本文件。

GB 17859—1999 计算机信息系统 安全保护等级划分准则

GB/T 20271—2006 信息安全技术 信息系统通用安全技术要求

GB/T 20272—2006 信息安全技术 操作系统安全技术要求

GB/T 20273—2006 信息安全技术 数据库管理系统安全技术要求

3 术语和定义、缩略语

3.1 术语和定义

GB/T 20271—2006 界定的以及下列术语和定义适用于本文件。

3.1.1

应用软件系统 application software system

信息系统的重要组成部分，是指信息系统中对特定业务进行处理的软件系统。

3.1.2

应用软件系统安全技术 application software system security technology

为确保应用软件系统达到确定的安全性目标的安全技术措施中可采用的技术。

3.1.3

应用软件系统安全子系统(SSOASS) security subsystem of application software system

应用软件系统中安全保护模块的总称。它建立了应用软件系统的一个基本安全保护环境，并提供安全应用软件系统要求的附加用户服务。按照 GB 17859—1999 对可信计算基(TCB)的定义，SSOASS 属于应用软件系统的 TCB。其中所需要的硬件和固件支持由低层的安全机制提供。

3.1.4

SSOASS 安全策略(SSP) SSOASS security policy

对 SSOASS 中的资源进行管理、保护和分配的规则。一个 SSOASS 中可以有一种或多种安全策略。

3.1.5

安全功能策略(SFP)　security function policy

为实现SSOASS安全要素的功能所采用的安全策略。

3.1.6

安全技术要素　security technique element

本标准中各安全保护等级的安全技术要求所包含的安全内容的组成成分。

3.1.7

SSOASS安全功能(SSF)　SSOASS security function

正确实施SSOASS安全策略的全部硬件、固件、软件所提供的功能。每一种安全策略的实现,体现在SSOASS的某一个安全功能模块之中。一个SSOASS的所有安全功能模块共同组成该SSOASS的安全功能。

3.1.8

SSF控制范围(SSC)　SSF scope of control

SSOASS的操作所涉及的主体和客体的范围。

3.1.9

用户公开数据　user published data

在应用软件系统中向所有用户公开的数据,该类数据的安全性受到破坏,将会对业务应用相关的公民、法人和其他组织的权益有一定影响,但不会危害国家安全、社会秩序、经济建设和公共利益。

3.1.10

用户一般数据　user general data

在应用软件系统中具有一般使用价值和保密程度,需要进行一定保护的单位内部的一般数据。该类数据的安全性受到破坏,将会对业务应用相关的公民、法人和其他组织的权益有较大影响或对国家安全、社会秩序、经济建设和公共利益造成一定的损害。

3.1.11

用户重要数据　user important data

在应用软件系统中具有重要使用价值或保密程度,需要进行重点保护的单位的重要数据。该类数据的安全性受到破坏,将会对业务应用相关的公民、法人和其他组织的权益有重大影响或对国家安全、社会秩序、经济建设和公共利益造成较大损害。

3.1.12

用户关键数据　user chief data

在应用软件系统中具有很高使用价值或保密程度,需要进行特别保护的单位的关键数据。该类数据的安全性受到破坏,将会对业务应用相关的公民、法人和其他组织的权益有特别重大影响或对国家安全、社会秩序、经济建设和公共利益造成严重损害。

3.1.13

用户核心数据　user kernel data

在应用软件系统中具有最高使用价值或保密程度,需要进行绝对保护的单位的核心数据。该类数据的安全性受到破坏,将会对相关的业务应用和用户单位利益造成特别严重损害。

3.1.14

一般用户　general user

以普通用户身份注册到应用软件系统,运行应用软件系统的用户或通过系统提供的用户操作界面对应用软件系统的运行进行操作控制的用户。

3.1.15

系统用户 system user

在应用软件系统中,通过系统操作界面进行特定操作实现对应用软件系统的特定功能进行控制的用户,如应用软件系统的管理员、安全员和审计员等。系统用户具有一般用户所不具有的特殊权限,所以也称特权用户。

3.2 缩略语

下列缩略语适用于本文件。

SSOASS:应用软件系统安全子系统(security subsystem of application software system)

SSP:SSOASS 安全策略(SSOASS security policy)

SFP:安全功能策略(security function policy)

SSF:SSOASS 安全功能(SSOASS security function)

SSC:SSF 控制范围(SSF scope of control)

4 应用软件生存周期安全技术要求

4.1 应用软件开始阶段安全技术要求

为确保应用软件系统的安全性达到相应安全等级的安全技术要求,应用软件生存周期开始阶段的安全技术要求如下:

a) 详细说明相应安全等级的应用软件系统的保密性、完整性和可用性指标;

b) 详细说明应用软件系统中需要保护的用户资产;

c) 完成初步的应用软件系统风险评估;

d) 详细说明应用软件系统安全应采用的整体安全策略。

4.2 应用软件获得或开发阶段安全技术要求

为确保应用软件系统在软件获得或开发过程中的安全性达到相应安全等级的安全技术要求,对于通过各种途经获得的应用软件或自主开发的应用软件,在本阶段的安全技术要求如下:

a) 选择并确定相应安全等级的应用软件系统的安全技术要求;

b) 自主开发的应用软件,应按照确定的安全技术要求进行安全设计和实现;

c) 获得的应用软件,应确认其满足所确定的安全技术要求;

d) 自主开发的应用软件,应对其开发和运行中的安全附加开销和性能进行分析,并对成本和风险进行折中平衡;

e) 获得的应用软件,应对其运行中安全附加开销和性能进行分析,确认其成本和风险符合折中平衡的要求。

4.3 应用软件实现和评估阶段安全技术要求

为了确保应用软件系统在安全设计和评估过程中达到确定的安全等级所要求的安全目标要求,应用软件实现和评估阶段的安全技术要求如下:

a) 编程语言、编译器和程序库应按照确定的满足相应安全等级要求的安全准则进行鉴定;

b) 应用程序的代码应被检验,以确保保密性、完整性和可用性目标已经达到,并且安全性没有降低;

c) 测试软件成分和评估一个系统需要一个静态方法的组合(例如,按照适当选择的设想测试软件和固件);

d) 软件部件的安全测试和分布式软件的安全测试是关键性的开发活动之一,应按照相应安全等级的要求进行安全性测试；

e) 对高等级的应用软件系统，应使用形式化方法对应用软件的安全设计进行验证；

f) 通过测试与评估确认应用软件的安全性是否达到所确定的安全技术要求，对于未达到安全技术要求的，应从应用软件获得或开发阶段重新开始开展工作。

4.4 应用软件运行和维护阶段安全技术要求

为了确保应用软件系统在运行维护过程中达到相应安全等级确定的安全目标，并能根据情况的变化及时改变安全设计，应用软件系统运行和维护阶段安全技术要求如下：

a) 按照相关文档的操作说明和所确定的操作规程，进行应用软件系统安全机制的配置和操作；

b) 定期或根据情况的变化及时进行应用软件系统安全性评估，并在必要时对安全性要求进行重新定义和设计，形成新的修订版本；

c) 对应用软件系统的修订版本进行严格的测试和必要的控制，确认其达到新目标的要求，且未产生不良影响。

4.5 应用软件结束和处置阶段安全技术要求

为了确保应用软件系统的安全目标在其生存周期结束时不会受到影响，结束和处置阶段安全技术要求如下：

a) 对于结束运行的应用软件，应进行认真处置，确保该软件系统在结束运行后，不会带来安全相关问题；

b) 对于信息系统中所有与该应用软件系统相关的程序和数据信息均应进行妥善处理，除了根据信息系统的需要保留一些与业务应用无关的数据信息(如用户名和标识)以外，信息系统中不应有与该应用软件的业务有关的残留信息；

c) 对于该应用软件系统运行过程中使用过的可移动的记录介质，应进行记录内容的消除，确保介质中不残留任何与该应用软件相关的信息。

5 第一级应用软件系统安全技术要求

5.1 安全功能技术要求

5.1.1 用户身份鉴别

用户身份鉴别包括对一般用户和系统用户(如系统管理员)的身份进行标识和鉴别。应按GB/T 20271—2006 中 6.1.3.1 的要求，从以下方面设计和实现应用软件系统的身份鉴别功能：

a) 用户注册：对应用软件系统的注册用户，按以下要求设计和实现标识功能：

   1) 凡需进入应用软件系统的用户，应先进行标识(建立注册账号)；

   2) 应用软件系统的用户应以用户名和用户标识符(UID)等信息进行标识；

b) 用户登录：对登录到应用软件系统的用户，应按以下要求进行身份的真实性鉴别：

   1) 采用口令进行鉴别，并在每次用户登录系统时进行鉴别；

   2) 口令应是不可见的，具有相应的抗攻击能力，并在存储时有安全保护；

   3) 通过对不成功的鉴别尝试的值(包括尝试次数和时间的阈值)进行预先定义，并明确规定达到该值时所应采取的具有规范性和安全性的措施来实现鉴别失败的处理；

c) 用户-主体绑定：对注册到应用软件系统的用户，应按以下要求设计和实现用户-主体绑定功能：

   1) 将用户进程与所有者用户相关联，使用户进程的行为可以追溯到进程的所有者用户；

2） 将系统进程动态地与当前服务要求者用户相关联，使系统进程的行为可以追溯到当前服务要求者用户。

5.1.2 自主访问控制

应按 GB/T 20271—2006 中 6.1.3.2 的要求，从以下方面设计和实现应用软件系统的自主访问控制功能：

a） 自主访问控制功能：对命名用户以用户/用户组规定并控制其对客体的访问，并阻止非授权用户对客体的访问；可以有多个自主访问控制功能，但其访问控制策略应具有一致性；

b） 自主访问控制策略：提供用户按照确定的访问控制策略对自身创建的客体的访问进行控制的功能，包括：

1） 客体创建者有权以各种操作方式访问自身所创建的客体；

2） 客体创建者有权对其他用户进行“访问授权”，使其可对客体拥有者创建的指定客体能按授权的操作方式进行访问；

3） 客体创建者有权对其他用户进行“授权传播”，使其可以获得将该拥有者的指定客体的访问权限授予其他用户的权限；

4） 客体创建者有权收回其所授予其他用户的“访问授权”和“授权传播”；

5） 未经授权的用户不得以任何操作方式访问客体；

6） 授权用户不得以未授权的操作方式访问客体；

c） 操作系统支持的自主访问控制：以文件形式存储和操作的用户数据，在操作系统的支持下，按 GB/T 20272—2006 中 4.1.1.2 的要求，可实现文件级粒度的自主访问控制；

d） 数据库管理系统支持的自主访问控制：以数据库形式存储和操作的用户数据，在数据库管理系统的支持下，按 GB/T 20273—2006 中 5.1.1.2 的要求，可实现对表级粒度的自主访问控制；

e） 应用软件系统自身的自主访问控制：在应用软件系统中，通过设置自主访问控制的安全机制，可实现文件级粒度的自主访问控制。

5.1.3 用户数据完整性保护

应按 GB/T 20271—2006 中 6.1.3.3 的要求，对在应用软件系统控制范围内存储和传输的用户数据，从以下方面设计和实现完整性保护功能：

用户公开数据的传输保护：对应用软件系统中通过网络传输的用户公开数据，进行完整性检测，发现其完整性被破坏的情况。

5.1.4 备份与故障恢复

应按 GB/T 20271—2006 中 6.1.2.4 的要求，从以下方面设计和实现应用软件系统的备份与故障恢复：

用户自我信息备份与恢复：提供用户有选择地备份重要信息的功能；当由于某种原因引起信息系统中用户信息丢失或破坏时，能提供用户按自我信息备份所保留的信息进行信息恢复的功能。

5.2 安全保证技术要求

5.2.1 安全子系统自身安全保护要求

5.2.1.1 SSF 物理安全保护

应按 GB/T 20271—2006 中 6.1.4.1 的要求，从以下方面实现应用软件系统 SSF 的物理安全保护：物理攻击检测。

5.2.1.2 SSF 运行安全保护

应按 GB/T 20271—2006 中 6.1.4.2 的要求，从以下方面设计和实现应用软件系统 SSF 的运行安全保护：

a) 后门控制：系统在设计时不应留有“后门”。即不应以维护、支持或操作需要为借口，设计有违反或绕过安全规则的任何类型的入口和文档中未说明的任何模式的入口。

b) 安全系统子集结构：安全系统应是一个独立的、严格定义的应用软件系统的一个子集，并应防止外部干扰和破坏，如修改其代码或数据结构。

c) 用户和管理员安全属性定义：应提供设置和升级配置参数的安装机制；在初始化和对与安全有关的数据结构进行保护之前，应对用户和管理员的安全策略属性进行定义。

d) 安全系统失败或中断的处理：在 SSOASS 失败或中断后，应按照失败保护中所描述的内容，保护其以最小的损害实现对 SSF 出现失败时的处理。

5.2.1.3 SSF 数据安全保护

应按 GB/T 20271—2006 中 6.1.4.3 的要求，对在 SSOASS 内传输的 SSF 数据进行以下安全保护：

SSF 数据传输保护：实现 SSOASS 内 SSF 数据的基本传输保护。

5.2.1.4 安全子系统资源利用

应按 GB/T 20271—2006 中 6.1.4.4 的要求，从以下方面实现 SSOASS 的资源利用：

a) 通过一定措施确保当系统出现某些确定的故障时，SSF 也能维持正常运行；

b) 对主体使用 SSC 内某个资源子集，按有限服务优先级，进行 SSOASS 资源的管理和分配；

c) 按资源分配中最大限额的要求，进行 SSOASS 资源的管理和分配，确保用户和主体不会独占某种受控资源。

5.2.1.5 安全子系统访问控制

应按 GB/T 20271—2006 中 6.1.4.5 的要求，从以下方面实现 SSOASS 的访问控制：

a) 按会话建立机制，对会话建立的管理进行设计。

b) 按可选属性范围限定的要求，从访问方法、访问地址和访问时间等方面，对用来建立会话的安全属性的范围进行限制。

c) 按多重并发会话限定中基本限定的要求，进行会话管理的设计。在基于基本标识的基础上，SSF 应限制系统的并发会话的最大次数，并就会话次数的限定数设置默认值。

5.2.2 安全子系统设计和实现要求

5.2.2.1 配置管理

应按 GB/T 20271—2006 中 6.1.5.1 的要求，提供基本的配置管理能力，即要求开发者所使用的版本号与所表示的 SSOASS 样本完全对应。

5.2.2.2 分发和操作

应按 GB/T 20271—2006 中 6.1.5.2 的要求，从以下方面实现 SSOASS 的分发和操作：

a) 以文档形式描述对 SSOASS 安全地进行分发的过程，对安装、初始化、启动并最终生成安全配置的过程进行说明。文档中所描述的内容应包括：

1) 分发的过程；

2) 安全启动和操作的过程。

b) 在交付过程中，应将系统的未授权修改风险控制到最低限度。包装及安全分送和安装过程中的安全性应由最终用户确认。

c) 所有软件应提供安全安装默认值，在客户不做选择时，使安全机制自动地发挥作用。

d) 随同系统交付的全部默认用户标识码，应在交付时处于非激活状态，并在使用前由管理员激活。

e) 用户文档应同交付的软件一起包装，并有相应的规程确保交付的软件是严格按照最新的版本制作的。

5.2.2.3 开发

应按 GB/T 20271—2006 中 6.1.5.3 的要求，从以下方面进行 SSOASS 的开发：

a) 按非形式化功能说明、描述性高层设计、SSF 子集实现、SSF 内部结构模块化、描述性低层设计和非形式化对应性说明的要求，进行 SSOASS 的设计；

b) 开发过程应保护数据的完整性，例如，检查数据更新的规则，多重输入的正确处理，返回状态的检查，中间结果的检查，异常值输入检查，事务处理更新的正确性检查等；

c) 通过对内部代码的检查，解决潜在的安全缺陷，关闭或取消所有的后门；

d) 对交付的软件和文档，应进行关于安全缺陷的定期的和书面的检查，并将检查结果告知用户；

e) 由系统控制的敏感数据，如口令、密钥等，不应在未受保护的程序或文档中以明文形式存储；

f) 应以书面形式提供给用户关于软件所有权法律保护的指南。

5.2.2.4 文档

应按 GB/T 20271—2006 中 6.1.5.4 的要求，从以下方面编制 SSOASS 的文档：

a) 用户文档应提供关于不同类型用户的可见的安全机制，并说明它们的用途和提供有关它们使用的指南；

b) 安全管理员文档应提供有关如何设置、维护和分析系统安全的详细说明，以及与安全有关的管理员功能的详细描述，包括增加和删除一个用户，改变主、客体的安全属性等；

c) 文档中不应提供任何一旦泄露将会危及本安全级范围内系统安全的信息；

d) 有关安全的指令和文档根据权限应分别提供给一般用户、系统管理员、系统安全员和系统审计员；这些文档应为独立的文档，或作为独立的章、条插入到安全管理指南和用户指南中。

5.2.2.5 生存周期支持

应按 GB/T 20271—2006 中 6.1.5.5 的要求，从以下方面实现 SSOASS 的生存周期支持：

a) 生存周期模型：按开发者定义生存周期模型进行 SSOASS 开发；

b) 生存周期文档要求：文档应详细阐述安全启动和操作的过程，详细说明安全功能在启动、正常操作维护时是否能被撤销或修改，说明在故障或系统出错时如何恢复系统至安全状态。

5.2.2.6 测试

应按 GB/T 20271—2006 中 6.1.5.6 的要求，从以下方面对 SSOASS 进行测试：

a) 通过一般功能测试，符合性独立测试，确认 SSOASS 的功能与所要求功能的一致性；

b) 所有系统的安全特性，应被全面测试；

c) 所有发现的漏洞应被改正、消除或使其无效，并在消除漏洞后重新测试，以证实它们已被消除，且没有引出新的漏洞；

d） 应提供测试文档，详细描述测试计划、测试过程、测试结果。

5.2.3 安全子系统安全管理要求

应根据本安全等级中安全功能技术要求和安全保证技术要求所涉及的 SSOASS 自身保护、SSOASS 设计和实现等有关内容，按 GB/T 20271—2006 中 6.1.6 的要求，从以下方面实现 SSOASS 的安全管理：

a） 操作规程和规章制度：对安全保证措施所涉及的 SSOASS 自身保护、SSOASS 设计和实现等有关内容，以及与一般的安装、配置等有关的功能，制定相应的操作、运行规程和行为规章制度；

b） SSF 安全功能管理：对 SSOASS 中的每个安全功能模块，根据安全功能技术和安全保证技术所实现的安全功能，实现 SSF 安全功能的管理。

6 第二级应用软件系统安全技术要求

6.1 安全功能技术要求

6.1.1 用户身份鉴别

用户身份鉴别包括对一般用户和系统用户（如系统管理员、审计员）的身份进行标识和鉴别。应按 GB/T 20271—2006 中 6.2.3.1 的要求，从以下方面设计和实现应用软件系统的用户身份鉴别功能：

a） 用户注册：对应用软件系统的注册用户，按以下要求设计和实现标识功能：
   1） 凡需进入应用软件系统的用户，应先进行标识（建立注册账号）；
   2） 应用软件系统的用户应以用户名和用户标识符（UID）等信息进行标识，并在应用软件系统的整个生存周期实现用户的唯一性标识，以及用户名或别名、UID 等之间的一致性；

b） 用户登录：对登录到应用软件系统的用户，应按以下要求进行身份的真实性鉴别：
   1） 采用强化管理的口令鉴别/基于令牌的动态口令鉴别/生物特征鉴别机制进行用户身份鉴别，并在每次用户登录系统时进行鉴别；
   2） 鉴别信息应是不可见的，具有相应的抗攻击能力，并在存储和传输时进行安全保护；
   3） 通过对不成功的鉴别尝试的值（包括尝试次数和时间的阈值）进行预先定义，并明确规定达到该值时所应采取的具有规范性和安全性的措施来实现鉴别失败的处理；

c） 用户-主体绑定：对注册到应用软件系统的用户，应按以下要求设计和实现用户-主体绑定功能：
   1） 将用户进程与所有者用户相关联，使用户进程的行为可以追溯到进程的所有者用户；
   2） 将系统进程动态地与当前服务要求者用户相关联，使系统进程的行为可以追溯到当前服务要求者用户。

6.1.2 自主访问控制

应按 GB/T 20271—2006 中 6.2.3.2 的要求，从以下方面设计和实现应用软件系统的自主访问控制功能：

a） 自主访问控制功能：命名用户以用户的身份规定并控制对客体的访问，并阻止非授权用户对客体的访问；可以有多个自主访问控制功能，但其访问控制策略必须具有一致性；

b） 自主访问控制策略：提供用户按照确定的访问控制策略对自身创建的客体的访问进行控制的功能，包括：
   1） 客体创建者有权以各种操作方式访问自身所创建的客体；

2） 客体创建者有权对其他用户进行“访问授权”，使其可对客体拥有者创建的指定客体能按授权的操作方式进行访问；

3） 客体创建者有权对其他用户进行“授权传播”，使其可以获得将该拥有者的指定客体的访问权限授予其他用户的权限；

4） 客体创建者有权收回其所授予其他用户的“访问授权”和“授权传播”；

5） 未经授权的用户不得以任何操作方式访问客体；

6） 授权用户不得以未授权的操作方式访问客体；

c） 操作系统支持的自主访问控制：以文件形式存储和操作的用户数据，在操作系统的支持下，按GB/T 20272—2006 中 4.2.1.2 的要求，可实现文件级粒度的自主访问控制；

d） 数据库管理系统支持的自主访问控制：以数据库形式存储和操作的用户数据，在数据库管理系统的支持下，按GB/T 20273—2006 中 5.2.1.2 的要求，可实现对表级/记录、字段级粒度的自主访问控制；

e） 应用软件系统自身的自主访问控制：在应用软件系统中，通过设置自主访问控制的安全机制，可实现文件级粒度的自主访问控制。

6.1.3 安全审计

应按 GB/T 20271—2006 中 6.2.2.3 的要求，从以下方面设计和实现应用软件系统的安全审计功能：

a） 安全审计内容：安全审计功能的设计应与用户标识与鉴别、自主访问控制等安全功能的设计紧密结合；

b） 安全审计处理：提供审计日志，潜在侵害分析，基本审计查阅和有限审计查阅，安全审计事件选择，以及受保护的审计踪迹存储等功能。

6.1.4 用户数据完整性保护

应按GB/T 20271—2006 中 6.2.3.3 的要求，对在应用软件系统控制范围内存储和传输的用户数据，从以下方面设计和实现完整性保护功能：

a） 用户公开数据的传输保护：对应用软件系统中通过网络传输的用户公开数据，进行完整性检测，发现其完整性被破坏的情况；

b） 用户一般数据的存储保护：对在应用软件系统中存储的用户一般数据，进行完整性检测，在数据被使用前发现其完整性被破坏的情况；

c） 用户一般数据的传输保护：对应用软件系统中通过网络传输的用户一般数据，进行完整性检测，发现其完整性被破坏的情况；

d） 用户一般数据的处理保护：对应用软件系统中进行处理的用户一般数据，通过操作序列的回退等措施，实现完整性保护。

6.1.5 用户数据保密性保护

应按 GB/T 20271—2006 中 6.2.3.4 的要求，对在应用软件系统控制范围内存储和传输的用户数据，从以下方面设计和实现保密性保护功能：

a） 用户一般数据的存储保护：对在应用软件系统中存储的用户一般数据，通过相应安全级别/强度的密码机制或其他安全机制，实现保密性保护；

b） 用户一般数据的传输保护：对应用软件系统中通过网络传输的用户一般数据，通过相应安全级别/强度的密码机制或其他安全机制，实现保密性保护；

c） 用户一般数据的剩余信息保护：对应用软件系统中由用户一般数据使用的缓冲存储器及其他

动态记录介质，通过在释放其使用权时对剩余信息进行删除等措施，确保不会由于动态记录介质中的剩余信息引起信息泄漏。

6.1.6 备份与故障恢复

应按GB/T 20271—2006 中 6.2.2.5 的要求，从以下方面设计和实现应用软件系统的备份与故障恢复：

a) 用户自我信息备份与恢复：提供用户有选择地备份重要信息的功能；当由于某种原因引起信息系统中用户信息丢失或破坏时，能提供用户按自我信息备份所保留的信息进行信息恢复的功能；

b) 增量信息备份与恢复：提供由应用软件系统定时对新增信息进行备份的功能；当由于某种原因引起应用软件系统中的某些信息丢失或破坏时，提供用户按增量信息备份所保留的信息进行信息恢复的功能。

6.1.7 系统安全性检测分析

应按 GB/T 20271—2006 中 6.2.2.2 的要求，检测分析应用软件系统的安全性，并结合本级的安全性要求加以改进。

6.2 安全保证技术要求

6.2.1 安全子系统自身保护要求

6.2.1.1 SSF 物理安全保护

应按GB/T 20271—2006 中 6.2.4.1 的要求，从以下方面实现应用软件系统 SSF 的物理安全保护：物理攻击检测。

6.2.1.2 SSF 运行安全保护

应按GB/T 20271—2006 中 6.2.4.2 的要求，从以下方面实现应用软件系统 SSF 的运行安全保护：

a) 后门控制：系统在设计时不应留有“后门”。即不应以维护、支持或操作需要为借口，设计有违反或绕过安全规则的任何类型的入口和文档中未说明的任何模式的入口；

b) 安全系统子集结构：安全系统应是一个独立的、严格定义的应用软件系统的一个子集，并应防止外部干扰和破坏，如修改其代码或数据结构；

c) 用户和管理员安全属性定义：应提供设置和升级配置参数的安装机制；在初始化和对与安全有关的数据结构进行保护之前，应对用户和管理员的安全策略属性应进行定义；

d) 安全系统失败或中断的处理：在 SSOASS 失败或中断后，应按照失败保护中所描述的内容，保护其以最小的损害实现对 SSF 出现失败时的处理；

e) 安全系统配置：当应用软件系统安装完成后，在普通用户访问之前，系统应配置好初始用户和管理员职责、审计参数、系统审计跟踪设置以及对客体的合适的访问控制。

6.2.1.3 SSF 数据安全保护

应按GB/T 20271—2006 中 6.2.4.3 的要求，对在 SSOASS 内传输的 SSF 数据进行以下安全保护：

a) SSF 数据传输保护：实现 SSOASS 内 SSF 数据的基本传输保护；

b) SSF 数据一致性保护：实现 SSOASS 内 SSF 数据复制的一致性保护。

6.2.1.4 安全子系统资源利用

应按 GB/T 20271—2006 中 6.2.4.4 的要求，从以下方面实现 SSOASS 的资源利用：

a) 通过一定措施确保当系统出现某些确定的故障时，SSF 也能维持正常运行；

b) 对 SSC 内某个资源子集，按有限服务优先级，进行资源的管理和分配；

c) 按资源分配中最大限额的要求，进行 SSOASS 资源的管理和分配，确保用户和主体不会独占某种受控资源；

d) 确保在被授权的主体发出请求时，资源能被访问和利用；

e) 当系统资源的服务水平降低到预先规定的最小值时，应能检测和报警。

6.2.1.5 安全子系统访问控制

应按GB/T 20271—2006 中 6.2.4.5 的要求，从以下方面实现 SSOASS 的访问控制：

a) 按会话建立机制的要求，设计会话建立的管理；在建立 SSOASS 会话之前，应鉴别用户的身份，并不允许鉴别机制本身被旁路；

b) 按可选属性范围限定的要求，从访问方法、访问地址和访问时间等方面，对用来建立会话的安全属性的范围进行限制；

c) 按多重并发会话限定中基本限定的要求，进行会话管理的设计；在基于基本标识的基础上，SSF 应限制系统的并发会话的最大次数，并就会话次数的限定数设置默认值。

d) 在用户成功登录系统后，SSOASS 应记录并向用户显示以下数据：

   1) 日期、时间、来源和上次成功登录系统的情况；

   2) 上次成功访问系统以来用户身份鉴别失败的情况；

   3) 应显示口令到期的天数；

   4) 成功或不成功的事件次数的显示可以用整数计数、时间戳列表等表述方法。

6.2.2 安全子系统设计和实现要求

6.2.2.1 配置管理

应按GB/T 20271—2006 中 6.2.5.1 的要求，从以下方面实现 SSOASS 的配置管理：

a) 在配置管理能力方面，实现对版本号、配置项、授权控制等方面的管理；

b) 配置管理范围方面，将 SSOASS 的实现表示、设计文档、测试文档、用户文档、管理员文档以及配置管理文档等置于配置管理之下；

c) 在系统的整个生存周期，即在其开发、测试和运行维护期间，只有被授权的代码和代码修改才允许被加进已交付的源码的基本部分；所有变更应被记载和检查，以确保不危及系统的安全；通过技术、物理和规章方面的结合，充分保护生成系统所用到的源码免遭未授权的修改和毁坏；

d) 在软件配置管理系统中，应包含以下方面的工具：

   1) 从源码产生出系统新版本；

   2) 鉴定新生成的系统版本(如不同版本源码对比)；

   3) 保护源码免遭未授权修改。

6.2.2.2 分发和操作

应按GB/T 20271—2006 中 6.2.5.2 的要求，从以下方面实现 SSOASS 的分发和操作：

a) 以文档形式提供对 SSOASS 安全地进行分发的过程，对安装、生成和启动并最终生成安全配置的过程进行说明。文档中所描述的内容应包括：

1） 提供分发的过程；

2） 安全启动和操作的过程；

3） 建立日志的过程；

b） 在交付过程中，应将系统的未授权修改风险控制到最低限度。包装及安全分送和安装过程中的安全性应由最终用户确认；

c） 所有软件应提供安全安装默认值，在客户不做选择时，使安全机制自动地发挥作用；

d） 随同系统交付的全部默认用户标识码，应在交付时处于非激活状态，并在使用前由管理员激活；

e） 用户文档应同交付的软件一起包装，并有相应的规程确保交付的软件是严格按照最新的版本制作的。

6.2.2.3 开发

应按GB/T 20271—2006 中 6.2.5.3 的要求，从以下方面进行 SSOASS 的开发：

a） 按非形式化安全策略模型、完全定义的外部接口、描述性高层设计、SSF 子集实现、SSF 内部结构层次化、描述性低层设计、非形式化对应性说明的要求，进行 SSOASS 的设计；

b） 系统的设计和开发应保护数据的完整性，例如，检查数据更新的规则，多重输入的正确处理，返回状态的检查，中间结果的检查，异常值输入检查，事务处理更新的正确性检查等；

c） 在内部代码检查时，应解决潜在的安全缺陷，关闭或取消所有的后门；

d） 交付的软件和文档，应进行关于安全缺陷的定期的和书面的检查，并将检查结果告知用户；

e） 由系统控制的敏感数据，如口令、密钥等，不应在未受保护的程序或文档中以明文形式存储；

f） 应以书面形式提供给用户关于软件所有权法律保护的指南。

6.2.2.4 文档

应按GB/T 20271—2006 中 6.2.5.4 的要求，从以下方面编制 SSOASS 的文档：

a） 用户文档应提供关于不同类型用户的可见的安全机制，并说明它们的用途和提供有关它们使用的指南；

b） 安全管理员文档应提供有关如何设置、维护和分析系统安全的详细说明，包括当运行一个安全设备时，需要控制的有关功能和特权的警告，以及与安全有关的管理员功能的详细描述，包括增加和删除一个用户，改变主、客体的安全属性等；

c） 文档中不应提供任何一旦泄露将会危及本安全级范围内系统安全的信息；

d） 有关安全的指令和文档根据权限应分别提供给一般用户、系统管理员、系统安全员和系统审计员；这些文档应为独立的文档，或作为独立的章、条插入到安全管理指南和用户指南中；

e） 提供关于所有审计工具的文档，包括为检查和保持审计文件所推荐的过程、针对每种审计事件的详细审计记录、为周期性备份和删除审计记录所推荐的过程等；

f） 提供如何进行系统自我评估（带有网络管理、口令要求、拨号访问控制、意外事故计划的安全报告）和为灾害恢复计划所做的建议，以及描述普通入侵技术、其他威胁及其检查和阻止的方法。

6.2.2.5 生存周期支持

应按GB/T 20271—2006 中 6.2.5.5 的要求，从以下方面实现 SSOASS 的生存周期支持：

a） 生存周期模型：按开发者定义生存周期模型明确定义开发工具的要求进行 SSOASS 开发，并提供开发过程中的安全措施说明；

b) 生存周期文档要求:文档应详细阐述安全启动和操作的过程,详细说明安全功能在启动、正常操作维护时是否能被撤销或修改,说明在故障或系统出错时如何恢复系统至安全状态。

6.2.2.6 测试

应按GB/T 20271—2006 中 6.2.5.6 的要求,从以下方面对 SSOASS 进行测试:

a) 通过范围证据和范围分析,高层设计的测试,一般功能测试和符合性独立测试,确认 SSOASS 的功能与所要求功能的一致性;
b) 所有系统的安全特性,应被全面测试,包括查找漏洞,如允许违反系统访问控制要求、允许违反资源访问控制要求、允许拒绝服务、允许验证数据进行未授权访问等;
c) 所有发现的漏洞应被改正、消除或使其无效,并在消除漏洞后重新测试,以证实它们已被消除,且没有引出新的漏洞;
d) 应提供测试文档,详细描述测试计划、测试过程、测试结果。

6.2.2.7 脆弱性评定

应按 GB/T 20271—2006 中 6.2.5.7 的要求,从以下方面对 SSOASS 进行脆弱性评定:

a) 对防止误用的评定,通过对文档的检查,查找 SSOASS 以不安全的方式进行使用或配置而不为人们所察觉的情况;
b) 对 SSOASS 安全功能强度评估,通过对安全机制的安全行为的合格性或统计结果的分析,证明其达到或超过安全目标要求所定义的最低强度;
c) 开发者脆弱性分析,确定明显的安全脆弱性的存在,并确认在所期望的环境中所存在的脆弱性不会被利用。

6.2.3 安全子系统安全管理要求

应根据本安全等级中安全功能技术要求所涉及的安全功能技术要求和安全保证技术要求所涉及的 SSOASS 自身保护、SSOASS 设计和实现等有关内容,按 GB/T 20271—2006 中 6.2.6 的要求,从以下方面实现 SSOASS 的安全管理:

a) 操作规程和规章制度:对安全保证措施所涉及的 SSOASS 自身保护、SSOASS 设计和实现等有关内容,以及与一般的安装、配置等有关的功能,制定相应的操作、运行规程和行为规章制度;
b) SSF 安全功能管理:对 SSOASS 中的每个安全功能模块,根据安全功能技术和安全保证技术所实现的安全功能,实现 SSF 安全功能的管理;
c) SSF 安全属性管理:对 SSOASS 中的每个安全功能模块,根据安全功能技术和安全保证技术所涉及的安全属性,从管理安全属性、安全的安全属性、静态属性初始化、安全属性终止和安全属性撤销等方面,实现 SSF 安全属性的安全管理;
d) SSF 安全数据管理:对 SSOASS 中的每个安全功能模块,根据安全功能技术和安全保证技术所涉及的安全数据,从管理 SSF 数据、SSF 数据界限的管理和安全的 SSF 数据等方面,实现 SSF 安全数据的安全管理。

7 第三级应用软件系统安全技术要求

7.1 安全功能技术要求

7.1.1 用户身份鉴别

用户身份鉴别包括对一般用户和系统用户(如系统安全员、审计员和安全员)的身份进行标识和鉴别。应按 GB/T 20271—2006 中 6.3.3.1 的要求，从以下方面设计和实现应用软件系统的用户身份鉴别：

a) 用户注册：对应用软件系统的注册用户，按以下要求设计和实现标识功能：
   1) 凡需进入应用软件系统的用户，应先进行标识（建立注册账号）；
   2) 应用软件系统的用户应以用户名和用户标识符（UID）等信息进行标识，并在应用软件系统的整个生存周期实现用户的唯一性标识，以及用户名或别名、UID 等之间的一致性；
   3) 对提供单点登录的分布式应用软件系统的用户应提供单点标识，且单点标识应具有与常规标识相同的安全性；
b) 用户登录：对登录到应用软件系统的用户，应按以下要求进行身份的真实性鉴别：
   1) 采用强化管理的口令鉴别/基于令牌的动态口令鉴别/生物特征鉴别/数字证书鉴别机制进行用户身份鉴别，并在每次用户登录系统时进行鉴别；对系统用户应采用两种或两种以上组合的鉴别机制进行身份鉴别；
   2) 鉴别信息应是不可见的，具有相应的抗攻击能力，并在存储和传输时按 GB/T 20271—2006 中 6.3.3.9 的要求，用加密方法/具有相同安全强度的其他方法进行安全保护；
   3) 通过对不成功的鉴别尝试的值（包括尝试次数和时间的阈值）进行预先定义，并明确规定达到该值时所应采取的具有规范性和安全性的措施来实现鉴别失败的处理；
   4) 对提供单点登录的分布式应用软件系统的用户应提供单点鉴别，且单点鉴别应具有与常规鉴别相同的安全性；
c) 用户-主体绑定：对注册到应用软件系统的用户，应按以下要求设计和实现用户-主体绑定功能：
   1) 将用户进程与所有者用户相关联，使用户进程的行为可以追溯到进程的所有者用户；
   2) 将系统进程动态地与当前服务要求者用户相关联，使系统进程的行为可以追溯到当前服务要求者用户。

7.1.2 抗抵赖

抗抵赖包括以下内容：

a) 抗原发抵赖：对于在网络环境进行数据交换的情况，应按 GB/T 20271—2006 中 6.3.3.2a）的要求，通过提供选择性原发证据，实现抗原发抵赖功能；
b) 抗接收抵赖：对于在网络环境进行数据交换的情况，应按 GB/T 20271—2006 中 6.3.3.2b）的要求，通过提供选择性接收证据，实现抗接收抵赖功能。

7.1.3 自主访问控制

应按GB/T 20271—2006 中 6.3.3.3 的要求，从以下方面设计和实现应用软件系统的自主访问控制：

a) 自主访问控制功能：命名用户以用户的身份规定并控制对客体的访问，并阻止非授权用户对客体的访问；可以有多个自主访问控制功能，但其访问控制策略必须具有一致性；
b) 自主访问控制策略：提供用户按照确定的访问控制策略对自身创建的客体的访问进行控制的功能，包括：
   1) 客体创建者有权以各种操作方式访问自身所创建的客体；
   2) 客体创建者有权对其他用户进行“访问授权”，使其可对客体拥有者创建的指定客体能按授权的操作方式进行访问；
   3) 客体创建者有权对其他用户进行“授权传播”，使其可以获得将该拥有者的指定客体的访问权限授予其他用户的权限；

4) 客体创建者有权收回其所授予其他用户的“访问授权”和“授权传播”，并对授权传播进行限制，对不可传播的授权进行明确定义，由系统自动检查并限制这些授权的传播；
5) 未经授权的用户不得以任何操作方式访问客体；
6) 授权用户不得以未授权的操作方式访问客体；

c) 操作系统支持的自主访问控制：以文件形式存储和操作的用户数据，在操作系统的支持下，按GB/T 20272—2006 中 4.3.1.2 的要求，可实现文件级粒度的自主访问控制；
d) 数据库管理系统支持的自主访问控制：以数据库形式存储和操作的用户数据，在数据库管理系统的支持下，按GB/T 20273—2006 中 5.3.1.2 的要求，可实现对表级/记录、字段级粒度的自主访问控制；
e) 应用软件系统自身的自主访问控制：在应用软件系统中，通过设置自主访问控制安全机制，可实现文件级粒度的自主访问控制；
f) 分布式系统的自主访问控制：对分布式应用软件系统，应实行统一的自主访问控制安全策略，确保每一个场地的主、客体具有一致的安全属性，并执行相同的访问规则；
g) 网络环境的自主访问控制：对分布于网络环境的应用软件系统，应根据业务应用的实际需要确定实行统一的或各自独立的自主访问控制安全策略。

7.1.4 标记

应按 GB/T 20271—2006 中 6.3.3.4 的要求，从以下方面设计和实现主、客体标记功能：

a) 用户的敏感标记：应在用户建立注册账户后由系统安全员通过 SSOASS 所提供的安全员界面操作进行标记；
b) 客体的敏感标记：应在数据输入到 SSOASS 安全功能的控制范围内时，以默认方式生成或由安全员通过操作界面进行标记；
c) 标记的范围：对分布式应用软件系统，实施相同强制访问控制安全策略的各个场地的主、客体，应以相同的敏感信息进行标记；
d) 分布式系统标记的一致性：对分布式应用软件系统，实施相同强制访问控制安全策略的各个场地的主、客体，应以相同的敏感信息进行标记；
e) 网络环境标记的独立性/一致性：对分布于网络环境的应用软件系统，应根据统一的或各自独立的强制访问控制策略，对主、客体进行统一的或各自独立的敏感信息的标记。

7.1.5 强制访问控制

应按 GB/T 20271—2006 中 6.3.3.5 的要求，从以下方面设计和实现应用软件系统的强制访问控制：

a) 强制访问控制功能：按确定的强制访问控制安全策略，设计和实现相应的强制访问控制功能；可以有多个强制访问控制功能，但其访问控制策略应具有一致性。
b) 操作系统支持的强制访问控制：以文件形式存储和操作的用户数据，在操作系统的支持下，按GB/T 20272—2006 中 4.3.1.4 的要求，可实现文件级粒度的强制访问控制；
c) 数据库管理系统支持的强制访问控制：以数据库形式存储和操作的用户数据，在数据库管理系统的支持下，按 GB/T 20273—2006 中 5.3.1.4 的要求，可实现表/记录、字段级粒度的强制访问控制；
d) 应用软件系统自身的强制访问控制：在应用软件系统中，在 PMI(授权管理基础设施)支持下，可实现文件级粒度的强制访问控制；
e) 强制访问控制的范围：应将强制访问控制的范围限定在所定义的主体与客体；
f) 权限分离与最小授权：将系统的常规管理、与安全有关的管理以及审计管理，分别由系统管理员、系统安全员和系统审计员来承担，按最小授权原则分别授予它们各自为完成自己所承担任务所需的最小权限，并在它们之间形成相互制约的关系；

g) 分布式系统的强制访问控制：对实施相同强制访问控制安全策略的分布式应用软件系统，各个场地应具有一致的主、客体标记和相同的访问规则；

h) 网络环境的强制访问控制：对分布于网络环境的应用软件系统，应根据业务应用的实际需要确定统一的或各自独立的强制访问控制安全策略。

7.1.6 安全审计

应按GB/T 20271—2006 中 6.3.2.4 的要求，从以下方面设计和实现应用软件系统的安全审计：

a) 安全审计内容：安全审计功能的设计应与用户标识与鉴别、自主访问控制、标记与强制访问控制等安全功能的设计紧密结合；

b) 安全审计处理：提供审计日志、实时报警生成，潜在侵害分析、基于异常检测，基本审计查阅、有限审计查阅和可选审计查阅，安全审计事件选择，以及受保护的审计踪迹存储和审计数据的可用性确保等功能；

c) 安全审计的统一管理：对网络环境下运行的应用软件系统，应建立统一管理和控制的安全审计机制。

7.1.7 用户数据完整性保护

应按GB/T 20271—2006 中 6.3.3.7 的要求，对在应用软件系统控制范围内存储和传输的用户数据，从以下方面设计和实现完整性保护：

a) 用户公开数据的传输保护：对应用软件系统中通过网络传输的用户公开数据，进行完整性检测，发现其完整性被破坏的情况；

b) 用户一般数据的存储保护：对在应用软件系统中存储的用户一般数据，进行完整性检测，在数据被使用前发现其完整性被破坏的情况；

c) 用户一般数据的传输保护：对应用软件系统中通过网络传输的用户一般数据，进行完整性检测，发现其完整性被破坏的情况；

d) 用户一般数据的处理保护：对应用软件系统中进行处理的用户一般数据，通过操作序列的回退等措施，实现完整性保护；

e) 用户重要数据的存储保护：对在应用软件系统中存储的用户重要数据，通过设置完整性标签等进行完整性检测，在数据被使用前发现其完整性被破坏的情况，并在完整性受到破坏时能采取相应措施进行一定恢复；

f) 用户重要数据的传输保护：对应用软件系统中通过网络传输的用户重要数据，通过设置完整性标签等进行完整性检测，发现其完整性被破坏的情况，并在完整性受到破坏时能采取相应措施进行一定恢复；

g) 用户重要数据的处理保护：对应用软件系统中进行处理的用户重要数据，通过操作序列的回退等措施，实现完整性保护。

7.1.8 用户数据保密性保护

应按GB/T 20271—2006 中 6.3.3.8 的要求，对在应用软件系统控制范围内存储和传输的用户数据，从以下方面设计和实现保密性保护：

a) 用户一般数据的存储保护：对在应用软件系统中存储的用户一般数据，通过相应安全级别/强度的密码机制或其他安全机制，实现保密性保护；

b) 用户一般数据的传输保护：对应用软件系统中通过网络传输的用户一般数据，通过相应安全级别/强度的密码机制或其他安全机制，实现保密性保护；

c) 用户一般数据的处理保护：对应用软件系统中由用户一般数据使用的缓冲存储器及其他动态记录介质，通过在释放其使用权时对剩余信息进行删除等措施，确保不会由于动态记录介质中的剩余信息引起信息泄漏；

d) 用户重要数据的存储保护：对在应用软件系统中存储的用户重要数据，通过相应安全级别/强度的密码机制或其他安全机制，实现保密性保护；

e) 用户重要数据的传输保护：对应用软件系统中通过网络传输的用户重要数据，通过相应安全级别/强度的密码机制或其他安全机制，实现保密性保护；

f) 用户重要数据的剩余信息保护：对应用软件系统中由用户重要数据使用的缓冲存储器及其他动态记录介质，通过在释放其使用权时对剩余信息进行删除等措施，确保不会由于动态记录介质中的剩余信息引起信息泄漏。

7.1.9 备份与故障恢复

应按GB/T 20271—2006 中 6.3.2.6 的要求，从以下方面设计和实现应用软件系统的备份与故障恢复：

a) 用户自我信息备份与恢复：提供用户有选择地备份重要信息的功能；当由于某种原因引起信息系统中用户信息丢失或破坏时，能提供用户按自我信息备份所保留的信息进行信息恢复的功能；

b) 增量信息备份与恢复：提供由应用软件系统定时对新增信息进行备份的功能；当由于某种原因引起应用软件系统中的某些信息丢失或破坏时，提供用户按增量信息备份所保留的信息进行信息恢复的功能。

7.1.10 系统安全性检测分析

应按GB/T 20271—2006 中 6.3.2.2 的要求，检测分析应用软件系统的安全性，并结合本级的安全性要求加以改进。

7.2 安全保证技术要求

7.2.1 安全子系统自身保护要求

7.2.1.1 SSF 物理安全保护

应按GB/T 20271—2006 中 6.3.4.1 的要求，从以下方面实现应用软件系统 SSF 的物理安全保护：

a) 物理攻击检测；

b) 物理检测自动报告。

7.2.1.2 SSF 运行安全保护

应按GB/T 20271—2006 中 6.3.4.2 的要求，从以下方面实现应用软件系统 SSF 的运行安全保护：

a) 后门控制：系统在设计时不应留有“后门”。即不应以维护、支持或操作需要为借口，设计有违反或绕过安全规则的任何类型的入口和文档中未说明的任何模式的入口；

b) 安全系统子集结构：安全系统应是一个独立的、严格定义的应用软件系统的一个子集，并应防止外部干扰和破坏，如修改其代码或数据结构；

c) 用户和管理员安全属性定义：应提供设置和升级配置参数的安装机制，在初始化和对与安全有关的数据结构进行保护之前，应对用户和管理员的安全策略属性应进行定义；

d) 安全系统失败或中断的处理：在 SSOASS 失败或中断后，应按照失败保护中所描述的内容，保护其以最小的损害实现对 SSF 出现失败时的处理；

e) 安全系统配置：当应用软件系统安装完成后，在普通用户访问之前，系统应配置好初始用户和管理员职责、审计参数、系统审计跟踪设置以及对客体的合适的访问控制；

f) 安全参数值详细报告机制：系统应为应用软件系统安全管理人员提供一种机制，来产生安全参数值的详细报告。

7.2.1.3 SSF 数据安全保护

应按GB/T 20271—2006 中 6.3.4.3 的要求，对在 SSOASS 内传输的 SSF 数据，从以下方面实现安全保护：

a) SSF 数据传输保护：实现 SSOASS 内 SSF 数据的基本传输保护、数据分离传输、传输数据的完整性保护；

b) SSF 数据一致性保护：实现SSF 间的 SSF 数据的一致性和 SSOASS 内 SSF 数据复制的一致性保护；

c) SSF 输出数据保护：实现对 SSF 输出数据的可用性、保密性和完整性保护。

7.2.1.4 安全子系统资源利用

应按GB/T 20271—2006 中 6.3.4.4 的要求，从以下方面实现 SSOASS 的资源利用：

a) 通过一定措施确保当系统出现某些确定的故障时，SSF 也能维持正常运行；

b) 对 SSC 内某个资源子集，按有限服务优先级，进行资源的管理和分配；

c) 按资源分配中最大限额的要求，进行 SSOASS 资源的管理和分配，确保用户和主体不会独占某种受控资源；

d) 确保在被授权的主体发出请求时，资源能被访问和利用；

e) 当系统资源的服务水平降低到预先规定的最小值时，应能检测和报警；

f) 系统应提供软件及数据备份和恢复的机制；

g) 系统应能提供命名的或用户可访问的系统资源的修改历史记录。

7.2.1.5 安全子系统访问控制

应按GB/T 20271—2006 中 6.3.4.5 的要求，从以下方面实现 SSOASS 的访问控制：

a) 按会话建立机制的要求，对会话建立的管理进行设计。在建立 SSOASS 会话之前，应鉴别用户的身份，不允许鉴别机制本身被旁路；

b) 按可选属性范围限定的要求，从访问方法、访问地址和访问时间等方面，对用来建立会话的安全属性的范围进行限制；

c) 按多重并发会话限定中基本限定的要求，进行会话管理的设计；在基于基本标识的基础上，SSF 应限制系统的并发会话的最大次数，并就会话次数的限定数设置默认值；

d) 在用户成功登录系统后，SSOASS 应记录并向用户显示以下数据：

——日期、时间、来源和上次成功登录系统的情况；

——上次成功访问系统以来用户身份鉴别失败的情况；

——应显示口令到期的天数；

——成功或不成功的事件次数的显示可以用整数计数、时间戳列表等表述方法；

e) 当用户鉴别过程不正确的次数达到系统规定的次数时，系统应退出登录过程并终止与用户的交互；

f) 系统应提供一种机制，能按时间、进入方式、地点、网络地址或端口等条件规定哪些用户能进入系统；

g) 在规定的未使用时限后,系统应断开会话或重新鉴别用户,系统应提供时限的默认值。

7.2.2 安全子系统设计和实现要求

7.2.2.1 配置管理

应按GB/T 20271—2006 中 6.3.5.1 的要求,从以下方面实现 SSOASS 的配置管理:

a) 在配置管理能力方面,实现对版本号、配置项、授权控制等方面的管理;
b) 在配置管理自动化方面,实现部分的配置管理自动化;
c) 配置管理范围方面,将 SSOASS 的实现表示、设计文档、测试文档、用户文档、管理员文档以及配置管理文档等置于配置管理之下,实现对配置管理范围内安全缺陷问题的跟踪;
d) 在系统的整个生存周期,即在其开发、测试和运行维护期间,应有一个软件配置管理系统处于保持对改变源码和文件的控制状态,确保只有被授权的代码和代码修改才允许被加进已交付的源码的基本部分;所有变更应被记载和检查,以确保不危及系统的安全;通过技术、物理和规章方面的结合,充分保护生成系统所用到的源码免遭未授权的修改和毁坏;
e) 在软件配置管理系统中,应包含以下方面的工具规程:
   1) 从源码产生出系统新版本;
   2) 鉴定新生成的系统版本(如不同版本源码对比);
   3) 保护源码免遭未授权修改。

7.2.2.2 分发和操作

应按GB/T 20271—2006 中 6.3.5.2 的要求,从以下方面实现 SSOASS 的分发和操作:

a) 以文档形式提供对 SSOASS 安全地进行分发的过程,并对修改检测及最终生成安全配置的过程进行说明。文档中所描述的内容应包括:
   1) 分发过程、安全启动和操作过程、建立日志过程及修改检测内容的说明;
   2) 对任何安全加强功能在启动、正常操作维护时能被撤销或修改的说明;
   3) 在故障或硬件、软件出错后恢复系统至安全状态的规程说明;
   4) 对含有加强安全性的硬件,说明用户或自动诊断测试的操作环境和使用方法;
   5) 对所有加强安全性的硬件部件的诊断测试过程,提供例证的结果;
   6) 在启动和操作时产生审计踪迹输出的例证;
b) 对系统的未授权修改的风险,应在交付时控制到最低限度。在包装及安全分送和安装过程中,这种控制应采取软件控制的方式,安全性由末端用户确认,所有安全机制都应以功能状态交付;
c) 所有软件应提供安全安装默认值,在客户不做选择时,默认值应使安全机制有效地发挥作用;
d) 随同系统交付的全部默认用户标识码,应在交付时处于非激活状态,并在使用前由管理员激活;
e) 用户文档应同交付的软件一起包装,并应有一套规程确保当前送给用户的软件是严格按照最新的版本制作的;
f) 以安全方式开发并交付系统后,仍应提供对产品的长期维护和评估的支持,及时以书面形式向用户通告新的安全问题;
g) 对已知的可能出现的所有的安全问题,均应描述其特点,并被作为主要问题对待,直到它被解决或在用户同意下降级使用;
h) 安全漏洞应及时修改;安全功能的增加和改进应独立于系统版本的升级;
i) 新版本不应违反最初的安全策略和设想,应避免在维护、增加或功能升级中引入安全漏洞。所有功能的改变和安全结构设置的默认值都应在提交用户的文档中说明。

7.2.2.3 开发

应按GB/T 20271—2006 中 6.3.5.3 的要求，从以下方面进行 SSOASS 的开发：

a) 应按非形式化安全策略模型、非形式化功能说明、完全定义的外部接口、安全加强的高层设计、SSF 完全实现、SSF 内部结构层次化、描述性低层设计、非形式化对应性说明的要求，进行 SSOASS 的设计；

b) 系统的设计和开发应保护数据的完整性，例如，检查数据更新的规则，多重输入的正确处理，返回状态的检查，中间结果的检查，异常值输入检查，事务处理更新的正确性检查等；

c) 在内部代码检查时，应解决潜在的安全缺陷，关闭或取消所有的后门；

d) 交付的软件和文档，应进行关于安全缺陷的定期的和书面的检查，并将检查结果告知用户；

e) 系统控制数据，如口令、密钥，不应在未受保护的程序或文档中以明文形式存储，应以书面形式提供给用户关于软件所有权法律保护的指南；

f) SSOASS 的开发过程应保持一个安全环境，该安全环境要求：

——系统开发所使用的计算机系统的安全使用和维护情况的安全策略和措施应有书面记载，并可供检查；

——系统开发过程中使用的所有计算机系统应接受定期的和有书面记载的内部安全审查，描述审查过程的文件和真实的审查报告应可供检查；

——除授权的分发机构外，不应在开发环境外部复制或分发内部文档；

——系统开发环境的计算机系统使用的所有软件应当合法地从确定的渠道获得；

——系统开发者个人独自开发的软件，应在被开发管理者审核后才能用于开发的系统。

7.2.2.4 文档

应按GB/T 20271—2006 中 6.3.5.4 的要求，从以下方面编制 SSOASS 的文档：

a) 用户文档应提供关于不同类型用户的可见的安全机制，并说明它们的用途和提供有关它们使用的指南；

b) 安全管理员文档应提供有关如何设置、维护和分析系统安全的详细说明，包括当运行一个安全设备时，需要控制的有关功能和特权的警告，以及与安全有关的管理员功能的详细描述，包括增加和删除一个用户，改变主、客体的安全属性等；

c) 文档中不应提供任何一旦泄露将会危及本安全级范围内系统安全的信息；

d) 有关安全的指令和文档根据权限应分别提供给一般用户、系统管理员、系统安全员和系统审计员；这些文档应为独立的文档，或作为独立的章、条插入到管理员指南和用户指南中；

e) 文档也可为硬拷贝、电子文档或联机文档，如果是联机文档应控制对其的访问；

f) 应提供关于所有审计工具的文档，包括为检查和保持审计文件所推荐的过程、针对每种审计事件的详细审计记录、为周期性备份和删除审计记录所推荐的过程等；

g) 提供如何进行系统自我评估(如:带有网络管理、口令要求、拨号访问控制、意外事故计划的安全报告)和为灾害恢复计划所做的建议，以及描述普通入侵技术、其他威胁及其检查和阻止的方法；

h) 安全管理员文档应提供安全管理员如何以安全的方式管理系统，除了给出一般的安全忠告，还要明确：

——在系统用安全的方法安装时，围绕用户、用户账户、用户组成员关系、主体和客体的属性等，以及如何安装或终止安装；

——在系统的生存周期内，如何用安全的方法维护系统，包括为了防止系统被破坏而进行的每天、每周、每月的常规备份等；
——如何用安全的方法重建部分 SSOASS（如内核）的方法（如果允许在系统上重建 SSOASS）；
——说明安全审计机制，使授权用户可以有效地使用安全审计来检查安全策略；
——必要时，如何调整系统的安全默认配置。

7.2.2.5 生存周期支持

应按GB/T 20271—2006 中 6.3.5.5 的要求，从以下方面实现 SSOASS 的生存周期支持：

a) 生存周期模型：按标准的生存周期模型和明确定义开发工具的要求进行安全系统的开发，提供安全措施说明和基本的缺陷纠正；
b) 生存周期文档要求：文档应详细阐述安全启动和操作的过程，详细说明安全功能在启动、正常操作维护时是否能被撤销或修改，说明在故障或系统出错时如何恢复系统至安全状态；
c) 加强安全性硬件的要求：如果系统含有加强安全性的硬件（如密码机），那么管理员、终端用户或自动的诊断测试，应能在各自的操作环境中运行它并详细说明操作过程。

7.2.2.6 测试

应按GB/T 20271—2006 中 6.3.5.6 的要求，从以下方面对 SSOASS 进行测试：

a) 通过范围证据和范围分析，高层设计测试和低层设计测试，顺序的功能测试，符合性独立测试和抽样独立性测试等，确认 SSOASS 的功能与所要求的功能相一致；
b) 所有系统的安全特性，应被全面测试，包括查找漏洞，如允许违反系统访问控制要求、允许违反资源访问控制要求、允许拒绝服务、允许验证数据进行未授权访问等；
c) 所有发现的漏洞应被改正、消除或使其无效，并在消除漏洞后重新测试，以证实它们已被消除，且没有引出新的漏洞；
d) 应提供测试文档，详细描述测试计划、测试过程、测试结果。

7.2.2.7 脆弱性评定

应按GB/T 20271—2006 中 6.3.5.7 的要求，从以下方面对 SSOASS 进行脆弱性评定：

a) 对防止误用的评定，通过对文档的检查和分析确认，查找 SSOASS 以不安全的方式进行使用或配置而不为人们所察觉的情况；
b) 对 SSOASS 安全功能强度评估，通过对安全机制的安全行为的合格性或统计结果的分析，证明其达到或超过安全目标要求所定义的最低强度；
c) 独立脆弱性分析，应通过独立穿透测试，确定 SSOASS 可以抵御的低攻击能力攻击者发起的攻击。

7.2.3 安全子系统安全管理要求

应根据本安全等级中安全功能技术要求所涉及的基础安全技术要求、安全功能技术要求和安全保证技术要求所涉及的 SSOASS 自身保护、SSOASS 设计和实现等有关内容，按GB/T 20271—2006 中 6.3.6 的要求，从以下方面实现 SSOASS 的安全管理：

a) 操作规程和规章制度：对安全保证措施所涉及的 SSOASS 自身保护、SSOASS 设计和实现等有关内容，以及与一般的安装、配置等有关的功能，制定相应的操作、运行规程和行为规章制度；
b) SSF 安全功能管理：对 SSOASS 中的每个安全功能模块，根据安全功能技术和安全保证技术所实现的安全功能，实现 SSF 安全功能的管理；

c) SSF 安全属性管理:对 SSOASS 中的每个安全功能模块,根据安全功能技术和安全保证技术所涉及的安全属性,从管理安全属性、安全的安全属性、静态属性初始化、安全属性终止和安全属性撤销等方面,实现 SSF 安全属性的安全管理;
d) SSF 安全数据管理:对 SSOASS 中的每个安全功能模块,根据安全功能技术和安全保证技术所涉及的安全数据,从管理 SSF 数据、SSF 数据界限的管理和安全的 SSF 数据等方面,实现 SSF 安全数据的安全管理;
e) 安全角色的定义与管理:将应用软件系统管理员、安全员和审计员等重要安全角色分别设置专人担任,并按最小授权原则分别授予他们各自为完成自身任务所需的最小权限,并形成相互制约的关系;
f) SSOASS 安全机制集中管理:对网络环境运行的应用软件系统,实现 SSOASS 安全机制的集中管理。

8 第四级应用软件系统安全技术要求

8.1 安全功能技术要求

8.1.1 用户身份鉴别

用户身份鉴别包括对用户的身份进行标识和鉴别。应按GB/T 20271—2006 中 6.4.3.1 的要求,从以下方面设计和实现应用软件系统的用户身份鉴别:

a) 用户注册:对应用软件系统的注册用户,按以下要求设计和实现标识功能:
——凡需进入应用软件系统的用户,应先进行标识(建立注册账号);
——应用软件系统的用户应以用户名和用户标识符(UID)等信息进行标识,并在应用软件系统的整个生存周期实现用户的唯一性标识,以及用户名或别名、UID 等之间的一致性;
——对提供单点登录的分布式应用软件系统的用户应提供单点标识,且单点标识应具有与常规标识相同的安全属性;
b) 用户登录:对登录到应用软件系统的用户,应按以下要求进行身份的真实性鉴别:
——采用强化管理的口令和/或基于令牌的动态口令和/或生物特征鉴别和/或数字证书等相结合的方式,采用多鉴别机制,进行用户的身份鉴别,并在每次用户登录系统时和重新连接时进行鉴别;对系统用户应采用两种或两种以上组合的鉴别机制进行身份鉴别;
——鉴别信息应是不可见的,具有相应的抗攻击能力,并在存储和传输时应按GB/T 20271—2006 中 6.4.3.10 的要求,用加密方法/具有相同安全强度的其他方法进行安全保护;
——通过对不成功的鉴别尝试的值(包括尝试次数和时间的阈值)进行预先定义,并明确规定达到该值时所应采取的具有规范性和安全性的措施来实现鉴别失败的处理;
——对提供单点登录的分布式应用软件系统的用户应提供单点鉴别,且单点鉴别应具有与常规鉴别相同的安全性;
c) 用户-主体绑定:对注册到应用软件系统的用户,应按以下要求设计和实现用户-主体绑定功能:
——将用户进程与所有者用户相关联,使用户进程的行为可以追溯到进程的所有者用户;
——将系统进程动态地与当前服务要求者用户相关联,使系统进程的行为可以追溯到当前服务要求者用户。

8.1.2 抗抵赖

抗抵赖包括以下内容:

a) 抗原发抵赖:对于在网络环境进行数据交换的情况,应按GB/T 20271—2006 中 6.4.3.2a)的要求,通过提供强制性原发证明,实现抗原发抵赖功能;
b) 抗接收抵赖:对于在网络环境进行数据交换的情况,应按GB/T 20271—2006 中 6.4.3.2b)的要求,通过提供强制性接收证明,实现抗接收抵赖功能。

8.1.3 自主访问控制

应按GB/T 20271—2006 中 6.4.3.3 的要求,从以下方面设计和实现应用软件系统的自主访问控制:

a) 自主访问控制功能:命名用户以用户的身份规定并控制对客体的访问,并阻止非授权用户对客体的访问;可以有多个自主访问控制功能,但其访问控制策略必须具有一致性;
b) 自主访问控制策略:提供用户按照确定的访问控制策略对自身创建的客体的访问进行控制的功能,包括:
——客体创建者有权以各种操作方式访问自身所创建的客体;
——客体创建者有权对其他用户进行“访问授权”,使其可对客体拥有者创建的指定客体能按授权的操作方式进行访问;
——客体创建者有权对其他用户进行“授权传播”,使其可以获得将该拥有者的指定客体的访问权限授予其他用户的权限;
——客体创建者有权收回其所授予其他用户的“访问授权”和“授权传播”,并对授权传播进行限制,对不可传播的授权进行明确定义,由系统自动检查并限制这些授权的传播;
——未经授权的用户不得以任何操作方式访问客体;
——授权用户不得以未授权的操作方式访问客体;
c) 操作系统支持的自主访问控制:以文件形式存储和操作的用户数据,在操作系统的支持下,按GB/T 20272—2006 中 4.4.1.2 的要求,可实现文件级粒度的自主访问控制;
d) 数据库管理系统支持的自主访问控制:以数据库形式存储和操作的用户数据,在数据库管理系统的支持下,按GB/T 20273—2006 中 5.4.1.2 的要求,可实现表级/记录、字段级粒度的自主访问控制;
e) 应用软件系统自身的自主访问控制:在应用软件系统中,通过设置自主访问控制安全机制,可实现文件级粒度的自主访问控制;
f) 分布式系统的自主访问控制:对分布式应用软件系统应实行统一的自主访问控制安全策略,确保每一个场地的主、客体具有一致的安全属性,并执行相同的访问规则;
g) 网络环境的自主访问控制:对分布于网络环境的应用软件系统,应根据业务应用的实际需要确定实行统一的或各自独立的自主访问控制安全策略。

8.1.4 标记

应按GB/T 20271—2006 中 6.4.3.4 的要求,从以下方面设计和实现主、客体标记:

a) 用户敏感标记:应在用户建立注册账户后由系统安全员通过 SSOASS 所提供的安全员界面操作进行标记;
b) 客体的敏感标记:应在数据输入到 SSOASS 安全功能的控制范围内时,以默认方式生成或由安全员通过操作界面进行标记;
c) 标记的范围:将标记的范围扩展到应用软件系统中的所有主体与客体;对于从 SSOASS 控制范围外输入的未标记数据,应进行默认标记或由系统安全员进行标记;对于输出到 SSOASS 控制范围以外的数据,如打印输出的数据,应明显地标明该数据的安全标记;
d) 分布式系统标记的一致性:对分布式应用软件系统,实施相同强制访问控制安全策略的各个场地的主、客体，应以相同的敏感信息进行标记；

e) 网络环境标记的独立性/一致性：对分布于网络环境的应用软件系统，应根据统一的或各自独立的强制访问控制策略，对主、客体进行统一的或各自独立的敏感信息的标记。

8.1.5 强制访问控制

应按GB/T 20271—2006 中 6.4.3.5 的要求，从以下方面设计和实现应用软件系统的强制访问控制：

a) 强制访问控制功能：按确定的强制访问控制安全策略，设计和实现相应的强制访问控制功能；可以有多个强制访问控制功能，但其访问控制策略应具有一致性；

b) 操作系统支持的强制访问控制：以文件形式存储和操作的用户数据，在操作系统的支持下，按GB/T 20272—2006 中 4.4.1.4 的要求，可实现文件级粒度的强制访问控制；

c) 数据库管理系统支持的强制访问控制：以数据库形式存储和操作的用户数据，在数据库管理系统的支持下，按GB/T 20273—2006 中 5.4.1.4 的要求，可实现表级/记录、字段级粒度的强制访问控制；

d) 应用软件系统自身的强制访问控制：在应用软件系统中，在 PMI（授权管理基础设施）的支持下，可实现文件级粒度的强制访问控制；

e) 强制访问控制的范围：将强制访问控制的范围扩展到应用软件系统的所有主体与客体；

f) 权限分离与最小授权：将系统的常规管理、与安全有关的管理以及审计管理，分别由系统管理员、系统安全员和系统审计员来承担，按最小授权原则分别授予它们各自为完成自己所承担任务所需的最小权限，并在它们之间形成相互制约的关系；

g) 分布式系统的强制访问控制：对实施相同强制访问控制安全策略的分布式应用软件系统，各个场地应具有一致的主、客体标记和相同的访问规则；

h) 网络环境的强制访问控制：对分布于网络环境的应用软件系统，应根据业务应用的实际需要确定统一的或各自独立的强制访问控制安全策略。

8.1.6 安全审计

应按GB/T 20271—2006 中 6.4.2.4 的要求，从以下方面设计和实现应用软件系统的安全审计：

a) 安全审计内容：安全审计功能的设计应与用户标识与鉴别、自主访问控制、标记与强制访问控制等安全功能的设计紧密结合；

b) 安全审计处理：提供审计日志、实时报警生成和违例进程终止，潜在侵害分析、基于异常检测和简单攻击探测，基本审计查阅、有限审计查阅和可选审计查阅，安全审计事件选择，以及受保护的审计踪迹存储、审计数据的可用性确保和防止审计数据丢失的措施等功能；

c) 安全审计的统一管理：对网络环境下运行的应用软件系统，应建立统一管理和控制的安全审计机制。

8.1.7 用户数据完整性保护

应按GB/T 20271—2006 中 6.4.3.7 的要求，对在应用软件系统控制范围内存储和传输的用户数据，从以下方面设计和实现完整性保护：

a) 用户公开数据的传输保护：对应用软件系统中通过网络传输的用户公开数据，进行完整性检测，发现其完整性被破坏的情况；

b) 用户一般数据的存储保护：对在应用软件系统中存储的用户一般数据，进行完整性检测，在数据被使用前发现其完整性被破坏的情况；

c) 用户一般数据的传输保护：对应用软件系统中通过网络传输的用户一般数据，进行完整性检测，发现其完整性被破坏的情况；

d) 用户一般数据的处理保护：对应用软件系统中进行处理的用户一般数据，通过操作序列的回退等措施，实现完整性保护；

e) 用户重要数据的存储保护：对在应用软件系统中存储的用户重要数据，通过设置完整性标签等进行完整性检测，在数据被使用前发现其完整性被破坏的情况，并在完整性受到破坏时能采取相应措施进行一定恢复；

f) 用户重要数据的传输保护：对应用软件系统中通过网络传输的用户重要数据，通过设置完整性标签等进行完整性检测，发现其完整性被破坏的情况，并在完整性受到破坏时能采取相应措施进行一定恢复；

g) 用户重要数据的处理保护：对应用软件系统中进行处理的用户重要数据，通过操作序列的回退等措施，实现完整性保护；

h) 用户关键数据的存储保护：对在应用软件系统中存储的用户关键数据，通过制定完整性安全策略进行完整性保护，在数据被使用前发现其完整性被破坏的情况，并在完整性受到破坏时能采取相应措施进行恢复；

i) 用户关键数据的传输保护：对应用软件系统中通过网络传输的用户关键数据，通过制定完整性安全策略进行完整性保护，发现其完整性被破坏的情况，并在完整性受到破坏时能采取相应措施进行恢复；

j) 用户关键数据的处理保护：对应用软件系统中进行处理的用户关键数据，通过操作序列的回退等措施，实现完整性保护。

8.1.8 用户数据保密性保护

应按GB/T 20271—2006 中 6.4.3.8 的要求，对在应用软件系统控制范围内存储和传输的用户数据，从以下方面设计和实现保密性保护：

a) 用户一般数据的存储保护：对在应用软件系统中存储的用户一般数据，通过相应安全级别/强度的密码机制或其他安全机制，实现保密性保护；

b) 用户一般数据的传输保护：对应用软件系统中通过网络传输的用户一般数据，通过相应安全级别/强度的密码机制或其他安全机制，实现保密性保护；

c) 用户一般数据的剩余信息保护：对应用软件系统中由用户一般数据使用的缓冲存储器及其他动态记录介质，通过在释放其使用权时对剩余信息进行删除等措施，确保不会由于动态记录介质中的剩余信息引起信息泄漏；

d) 用户重要数据的存储保护：对在应用软件系统中存储的用户重要数据，通过相应安全级别/强度的密码机制或其他安全机制，实现保密性保护；

e) 用户重要数据的传输保护：对应用软件系统中通过网络传输的用户重要数据，通过相应安全级别/强度的密码机制或其他安全机制，实现保密性保护；

f) 用户重要数据的剩余信息保护：对应用软件系统中由用户重要数据使用的缓冲存储器及其他动态记录介质，通过在释放其使用权时对剩余信息进行删除等措施，确保不会由于动态记录介质中的剩余信息引起信息泄漏；

g) 用户关键数据的存储保护：对在应用软件系统中存储的用户关键数据，通过相应安全级别/强度的密码机制或其他安全机制，实现保密性保护；

h) 用户关键数据的传输保护：对应用软件系统中通过网络传输的用户关键数据，通过相应安全级别/强度的密码机制或其他安全机制，实现保密性保护；

i) 用户关键数据的剩余信息保护：对应用软件系统中由用户关键数据使用的缓冲存储器及其他动态记录介质，通过在释放其使用权时对剩余信息进行删除等措施，确保不会由于动态记录介质中的剩余信息引起信息泄漏。

8.1.9 可信路径

对用户进行初始登录和鉴别或用户与SSOASS间进行数据传送，应按GB/T 20271—2006中6.4.3.9的要求，设计和实现应用软件系统的可信路径。

8.1.10 备份与故障恢复

应按GB/T 20271—2006中6.4.2.6的要求，从以下方面设计和实现应用软件系统的备份与故障恢复：

a) 用户自我信息备份与恢复：提供用户有选择地备份重要信息的功能；当由于某种原因引起信息系统中用户信息丢失或破坏时，能提供用户按自我信息备份所保留的信息进行信息恢复的功能；

b) 增量信息备份与恢复：提供由应用软件系统定时对新增信息进行备份的功能；当由于某种原因引起应用软件系统中的某些信息丢失或破坏时，提供用户按增量信息备份所保留的信息进行信息恢复的功能。

8.1.11 系统安全性检测分析

应按GB/T 20271—2006中6.4.2.2的要求，检测分析应用软件系统的安全性，并结合本级的安全性要求加以改进。

8.2 安全保证技术要求

8.2.1 安全子系统自身保护要求

8.2.1.1 SSF物理安全保护

应按GB/T 20271—2006中6.4.4.1的要求，防止以物理方式的攻击对SSF造成的威胁和破坏实现应用SSF的物理安全保护：

a) 物理攻击检测；

b) 物理攻击自动报告；

c) 物理攻击抵抗。

8.2.1.2 SSF运行安全保护

应按GB/T 20271—2006中6.4.4.2的要求，从以下方面实现SSF的运行安全保护：

a) 后门控制：系统在设计时不应留有“后门”，即不应以维护、支持或操作需要为借口，设计有违反或绕过安全规则的任何类型的入口和文档中未说明的任何模式的入口；

b) 安全系统子集结构：安全系统应是一个独立的、严格定义的应用软件系统的一个子集，并应防止外部干扰和破坏，如修改其代码或数据结构；

c) 用户和管理员安全属性定义：应提供设置和升级配置参数的安装机制；在初始化和对与安全有关的数据结构进行保护之前，应对用户和管理员的安全策略属性进行定义；

d) 安全系统失败或中断的处理：在SSOASS失败或中断后，应按照失败保护中所描述的内容，保护其以最小的损害实现对SSF出现失败时的处理；

e) 安全系统配置：当应用软件系统安装完成后，在普通用户访问之前，系统应配置好初始用户和管理员职责、审计参数、系统审计跟踪设置以及对客体的合适的访问控制；

f) 安全参数值详细报告机制：系统应为应用软件系统安全管理人员提供一种机制，来产生安全参数值的详细报告。

8.2.1.3 SSF 数据安全保护

应按GB/T 20271—2006 中 6.4.4.3 的要求,对在 SSOASS 内传输的 SSF 数据,从以下方面进行安全保护:

a) SSF 输出数据保护:实现对 SSF 输出数据的可用性、保密性和完整性保护;
b) SSF 数据传输保护:实现 SSOASS 内 SSF 数据的基本传输保护、数据分离传输、传授数据的完整性检测等;
c) SSF 数据一致性保护:实现 SSF 间的 SSF 数据的一致性和 SSOASS 内 SSF 数据复制的一致性保护;
d) 可信路径:实现用户与 SSF 间的可信路径。

8.2.1.4 安全子系统资源利用

应按GB/T 20271—2006 中 6.4.4.4 的要求,从以下方面实现 SSOASS 的资源利用:

a) 通过一定措施确保当系统出现某些确定的故障时,SSF 也能维持正常运行;
b) 对 SSC 内某个资源子集,按有限服务优先级,进行资源的管理和分配;
c) 按资源分配中最大限额的要求,进行 SSOASS 资源的管理和分配,确保用户和主体不会独占某种受控资源;
d) 确保在被授权的主体发出请求时,资源能被访问和利用;
e) 当系统资源的服务水平降低到预先规定的最小值时,应能检测和报警;
f) 系统应提供软件及数据备份和恢复的机制;
g) 系统应能提供命名的或用户可访问的系统资源的修改历史记录。

8.2.1.5 安全子系统访问控制

应按GB/T 20271—2006 中 6.4.4.5 的要求,从以下方面实现 SSOASS 的访问控制:

a) 按会话建立机制的要求,对会话建立的管理进行设计。在建立 SSOASS 会话之前,应鉴别用户的身份,不允许鉴别机制本身被旁路;
b) 按可选属性范围限定的要求,从访问方法、访问地址和访问时间等方面,对用来建立会话的安全属性的范围进行限制;
c) 按多重并发会话限定中基本限定的要求,进行会话管理的设计;在基于基本标识的基础上,SSF 应限制系统的并发会话的最大次数,并就会话次数的限定数设置默认值;
d) 在用户成功登录系统后,SSOASS 应记录并向用户显示以下数据:
——日期、时间、来源和上次成功登录系统的情况;
——上次成功访问系统以来用户身份鉴别失败的情况;
——应显示口令到期的天数;
——成功或不成功的事件次数的显示可以用整数计数、时间戳列表等表述方法;
e) 当用户鉴别过程不正确的次数达到系统规定的次数时,系统应退出登录过程并终止与用户的交互;
f) 系统应提供一种机制,能按时间、进入方式、地点、网络地址或端口等条件规定哪些用户能进入系统;
g) 在规定的未使用时限后,系统应断开会话或重新鉴别用户,系统应提供时限的默认值。

8.2.2 安全子系统设计和实现要求

8.2.2.1 配置管理

应按GB/T 20271—2006 中 6.4.5.1 的要求,从以下方面实现 SSOASS 的配置管理:

a) 在配置管理能力方面，实现生成支持和验收过程的要求；
b) 在配置管理自动化方面，实现部分的配置管理自动化；
c) 在配置管理范围方面，将 SSOASS 的实现表示、设计文档、测试文档、用户文档、管理员文档以及配置管理文档等置于配置管理之下，实现对开发工具配置管理范围的管理；
d) 在系统的整个生存周期，即在其开发、测试和运行维护期间，应有一个软件配置管理系统处于保持对改变源码和文件的控制状态，确保只有被授权的代码和代码修改才允许被加进已交付的源码的基本部分；所有变更应被记载和检查，以确保不危及系统的安全；通过技术、物理和规章方面的结合，充分保护生成系统所用到的源码免遭未授权的修改和毁坏；
e) 在软件配置管理系统中，应包含以下方面的工具规程：
   ——从源码产生出系统新版本；
   ——鉴定新生成的系统版本(如不同版本源码对比)；
   ——保护源码免遭未授权修改。

8.2.2.2 分发和操作

应按GB/T 20271—2006 中 6.4.5.2 的要求，从以下方面实现 SSOASS 的分发和操作：

a) 以文档形式提供对 SSOASS 安全地进行分发的过程，并对防止修改及最终生成安全配置的过程进行说明。文档中所描述的内容应包括：
   ——分发过程、安全启动和操作过程、建立日志过程及修改检测内容的说明；
   ——对任何安全加强功能在启动、正常操作维护时能被撤销或修改的说明；
   ——在故障或硬件、软件出错后恢复系统至安全状态的规程说明；
   ——对含有加强安全性的硬件，说明用户或自动诊断测试的操作环境和使用方法；
   ——对所有加强安全性的硬件部件的诊断测试过程，提供例证的结果；
   ——在启动和操作时产生审计踪迹输出的例证。
b) 对系统的未授权修改的风险，应在交付时控制到最低限度。在包装及安全分送和安装过程中，这种控制应采取软件控制的方式，安全性由末端用户确认，所有安全机制都应以功能状态交付。
c) 所有软件应提供安全安装默认值，在客户不做选择时，默认值应使安全机制有效地发挥作用。
d) 随同系统交付的全部默认用户标识码，应在交付时处于非激活状态，并在使用前由管理员激活。
e) 用户文档应同交付的软件一起包装，并应有一套规程确保当前送给用户的软件是严格按照最新的版本制作的。
f) 以安全方式开发并交付系统后，仍应提供对产品的长期维护和评估的支持，及时以书面形式向用户通告新的安全问题。
g) 对已知的可能出现的所有的安全问题，均应描述其特点，并被作为主要问题对待，直到它被解决或在用户同意下降级使用。
h) 安全漏洞应及时修改；安全功能的增加和改进应独立于系统版本的升级。
i) 新版本不应违反最初的安全策略和设想，应避免在维护、增加或功能升级中引入安全漏洞。所有功能的改变和安全结构设置的默认值都应在提交用户的文档中说明。

8.2.2.3 开发

应按GB/T 20271—2006 中 6.4.5.3 的要求，从以下方面进行 SSOASS 的开发：

a) 按半形式化的 SSOASS 安全策略模型、半形式化功能说明、半形式化高层设计、SSF 的结构化实现、SSF 内部结构复杂度最小化、半形式化低层设计、半形式化对应性说明的要求，进行

SSOASS 的设计；

b) 系统的设计和开发应保护数据的完整性，例如，检查数据更新的规则，多重输入的正确处理，返回状态的检查，中间结果的检查，异常值输入检查，事务处理更新的正确性检查等；

c) 在内部代码检查时，应解决潜在的安全缺陷，关闭或取消所有的后门；

d) 交付的软件和文档，应进行关于安全缺陷的定期的和书面的检查，并将检查结果告知用户；

e) 系统控制数据，如口令、密钥，不应在未受保护的程序或文档中以明文形式存储，应以书面形式提供给用户关于软件所有权法律保护的指南；

f) SSOASS 的开发过程应保持一个安全环境，该安全环境要求：

——系统开发所使用的计算机系统的安全使用和维护情况的安全策略和措施应有书面记载，并可供检查；

——系统开发过程中使用的所有计算机系统应接受定期的和有书面记载的内部安全审查，描述审查过程的文件和真实的审查报告应可供检查；

——除授权的分发机构外，不应在开发环境外部复制或分发内部文档；

——系统开发环境的计算机系统使用的所有软件应当合法地从确定的渠道获得；

——系统开发者个人独自开发的软件，应在被开发管理者审核后才能用于开发的系统。

8.2.2.4 文档

应按GB/T 20271—2006 中 6.4.5.4 的要求，从以下方面编制 SSOASS 的文档：

a) 用户文档应提供关于不同类型用户的可见的安全机制，并说明它们的用途和提供有关它们使用的指南；

b) 安全管理员文档应提供有关如何设置、维护和分析系统安全的详细说明，包括当运行一个安全设备时，需要控制的有关功能和特权的警告，以及与安全有关的管理员功能的详细描述，包括增加和删除一个用户，改变主、客体的安全属性等；

c) 文档中不应提供任何一旦泄露将会危及本安全级范围内系统安全的信息；

d) 有关安全的指令和文档根据权限应分别提供给一般用户、系统管理员、系统安全员和系统审计员；这些文档应为独立的文档，或作为独立的章、条插入到管理员指南和用户指南中；

e) 文档也可为硬拷贝、电子文档或联机文档，如果是联机文档应控制对其的访问；

f) 应提供关于所有审计工具的文档，包括为检查和保持审计文件所推荐的过程、针对每种审计事件的详细审计记录、为周期性备份和删除审计记录所推荐的过程等；

g) 提供如何进行系统自我评估（如：带有网络管理、口令要求、拨号访问控制、意外事故计划的安全报告）和为灾害恢复计划所做的建议，以及描述普通入侵技术、其他威胁及其检查和阻止的方法；

h) 安全管理员文档应提供安全管理员如何以安全的方式管理系统，除了给出一般的安全忠告，还要明确：

——在系统用安全的方法安装时，围绕用户、用户账户、用户组成员关系、主体和客体的属性等，以及如何安装或终止安装；

——在系统的生存周期内，如何用安全的方法维护系统，包括为了防止系统被破坏而进行的每天、每周、每月的常规备份等；

——如何用安全的方法重建部分 SSOASS（如内核）的方法（如果允许在系统上重建 SSOASS）；

——说明安全审计机制，使授权用户可以有效地使用安全审计来检查安全策略；

——必要时，如何调整系统的安全默认配置。

8.2.2.5 生存周期支持

应按GB/T 20271—2006 中 6.4.5.5 的要求，从以下方面实现 SSOASS 的生存周期支持：

a） 生存周期模型：按标准的生存周期模型和遵照实现标准-应用部分的工具和技术的要求进行开发，并提供充分的安全措施和缺陷报告；

b） 生存周期文档要求：文档应详细阐述安全启动和操作的过程，详细说明安全功能在启动、正常操作维护时是否能被撤销或修改，说明在故障或系统出错时如何恢复系统至安全状态；

c） 加强安全性硬件的要求：如果系统含有加强安全性的硬件（如密码机），那么管理员、终端用户或自动的诊断测试，应能在各自的操作环境中运行它并详细说明操作过程。

8.2.2.6 测试

应按GB/T 20271—2006 中 6.4.5.6 的要求，从以下方面对 SSOASS 进行测试：

a） 通过范围证据和严格的范围分析，高层设计测试、低层设计测试和实现表示测试，顺序的功能测试，符合性独立测试和抽样独立性测试等，确认 SSOASS 的功能与所要求的功能相一致；

b） 所有系统的安全特性，应被全面测试，包括查找漏洞，如允许违反系统访问控制要求、允许违反资源访问控制要求、允许拒绝服务、允许验证数据进行未授权访问等；

c） 所有发现的漏洞应被改正、消除或使其无效，并在消除漏洞后重新测试，以证实它们已被消除，且没有引出新的漏洞；

d） 应提供测试文档，详细描述测试计划、测试过程、测试结果。

8.2.2.7 脆弱性评定

应按GB/T 20271—2006 中 6.4.5.7 的要求，从以下方面对所开发的 SSOASS 进行脆弱性评定：

a） 通过一般性的隐蔽信道分析，对隐蔽存储信道进行搜索，标识出可识别的隐蔽存储信道；

b） 对防止误用的评定，通过对文档的检查和分析确认，查找 SSOASS 以不安全的方式进行使用或配置而不为人们所察觉的情况；

c） 对 SSOASS 安全功能强度评估，通过对安全机制的安全行为的合格性或统计结果的分析，证明其达到或超过安全目标要求所定义的最低强度；

d） 中抵抗力分析，通过独立穿透测试和对脆弱性的系统化搜索，确定 SSOASS 可以抵御中攻击能力攻击者发起的穿透性攻击。

8.2.3 安全子系统安全管理要求

应根据本安全等级中安全功能技术要求和安全保证技术要求所涉及的 SSOASS 自身保护、SSOASS 设计和实现等有关内容，按GB/T 20271—2006 中 6.4.6 的要求，从以下方面实现 SSOASS 的安全管理：

a） 操作规程和规章制度：对安全保证措施所涉及的 SSOASS 自身保护、SSOASS 设计和实现等有关内容，以及与一般的安装、配置等有关的功能，制定相应的操作、运行规程和行为规章制度；

b） SSF 安全功能管理：对 SSOASS 中的每个安全功能模块，根据安全功能技术和安全保证技术所实现的安全功能，实现 SSF 安全功能的管理；

c） SSF 安全属性管理：对 SSOASS 中的每个安全功能模块，根据安全功能技术和安全保证技术所涉及的安全属性，从管理安全属性、安全的安全属性、静态属性初始化、安全属性终止和安全属性撤销等方面，实现 SSF 安全属性的安全管理；

d） SSF 安全数据管理：对 SSOASS 中的每个安全功能模块，根据安全功能技术和安全保证技术所涉及的安全数据，从管理 SSF 数据、SSF 数据界限的管理和安全的 SSF 数据等方面，实现 SSF 安全数据的安全管理；

e) 安全角色的定义与管理：将应用软件系统管理员、安全员和审计员等重要安全角色分别设置专人担任，并按最小授权原则分别授予他们各自为完成自身任务所需的最小权限，并形成相互制约的关系；

f) SSOASS 安全机制集中管理：对网络环境运行的应用软件系统，实现 SSOASS 安全机制的集中管理。

9 第五级应用软件系统安全技术要求

9.1 安全功能技术要求

9.1.1 用户身份鉴别

用户身份鉴别包括对用户的身份进行标识和鉴别。应按GB/T 20271—2006 中 6.5.3.1 的要求，从以下方面设计和实现应用软件系统的用户身份鉴别：

a) 用户注册：对应用软件系统的注册用户，按以下要求设计和实现标识功能：
——凡需进入应用软件系统的用户，应先进行标识(建立注册账号)；
——应用软件系统的用户应以用户名和用户标识符(UID)等信息进行标识，并在应用软件系统的整个生存周期实现用户的唯一性标识，以及用户名或别名、UID 等之间的一致性；
——对提供单点登录的分布式应用软件系统的用户应提供单点标识，且单点标识应具有与常规标识相同的安全属性；

b) 用户登录：对登录到应用软件系统的用户，应按以下要求进行身份的真实性鉴别：
——采用强化管理的口令和/或基于令牌的动态口令和/或生物特征鉴别和/或数字证书和/或以协议形式化分析为基础的鉴别等相结合的方式，采用多鉴别机制，进行用户的身份鉴别，并在每次用户登录系统时和重新连接时进行鉴别；
——鉴别信息应是不可见的，具有相应的抗攻击能力，并在存储和传输时应按GB/T 20271—2006 中 6.5.3.10 的要求，用加密方法/具有相同安全强度的其他方法进行安全保护；
——通过对不成功的鉴别尝试的值(包括尝试次数和时间的阈值)进行预先定义，并明确规定达到该值时所应采取的具有规范性和安全性的措施来实现鉴别失败的处理；
——对提供单点登录的分布式应用软件系统的用户应提供单点标识，且单点标识应具有与常规标识相同的安全属性；

c) 用户-主体绑定：对注册到应用软件系统的用户，应按以下要求设计和实现用户-主体绑定功能：
——将用户进程与所有者用户相关联，使用户进程的行为可以追溯到进程的所有者用户；
——将系统进程动态地与当前服务要求者用户相关联，使系统进程的行为可以追溯到当前服务要求者用户。

9.1.2 抗抵赖

抗抵赖包括以下内容：

a) 抗原发抵赖：对于在网络环境进行数据交换的情况，应按GB/T 20271—2006 中 6.5.3.2a)的要求，通过提供强制性原发证明，设计和实现抗原发抵赖功能；

b) 抗接收抵赖：对于在网络环境进行数据交换的情况，应按GB/T 20271—2006 中 6.5.3.2b)的要求，通过提供强制性接收证明，设计和实现抗接收抵赖功能。

9.1.3 自主访问控制

应按GB/T 20271—2006 中 6.5.3.3 的要求，从以下方面设计和实现应用软件系统的自主访问控制：

a) 自主访问控制功能：命名用户以用户的身份规定并控制对客体的访问，并阻止非授权用户对客体的访问；可以有多个自主访问控制功能，但其访问控制策略应具有一致性；
b) 自主访问控制策略：提供用户按照确定的访问控制策略对自身创建的客体的访问进行控制的功能，包括：
——客体创建者有权以各种操作方式访问自身所创建的客体；
——客体创建者有权对其他用户进行“访问授权”，使其可对客体拥有者创建的指定客体能按授权的操作方式进行访问；
——客体创建者有权对其他用户进行“授权传播”，使其可以获得将该拥有者的指定客体的访问权限授予其他用户的权限；
——客体创建者有权收回其所授予其他用户的“访问授权”和“授权传播”，并对授权传播进行限制，对不可传播的授权进行明确定义，由系统自动检查并限制这些授权的传播；
——未经授权的用户不得以任何操作方式访问客体；
——授权用户不得以未授权的操作方式访问客体；
c) 操作系统支持的自主访问控制：以文件形式存储和操作的用户数据，在操作系统的支持下，按GB/T 20272—2006 中 4.5.1.2 的要求，可实现文件级粒度的自主访问控制；
d) 数据库管理系统支持的自主访问控制：以数据库形式存储和操作的用户数据，在数据库管理系统的支持下，按GB/T 20273—2006 中 5.5.1.2 的要求，可实现表级/记录、字段/元素级粒度的自主访问控制；
e) 应用软件系统自身的自主访问控制：在应用软件系统中，通过设置自主访问控制安全机制，可实现文件级粒度的自主访问控制；
f) 分布式系统的自主访问控制：对分布式应用软件系统应实行统一的自主访问控制安全策略，确保每一个场地的主、客体具有一致的安全属性，并执行相同的访问规则；
g) 网络环境的自主访问控制：对分布于网络环境的应用软件系统，应根据业务应用的实际需要确定实行统一的或各自独立的自主访问控制安全策略。

9.1.4 标记

应按GB/T 20271—2006 中 6.5.3.4 的要求，从以下方面设计和实现主、客体标记：

a) 用户敏感标记：应在用户建立注册账户后由系统安全员通过 SSOASS 所提供的安全员界面操作进行标记；
b) 客体敏感标记：应在数据输入到 SSOASS 安全功能的控制范围内时，以默认方式生成或由安全员通过操作界面进行标记；
c) 标记的范围：将标记扩展到信息系统中的所有主体与客体；对于从 SSOASS 控制范围外输入的未标记数据，应进行默认标记或由系统安全员进行标记；对于输出到 SSOASS 控制范围以外的数据，如打印输出的数据，应明显地标明该数据的安全标记；
d) 分布式系统标记的一致性：对分布式应用软件系统，实施相同强制访问控制安全策略的各个场地的主、客体，应以相同的敏感信息进行标记；
e) 网络环境标记的独立性/一致性：对分布于网络环境的应用软件系统，应根据统一的或各自独立的强制访问控制策略，对主、客体进行统一的或各自独立的敏感信息的标记。

9.1.5 强制访问控制

应按GB/T 20271—2006 中 6.5.3.5 的要求，从以下方面设计和实现应用软件系统的强制访问控制：

a) 强制访问控制功能：按确定的强制访问控制安全策略，设计和实现相应的强制访问控制功能；可以有多个强制访问控制功能，但其访问控制策略必须具有一致性；
b) 操作系统支持的强制访问控制：以文件形式存储和操作的用户数据，在操作系统的支持下，按GB/T 20272—2006 中 4.5.1.4 的要求，可实现文件级粒度的强制访问控制；
c) 数据库管理系统支持的强制访问控制：以数据库形式存储和操作的用户数据，在数据库管理系统的支持下，按GB/T 20273—2006 中 5.5.1.4 的要求，可实现表级/记录、字段/元素级粒度的强制访问控制；
d) 应用软件系统自身的强制访问控制：在应用软件系统中，在 PMI(授权管理基础设施)支持下，可实现文件级粒度的强制访问控制；
e) 强制访问控制的范围：将强制访问控制的范围扩展到应用软件系统的所有主体与客体；
f) 权限分离与最小授权：将系统的常规管理、与安全有关的管理以及审计管理，分别由系统管理员、系统安全员和系统审计员来承担，按最小授权原则分别授予它们各自为完成自己所承担任务所需的最小权限，并在它们之间形成相互制约的关系；
g) 分布式系统的强制访问控制：对实施相同强制访问控制安全策略的分布式应用软件系统，各个场地应具有一致的主、客体标记和相同的访问规则；
h) 网络环境的强制访问控制：对分布于网络环境的应用软件系统，应根据业务应用的实际需要确定统一的或各自独立的强制访问控制安全策略。

9.1.6 安全审计

应按GB/T 20271—2006 中 6.5.2.4 的要求，从以下方面设计和实现应用软件系统的安全审计：

a) 安全审计内容：安全审计功能的设计应与用户标识与鉴别、自主访问控制、标记与强制访问控制等安全功能的设计紧密结合；
b) 安全审计处理：提供审计日志、实时报警生成、违例进程终止、服务取消和用户账号断开与失效，潜在侵害分析、基于异常检测和复杂攻击探测，基本审计查阅、有限审计查阅和可选审计查阅，安全审计事件选择，以及受保护的审计踪迹存储、审计数据的可用性确保和防止审计数据丢失的措施等功能；
c) 安全审计的统一管理：对分布式系统及网络环境下运行的应用软件系统，应建立统一管理和控制的安全审计机制。

9.1.7 用户数据完整性保护

应按GB/T 20271—2006 中 6.5.3.7 的要求，对在应用软件系统控制范围内存储和传输的用户数据，从以下方面设计和实现完整性保护：

a) 用户公开数据的传输保护：对应用软件系统中通过网络传输的用户公开数据，进行完整性检测，发现其完整性被破坏的情况；
b) 用户一般数据的存储保护：对在应用软件系统中存储的用户一般数据，进行完整性检测，在数据被使用前发现其完整性被破坏的情况；
c) 用户一般数据的传输保护：对应用软件系统中通过网络传输的用户一般数据，进行完整性检测，发现其完整性被破坏的情况；
d) 用户一般数据的处理保护：对应用软件系统中进行处理的用户一般数据，通过操作序列的回退等措施，实现完整性保护；

e) 用户重要数据的存储保护：对在应用软件系统中存储的用户重要数据，通过设置完整性标签等进行完整性检测，在数据被使用前发现其完整性被破坏的情况，并在完整性受到破坏时能采取相应措施进行一定恢复；

f) 用户重要数据的传输保护：对应用软件系统中通过网络传输的用户重要数据，通过设置完整性标签等进行完整性检测，发现其完整性被破坏的情况，并在完整性受到破坏时能采取相应措施进行一定恢复；

g) 用户重要数据的处理保护：对应用软件系统中进行处理的用户重要数据，通过操作序列的回退等措施，实现完整性保护；

h) 用户关键数据的存储保护：对在应用软件系统中存储的用户关键数据，通过制定完整性安全策略进行完整性保护，在数据被使用前发现其完整性被破坏的情况，并在完整性受到破坏时能采取相应措施进行恢复；

i) 用户关键数据的传输保护：对应用软件系统中通过网络传输的用户关键数据，通过制定完整性安全策略进行完整性保护，发现其完整性被破坏的情况，并在完整性受到破坏时能采取相应措施进行恢复；

j) 用户关键数据的处理保护：对应用软件系统中进行处理的用户关键数据，通过操作序列的回退等措施，实现完整性保护；

k) 用户核心数据的存储保护：对在应用软件系统中存储的用户核心数据，通过制定严格的完整性安全策略进行完整性保护，在数据被使用前发现其完整性被破坏的情况，并在完整性受到破坏时能采取相应措施进行一定恢复；

l) 用户核心数据的传输保护：对应用软件系统中通过网络传输的用户核心数据，通过制定严格的完整性安全策略进行完整性保护，发现其完整性被破坏的情况，并在完整性受到破坏时能采取相应措施进行恢复；

m) 用户核心数据的处理保护：对应用软件系统中进行处理的用户核心数据，通过操作序列的回退等措施，实现完整性保护。

9.1.8 用户数据保密性保护

应按GB/T 20271—2006 中 6.5.3.8 的要求，对在应用软件系统控制范围内存储和传输的用户数据，从以下方面设计和实现保密性保护：

a) 用户一般数据的存储保护：对在应用软件系统中存储的用户一般数据，通过相应安全级别/强度的密码机制或其他安全机制，实现保密性保护；

b) 用户一般数据的传输保护：对应用软件系统中通过网络传输的用户一般数据，通过相应安全级别/强度的密码机制或其他安全机制，实现保密性保护；

c) 用户一般数据的剩余信息保护：对应用软件系统中由用户一般数据使用的缓冲存储器及其他动态记录介质，通过在释放其使用权时对剩余信息进行删除等措施，确保不会由于动态记录介质中的剩余信息引起信息泄漏；

d) 用户重要数据的存储保护：对在应用软件系统中存储的用户重要数据，通过相应安全级别/强度的密码机制或其他安全机制，实现保密性保护；

e) 用户重要数据的传输保护：对应用软件系统中通过网络传输的用户重要数据，通过相应安全级别/强度的密码机制或其他安全机制，实现保密性保护；

f) 用户重要数据的剩余信息保护：对应用软件系统中由用户重要数据使用的缓冲存储器及其他动态记录介质，通过在释放其使用权时对剩余信息进行删除等措施，确保不会由于动态记录介质中的剩余信息引起信息泄漏；

g) 用户关键数据的存储保护:对在应用软件系统中存储的用户关键数据,通过相应安全级别/强度的密码机制或其他安全机制,实现保密性保护;

h) 用户关键数据的传输保护:对应用软件系统中通过网络传输的用户关键数据,通过相应安全级别/强度的密码机制或其他安全机制,实现保密性保护;

i) 用户关键数据的剩余信息保护:对应用软件系统中由用户关键数据使用的缓冲存储器及其他动态记录介质,通过在释放其使用权时对剩余信息进行删除等措施,确保不会由于动态记录介质中的剩余信息引起信息泄漏;

j) 用户核心数据的存储保护:对在应用软件系统中存储的用户核心数据,通过相应安全级别/强度的密码机制或其他安全机制,实现保密性保护;

k) 用户核心数据的传输保护:对应用软件系统中通过网络传输的用户核心数据,通过相应安全级别/强度的密码机制或其他安全机制,实现保密性保护;

l) 用户核心数据的剩余信息保护:对应用软件系统中由用户核心数据使用的缓冲存储器及其他动态记录介质,通过在释放其使用权时采用特殊措施对剩余信息进行删除,确保不会由于动态记录介质中的剩余信息引起信息泄漏。

9.1.9 可信路径

对用户进行初始登录和鉴别或用户与SSOASS间进行数据传送,应按GB/T 20271—2006中6.5.3.9的要求,设计和实现应用软件系统的可信路径。

9.1.10 备份与故障恢复

应按GB/T 20271—2006中6.5.2.6的要求,从以下方面设计和实现应用软件系统的备份与故障恢复:

a) 用户自我信息备份与恢复:提供用户有选择地备份重要信息的功能;当由于某种原因引起信息系统中用户信息丢失或破坏时,能提供用户按自我信息备份所保留的信息进行信息恢复的功能;

b) 增量信息备份与恢复:提供由应用软件系统定时对新增信息进行备份的功能;当由于某种原因引起应用软件系统中的某些信息丢失或破坏时,提供用户按增量信息备份所保留的信息进行信息恢复的功能。

9.1.11 系统安全性检测分析

应按GB/T 20271—2006中6.5.2.2的要求,检测分析应用软件系统的安全性,并结合本级的安全性要求加以改进。

9.2 安全保证技术要求

9.2.1 安全子系统自身保护要求

9.2.1.1 SSF物理安全保护

应按GB/T 20271—2006中6.5.4.1的要求,从以下方面防止以物理方式的攻击对SSF造成的威胁和破坏:

a) 物理攻击检测;

b) 物理攻击自动报告;

c) 物理攻击抵抗。

9.2.1.2 SSF 运行安全保护

应按GB/T 20271—2006 中 6.5.4.2 的要求，从以下方面实现 SSF 的运行安全保护：

a) 后门控制：系统在设计时不应留有“后门”，即不应以维护、支持或操作需要为借口，设计有违反或绕过安全规则的任何类型的入口和文档中未说明的任何模式的入口；

b) 安全系统子集结构：安全系统应是一个独立的、严格定义的应用软件系统的一个子集，并应防止外部干扰和破坏，如修改其代码或数据结构；

c) 用户和管理员安全属性定义：应提供设置和升级配置参数的安装机制；在初始化和对与安全有关的数据结构进行保护之前，应对用户和管理员的安全策略属性进行定义；

d) 安全系统失败或中断的处理：在 SSOASS 失败或中断后，应按照失败保护中所描述的内容，保护其以最小的损害实现对 SSF 出现失败时的处理；

e) 安全系统配置：当应用软件系统安装完成后，在普通用户访问之前，系统应配置好初始用户和管理员职责、审计参数、系统审计跟踪设置以及对客体的合适的访问控制；

f) 安全参数值详细报告机制：系统应为应用软件系统安全管理人员提供一种机制，来产生安全参数值的详细报告；

g) 安全系统手动或自动恢复：应在确定不减弱保护的情况下启动 SSOASS，并在 SSF 运行中断后能在不减弱 SSP 保护的情况下以手动或自动方式恢复运行。

9.2.1.3 SSF 数据安全保护

应按GB/T 20271—2006 中 6.5.4.3 的要求，对在 SSOASS 内传输的 SSF 数据，从以下方面进行安全保护：

a) SSF 输出数据保护：实现对 SSF 输出数据的可用性、保密性和完整性保护；

b) SSF 数据传输保护：实现 SSOASS 内 SSF 数据的基本传输保护、数据分离传输、传授数据的完整性检测和改正等；

c) SSF 数据一致性保护：实现 SSF 间的 SSF 数据的一致性和 SSOASS 内 SSF 数据复制的一致性保护；

d) 可信路径：实现用户与 SSF 间及各SSF 之间的可信路径。

9.2.1.4 安全子系统资源利用

应按GB/T 20271—2006 中 6.5.4.4 的要求，从以下方面实现 SSOASS 的资源利用：

a) 通过一定措施确保当系统出现某些确定的故障时，SSF 也能维持正常运行；

b) 对 SSC 内某个资源子集，按有限服务优先级，进行资源的管理和分配；

c) 按资源分配中最大限额的要求，进行 SSOASS 资源的管理和分配，确保用户和主体不会独占某种受控资源；

d) 确保在被授权的主体发出请求时，资源能被访问和利用；

e) 当系统资源的服务水平降低到预先规定的最小值时，应能检测和报警；

f) 系统应提供软件及数据备份和恢复的机制；

g) 系统应能提供命名的或用户可访问的系统资源的修改历史记录。

9.2.1.5 安全子系统访问控制

应按GB/T 20271—2006 中 6.5.4.5 的要求，从以下方面实现 SSOASS 的访问控制：

a) 按会话建立机制的要求，对会话建立的管理进行设计。在建立 SSOASS 会话之前，应鉴别用户的身份，不允许鉴别机制本身被旁路。

b) 按可选属性范围限定的要求，从访问方法、访问地址和访问时间等方面，对用来建立会话的安全属性的范围进行限制。

c) 按多重并发会话限定中基本限定的要求，进行会话管理的设计；在基于基本标识的基础上，SSF 应限制系统的并发会话的最大次数，并就会话次数的限定数设置默认值。

d) 在用户成功登录系统后，SSOASS 应记录并向用户显示以下数据：

——日期、时间、来源和上次成功登录系统的情况；

——上次成功访问系统以来用户身份鉴别失败的情况；

——应显示口令到期的天数；

——成功或不成功的事件次数的显示可以用整数计数、时间戳列表等表述方法。

e) 当用户鉴别过程不正确的次数达到系统规定的次数时，系统应退出登录过程并终止与用户的交互。

f) 系统应提供一种机制，能按时间、进入方式、地点、网络地址或端口等条件规定哪些用户能进入系统。

g) 在规定的未使用时限后，系统应断开会话或重新鉴别用户，系统应提供时限的默认值。

9.2.2 安全子系统设计和实现要求

9.2.2.1 配置管理

应按GB/T 20271—2006 中 6.5.5.1 的要求，从以下方面实现 SSOASS 的配置管理：

a) 在配置管理能力方面，实现生成支持和验收过程及进一步支持的要求；

b) 在配置管理自动化方面，实现完全的配置管理自动化；

c) 在配置管理范围方面，将 SSOASS 的实现表示、设计文档、测试文档、用户文档、管理员文档以及配置管理文档等置于配置管理之下，实现对开发工具配置管理范围的管理；

d) 在系统的整个生存周期，即在其开发、测试和运行维护期间，应有一个软件配置管理系统处于保持对改变源码和文件的控制状态，确保只有被授权的代码和代码修改才允许被加进已交付的源码的基本部分；所有变更应被记载和检查，以确保不危及系统的安全；通过技术、物理和规章方面的结合，充分保护生成系统所用到的源码免遭未授权的修改和毁坏；

e) 在软件配置管理系统中，应包含以下方面的工具规程：

——从源码产生出系统新版本；

——鉴定新生成的系统版本(如不同版本源码对比)；

——保护源码免遭未授权修改。

9.2.2.2 分发和操作

应按GB/T 20271—2006 中 6.5.5.2 的要求，从以下方面实现 SSOASS 的分发和操作：

a) 以文档形式提供对 SSOASS 安全地进行分发的过程，并对防止修改及最终生成安全配置的过程进行说明。文档中所描述的内容应包括：

——分发过程、安全启动和操作过程、建立日志过程及修改检测内容的说明；

——对任何安全加强功能在启动、正常操作维护时能被撤销或修改的说明；

——在故障或硬件、软件出错后恢复系统至安全状态的规程说明；

——对含有加强安全性的硬件，说明用户或自动诊断测试的操作环境和使用方法；

——对所有加强安全性的硬件部件的诊断测试过程，提供例证的结果；

——在启动和操作时产生审计踪迹输出的例证。

b) 对系统的未授权修改的风险，应在交付时控制到最低限度。在包装及安全分送和安装过程中，这种控制应采取软件控制的方式，安全性由末端用户确认，所有安全机制都应以功能状态交付。

c) 所有软件应提供安全安装默认值，在客户不做选择时，默认值应使安全机制有效地发挥作用。

d) 随同系统交付的全部默认用户标识码，应在交付时处于非激活状态，并在使用前由管理员激活。

e) 用户文档应同交付的软件一起包装，并应有一套规程确保当前送给用户的软件是严格按照最新的版本制作的。

f) 以安全方式开发并交付系统后，仍应提供对产品的长期维护和评估的支持，及时以书面形式向用户通告新的安全问题。

g) 对已知的可能出现的所有的安全问题，均应描述其特点，并被作为主要问题对待，直到它被解决或在用户同意下降级使用。

h) 安全漏洞应及时修改；安全功能的增加和改进应独立于系统版本的升级。

i) 新版本不应违反最初的安全策略和设想，应避免在维护、增加或功能升级中引入安全漏洞。所有功能的改变和安全结构设置的默认值都应在提交用户的文档中说明。

9.2.2.3 开发

应按GB/T 20271—2006 中 6.5.5.3 的要求，从以下方面进行 SSOASS 的开发：

a) 按形式化的 SSOASS 安全策略模型、形式化功能说明、形式化高层设计、SSF 的结构化实现、SSF 内部结构复杂度最小化、形式化低层设计、形式化对应性说明的要求，进行 SSOASS 的设计；

b) 系统的设计和开发应保护数据的完整性，例如，检查数据更新的规则，多重输入的正确处理，返回状态的检查，中间结果的检查，异常值输入检查，事务处理更新的正确性检查等；

c) 在内部代码检查时，应解决潜在的安全缺陷，关闭或取消所有的后门；

d) 交付的软件和文档，应进行关于安全缺陷的定期的和书面的检查，并将检查结果告知用户；

e) 系统控制数据，如口令、密钥，不应在未受保护的程序或文档中以明文形式存储，应以书面形式提供给用户关于软件所有权法律保护的指南；

f) SSOASS 的开发过程应保持一个安全环境，该安全环境要求：

——系统开发所使用的计算机系统的安全使用和维护情况的安全策略和措施应有书面记载，并可供检查；

——系统开发过程中使用的所有计算机系统应接受定期的和有书面记载的内部安全审查，描述审查过程的文件和真实的审查报告应可供检查；

——除授权的分发机构外，不应在开发环境外部复制或分发内部文档；

——系统开发环境的计算机系统使用的所有软件应当合法地从确定的渠道获得；

——系统开发者个人独自开发的软件，应在被开发管理者审核后才能用于开发的系统。

9.2.2.4 文档

应按GB/T 20271—2006 中 6.5.5.4 的要求，从以下方面编制 SSOASS 的文档：

a) 用户文档应提供关于不同类型用户的可见的安全机制，并说明它们的用途和提供有关它们使用的指南；

b) 安全管理员文档应提供有关如何设置、维护和分析系统安全的详细说明，包括当运行一个安全设备时，需要控制的有关功能和特权的警告，以及与安全有关的管理员功能的详细描述，包括增加和删除一个用户，改变主、客体的安全属性等；

c) 文档中不应提供任何一旦泄露将会危及本安全级范围内系统安全的信息；

d) 有关安全的指令和文档根据权限应分别提供给一般用户、系统管理员、系统安全员和系统审计员；这些文档应为独立的文档，或作为独立的章条插入到安全管理指南和用户指南中；
e) 文档也可为硬拷贝、电子文档或联机文档，如果是联机文档应控制对其的访问；
f) 应提供关于所有审计工具的文档，包括为检查和保持审计文件所推荐的过程、针对每种审计事件的详细审计记录、为周期性备份和删除审计记录所推荐的过程等；
g) 提供如何进行系统自我评估（如带有网络管理、口令要求、拨号访问控制、意外事故计划的安全报告）和为灾害恢复计划所做的建议，以及描述普通入侵技术、其他威胁及其检查和阻止的方法；
h) 安全管理员文档应提供安全管理员如何以安全的方式管理系统，除了给出一般的安全忠告，还要明确：
——在系统用安全的方法安装时，围绕用户、用户账户、用户组成员关系、主体和客体的属性等，以及如何安装或终止安装；
——在系统的生存周期内，如何用安全的方法维护系统，包括为了防止系统被破坏而进行的每天、每周、每月的常规备份等；
——如何用安全的方法重建部分 SSOASS（如内核）的方法（如果允许在系统上重建 SSOASS）；
——说明安全审计机制，使授权用户可以有效地使用安全审计来检查安全策略；
——必要时，如何调整系统的安全默认配置。

9.2.2.5 生存周期支持

应按GB/T 20271—2006 中 6.5.5.5 的要求，从以下方面实现 SSOASS 的生存周期支持：
a) 生存周期模型：按可测量的生存周期模型和遵照实现标准-所有部分的工具和技术的要求进行 SSOASS 的开发，并提供充分的安全措施和有组织的缺陷纠正；
b) 生存周期文档要求：文档应详细阐述安全启动和操作的过程，详细说明安全功能在启动、正常操作维护时是否能被撤销或修改，说明在故障或系统出错时如何恢复系统至安全状态；
c) 加强安全性硬件的要求：如果系统含有加强安全性的硬件（如密码机），那么管理员、终端用户或自动的诊断测试，应能在各自的操作环境中运行它并详细说明操作过程。

9.2.2.6 测试

应按GB/T 20271—2006 中 6.5.5.6 的要求，从以下方面对 SSOASS 进行测试：
a) 通过范围证据和严格的范围分析，高层设计测试、低层设计测试和实现表示测试，顺序的功能测试，符合性独立测试和完全独立性测试等，确认 SSOASS 的功能与所要求的功能相一致；
b) 所有系统的安全特性，应被全面测试，包括查找漏洞，如允许违反系统访问控制要求、允许违反资源访问控制要求、允许拒绝服务、允许验证数据进行未授权访问等；
c) 所有发现的漏洞应被改正、消除或使其无效，并在消除漏洞后重新测试，以证实它们已被消除，且没有引出新的漏洞；
d) 提供测试文档，详细描述测试计划、测试过程、测试结果。

9.2.2.7 脆弱性评定

应按GB/T 20271—2006 中 6.5.5.7 的要求，从以下方面对 SSOASS 进行脆弱性评定：
a) 通过严格的隐蔽信道分析，对隐蔽信道进行严格搜索，标识出可识别的隐蔽信道；
b) 对防止误用的评定，应通过对文档的检查和分析确认，查找 SSOASS 以不安全的方式进行使用或配置而不为人们所察觉的情况；

c) 对SSOASS安全功能强度评估，应通过对安全机制的安全行为的合格性或统计结果的分析，证明其达到或超过安全目标要求所定义的最低强度；

d) 高抵抗力分析，应通过独立穿透测试和对脆弱性的系统化搜索和完备性分析，确定SSOASS可以抵御高攻击能力攻击者发起的穿透性攻击。

9.2.3 安全子系统安全管理要求

应根据本安全等级中安全功能技术要求所涉及的基础安全技术要求、安全功能技术要求和安全保证技术要求所涉及的SSOASS自身保护、SSOASS设计和实现等有关内容，按GB/T 20271—2006中6.5.6的要求，从以下方面实现SSOASS的安全管理：

a) 操作规程和规章制度：对安全保证措施所涉及的SSOASS自身保护、SSOASS设计和实现等有关内容，以及与一般的安装、配置等有关的功能，制定相应的操作、运行规程和行为规章制度；

b) SSF安全功能管理：对SSOASS中的每个安全功能模块，根据安全功能技术和安全保证技术所实现的安全功能，实现SSF安全功能的管理；

c) SSF安全属性管理：对SSOASS中的每个安全功能模块，根据安全功能技术和安全保证技术所涉及的安全属性，从管理安全属性、安全的安全属性、静态属性初始化、安全属性终止和安全属性撤销等方面，实现SSF安全属性的安全管理；

d) SSF安全数据管理：对SSOASS中的每个安全功能模块，根据安全功能技术和安全保证技术所涉及的安全数据，从管理SSF数据、SSF数据界限的管理和安全的SSF数据等方面，实现SSF安全数据的安全管理；

e) 安全角色的定义与管理：将应用软件系统管理员、系统安全员和系统审计员等重要安全角色分别设置专人担任，并按最小授权原则分别授予他们各自为完成自身任务所需的最小权限，并形成相互制约的关系；

f) SSOASS安全机制集中管理：对网络环境运行的应用软件系统，实现SSOASS安全机制的集中管理。

附 录 A
（资料性附录）
应用软件系统安全的有关概念说明

A.1 应用软件系统在信息系统中的位置

应用软件系统位于信息系统最上层，是在信息系统的硬件系统、操作系统、网络系统、数据库管理系统的支持下运行的，是构成信息系统的最重要部分，是信息系统中直接为用户提供服务的部分。上述其他系统都是为应用软件系统的运行提供支持和服务的。应用软件系统在信息系统中的位置如图 A.1 所示。

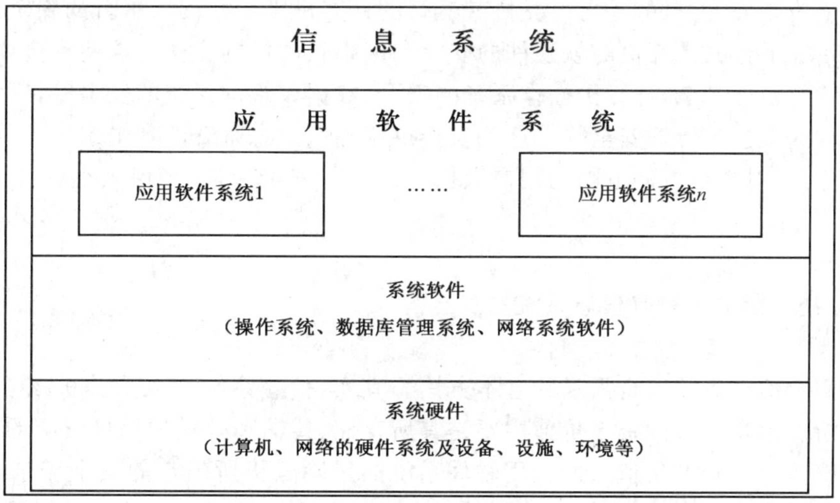

图 A.1 应用系统在信息系统中的位置

A.2 应用软件系统安全在信息系统安全中的作用

应用软件系统的安全是信息系统安全的重要组成部分。应用软件系统的安全需求是信息系统安全需求的来源和基础。为了实现应用软件系统的安全，需要有支持应用软件系统运行的硬件系统、操作系统、网络系统、数据库管理系统等各层安全的支持。应用软件系统的安全需求，根据具体情况，可以在应用软件系统层实现，也可以在支持应用软件系统运行的各层的支持下实现。

附 录 B
（资料性附录）
应用软件系统安全与信息系统安全的关系

B.1 应用软件系统安全是信息系统安全的核心

应用软件系统是由业务应用处理软件组成的系统。信息系统（也称应用系统）是实现业务应用的所有软硬件的总称。其中，应用软件是对业务应用进行处理的软件，其他软件和硬件，包括组成计算机平台和网络平台的所有软件和硬件，都是为了支持应用软件正常运行而配制的。为了确保业务应用的安全，首先和主要的是确保应用软件系统的安全。而为了实现应用软件系统的安全，除了在应用软件系统中实现必要的安全功能外，大量的是需要支持其运行的计算机平台和网络平台的安全作为支持和保证，也就是组成信息系统平台的计算机的软硬件的安全和网络软硬件的安全。这些安全要求进一步分解为计算机和网络系统的物理安全，计算机操作系统的安全、数据库管理系统的安全等，网络协议安全、网络软件安全和网络数据交换与传输安全等。这些安全机制确保信息系统的各个组成部分各自安全地运行以提供确定的服务，并对各自控制范围的用户数据信息进行安全保护，确保其达到确定的保密性、完整性和可用性目标。

B.2 应用软件系统安全需求就是信息系统的安全需求

风险分析是确定信息系统安全需求的基本方法。其实，信息系统的风险分析核心是对其支持的业务应用的风险分析。信息系统的资产价值主要是其所存储、传输和处理的信息资产的价值，也就是业务应用所涉及的数据信息的资产价值。而应用软件系统的风险分析所确定的安全需求，也就成为信息系统的安全需求的基本依据。所以，在对应用软件系统进行安全设计时必须认真进行风险分析，确定其安全需求。确定应用软件系统的安全需求需要考虑以下方面：

a） 应用软件系统运行的环境条件——决定安全威胁；
b） 应用软件系统的业务数据价值——确定资产价值的主要内容；
c） 应用软件系统已有安全功能——决定脆弱性；
d） 应用软件系统所需要的安全服务支持（如密码支持）的强度/等级的需求；
e） 应用软件系统的其他安全需求。

附　录　C
（资料性附录）
安全技术要素与安全技术分等级要求的对应关系

C.1　应用软件系统安全功能技术要素与安全功能分等级要求的对应关系

表C.1给出了应用软件系统安全技术要素与安全技术分等级要求的对应关系。

表C.1　安全功能技术要素与安全功能技术分等级要求的对应关系

安全功能技术要素	安全功能技术分等级要求				
	第一级	第二级	第三级	第四级	第五级
C.1.1　用户身份鉴别	*	*+	*++	*+++	*++++
a）用户注册	*	*+	*++	*++	*++
b）用户登录	*	*+	*++	*+++	*++++
c）用户-主体绑定	*	*	*	*	*
C.1.2　抗抵赖			*	*+	*+
a）抗原发抵赖			*	*+	*+
b）抗接收抵赖			*	*+	*+
C.1.3　自主访问控制	*	*+	*++	*++	*+++
a）自主访问控制功能	*	*+	*+	*+	*+
b）自主访问控制策略	*	*	*+	*+	*+
c）操作系统支持的自主访问控制	*	*	*	*	*
d）数据库管理系统支持的自主访问控制	*	*+	*+	*+	*++
e）应用软件系统自身的自主访问控制	*	*	*	*	*
f）分布式系统的自主访问控制			*	*	*
g）网络环境的自主访问控制			*	*	*
C.1.4　标记			*	*+	*+
a）用户敏感标记			*	*	*
b）客体敏感标记			*	*	*
c）标记的范围				*	*
d）分布式系统标记的一致性			*	*	*
e）网络环境标记的独立性/一致性			*	*	*
C.1.5　强制访问控制			*	*+	*++
a）强制访问控制功能			*	*+	*++
b）操作系统支持的强制访问控制			*	*+	*++
c）数据库管理系统支持的强制访问控制			*	*+	*++
d）应用软件系统自身的强制访问控制			*	*+	*++
e）强制访问控制的范围				*	*
f）权限分离与最小授权			*	*	*
g）分布式系统的强制访问控制			*	*	*
h）网络环境的强制访问控制			*	*	*

表 C.1（续）

安全功能技术要素	安全功能技术分等级要求				
	第一级	第二级	第三级	第四级	第五级
C.1.6 安全审计		*	*+	*++	*+++
a） 安全审计内容		*	*+	*+	*+
b） 安全审计处理		*	*+	*++	*+++
c） 安全审计统一管理			*	*	*
C.1.7 用户数据完整性保护	*	*	*	*	*
a） 用户公开数据的传输保护	*	*	*	*	*
b） 用户一般数据的存储保护		*	*	*	*
c） 用户一般数据的传输保护		*	*	*	*
d） 用户一般数据的处理保护		*	*	*	*
e） 用户重要数据的存储保护			*	*	*
f） 用户重要数据的传输保护			*	*	*
g） 用户重要数据的处理保护			*	*	*
h） 用户关键数据的存储保护				*	*
i） 用户关键数据的传输保护				*	*
j） 用户关键数据的处理保护				*	*
k） 用户核心数据的存储保护					*
l） 用户核心数据的传输保护					*
m） 用户核心数据的处理保护					*
C.1.8 用户数据保密性保护		*	*	*	*
a） 用户一般数据的存储保护		*	*	*	*
b） 用户一般数据的传输保护		*	*	*	*
c） 用户一般数据的剩余信息保护		*	*	*	*
d） 用户重要数据的存储保护			*	*	*
e） 用户重要数据的传输保护			*	*	*
f） 用户重要数据的剩余信息保护			*	*	*
g） 用户关键数据的存储保护				*	*
h） 用户关键数据的传输保护				*	*
i） 用户关键数据的剩余信息保护				*	*
j） 用户核心数据的存储保护					*
k） 用户核心数据的传输保护					*
l） 用户核心数据的剩余信息保护					*
C.1.9 可信路径				*	*
C.1.10 备份与故障恢复	*	*	*	*	*
a） 用户自我信息备份与恢复	*	*	*	*	*
b） 增量信息备份与恢复		*	*	*	*
C.1.11 系统安全性检测分析		*	*	*	*
注：“*”表示具有该要求，增强一个“+”表示要求有增加或增强。每个安全保护等级的具体要求可能不同，详见各章的描述。					

C.2 应用软件系统安全保证技术要素与安全保证分等级要求的对应关系

表 C.2 给出了应用软件系统安全保证技术要素与安全保证技术分等级要求的对应关系。

表 C.2 安全保证技术要素与安全保证技术分等级要求的对应关系

安全保证技术要素	安全保证技术分等级要求				
	第一级	第二级	第三级	第四级	第五级
C.2.1 安全子系统自身安全保护	*	*	*+	*++	*++
C.2.1.1 SSF 物理安全保护	*	*	*	*	*
a) 物理攻击检测；	*	*	*	*	*
b) 物理攻击自动报告；			*	*	*
c) 物理攻击抵抗。				*	*
C.2.1.2 SSF 运行安全保护	*	*+	*++	*++	*+++
a) 后门控制	*	*	*	*	*
b) 安全系统子集结构	*	*	*	*	*
c) 用户和管理员安全属性定义	*	*	*	*	*
d) 安全系统失败或中断的处理	*	*	*	*	*
e) 安全系统配置		*	*	*	*
f) 安全参数值详细报告机制			*	*	*
g) 安全系统手动或自动恢复					*
C.2.1.3 SSF 数据安全保护	*	*+	*++	*+++	*++++
a) SSF 数据传输保护	*	*	*+	*+	*+
b) SSF 数据一致性保护		*	*+	*+	*+
c) SSF 输出数据保护			*	*	*
d) 可信路径				*	*
C.2.1.4 安全子系统资源利用	*	*+	*++	*++	*++
C.2.1.5 安全子系统访问控制	*	*+	*++	*++	*++
C.2.2 安全子系统设计和实现	*	*+	*++	*+++	*++++
C.2.2.1 配置管理	*	*+	*++	*+++	*++++
C.2.2.2 分发和操作	*	*+	*++	*+++	*+++
C.2.2.3 开发	*	*+	*++	*+++	*++++
C.2.2.4 文档要求	*	*+	*++	*++	*++
C.2.2.5 生存周期支持	*	*+	*++	*+++	*++++
a) 生存周期模型	*	*+	*++	*+++	*++++
b) 生存周期文档要求	*	*	*	*	*
c) 加强安全性硬件的要求			*	*	*
C.2.2.6 测试	*	*+	*++	*+++	*++++
C.2.2.7 脆弱性评定		*	*+	*++	*+++

表 C.2（续）

安全保证技术要素	安全保证技术分等级要求				
	第一级	第二级	第三级	第四级	第五级
C.2.3 安全子系统安全管理	*	*+	*++	*++	*++
a） 操作规程和规章制度	*	*	*	*	*
b） SSF 安全功能管理	*	*	*	*	*
c） SSF 安全属性管理		*	*	*	*
d） SSF 安全数据管理		*	*	*	*
e） 安全角色的定义与管理			*	*	*
f） 安全子系统安全机制集中管理			*	*	*
注：“*”表示具有该要求，增加一个“+”表示要求有增加或增强，具体要求详见各章的描述。					

参 考 文 献

[1] GA/T 711—2007 信息安全技术 应用软件系统等级保护通用技术指南

[2] GB/T 21052—2007 信息安全技术 信息系统物理安全技术要求

[3] GB/T 18336—2008 信息技术 安全技术 信息技术安全性评估准则

[4] Federal plan for syber security and information assurance research and development. A Report by the Interagency Working Group on Syber Secureity and Information Assurance Subcommittee on Infrastructure and Subcommittee on Networking and Information Technology Research and Development,April 2006